电子信息工程专业本科系列教材
DIANZI XINXI GONGCHENG ZHUANYE BENKE XILIE JIAOCAI
重庆工商大学资助建设教材

数字集成电路设计（FPGA）

SHUZI JICHENG DIANLU SHEJI（FPGA）

主　编　陈明杰　李德文　江　超

重庆大学出版社

内容提要

本书系统介绍了数字集成电路设计的FPGA的开发应用知识。包括集成电路概述、可编程器件的基本知识、Verilog和VHDL语言,Intel旗下的Quartus Prime、AMD旗下的Xilinx公司Vivado、Vitis和Mentor公司的Modelsim、国产青岛若贝Robie软件的使用方法,以及基于FPGA的电路设计及相关实例。全书语言简明易懂,逻辑清晰,深浅适宜,向读者提供了FPGA入门的相关知识与实例。

本书可作为高等学校电子信息、集成电路、自动化、电气工程、机电一体化、计算机、人工智能等专业的本科生教材,也可供从事电子系统设计的工程技术人员参考。

图书在版编目(CIP)数据

数字集成电路设计 : FPGA / 陈明杰, 李德文, 江超主编. -- 重庆 : 重庆大学出版社, 2025. 1. --(电子信息工程专业本科系列教材). -- ISBN 978-7-5689-5144-9

Ⅰ. TN431.2

中国国家版本馆CIP数据核字第20254KN423号

数字集成电路设计(FPGA)

主　编　陈明杰　李德文　江　超

策划编辑:杨粮菊

责任编辑:谭　敏　　版式设计:杨粮菊

责任校对:关德强　　责任印制:张　策

*

重庆大学出版社出版发行

出版人:陈晓阳

社址:重庆市沙坪坝区大学城西路21号

邮编:401331

电话:(023)88617190　88617185(中小学)

传真:(023)88617186　88617166

网址:http://www.cqup.com.cn

邮箱:fxk@cqup.com.cn(营销中心)

全国新华书店经销

重庆新荟雅科技有限公司印刷

*

开本:787mm×1092mm　1/16　印张:19.75　字数:506千

2025年1月第1版　2025年1月第1次印刷

ISBN 978-7-5689-5144-9　定价:49.80元

前言

数字集成电路具有规模巨大、元件众多的特点，因此，设计和制造数字集成电路是一项十分复杂的工程，也是体现国际尖端科技水平的重要标志之一。

IC 的设计过程可分为两个部分，分别为前端设计（也称逻辑设计）和后端设计（也称物理设计）。FPGA 是 ASIC 设计的一个重要分支。

本书介绍了数字集成电路相关概念与开发流片流程，系统介绍了 FPGA 的开发技术，内容涵盖了可编程器件的基本知识、Verilog 和 VHDL 语言，Intel 旗下的 Quartus Prime、AMD 旗下的 Xilinx 公司 Vivado、Vitis 和 Mentor 公司的 Modelsim、国产青岛若贝 Robie 软件的使用方法，以及基于 FPGA 的电路设计及相关实例。

本教材共 10 章，力争做到简明扼要，深度适宜，紧跟时代最新科技发展。第 1 章介绍了数字集成电路设计所涉及的基本概念、基本技术、流片流程及费用、EDA 软件等基本知识。第 2 ~3 章介绍了可编程逻辑器件的发展演变、结构特点、产品系列以及常用 EDA 开发工具的设计流程及仿真、验证的操作步骤。第 4 ~ 5 章介绍了 Verilog HDL 和 VHDL 的语言基础、语句结构、设计方法、设计实例等。第 6 章对常见数字电路设计包括组合逻辑电路、时序逻辑电路、状态机、元件例化、序列信号发生器与检测器、ROM 和 RAM 的设计、数码管动态扫描电路、键盘扫描电路等进行了讲解。第 7 章讨论了数字集成电路 IP 核的设计应用技术。第 8 章介绍了数字信号处理与密码算法的设计。第 9 ~ 10 章为 CPU 和 Vitis 的开发设计介绍及实验。关于本书习题、高校试卷与行业招聘考试题可在重庆大学出版社官网下载。

本教材在编写过程中，参考了其他教材、有关论著论文和网络文章，包括百度文库、知乎、相关软硬件厂商网页介绍等，但为了行文方便，不能一一注明。在此，特向在本教程中引用和参考的已注明和未注明的教材、专著、报刊、文章、网络参考资料的编著者和作者表示诚挚的谢意。

本教材第 1 章、第 2 章、第 3 章由李德文编写。第 5 ~6 章由江超编写。其余章节由陈明杰负责编写。2020 级电子信息工程专业的学生格吃日格、顾俊杰、江承龙分别参与了第 7 章、第 8 章、第 11 章的程序实例调试工作。

全书由重庆工商大学陈明杰统稿，其余参编人员为重庆工商大学人工智能学院教师。经多次修改，编者能力所限，不足之处在所难免，敬请专家读者批评指正。

本书撰写过程中，得到了青岛若贝电子有限公司董事长吴国盛、成电少年学（广东）教育科技有限公司重庆分公司张辉总经理、成都市硅海武林科技有限公司总监周美彬、依元素科技有限公司学术与发展事业部总监冯志强、重庆邮电大学陈国平教授（博导）、英特尔 FPGA 中国创新中心（重庆海云捷迅科技有限公司）经理徐诗凡的大力支持与帮助，在此表示感谢。本书是教育部-青岛若贝公司产学合作协同育人项目成果，重庆市本科高校大数据智能化类特色专业建设项目—电子信息工程项目成果，同时也是重庆工商大学资助建设教材。

编　者

2024 年 9 月

目录

第 1 章 集成电路概述

1.1 集成电路

集成电路,英文为 Integrated Circuit,缩写为 IC;顾名思义,就是把一定数量的常用电子元件,如电阻、电容、晶体管等,以及这些元件之间的连线,通过半导体工艺集成在一起的具有特定功能的电路,是 20 世纪 50 年代后期到 60 年代发展起来的一种新型半导体器件。它是经过氧化、光刻、扩散、外延、蒸铝等半导体制造工艺,把构成具有一定功能的电路所需的半导体、电阻、电容等元件及它们之间的连接导线全部集成在一小块硅片上,然后焊接封装在一个管壳内的电子器件。其封装外壳有圆壳式、扁平式或双列直插式等多种形式。集成电路技术包括芯片制造技术与设计技术,主要体现在加工设备、加工工艺、封装测试、批量生产及设计创新的能力上。

1946 年在美国诞生了世界上第一台电子计算机,它是一个占地 150 m^2、重达 30 t 的庞然大物,里面的电路使用了 17 468 只电子管、7 200 只电阻、10 000 只电容、50 万条线,耗电量 150 kW。显然,占用面积大、无法移动是它最直观和突出的问题。如果能把这些电子元件和连线集成在一小块载体上该有多好！我们相信,有很多人思考过这个问题,也提出过各种想法。典型的如英国雷达研究所的科学家达默,他在 1952 年的一次会议上提出:可以把电子线路中的分立元器件,集中制作在一块半导体晶片上,一小块晶片就是一个完整电路,这样一来,电子线路的体积就可大大缩小,可靠性大幅提高。这就是初期集成电路的构想,晶体管的发明使这种想法成为可能,1947 年,美国贝尔实验室制造出来了第一个晶体管,而在此之前要实现电流放大功能只能依靠体积大、耗电量大、结构脆弱的电子管。晶体管具有电子管的主要功能,并且克服了电子管的上述缺点,因此在晶体管发明后,很快就出现了基于半导体的集成电路的构想,也就很快发明出来了集成电路。杰克·基尔比(Jack Kilby)和罗伯特·诺伊斯(Robert Noyce)在 1958 年和 1959 年分别发明了锗集成电路和硅集成电路。

现在,集成电路已经在各行各业中发挥着非常重要的作用,是现代信息社会的基石。集成电路的含义,已经远远超过了其刚诞生时的定义范围,但其最核心的部分仍然没有改变,那就是"集成",其所衍生出来的各种学科,大都是围绕着"集成什么""如何集成""如何处理集成带来的利弊"这三个问题来开展的。硅集成电路是主流,就是把实现某种功能的电路所需的各种元件都放在一块硅片上,所形成的整体被称为集成电路。对于"集成",想象一下我们住过的房子可能比较容易理解:很多人小时候都住过农村的房子,那时房屋的主体也许就是三两间平房,发挥着卧室的功能;门口的小院子摆上一副桌椅,就充当客厅;旁边还有个炊烟袅袅的小矮屋,那是厨房;而具有独特功能的厕所,需要有一定的隔离,有可能在房屋的背后,要走上十几米……后来,到了城市里,或者乡村城镇化,大家都住进了楼房或者套房,一套房里面,有客厅、卧室、厨房、卫生间、阳台,也许只有几十平方米,却具有了原来占地几百平方米的农村房屋的各种功能,这就是集成。

当然现在的集成电路,其集成度远非一套住房所能比拟,或许用一幢摩天大楼可以更好地比拟:地面上有商铺、办公室、食堂、酒店式公寓,地下有几层是停车场,停车场下面还有地基——这是集成电路的布局,模拟电路和数字电路分开,处理小信号的敏感电路与翻转频繁的控制逻辑分开,电源单独放在一角。每层楼的房间布局不一样,走廊也不一样,有回字形的、工字形的、几字形的——这是集成电路器件设计,低噪声电路中可以用折叠形状或"叉指"结构的晶体管来减小结面积和栅电阻。各楼层直接有高速电梯可达,为了效率和功能隔离,还可能有多部电梯,每部电梯能到达的楼层不同——这是集成电路的布线,电源线、地线单独走线,负载大的线较宽;时钟与信号分开;每层之间布线垂直避免干扰;CPU 与存储之间的高速总线,相当于电梯,各层之间的通孔相当于电梯间……

1.2 集成电路分类

1.2.1 功能结构

集成电路按其功能、结构的不同,可以分为模拟集成电路、数字集成电路和数/模混合集成电路三大类。

模拟集成电路又称为线性电路,用来产生、放大和处理各种模拟信号(指幅度随时间变化的信号。例如半导体收音机的音频信号、录放机的磁带信号等),其输入信号和输出信号成比例关系。而数字集成电路用来产生、放大和处理各种数字信号(指在时间上和幅度上离散取值的信号。例如5G 手机、数码相机、计算机 CPU、数字电视的逻辑控制与音视频信号处理)。

1.2.2 制作工艺

集成电路按制作工艺可分为半导体集成电路和膜集成电路。

膜集成电路又分为厚膜集成电路和薄膜集成电路。

1.2.3 集成度高低

通常,IC 的大小由 IC 所含逻辑门数目或晶体管数目来确定。作为衡量单位,等效逻辑门对应于 2 输入与非门(NAND),如 10 万门的 IC 等效于包含了 10 万个 2 输入与非门。

半导体工业从 20 世纪 70 年代初开始发展并迅速趋于成熟。早期的小规模集成 IC 仅包含几个(1 ~10 个)逻辑门——与非门、或非门(NOR)等,相当于几十个晶体管。中规模集成时期增加了逻辑集成的范围，可得到计数器和类似的较大规模的逻辑功能。大规模集成时期在单个芯片上集成了更强的逻辑功能，诸如第一代微处理器之类。超大规模集成时代可提供64位微处理器，并在单个硅芯片上拥有高速缓冲存储器和浮点运算单元，远远超过百万个晶体管。随着CMOS工艺技术的改进，晶体管尺寸继续变小，使IC可容纳更多的晶体管。大致分类如下：

小规模集成电路(Small Scale Integrated Circuits，SSI)：每片含有100个元件或10个逻辑门以下的集成电路，出现于20世纪60年代。

中规模集成电路(Medium Scale Integrated Circuits，MSI)：每片含有100~1 000个元件或10~100个逻辑门的集成电路，出现于20世纪60年代。

大规模集成电路(Large Scale Integrated Circuits，LSI)：每片含有1 000~100 000个元件或5 000个逻辑门的集成电路，出现于20世纪70年代。如：半导体存储器，某些计算机外设。

超大规模集成电路(Very Large Scale Integrated Circuits，VLSI)：每片含有10万个元件或1万个逻辑门以上的集成电路，出现于20世纪80年代。如64 k位随机存取存储器是第一代超大规模集成电路，大约包含15万个元件，线宽为3 μm。可以将整个386微处理机的电路集成在一块芯片上，集成度达250万个晶体管。

特大规模集成电路(Ultra Large Scale Integration Circuits，ULSI)：1993年随着集成了1 000万个晶体管的16 M FLASH和256 M DRAM的研制成功，进入了特大规模集成电路时代。特大规模集成电路的集成组件数为10^7~10^9个。

巨大规模集成电路(Giga Scale Integration Circuits，GSI)：每片含有10^9个集成组件以上。如1994年由于集成1亿个元件的1 G DRAM的研制成功，进入巨大规模集成电路时代。

1.2.4 导电类型不同

集成电路按导电类型可分为双极型集成电路和单极型集成电路，它们都是数字集成电路。

双极型集成电路的制作工艺复杂，功耗较大，代表集成电路有TTL、ECL、HTL、LST-TL、STTL等类型。单极型集成电路的制作工艺简单，功耗也较低，易于制成大规模集成电路，代表集成电路有CMOS、NMOS、PMOS等类型。

1.2.5 按用途分

集成电路按用途可分为电视机用集成电路、音响用集成电路、影碟机用集成电路、录像机用集成电路、计算机(微机)用集成电路、电子琴用集成电路、通信用集成电路、照相机用集成电路、遥控集成电路、语言集成电路、报警器用集成电路及各种专用集成电路。

1)电视机用集成电路包括行、场扫描集成电路、中放集成电路、伴音集成电路、彩色解码集成电路、AV/TV转换集成电路、开关电源集成电路、遥控集成电路、丽音解码集成电路、画中画处理集成电路、微处理器(CPU)集成电路、存储器集成电路等。

2)音响用集成电路包括AM/FM高中频电路、立体声解码电路、音频前置放大电路、音频运算放大集成电路、音频功率放大集成电路、环绕声处理集成电路、电平驱动集成电路，电子音量控制集成电路、延时混响集成电路、电子开关集成电路等。

3)影碟机用集成电路有系统控制集成电路、视频编码集成电路、MPEG解码集成电路、音频信号处理集成电路、音响效果集成电路、RF 信号处理集成电路、数字信号处理集成电路、伺服集成电路、电动机驱动集成电路等。

4)录像机用集成电路有系统控制集成电路、伺服集成电路、驱动集成电路、音频处理集成电路、视频处理集成电路。

5)计算机集成电路,包括中央控制单元(CPU)、内存储器、外存储器、I/O 控制电路等。

6)通信集成电路。

7)专业控制集成电路。

1.2.6 按应用领域分

集成电路按应用领域可分为标准通用集成电路和专用集成电路。

1.2.7 按外形分

集成电路按外形可分为圆形(金属外壳晶体管封装型,一般适合用于大功率)、扁平型(稳定性好,体积小)和双列直插型。

1.3 集成电路发展

最先进的集成电路是微处理器或多核处理器的“核心(cores)”,可以控制计算机、手机、数字微波炉等各种设备。存储器和 ASIC 是其他集成电路家族的例子,对于现代信息社会也非常重要。虽然设计开发一个复杂集成电路的成本非常高,但是当成本分散到通常以百万计的产品上,每个 IC 的成本就能最小化。

这些年来,IC 持续向更小的外形尺寸发展,使得每个芯片可以封装更多的电路。这样增加了单位面积的容量,可以降低成本和增加功能。摩尔定律指出,集成电路上可容纳的晶体管数量大约每两年翻一番,性能也随之提升一倍。总之,随着外形尺寸缩小,几乎所有的指标都改善了,单位成本和开关功率消耗下降,速度提高。但是,集成纳米级别设备的 IC 也存在一些问题,主要是泄漏电流(leakage current)。因此,对于最终用户的速度的限制和功率消耗增加非常明显。在半导体国际技术路线图(ITRS)中很好地描述了这个过程以及在未来几年所期望的进步。

越来越多的电路以集成芯片的方式出现在设计师手里,使电子电路的开发趋向于小型化、高速化。越来越多的应用已经由复杂的模拟电路转化为简单的数字逻辑集成电路。

2023 年全球半导体公司的总销售额达到了 6 332 亿美元,相较于 2022 年的 5 735 亿美元,增长了约 10.4%。2024 年,全球半导体销售额超过 6 500 亿美元。这一增长反映了全球对半导体产品需求的持续增长,尤其在人工智能、5G 通信、汽车电子、物联网等新兴技术领域。此外,半导体行业的技术创新和制造工艺的进步也促进了销售额的增长。尽管全球经济形势存在一定的不确定性,但半导体行业依然展现出强劲的发展势头。

2023 年全球半导体公司销售额排名前 10 的公司见表 1.1。

表 1.1　2023 年全球半导体公司销售额前 10 统计表

排名	公司名称	总部所在地	主要业务	销售额/十亿美元
1	英特尔(Intel)	美国	处理器、芯片组、固态硬盘、FPGA、网络接口卡等	63.209
2	三星电子(Samsung Electronics)	韩国	存储器(如 DRAM、NAND)、移动处理器、显示驱动 IC 等	62.547
3	台积电(TSMC)	中国台湾	半导体代工制造,提供先进制造技术	56.138
4	英伟达(NVIDIA)	美国	GPU、AI 处理器、自动驾驶芯片等	26.974
5	高通(Qualcomm)	美国	移动处理器、基带芯片、RF 前端等	25.376
6	博通(Broadcom)	美国	通信芯片、存储器接口、无线连接等	21.401
7	AMD	美国	处理器(CPU、GPU)、半定制游戏机芯片等	16.401
8	SK 海力士(SK Hynix)	韩国	存储器(如 DRAM、NAND)、非存储器等	16.181
9	美光科技(Micron Technology)	美国	存储器(如 DRAM、NAND)、存储解决方案等	14.858
10	德州仪器(Texas Instruments)	美国	模拟芯片、嵌入式处理器、无线连接等	14.348

2020—2024 年中国集成电路进口金额见表 1.2。

表 1.2　近 5 年集成电路进口金额一览表

年度	金额/亿美元	同比增长/%
2020	3 500.36	14.6
2021	4 325.5	23.6
2022	4 156.2	-3.9
2023	3 494	-15.4
2024	3 160.1(1—10 月)	11.3(1—10 月)

数据来源:kimi. moonshot. cn

从表中数据可以看出,2020—2021 年,中国集成电路进口金额持续增长,2021 年达到 4 325.5 亿美元,同比增长 23.6%,这主要得益于全球数字化转型加速,对芯片的需求大幅增加。然而,2022 年进口金额有所下降,为 4 156.2 亿美元,同比下降 3.9%,这可能是由于全球芯片供应链受到一定影响。2023 年进口金额进一步下降至 3 494 亿美元,降幅扩大至 15.4%,这与全球消费电子需求疲软以及国外相关出口管制措施有关。不过,2024 年 1—10 月进口金额为 3 160.1 亿美元,同比上升 11.3%,显示出一定的复苏迹象。

现阶段我国集成电路产业高端虽然受封锁压制,但华为海思、紫光展锐、寒武纪、中芯国际、华虹宏力、长电科技、通富微电、北方华创、沪硅产业等中国企业不断突破技术瓶颈,瞄准国际一流技术奋力前行。

1.4 ASIC集成电路设计方法、流程与工艺

1.4.1 设计方法分类

对于不同的设计要求,工程师可以选择使用半定制设计途径,例如采用可编程逻辑器件(现场可编程逻辑门阵列等)或基于标准单元库的专用集成电路来实现硬件电路;也可以使用全定制设计,控制晶体管版图到系统结构的全部细节。按设计方法不同,ASIC(Application Specific Integrated Circuit,专用集成电路)可分为全定制和半定制两类。

(1)全定制设计

全定制是基于芯片级的设计方法,设计师使用版图编辑工具,从晶体管的版图尺寸、位置及互连线开始亲自设计,以得到面积利用率高、速度快、功耗低的ASIC芯片,但这种方法的设计周期长、费用高,适合于如CPU等大批量的ASIC芯片的设计。

(2)半定制设计

半定制是一种简化设计、缩短设计周期、提高芯片成品率的约束性设计方法。半定制ASIC分为掩膜ASIC和可编程ASIC,可编程ASIC是指由用户编程实现所需功能的专用集成电路,最具代表性的是FPGA(Field Programmable Gate Array,现场可编程逻辑阵列),它与掩膜ASIC相比,具有研制周期短、成本低、设计灵活等特点,近年来发展迅速,已在国内外的计算机硬件、工业控制、智能仪器仪表、数字电路系统、家用电器等领域得到广泛应用,并成为20世纪90年代电子产品设计变革的主流器件。

1.4.2 设计流程

IC的设计过程可分为两个部分,分别为:前端设计(也称逻辑设计)和后端设计(也称物理设计),这两个部分并没有统一严格的界限,凡涉及与工艺相关的设计可称为后端设计。如图1.1所示为数字IC设计的流程。

(1)前端设计的主要流程

1)规格制订。芯片规格,也就像功能列表一样,是客户向芯片设计公司(称为Fabless,无晶圆设计公司)提出的设计要求,包括芯片需要达到的具体功能和性能方面的要求。

2)详细设计。Fabless根据客户提出的规格要求,拿出设计解决方案和具体实现架构,划分模块功能。

3)HDL编码。使用硬件描述语言(VHDL,Verilog HDL,业界公司一般都是使用后者)将模块功能以代码来描述实现,也就是将实际的硬件电路功能通过HDL语言描述出来,形成RTL(寄存器传输级)代码。

4)仿真验证。仿真验证就是检验编码设计的正确性,检验的标准就是第一步制订的规格。看设计是否精确地满足了规格中的所有要求。规格是设计正确与否的黄金标准,一切违反,不符合规格要求的编码设计,都需要重新修改、设计。设计和仿真验证是反复迭代的过程,直到验证结果显示完全符合规格标准。仿真验证工具Mentor公司的Modelsim,Synopsys

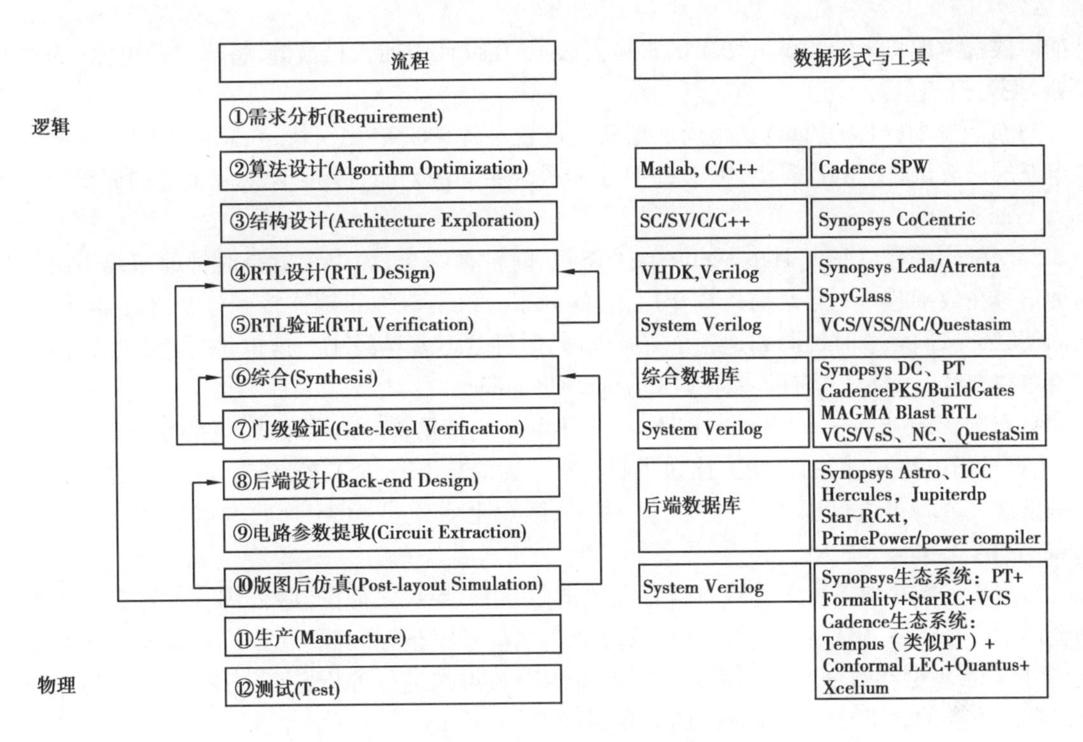

图1.1　数字IC设计的流程

的VCS,还有Cadence的NC-Verilog均可以对RTL级的代码进行设计验证,该部分称为前仿真,接下来逻辑部分综合之后再一次进行的仿真可称为后仿真。

5)逻辑综合(Design Compiler)。仿真验证通过,进行逻辑综合。逻辑综合的结果就是把设计实现的HDL代码翻译成门级网表(Gate-level netlist)。综合需要设定约束条件,就是你希望综合出来的电路在面积、时序等目标参数上达到的标准。逻辑综合需要基于特定的综合库,不同的库中,门电路基本标准单元(standard cell)的面积,时序参数是不一样的。所以,选用的综合库不一样,综合出来的电路在时序、面积上是有差异的。一般来说,综合完成后需要再次做仿真验证(这个也称为后仿真,之前的称为前仿真)。逻辑综合工具有Synopsys的Design Compiler,仿真工具选择上面的三种仿真工具均可。

6)静态时序分析(Static Timing Analysis,STA)。静态时序分析,这也属于验证范畴,它主要是在时序上对电路进行验证,检查电路是否存在建立时间(setup time)和保持时间(hold time)的违例(violation)。这个是数字电路基础知识,一个寄存器出现这两个时序违例时,是没有办法正确采样数据和输出数据的,这样,以寄存器为基础的数字芯片功能肯定会出现问题。STA工具有Synopsys的Prime Time。

7)形式验证。这也是验证范畴,它是从功能上(STA是从时序上)对综合后的网表进行验证。常用的就是等价性检查方法,以功能验证后的HDL设计为参考,对比综合后的网表功能,看它们是否在功能上存在等价性。这样做是为了保证在逻辑综合过程中没有改变原先HDL描述的电路功能。形式验证工具有Synopsys的Formality。前端设计的流程暂时写到这里。从设计程度上来讲,前端设计的结果就是得到了芯片的门级网表电路。

(2)后端设计流程

1)可测性设计(Design For Test,DFT),芯片内部往往都自带测试电路,DFT的目的是在设计的时候就考虑将来的测试。DFT 的常见方法是,在设计中插入扫描链,将非扫描单元(如寄存器)变为扫描单元。

2)布局规划(Floor Plan)。布局规划就是放置芯片的宏单元模块,在总体上确定各种功能电路的摆放位置,如 IP 模块,RAM,I/O 引脚等。布局规划能直接影响芯片最终的面积。工具为 Synopsys 的 Astro。

3)时钟树综合(Clock Tree Synthesis,CTS)。时钟树综合,简单说就是时钟的布线。由于时钟信号在数字芯片中起全局指挥作用,它的分布应该是对称式地连接到各个寄存器单元,从而使时钟从同一个时钟源到达各个寄存器时,时钟延迟差异最小。这也是为什么时钟信号需要单独布线。CTS 工具有 Synopsys Physical Compiler。

4)布局布线(Place and Route,P&R)。这里的布线就是普通信号布线,包括各种标准单元(基本逻辑门电路)之间的走线。比如我们平常听到的 0.13 μm 工艺,或者 90 nm 工艺,实际上是指这里金属布线可以达到的最小宽度,从微观上看就是 MOS 管的沟道长度。工具有 Synopsys 的 Astro。

5)寄生参数提取。由于导线本身存在的电阻,相邻导线之间的互感,耦合电容在芯片内部会产生信号噪声、串扰和反射。这些效应会产生信号完整性问题,导致信号电压波动和变化,如果严重就会导致信号失真错误。提取寄生参数再次进行分析验证,分析信号完整性问题是非常重要的。工具有 Synopsys 的 Star-RCXT。

6)版图物理验证。对完成布线的物理版图进行功能和时序上的验证,验证项目很多,如 LVS(Layout Vesus Schematic)验证,简单说,就是版图与逻辑综合后的门级电路图的对比验证;DRC(Design Rule Checking):设计规则检查,检查连线间距、连线宽度等是否满足工艺要求;ERC(Electrical Rule Checking):电气规则检查,检查短路和开路等电气规则违例等。工具为 Synopsys 的 Hercules。实际的后端流程还包括电路功耗分析,以及随着制造工艺不断进步产生的 DFM(可制造性设计)问题,在此不赘述。物理版图验证完成即整个芯片设计阶段完成,下面的就是芯片制造了。

7)生产、封装、测试。物理版图以 GDSII 的文件格式交给芯片代工厂(称为 Foundry)在晶圆硅片上做出实际的电路,再进行封装和测试,就得到了我们实际看见的芯片。

1.4.3 ASIC 的工艺

ASIC 的工艺主要有下述 5 种:

1)CMOS 工艺:属单极工艺,主要靠少数载流子工作,其特点是功耗低、集成度高。

2)TTL/ECL 工艺:属双极工艺,多子和少子均参与导电,其突出的优点是工作速度快,但是工艺相对复杂。

3)BiCMOS 工艺:是一种同时兼容双极和 CMOS 的工艺,适用于工作速度和驱动能力要求较高的场合,例如模拟类型的 ASIC。

4)GaAs 工艺:通常用于微波和高频频段的器件制作,目前不如硅工艺那样成熟。

5)BCD 工艺:即 Bipolar+CMOS+DMOS(高压 MOS),一般在 IC 的控制部分中用 CMOS。

常用工艺步骤如下:

单晶硅、大圆片、抛光、氧化、光刻、埋层扩散、外延、隔离扩散、光刻、隔离扩散、基区扩散(P 扩)、光刻、发射区扩散(N 扩)、光刻、蒸铝(采用物理气相沉积技术)、光刻(反刻铝)、钝化、大圆片检测、刻片、键合、封装、成测与老化、成品(只列出了主要的工序,没有列出化学清洗及中测以后的工序,如裂片、压焊、封装等后工序)。

1.5　IP 核与 SoC

1.5.1　IP 核概念

IP(Intellectual Property)就是常说的知识产权。IP 核是具有知识产权核的集成电路芯核总称,是经过反复验证过的、具有特定功能的宏模块,与芯片制造工艺无关,可以移植到不同的半导体工艺中。到了 SoC 阶段,IP 核设计已成为 ASIC 电路设计公司和 FPGA 提供商的重要任务,也是其实力体现。对于 FPGA 开发软件提供的 IP 核越丰富,用户设计就越方便,其市场占有率就越高。目前,IP 核已经变成系统设计的基本单元,并作为独立设计成果被交换、转让和销售。美国 Dataquest 咨询公司将半导体产业的 IP 定义为用于 ASIC、ASSP 和 PLD 中预先设计好的电路模块。IP 核模块有行为(Behavior)、结构(Structure)和物理(Physical)三级不同程度的设计,对应描述功能行为的不同分为三类,即软核(Soft IP Core)、完成结构描述的固核(Firm IP Core)和基于物理描述并经过工艺验证的硬核(Hard IP Core)。从完成 IP 核所花费的成本来讲,硬核代价最大;从使用灵活性来讲,软核的可复用性最高。

1)软核。软核在 EDA 设计领域指的是综合之前的寄存器传输级(RTL)模型;在 FPGA 设计中具体指的是对电路的硬件语言描述,包括逻辑描述、网表和帮助文档等。软核已通过功能仿真,但需要经过综合以及布局布线才能使用。其优点是灵活性高,可移植性强,允许用户自配置;缺点是对模块的预测性较低,在后续设计中存在发生错误的可能性,有一定的设计风险。软核是 IP 核应用最广泛的形式。

IP 软核通常是以 HDL 文本形式提交给用户,经过 RTL 级设计优化和功能验证,但其中不含有任何具体的物理信息。据此,用户可以综合出正确的门电路级设计网表,并可以进行后续的结构设计,具有很大的灵活性。借助 EDA 综合工具,IP 软核可以很容易地与其他外部逻辑电路合成一体,根据各种不同半导体工艺,设计成具有不同性能的器件。IP 软核也称为虚拟组件(Virtual Component,VC)。

2)固核。固核在 EDA 设计领域指的是带有平面规划信息的网表;具体在 FPGA 设计中可以看作带有布局规划的软核,通常以 RTL 代码和对应具体工艺网表的混合形式提供。将 RTL 描述结合具体标准单元库进行综合优化设计,形成门级网表,再通过布局布线工具即可使用。和软核相比,固核的设计灵活性稍差,但在可靠性上有较大提高。目前,固核也是 IP 核的主流形式之一。IP 固核的设计程度介于软核和硬核之间,除了完成软核所有的设计外,还完成了门级电路综合和时序仿真等设计环节。固核一般以门级电路网表的形式提供给用户。

3)硬核。硬核在 EDA 设计领域指经过验证的设计版图;具体在 FPGA 设计中指布局和工艺固定,经过前端和后端验证的设计,设计人员不能对其进行修改。不能修改的原因有两个:一是系统设计对各个模块的时序要求很严格,不允许打乱已有的物理版图;二是保护知识产权的要求,不允许设计人员对其有任何改动。IP 硬核的不许修改特点使其复用有一定的困难,因此只能用于某些特定应用,使用范围较窄。

IP 硬核是基于半导体工艺的物理设计,已有固定的拓扑布局和具体工艺,并已经过工艺验证,具有可保证的性能。其提供给用户的形式是电路物理结构掩模版图和全套工艺文件,是可以拿来使用的全套技术。

1.5.2 SoC 概念

随着设计与制造技术的发展,集成电路设计从晶体管的集成发展到逻辑门的集成,现在又发展到 IP 的集成,即 SoC 设计技术。SoC(System on a Chip)中文名是系统级芯片,或片上系统。SoC 可以有效地降低电子/信息系统产品的开发成本,缩短开发周期,提高产品的竞争力,是未来工业界将采用的最主要的产品开发方式。

SoC 一般具有如下特征:

1)由实现复杂系统功能的 VLSI 组成。

2)采用超深亚微米工艺技术。

3)使用一个以上嵌入式 CPU/DSP(数字信号处理器)。

4)外部可以对芯片进行编程。

SoC 中包含了微处理器/微控制器、存储器以及其他专用功能逻辑,但并不是包含了微处理器、存储器以及其他专用功能逻辑的芯片就是 SoC。SoC 技术被广泛认同的根本原因,并不在于 SoC 可以集成多少个晶体管,而在于 SoC 可以用较短时间被设计出来。这是 SoC 的主要价值——缩短产品的上市周期,因此,将 SoC 更合理地定义为:SoC 是在一个芯片上由于广泛使用预定制模块 IP 而得以快速开发的集成电路。从设计上来说,SoC 就是一个通过设计复用达到高生产率的硬件软件协同设计的过程。从方法学的角度来看,SoC 是一套极大规模集成电路的设计方法学,包括 IP 核可复用设计、测试方法及接口规范、系统芯片总线式集成设计方法学、系统芯片验证和测试方法学。SoC 是一种设计理念,就是将各个可以集成在一起的模块集成到一个芯片上,他借鉴了软件的复用概念,也有了继承的概念。也可以说是包含了设计和测试等更多技术的一项新的设计技术。

SoC 的一般含义:

1)逻辑核包括 CPU、时钟电路、定时器、中断控制器、串并行接口、其他外围设备、I/O 端口以及用于各种 IP 核之间的黏合逻辑等。

2)存储器核包括各种易失、非易失以及 Cache 等存储器。

3)模拟核包括 ADC、DAC、PLL 以及一些高速电路中所用的模拟电路。

进入 21 世纪以后,随着 IC 向 IS 转变,芯片系统成为方向。它强调基于硅智权模块(SIP)的设计,这促使专职 SIP 开发的 Chipless-IC 公司的兴起。

2004 年,世界前十名 IP 公司:ARM、MIPS、RAMBUS、MENTOR GRAPHICS、SYNOPSYS、InSilicon、DSP Group、Artisan、Sican、SSL。

IPnest 于 2024 年 4 月发布了《设计 IP 报告》,按类别、性质、许可和版税对 IP 供应商进行了排名。报告显示,继 2021 年增长 20.4%、2022 年增长 20.9%之后,2023 年设计 IP 行业营收再次实现年度增长(见表 1.3)。

表1.3 2023年和2022年全球公司半导体设计IP收入 单位:百万美元

排名	公司	2022年	2023年	增长率	2023年份额
1	ARM(Softbank)	2 801.6	2 938.4	4.9%	41.8%
2	Synopsys	1 315.3	1 542.4	17.3%	21.9%
3	Cadence	358.1	391.1	9.2%	5.6%
4	Alphawave	175.0	215.0	22.9%	3.1%
5	Imagination Technologies	193.6	155.2	-19.8%	2.2%
6	SST	122.0	120.8	-1.0%	1.7%
7	Verisilicon(芯原微电子)	133.6	108.7	-18.6%	1.9%
8	Ceva	120.6	97.4	-19.2%	1.4%
9	eMemory Technology	105.1	96.6	-8.1%	1.4%
10	Rambus	87.9	84.4	-4.0%	1.2%
	Top 10Vendors	5 412.8	5 750.0	6.2%	81.7%
	Others	1 236.1	1 285.6	4.0%	18.3%
	Tota	6 648.9	7035.6	5.8%	100.0%

2023年,设计IP收入达到70.4亿美元,License授权费增长14%,Royalty版税下降6%。版税收入的下降,反映了全球芯片销售额的下降,但授权费收入增长足以弥补这一损失。

按主要类别划分,增长情况为:

1)处理器(CPU、DSP、GPU和ISP)略微增长3.4%;

2)物理(SRAM存储编译器、闪存编译器、库和I/O、AMS、无线接口)略微下降1.4%;

3)数字(系统、安全和其他数字)略微增长4%;

4)有线接口仍在推动设计IP的增长,增长率为16%,到2023年达到近20亿美元(此前的2022年、2021年和2020年增长率均为20%)。

(1)SoC设计与传统设计的区别

SoC设计方法的关键在于系统集成设计。

1)传统的ASIC设计方法是以功能设计为基础的,而SoC的设计方法则以设计复用或功能组装为基础,包括高层次的系统设计、软硬件协同设计与多层次验证。

2)嵌入式软件设计需要集成到SoC的设计流程中,嵌入的软件需要查错、调试,因此软件的查错与调试也成为IC设计的一项重要内容。

3)要运用多层次的验证方法。

4)完成一个SoC设计,设计咨询是不可缺的。

(2)SoC设计方法的关键问题

SoC设计采用自顶向下的设计方法,从系统的角度出发,把模型算法、电路结构、不同层次的电路以及器件的设计结合起来,利用单个或少数几个芯片完成系统的功能。关键问题包括:

1)深亚微米(DSM)与超深亚微米(VDSM)设计。

2)软硬件协同设计。

3)SoC 的验证。

4)智权(IP)模块与设计复用。

5)低功耗问题。

(3)目前 SoC 遇到的难题与挑战

1)IP 的种类越来越多,复杂度越来越高以及通用接口的缺乏,均使得 IP 的集成变得越来越困难。

2)当今的高集成度 SoC 设计要求采用更先进的 90 nm 以下的工艺技术,而这种工艺技术将使功率收敛和时序收敛的问题变得更加突出,这将不可避免地延长设计验证的时间。

3)很难在 SoC 上实现模拟、混合信号和数字电路的集成。

4)先进 SoC 开发的一次性工程费用(Non-Recurring Engineering,NRE)动辄数千万美元,而且开发周期很长。

1.5.3 IP 设计方法及在 SoC 设计中的应用

1)IP 模块的设计包括:IP 模块的确定和定义、Soft /Firm/Hard core 的标准化模块设计和生成、IP 模块的参数化和可复用性研究。

2)IP 模块的利用:包括 IP 模块间的通信和接口技术,SoC 中 IP 模块的验证、测试和容错技术。

3)SoC 设计的“IP”化(即基于 IP 的 SoC 设计技术):包括面向 IP 的 SoC 的集成、可靠性和性能优化。

1.6 流片费用

1.6.1 流片概念

流片,就是像流水线一样通过一系列工艺步骤制造芯片,该环节处于芯片设计和芯片量产的中间阶段,是芯片制造的关键环节。简单地说就是将设计好的方案,交给芯片制造厂,先生产几颗几十颗样品,检测一下设计的芯片能不能用,然后进行优化。如果测试通过,就按照样品开始大规模生产。所以为了测试集成电路设计是否成功,必须进行流片。这也是芯片设计企业一般都在前期投入很大成本的重要原因。一颗芯片从设计到量产,流片属于非常关键的环节。当芯片完全设计出来以后需要按照图纸在晶圆上进行蚀刻,采用什么样的制程工艺,多大尺寸的晶圆,芯片的复杂程度都会影响这颗芯片的流片成功率和成本。而且许多芯片都不是一次就能流片成功的,往往需要进行多次流片才能获得较为理想的效果。

但流片是一件非常烧钱的事,多几次流片失败,可能就会把公司搞垮。2019 年就曾传出小米旗下松果电子的澎湃 S2 系列芯片连续 5 次流片失败,设计团队重组的惨痛案例。有芯片大厂算过这笔账,14 nm 工艺芯片,流片一次需要 300 万美元左右;7 nm 工艺芯片,流片一次需要 3 000 万美元;5 nm 工艺芯片,流片一次更是达到 4 725 万美元。可见,流片对于芯片设计企业来说是一笔巨大花费,尤其是对行业中小企业来讲,实际流片的价格比大厂又高很多,让本不富裕的“生活”更是雪上加霜。

1.6.2 流片费用为什么贵

芯片流片的价格为什么这么贵?这就要提到芯片的制造原理了。芯片制造要在很小的芯片里放上亿个晶体管,制造工艺已经到了纳米级,只能用光刻来完成。光刻就是用光刻出想要的图形,光刻需要用到掩膜版(又称光罩,Mask),掩膜版就是把设计好的电路图雕刻在上面,让光通过后,在晶圆上刻出图形。流片贵,一是因为刚开始有许多工艺需要验证,从一个电路图到一颗芯片,检验每一个工艺步骤是否可行,检验电路是否具备所要求的性能和功能。二是芯片流片过程至少持续三个月(包括原料准备、光刻、掺杂、电镀、封装测试),一般要经过1 000多道工艺,生产周期较长,因此也是芯片制造中最重要最耗钱的环节。如果流片成功,就可以据此流片大规模地制造芯片;反之,就需要找出其中的原因,并进行相应的优化设计。其中,芯片流片贵,主要贵在掩膜版和晶圆,这两项价格不菲且都是消耗品。其中掩膜版最贵,中端工艺制程的一套掩膜版价格大约为50万美元,而一片晶圆的价格也有数千美元。

1.6.3 掩膜贵还是晶圆贵

掩膜版由石英为材料制成,是微电子制造过程中的图形转移工具或母版,其功能类似于传统照相机的“底片”,根据客户需要的图形,通过光刻制版工艺,将微米级或纳米级的精细图案刻制于掩膜版基板上,承载图形设计和工艺技术等内容,然后将掩膜版的图形转换到晶圆上。把光刻机想象成印钞机,晶圆相当于印钞纸,掩膜就是印版,把钞票母版的图形印到纸张上的过程,就像光刻机把掩膜版上的芯片图形印到晶圆上一样。光刻需要用到掩膜版,把设计好的电路图雕刻在上面,让光通过后,在晶圆上刻出图形。

掩膜版的质量会直接影响光刻的质量,掩膜版上的制造缺陷和误差也会随着光刻工艺进入芯片制造。因此,掩膜版是下游产品精度和质量的决定因素之一。掩膜版的价格主要取决于芯片选用的“工艺节点”,工艺节点越高,流片价格就越贵。这是因为越先进的工艺节点,所需要使用的掩膜版层数就越多。据了解,在14 nm工艺制程上,大约需要60张掩膜版;7 nm的工艺制程,可能需要80张甚至上百张掩膜版。同时,每多出一层“掩膜版”,就要多进行一次“光刻”,就要再多涂抹一次“光刻胶”,就要再多进行一次“曝光”,然后再来一次“显影”……整个流程耗费的成本就会大大增加。IBS数据显示,在14 nm制程中,所用掩膜成本在500万美元左右,到7 nm制程时,掩膜成本迅速升至1 500万美元。

掩膜版的总体费用,包括石英、光刻胶等原材料的成本,Mask Writer和Inspection等机台的使用成本,另外还有掩膜版相关数据的成本,包括OPC、MDP等软件授权、服务器使用和人工开发成本等。对于一款芯片,动辄几十层的掩膜版,需要如此多的步骤,费用自然昂贵。在流片中,Mask的费用更是占很大一块,是因为前期流片阶段就是生产5~25颗样品作为产品验证,主要成本是Mask成本。相应的,正式生产时,Mask的费用只算一次,后面有大量的晶圆可以分摊成本,自然就便宜了。准确地说应该是平均到每一颗芯片上的费用便宜了,而不是总的流片费用便宜了。据业内人士透露,某晶圆代工厂(Foundry) 40 nm的流片成本大概在60万~90万美元。Mask占据大头,为60万~90万美元;晶圆成本每片在3 000~4 000美元。所以,如果生产10片晶圆,每片晶圆的成本是(90+0.4×10)/10=9.4(万美元);但是如果生产10 000片晶圆,那么每片晶圆的成本是(90+0.4×10 000)/10 000=4 090(美元)。可见,进入量产之后,生产上万片晶圆,Mask 的成本平摊到每片晶圆以后就很少了,这时候晶圆的成本就是主要的成本来源。所以,如果只是量小的流片阶段,那么 Mask 成本是主要的。反之如果量产很多,那么则是晶圆主导成本。

1.6.4 制造芯片费用高的原因探析

另外,半导体制造厂的机台便宜的需要上百万美元,贵的需要上亿美元。例如,28 nm 的 Mask 机台就超过 5 000 万美元一台。晶圆代工行业设备折旧年限通常是 5 ~ 7 年,也就是说,大概使用一年就要损失 14% 的机台价值。据报道,中芯国际 2019 年折旧费用超过了 14 亿,主要是因为先进制程的投入需要购置部分单价较高的机器设备,使得折旧费用逐年增加。台积电 2021 年折旧费用更是达到近千亿新台币,创历史新高。从工艺研发周期来讲,机器的成本和折旧费已然很高,而将工艺的良率及可靠性调到量产要求更是一项富有挑战性的工作。其次还有人力成本、维护成本以及耗材费等,这些都是 Mask 成本高的原因。据 etnews 报道,随着当前供需状况恶化,掩膜版的价格还在上涨,交货时间也一再被推迟,即使支付额外费用,也很难及时购买到。通常需要 4 ~ 7 天的交货期增至 14 天,部分企业的交货期延长到了原来的 7 倍。此外,为了跟上摩尔定律,Foundry 升级换代所需的设备和技术研发的投资不断增大,必然会将其成本转嫁到客户的投片费用上,这也导致制造芯片的费用不断上涨。

1.6.5 如何降低流片成本

上述种种因素影响下,芯片流片费用成为摆在设计企业面前的一个难题。摩尔精英资深总监王龙表示,MPW (Multi Project Wafer,多项目晶圆) 就是一种可以帮助设计企业降低成本的流片方式。MPW 是指由多个项目共享某个晶圆,同一次制造流程可以承担多个 IC 设计的制造任务,将多个使用相同工艺的集成电路设计放在同一晶圆上流片,制造完成后,每个设计可以得到数十片芯片样品,这个数量对于原型设计阶段的实验、测试已经足够。通俗来讲就是几家公司或机构一起购买一套掩膜版,然后生产出来的同一片晶圆上会同时存在有好几款芯片,待晶圆切割后,再把各自的芯片“领回家”。而该次制造费用就由所有参加 MPW 的项目按照芯片面积分摊,极大地降低了产品开发成本。据王龙介绍,MPW 有一定的流程,通常由晶圆代工厂或者第三方服务机构来组织,各种工艺在某一年之中的 MPW 时间点是预先设定好的,越先进的工艺安排 MPW 的频率越高。晶圆代工厂事先会将晶圆划分为多个区域并报价,各家公司根据自己情况去预订一个或多个区域。这对参与者来说,在设计和开发方面有一定的进度压力。但是相比之下,MPW 带来的好处是显而易见的,采用多项目晶圆能够降低芯片的生产成本,为设计人员提供实践机会,并促进了芯片设计的成果转化,对 IC 设计人才的培训,中小设计公司的发展,以及新产品的开发研制都具有相当大的促进作用。对比来看,共享 Mask 的好处就是省钱,但是要等待代工厂的时间节点,可能需要更多的时间。对于那些不差钱或赶时间的企业当然可以自己利用一套 Mask(Full mask,全掩膜),制造流程中的全部掩膜都为自己的设计服务,通常用于设计定型后的量产阶段。机器一响,黄金万两。但是,在当前产能严重紧缺的情况下,代工厂面对不同客户的产品需求、竞争优势、市场前景和计划等,会综合考虑客户下单量,后续下单稳定性以及产品所面向市场的前景来作判断。实际上,对于大部分的中小企业来说,除了价格以外,在流片或量产环节还面临着包括产能、交期在内的诸多挑战:

1)对 Foundry 体系不了解,缺乏工艺选型及和 Foundry 打交道的经验。

2)主流 Foundry 准入门槛高,新兴玩家难以申请预期的工艺或支持,沟通成本高。

3)缺乏系统的供应链管理能力,尤其在量产产能爬坡阶段,对产能、交期、质量过于乐观。

4)产能紧缺情况下,缺乏备货机制,恐慌性下单或有了订单再下单导致产能跟不上市场需求。此外,交期的变化、产能的波动也会大大增加初创公司与晶圆代工厂的沟通成本,降低效率。

对此,中小芯片设计企业可以寻求有资源、有实力、有经验的第三方运营服务机构进行合作,一同来解决遇到的供应链难题。

以摩尔精英的流片业务为例,一方面,可以提供完整的工艺平台,对接数十家主流晶圆代工厂,提供 MPW、Full-mask 及量产在内的不同工艺节点的流片服务,能够显著降低客户的商务成本和沟通成本;另一方面,凭借自建的专业流片 FAE 团队,不仅为合作晶圆代工厂提供长尾客户的高效支持管理,也帮助中小公司的产品快速得到支持,协助客户选择最优工艺,并保障客户的数据安全。在产能方面,利用摩尔精英的 know-how 协助中小客户去争取产能(包括大订单、订单量趋势、提前排队、及时跟踪产能动态等),帮助客户降低成本和缩短芯片研发周期。综合来看,无论是从技术、商务还是产能方面,选择一家靠谱的第三方机构都可以协助设计公司解决当前遇到的供应链难点,并提供最优解。总而言之,处于这些需求赛道中的公司都可能从流片服务厂商的业务中获利。

1.6.6 流片小结

一个芯片开发项目,须要经历从产品定义、设计、验证仿真一直到最终流片的漫长过程,而对于“终极大考”的流片,此漫长过程中的任何一个小疏忽都可能导致流片失败,而一旦流片失败往往意味着企业将面临数千万美元起的损失和至少半年市场机遇的错失。因此对于许多企业而言,流片失败是无法承受之痛。对此,芯片设计企业、制造商以及相关的行业服务平台和机构应紧密合作,优势互补,携手解决困扰开发者的“流片难题”。

1.7 EDA 软件

EDA 工具是电子设计自动化(Electronic Design Automation)的简称,是从计算机辅助设计(CAD)、计算机辅助制造(CAM)、计算机辅助测试(CAT)和计算机辅助工程(CAE)的概念发展而来的。

EDA 包含的范围很广,这里主要是讨论芯片设计方面的 EDA。本节下文中的 EDA 主要指 IC 设计的 EDA。

EDA 工具软件可大致分为芯片设计辅助软件、可编程芯片辅助设计软件、系统设计辅助软件三类。利用 EDA 工具,工程师可将芯片的电路设计、性能分析、设计出 IC 版图的整个过程交由计算机自动处理完成。

1.7.1 EDA 的三大国际巨头

表面看来,EDA 指的是芯片设计中的计算机辅助设计软件,它可以完成芯片的设计、仿真验证、逻辑综合、静态时序分析、版图分析、电路设计、前后仿真等任务。但实际上,EDA 是综合了数学、物理、化学等基础科学,及电路、机械、计算、光学、信号处理等尖端技术于一体的软硬件综合产业,并且 EDA 本身工具链非常长,常用的核心工具至少有 10 余种大类。可以说,离开了 EDA,芯片设计就无从谈起。而 Synopsys(新思科技)、Cadence(铿腾电子或凯登电子)、Mentor Graphics(明导国际,总部位于美国俄勒冈州威尔逊维尔,员工遍及全球 32 个国家,2016 年被 Siemens(西门子)公司以 45 亿美元收购),这三家公司全流程的 EDA 软件占据全球市场前三。

为什么它们能垄断 EDA 软件?原因很简单,EDA 软件本身自带芯片设计仿真验证功能,加上芯片行业高速发展,每家 EDA 软件的工艺库都需要实时更新,甚至每周都会升级。而 EDA 软件被人使用得越多,它的工艺库也就越全,数据越翔实,最终完成的芯片设计图就越可靠,如此,形成良性循环。

根据 2024 年的市场数据,Synopsys、Cadence 和 Siemens EDA 这三家公司在中国的 EDA 市场中占据了主导地位,合计市场份额超过 70%。具体来说,Cadence 在中国市场的份额最高,其次是 Synopsys 和 Siemens EDA。这些公司在技术和市场影响力方面具有显著优势,对中国本土 EDA 企业形成了较大的竞争压力。

1.7.2 Synopsys 设计工具介绍

Synopsys 的产品涵盖整个 IC 设计流程,有学者认为,其客户从设计规范到芯片生产都能使用完备的最高水平设计工具。公司主要开发和支持基于两个主要平台的产品:Galaxy 设计平台和 Discovery 验证平台。这些平台为客户实现先进的集成电路设计和验证提供了整套综合性的工具。Synopsys 的解决方案包括:

- System Creation(系统生成)
- System Verification and Analysis(系统验证与分析)
- Design Planning(设计规划)
- Physical Synthesis(物理综合)
- Design for Manufacturing(可制造设计)
- Design for Verification(可验证设计)
- Test Automation(自动化测试)
- Deep Submicron,Signal and Layout Integrity(深亚微米技术、信号与规划完整性技术)
- Intellectual Property and Design Reuse Technology(IP 核与设计重用技术)
- Standard and Custom Block Design(标准和定制模块设计)
- Chip Assembly(芯片集成)
- Final Verification(最终验证)
- Fabrication and Packaging(制造与封装设计工具)
- Technology CAD(TCAD)(工艺计算机辅助设计技术)

主要包括以下工具:

1)VCS。VCS 是编译型 Verilog 模拟器,完全支持 OVI 标准的 Verilog HDL 语言、PLI 和 SDF。VCS 具有目前行业中最高的模拟性能,其出色的内存管理能力足以支持千万门级的 ASIC 设计,而其模拟精度也完全满足深亚微米 ASIC Sign-Off 的要求。VCS 结合了节拍式算法和事件驱动算法，具有高性能、大规模和高精度的特点，适用于从行为级、RTL 到 Sign-Off 等各个阶段。

2) Vera。Vera 验证系统满足了验证的需要，允许高效、智能、高层次的功能验证。Vera 验证系统已被 Sun、NEC、Cisco 等公司广泛使用来验证其实际产品，从单片 ASIC 到多片 ASIC 组成的计算机和网络系统，从定制、半定制电路到高复杂度的微处理器。Vera 验证系统的基本思想是产生灵活的并能自我检查的测试向量，然后将其结合到 test-bench 中，尽可能充分测试所设计的电路。Vera 验证系统适用于功能验证的各个层次，它具有以下特点：与设计环境的紧密集成、启发式及全随机测试、数据及协议建模、功能代码覆盖率分析。

3) Magellan。Synopsys 公司的新混合形式验证工具 Magellan。Magellan 独特的混合型结构的设计，是为了处理数百万门级的设计和提供排除了会产生不利影响的误报之后的确定性结果。新增的 Magellan 通过实现层次化验证（一种可以使设计的设定和断言功能重复使用的强大的可验证设计技术），加强了 Synopsys 的 Discovery 验证平台的能力。Magellan 支持用 Verilog 和 VHDL 所作的设计，并被构建成符合正在成熟的 SystemVerilog 标准的工具。

4) LEDA。LEDA 是可编程的语法和设计规范检查工具，它能够对全芯片的 VHDL 和 Verilog 描述，或者对两者混合描述进行检查，加速 SoC 的设计流程。LEDA 工具集成了 IEEE 可综合规范、可仿真规范、可测性规范和设计重用规范，以提高设计者分析代码的能力。

5) Scirocco。Scirocco 是迄今为止性能最好的 VHDL 模拟器，并且是市场上唯一为 SoC 验证量身定制的模拟工具。它与 VCS 一样采用了革命性的模拟技术，即在同一个模拟器中把节拍式模拟技术与事件驱动的模拟技术结合起来。Scirocco 的高度优化的 VHDL 编译器能有效减少所需内存，大大加快了验证速度，并在一台工作站上模拟千万门级电路。这一性能对要进行整个系统验证的设计者来说非常重要。

6) Physical Compiler。Physical Compiler 解决 0.18 μm 以下工艺技术的 IC 设计环境，是 Synopsys 物理综合流程的最基本的模块，它将综合、布局、布线集成于一体，让 RTL 设计者可以在最短的时间内得到性能最高的电路。通过集成综合算法、布局算法和布线算法，在 RTL 到 GDS Ⅱ 的设计流程中，Physical Compiler 可以向设计者提供最复杂的 IC 设计的性能预估性和时序收敛性。

7) Clock Tree Compiler。Clock Tree Compiler 是嵌入 Physical Compiler 的工具，它帮助设计者解决深亚微米 IC 设计中时钟树的时序问题。它不仅能够简化设计流程，还可以极大地提高时钟树的质量：对于插入延时有 5% ~20% 的改进，对时钟偏移有 5% ~10% 的改进。

8) DC-Expert。DC-Expert 得到全球 60 多个半导体厂商、380 多个工艺库的支持。据最新 Dataquest 的统计，Synopsys 的逻辑综合工具占据 91% 的市场份额。

DC Expert 是 12 年来工业界标准的逻辑综合工具，也是 Synopsys 最核心的产品。它使 IC 设计者在最短的时间内最佳地利用硅片完成设计。它根据设计描述和约束条件并针对特定的工艺库自动综合出一个优化的门级电路。它可以接受多种输入格式，如硬件描述语言、原理图和网表等，并产生多种性能报告，在缩短设计时间的同时提高设计性能。

9) DC Ultra。对于当今所有的 IC 设计，DC Ultra 是可以利用得最好的综合平台。它扩展了 DC Expert 的功能，包括许多高级的综合优化算法，让关键路径的分析和优化在最短的时间内完成。在其中集成了 Module Compiler 数据通路综合技术，DC Ultra 利用同样的 VHDL/Verilog 流程，能够创造出又快又小的电路。

10)DFT Compiler。DFT Compiler 提供独创的“一遍测试综合”技术和解决方案。它和 Design Compiler、Physical Compiler 系列产品集成在一起,包含功能强大的扫描式可测性设计分析、综合和验证技术。DFT Compiler 可以使设计者在设计流程的前期,很快而且方便地实现高质量的测试分析,确保时序要求和测试覆盖率要求同时得到满足。DFT Compiler 同时支持 RTL 级、门级的扫描测试设计规则的检查,以及给予约束的扫描链插入和优化,同时进行失效覆盖的分析。

11)Power Compiler。Power Compiler 提供简便的功耗优化能力,能够自动将设计的功耗最小化,提供综合前的功耗预估能力,让设计者可以更好地规划功耗分布,在短时间内完成低功耗设计。Power Compiler 嵌入 Design Compiler/Physical Compiler 之上,是业界唯一的可以同时优化时序、功耗和面积的综合工具。

12)FPGA Compiler Ⅱ。FPGA Compiler Ⅱ是一个专用于快速开发高品质 FPGA 产品的逻辑综合工具,可以根据设计者的约束条件,针对特定的 FPGA 结构(物理结构)在性能与面积方面对设计进行优化,自动地完成电路的逻辑实现过程,从而大大降低了 FPGA 设计的复杂度。FPGA Compiler Ⅱ利用了特殊的结构化算法,结合高层次电路综合方法,充分利用复杂的 FPGA 结构将设计输入综合成为满足设计约束条件,以宏单元或 LUT 为基本模块的电路,可以多种格式输出到用户的编程系统中。FPGA Compiler Ⅱ为 FPGA 设计者提供高层次设计方法,并为 IC 设计者用 FPGA 作样片最后转换到为 ASIC 提供了有效的实现途径。

13)PrimeTime。PrimeTime 是针对复杂、百万门芯片进行全芯片、门级静态时序分析的工具。PrimeTime 可以集成于逻辑综合和物理综合的流程,让设计者分析并解决复杂的时序问题,并提高时序收敛的速度。PrimeTime 是众多半导体厂商认可的、业界标准的静态时序分析工具。

14)Formality。Formality 是高性能、高速度的全芯片的形式验证:等效性检查工具。它通过设计寄存器传输级对门级,或门级对门级来保证它没有偏离原始的设计意图。在一个典型的流程中,用户使用形式验证比较寄存器传输级源码与综合后门级网表的功能等效性。这个验证用于整个设计周期,在扫描链插入、时钟树综合、优化、人工网表编辑等之后,以便在流程的每一阶段都能在门级维持完整的功能等效。这样在整个设计周期中就不再需要耗时的门级仿真。将 Formality 和 PrimeTime 这两种静态验证方法结合起来,一个工程师可以在一天内运行多次验证,而不是一天或一周只完成一次动态仿真验证。

15)Astro。Astro 是 Synopsys 为超深亚微米 IC 设计进行设计优化、布局、布线的设计环境。Astro 可以满足 5 000 万门,时钟频率 GHz,在 0.10 及以下工艺线生产的 SoC 设计的工程和技术需求。Astro 高性能的优化和布局布线能力主要归功于 Synopsys 在其中集成的两项最新技术:Physisys 和 Milkyway DUO 结构。

16)Apollo-Ⅱ。Apollo-Ⅱ是世界领先的 VDSM 布局布线工具。它能对芯片集成系统的 VDSM 设计进行时序、面积、噪声和功耗的优化。Apollo-Ⅱ的优点:

①使用专利布局布线算法,产生出最高密度的设计。

②使用先进的全路径时序驱动的布局布线以及综合时钟树算法和通用时序引擎,获得快速时序收敛;与 Saturn 和 Mars 一起使用,可提供对时序、功耗和噪声的进一步优化。

③应用了如天线和连接孔等先进特性,能适应 VDSM 的工艺要求。

④高效强大的 ECO 管理和递增式处理,确保最新的设计更改能快速实现。

17）Mars-Rail。Mars-Rail 用于功耗和电漂移的分析和优化，以完成低功耗高可靠性的设计。它将自动在 Apollo-Ⅱ的布局布线中起作用。

18）Mars-Xtalk。Mars-Xtalk 可以进行充分的串扰分析，并能够进行防止串扰发生的布局和布线，解决超深亚微米芯片设计中的信号完整性问题。

19）Cosmos LE/SE。Synopsys 的 Cosmos 解决方案可以进行自前向后的混合信号、全定制 IC 设计。它可以很好地处理自动化的设计流程和设计的灵便性，使得设计周期可以缩短数周甚至几个月。Cosmos LE 提供了一个基于 Milkyway 数据库的完整物理 IC 设计环境，同时可以无缝集成，动态交互操作所有 Synopsys 公司领先的物理设计工具。同时，Cosmos SE 还提供了一个易用的、基于 Synopsys 仿真工具的仿真环境，可以让设计者从不同的抽象层次来分析电路是否符合要求。

20）Hercules-Ⅱ。作为物理验证的领先者，Hercules-Ⅱ能验证超过 1 亿只晶体管的微处理器、超过 1 000 万门的 ASIC 和 256 MB 的 DRAM，推动技术前沿不断进步。Hercules 通过提供最快的运行时间和高速有效的纠错（debugging）来缩短 IC 设计的周期。它综合且强大的图形界面能迅速帮助设计者发现并处理设计错误。Herculus 具有进行层次设计的成熟算法，进行 flat processing 的优化引擎和自动确定如何进行每个区域数据处理的能力，这些技术缩短了运行时间，提高了验证的精确度。

21）NanoSim（STAR-SIMXT）。NanoSim 集成了业界最优秀的电路仿真技术，支持 Verilog-A 和对 VCS 仿真器的接口，能够进行高级电路仿真的工具，其中包括存储器仿真和混合信号的仿真。通过 Hierarchical Array Reduction（HAR）技术，NanoSim 几乎可以仿真无限大的仿真存储器阵列。

Star-SimXT 是一个准确、高容量、高绩效、易用的瞬态电路仿真软件。它能够处理超过 500 万电路元件的设计，提供的电流电压波形图与 SPICE 结果的误差小于 5%，而它的仿真速度比 Spice 快 10～1 000 倍。Star-SimXT 可以采用现有的 Spice 模型。

22）Star-Hspice。Star-Hspice 是高精确度的模拟电路仿真软件，是世界上最广泛应用的电路仿真软件，它无与伦比的高精确度和收敛性已经被证明适用于广泛的电路设计。Star-Hspice 能提供设计规格要求的最大可能的准确度。

23）Star-RCXT。Star-RCXT 用来对全新芯片设计、关键网以及块级设计进行非常准确和有效的三维寄生参数提取，Star-RCXT 还可以提供内建的电容电阻数据压缩，延时计算以及噪声分析。Star-RCXT 提供层次化处理模式以及分布式处理模式以达到最高处理量。Star-RCXT 紧密结合于 Synopsys、SinglePass 流程。

24）TetraMAX ATPG。TetraMAX ATPG 是业界功能最强、最易于使用的自动测试向量生成工具。针对不同的设计，TetraMAX 可以在最短的时间内，生成具有最高故障覆盖率的最小的测试向量集。TetraMAX 支持全扫描、或不完全扫描设计，同时提供故障仿真和分析能力。

25）DesignWare。DesignWare 是 SoC/ASIC 设计者最钟爱的设计 IP 库和验证 IP 库。它包括一个独立于工艺的、经验证的、可综合的虚拟微架构的元件集合，包括逻辑、算术、存储和专用元件系列，超过 140 个模块。DesignWare 和 Design Compiler 的结合可以极大地改进综合的结果，并缩短设计周期。

Synopsys 在 DesignWare 中还融合了更复杂的商业 IP（无须额外付费），目前已有 8 051 微控制器、PCI，PCI-X，USB2.0，MemoryBIST，AMBA SoC 结构仿真，AMBA 总线控制器等 IP

模块。

DesignWare 中还包括一个巨大的仿真模型库,其中包括 170 000 多种器件的带时序的功能级仿真模型,包括 FPGAs(Xilinx,Altera,…),uP,DSP,uC,peripherals,memories,common logic,Memory 等。还有总线(Bus-Interface)模型 PCI-X,USB2.0,AMBA,Infiniband,Ethernet,IEEE1394 等,以及 CPU 的总线功能仿真模型,包括 ARM,MIPS,PowerPC 等。

1.7.3 美国宣布断供 EDA

2022 年 8 月 13 日,美国商务部周五发布最终规定,对设计 GAAFET(Gate-all-around Field Effect Transistor,全栅场效应晶体管)结构集成电路所必需的 EDA 软件;以金刚石和氧化镓为代表的超宽禁带半导体材料;燃气涡轮发动机使用的压力增益燃烧(PGC)等四项技术实施新的出口管制。相关禁令生效日期为 2022 年 8 月 15 日。有行业从业者认为,就算 2022 年 8 月美国限制了 EDA 软件,也不可能引起全球芯片供应立即出现问题,因为它只限制 GAAFET 架构的半导体 EDA 软件,也就是针对 3 nm 制程芯片的 EDA 软件使用。笔者认为,对高端软件和高端芯片的限制,仍然对中国从事芯片产业的相关机构和公司研发和商业化高端芯片造成了巨大的困扰。

1.7.4 国内 EDA 现状

华大九天、国微集团、芯华章、广立微、概伦电子、芯和半导体等都是国内 EDA 软件的制造企业。我国的 EDA 行业起步虽早,但目前国内 EDA 软件的技术研发优化和产品验证迭代缓慢,与三大 EDA 巨头之间存在很大差距,自给率较低。

(1)2020 年和 2021 年市场销售数据对比

据统计,2020 年,中国 EDA 市场规模约 93.1 亿元,同比增长 27.7%,但仅占全球市场份额的 9.4%。其中 74.4 亿元都被 Synopsys、Cadence、Siemens 这三家 EDA 巨头获取,国产公司仅获取 18 亿元。2021 年,华大九天营收 5.79 亿元,占据国内 EDA 市场份额 6%,位于国内第一位。

(2)国产 EDA 多方面的进展

2023—2024 年,国产 EDA(电子设计自动化)工具在多个方面取得了显著进展,以下是一些关键点。

1)技术创新与突破。

全流程 EDA 工具链。部分国产 EDA 企业推出了全流程 EDA 工具链,覆盖了从芯片设计、验证到制造的各个环节。例如,华大九天的全流程 EDA 工具链能够支持模拟电路、数字电路和数模混合电路的设计和验证,为芯片设计企业提供了一站式的解决方案。

先进制程工艺支持。国产 EDA 工具在先进制程工艺的支持上取得了突破。一些工具已经能够支持 7 nm、5 nm 等先进制程的设计和验证,满足了高端芯片设计的需求。例如,国微思尔芯的 EDA 工具支持 7 nm 先进工艺节点,为芯片设计企业提供了更高效的解决方案。

先进制程兼容性增强。随着半导体制造工艺的不断进步,国产 EDA 工具将进一步提升对更先进制程的支持能力。例如,可能会有更多工具能够兼容 3 nm、2 nm 等前沿工艺节点,为芯片设计企业提供更加精准的设计和验证服务,满足高端芯片设计的需求。

AI 驱动的 EDA 工具发展。人工智能技术在 EDA 领域的应用将进一步深化。利用机器学习、深度学习等AI技术,国产EDA工具可以实现更加智能化的设计优化、验证和测试。例如,通过AI算法来预测电路性能、自动修复设计缺陷、优化版图布局等,从而提高设计效率和产品质量。

多物理场仿真能力提升。在芯片设计中,除了传统的电路仿真外,还需要考虑电磁、热、应力等多物理场的影响。国产EDA工具将加强多物理场仿真功能的开发,提供更加全面和精确的仿真结果,帮助设计工程师更好地理解和解决芯片设计中的复杂问题。

2)市场应用。

市场份额提升。国产EDA工具在国内市场的应用范围不断扩大,市场份额逐步提升。越来越多的国内芯片设计企业开始采用国产EDA工具进行芯片设计和验证,降低了对国外EDA工具的依赖。例如,寒武纪等国内AI芯片企业已经采用国产EDA工具进行芯片设计,取得了良好的效果。2023年中国EDA市场规模达到了约120亿元人民币,同比增长率为13%,占全球EDA市场的10%。在这一市场中,Synopsys、Cadence和Siemens EDA这三家国际巨头仍然占据主导地位,合计市场份额超过70%。而国产EDA企业的市场份额有所提升,达到了约20%。

行业应用拓展。国产EDA工具在不同行业的应用也不断拓展。除了传统的消费电子、通信等领域外,还开始应用于汽车电子、物联网、工业控制等新兴领域。例如,一些国产EDA工具被用于汽车电子芯片的设计和验证,为智能汽车的发展提供了技术支持。

3)生态建设。

产学研合作加强。国产EDA企业与高校、科研机构的合作进一步加强,共同开展EDA技术研发和人才培养。例如,华大九天与多所高校合作,设立了EDA联合实验室,培养EDA领域的专业人才,推动EDA技术的创新和发展。

产业联盟成立。国产EDA企业积极参与或牵头成立EDA产业联盟,加强行业内的合作与交流。例如,中国EDA产业联盟的成立,旨在整合行业资源,推动国产EDA工具的发展和应用,提升国产EDA产业的整体竞争力。

4)政策支持。

政府扶持力度加大。政府对国产EDA产业的扶持力度不断加大,出台了一系列政策措施。例如,提供研发资金支持、税收优惠、人才引进等政策,鼓励国产EDA企业加大研发投入,加快技术创新和市场应用。这些政策为国产EDA产业的发展提供了有力的支持和保障。

总体来看,近年来,国产EDA工具在技术、市场、生态和政策等方面都取得了积极的进展,为实现中国半导体产业的自主可控和创新发展奠定了坚实的基础。

第2章 可编程逻辑器件

可编程逻辑器件英文全称为:Programmable Logic Device 即 PLD。PLD 是作为一种通用集成电路产生的,他的逻辑功能按照用户对器件编程来确定。

2.1 发展历史

20 世纪 70 年代:出现只读存储器 PROM (Programmable Read Only Memory),可编程逻辑阵列器件 PLA (Programmable Logic Array)。

20 世纪 70 年代末:AMD 推出了可编程阵列逻辑 PAL (Programmable Array Logic)。

20 世纪 80 年代:Lattice 公司推出了通用阵列逻辑 GAL (Generic Array Logic)。

20 世纪 80 年代中:Xilinx 公司推出了现场可编程门阵列 FPGA (Field Programmable Gate-Array)。Altera 公司推出了可擦除的可编程逻辑器件 EPLD (Erasable Programmablc Logic Device),集成度高,设计灵活,可多次反复编程。

20 世纪 90 年代初:Lattice 公司又推出了在系统可编程概念 ISP(In-System Programming)及其在系统可编程大规模集成器件 ispLSI。

现以 Xilinx、Altera、Lattice 为主要厂商,生产的 FPGA 单片可达上千万门、速度可实现 550 MHz,采用 65 nm 甚至更高的光刻技术。

2.2 PLD 的分类

从编程工艺上区分:

现有的大部分 CPLD 及 GAL 器件都采用 E2PROM 型结构。

从结构上来区分:

一类是乘积项结构器件,其基本结构为"与-或阵列"的器件,大部分简单 PLD 和 CPLD 都属于这个范畴。

另一类是查表结构器件(SRAM 结构)。由简单的查找表组成可编程门,再构成阵列形式，FPGA 就属于此类器件。

按集成度来区分：

简单 PLD（集成度较低）可分为 PROM、PLA、PAL、GAL。

复杂 PLD（集成度较高）可分为 CPLD、FPGA。

2.3　PLD 的电路表示与结构

PLD 中门电路的常用画法如图 2.1 所示。×表示两条线通过编程相连，• 表示两条线是硬件连接的，没有连接符号两条线表示不相连。例如图 2.1(c)所示，就是 $B+C+D$，而图 2.1(a)所示就是 ABD。把这个基础理解后，其他的结构图，也就不难理解了。

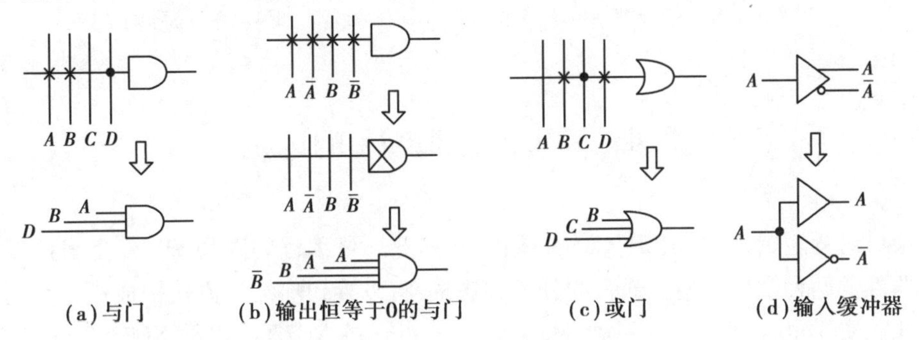

(a)与门　(b)输出恒等于0的与门　(c)或门　(d)输入缓冲器

图 2.1　PLD 中门电路的常用画法

低密度 PLD 的基本结构如图 2.2 所示，由输入缓冲、与阵列、或阵列和输出结构四部分构成。与阵列、或阵列是电路的核心。输出信号往往可以通过内部通路反馈到与阵列。虽然与/或阵列的组成结构简单，但所有复杂的 PLD 都是基于这种原理发展而来的。以下分别列出了 PROM、PLA、PAL(GAL)的阵列结构，如图 2.3、图 2.4、图 2.5 所示。

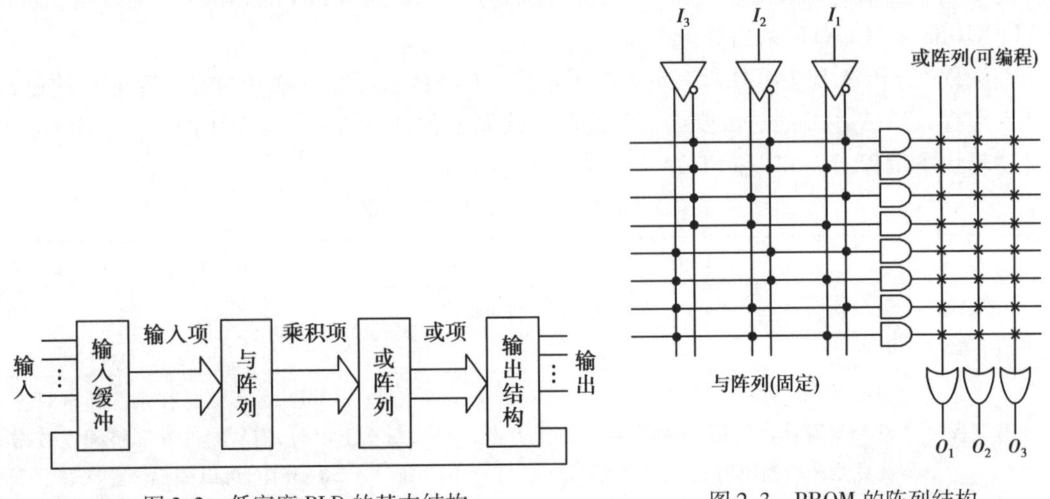

图 2.2　低密度 PLD 的基本结构

图 2.3　PROM 的阵列结构

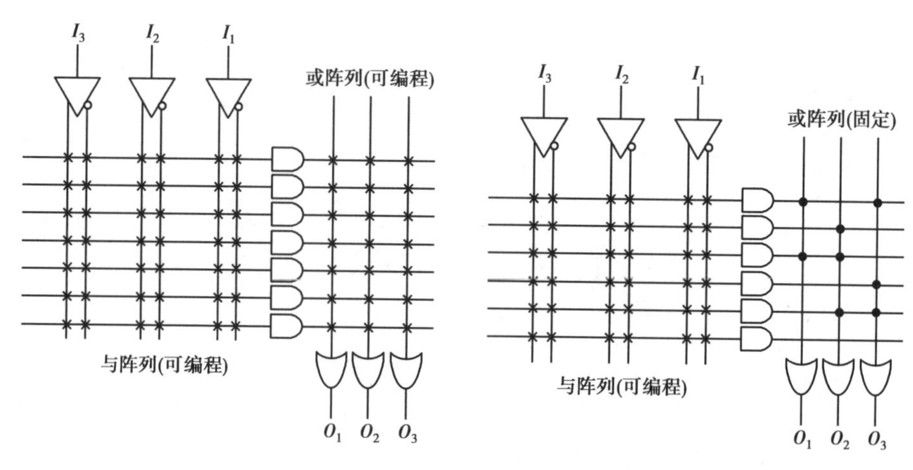

图 2.4　PLA 的阵列结构

图 2.5　PAL(GAL)阵列结构

2.4　CPLD 与 FPGA 的区别

复杂可编程逻辑器件 CPLD(Complex PLD)和现场可编程门阵列 FPGA 是目前复杂可编程逻辑器件的两种主要类型。通常的分类方法是:将以乘积项结构方式构成逻辑行为的器件称为 CPLD,如 Lattice 的 ispLSI 系列、Mach 系列,Xilinx 的 XC7200 系列、XC7300 系列、XC9500 系列、CoolRunner 系列,Altera 的 FLASHlogic 系列、Classic 系列和 MAX(Multiple Array Matrix)系列。MAX 系列包括 MAX3000/5000/7000/9000 等品种,集成度在几百门至数万门之间,采用 EPROM 和 EEPROM 工艺,所有 MAX7000/9000 系列器件都支持 ISP 和 JTAG 边界扫描测试功能系列等。

将以查表法结构方式构成逻辑行为的器件称为 FPGA,如 Xilinx 的 SPARTAN 系列、Altera 的 FLEX10K 或 ACEX1K 系列等。

在编程上 FPGA 比 CPLD 具有更大的灵活性。CPLD 通过修改具有固定内连电路的逻辑功能来编程,FPGA 主要通过改变内部连线的布线来编程;FPGA 可在逻辑门下编程,而 CPLD 是在逻辑块下编程。CPLD 和 FPGA 特性对比见表 2.1。

表 2.1　CPLD 和 FPGA 特性对比表

	CPLD	FPGA
组合逻辑的实现方法	乘积项(product-term),查找表(LUT:Look up table)	查找表(LUT:look up table)
下载编程	非易失性(Flash,EEPROM),E2PROM 或 FLASH 存储器编程,编程次数可达 1 万次,优点是系统断电时编程信息也不丢失	易失性(SRAM),编程信息在系统断电时丢失,每次上电时,需从器件外部将编程数据重新写入 SRAM 中,可以编程任意次
特点	非易失性,立即上电,上电后立即开始运行,可在单芯片上运作	内建高性能硬件宏功能:PLL、存储器模块、DSP 模块等,高集成度、高性能、需要外部配置 ROM

续表

	CPLD	FPGA
应用范围	偏向于简单的控制通道应用以及逻辑连接	偏向于较复杂且高速的控制通道应用以及数据处理
集成度	小-中规模	中-大规模
速度与延迟时间预测	速度快具有较大的时间可预测性	延迟时间预测不太精确

2.5 FPGA 芯片

2.5.1 FPGA 概述

FPGA(Field Programmable Gate Array),即现场可编程门阵列,它是在PAL、GAL、CPLD等可编程器件的基础上进一步发展的产物。它是作为专用集成电路(ASIC)领域中的一种半定制电路而出现的,既解决了定制电路的不足,又克服了原有可编程器件门电路数有限的缺点。

FPGA芯片主要由7部分完成,分别为:可编程输入输出单元、基本可编程逻辑单元、完整的时钟管理、嵌入块式RAM、丰富的布线资源、内嵌的底层功能单元和内嵌专用硬件模块。

每个模块的功能如下:

1)可编程输入输出单元(IOB)。可编程输入/输出单元简称I/O单元,是芯片与外界电路的接口部分,完成不同电气特性下对输入/输出信号的驱动与匹配要求,其示意结构如图2.6所示。FPGA内的I/O按组分类,每组都能够独立地支持不同的I/O标准。通过软件的灵活配置,可适配不同的电气标准与I/O物理特性,可以调整驱动电流的大小,可以改变上、下拉电阻。目前,I/O口的频率也越来越高,一些高端的FPGA通过DDR寄存器技术可以支持高达2 Gbps的数据速率。

外部输入信号可以通过IOB模块的存储单元输入FPGA的内部,也可以直接输入FPGA内部。当外部输入信号经过IOB模块的存储单元输入FPGA内部时,其保持时间(Hold Time)的要求可以降低,通常默认为0。为了便于管理和适应多种电器标准,FPGA的IOB被划分为若干个组(bank),每个组的接口标准由其接口电压VCCO决定,一个组只能有一种VCCO,但不同组的VCCO可以不同。只有相同电气标准的端口才能连接在一起,VCCO电压相同是接口标准的基本条件。

2)可配置逻辑块(CLB)。CLB是FPGA内的基本逻辑单元。CLB的实际数量和特性会按器件的不同而不同,但是每个CLB都包含一个可配置开关矩阵,此矩阵由4或6个输入、一些选型电路(多路复用器等)和触发器组成。开关矩阵是高度灵活的,可以对其进行配置以便处理组合逻辑、移位寄存器或RAM。在Xilinx公司的FPGA器件中,CLB由多个(一般为4个或两个)相同的Slice和附加逻辑构成。每个CLB模块不仅可以用于实现组合逻辑、时序逻辑,还可以配置为分布式RAM和分布式ROM。

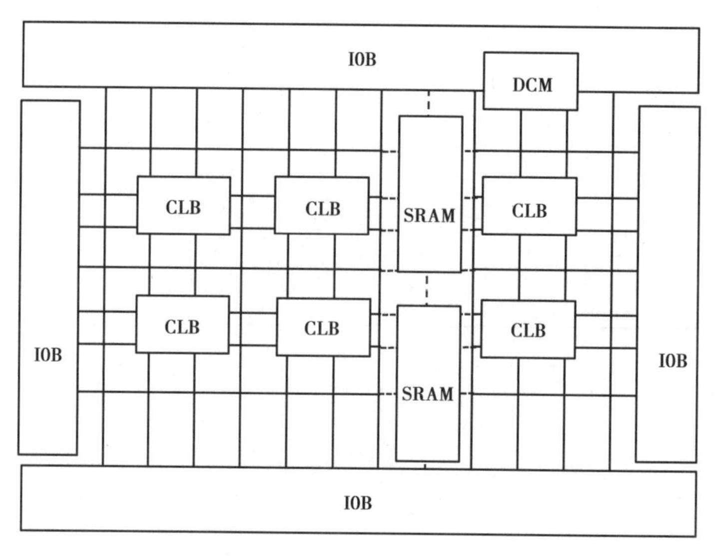

图 2.6　FPGA 芯片的内部结构

Slice 是 Xilinx 公司定义的基本逻辑单位,一个 Slice 由两个 4 输入的函数、进位逻辑、算术逻辑、存储逻辑和函数复用器组成。算术逻辑包括一个异或门(XORG)和一个专用与门(MULTAND),一个异或门可以使一个 Slice 实现 2 bit 全加操作,专用与门用于提高乘法器的效率;进位逻辑由专用进位信号和函数复用器(MUXC)组成,用于实现快速的算术加减法操作;4 输入函数发生器用于实现 4 输入 LUT、分布式 RAM 或 16 bit 移位寄存器(Virtex-5 系列芯片的 Slice 中的两个输入函数为 6 输入,可以实现 6 输入 LUT 或 64 bit 移位寄存器);进位逻辑包括两条快速进位链,用于提高 CLB 模块的处理速度。

Xilinx 提供的 Virtex-5 用户指南(2007 年 9 月 11 日修订版)分为时钟资源、时钟管理技术、锁相环(PLL)、Block RAM、可配置逻辑块(CLB)、SelectIO 资源、SelectIO 逻辑资源、高级 SelectIO 逻辑资源共 8 章进行介绍,共有 369 页,感兴趣的读者可以通过互联网下载后,详细阅读。由于篇幅关系,这里仅能进行粗略介绍。Virtex-5 系列芯片的 Slice 结构如图 2.7 所示。

3)数字时钟管理模块(DCM)。业内大多数 FPGA 均提供数字时钟管理(Xilinx 的全部 FPGA 均具有这种特性)。Xilinx 推出最先进的 FPGA 提供数字时钟管理和相位环路锁定。相位环路锁定能够提供精确的时钟综合,且能够降低抖动,并实现过滤功能。

4)嵌入式块 RAM(BRAM)。大多数 FPGA 都具有内嵌的块 RAM,这大大拓展了 FPGA 的应用范围和灵活性。块 RAM 可被配置为单端口 RAM、双端口 RAM、内容地址存储器(CAM)以及 FIFO 等常用存储结构。RAM、FIFO 是比较普及的概念,在此就不冗述。CAM 存储器在其内部的每个存储单元中都有一个比较逻辑,写入 CAM 中的数据会和内部的每一个数据进行比较,并返回与端口数据相同的所有数据的地址,因而在路由的地址交换器中有广泛的应用。除了块 RAM,还可以将 FPGA 中的 LUT 灵活地配置成 RAM、ROM 和 FIFO 等结构。在实际应用中,芯片内部块 RAM 的数量也是选择芯片的一个重要因素。例如:单片块 RAM 的容量为 18 kbit,即位宽为 18 bit、深度为 1 024,可以根据需要改变其位宽度和深度,但要满足两个原则:首先,修改后的容量(位宽深度)不能大于 18 kbit;其次,位宽最大不能超过 36 bit。当然,可以将多片块 RAM 级联起来形成更大的 RAM,此时只受限于芯片内块 RAM 的

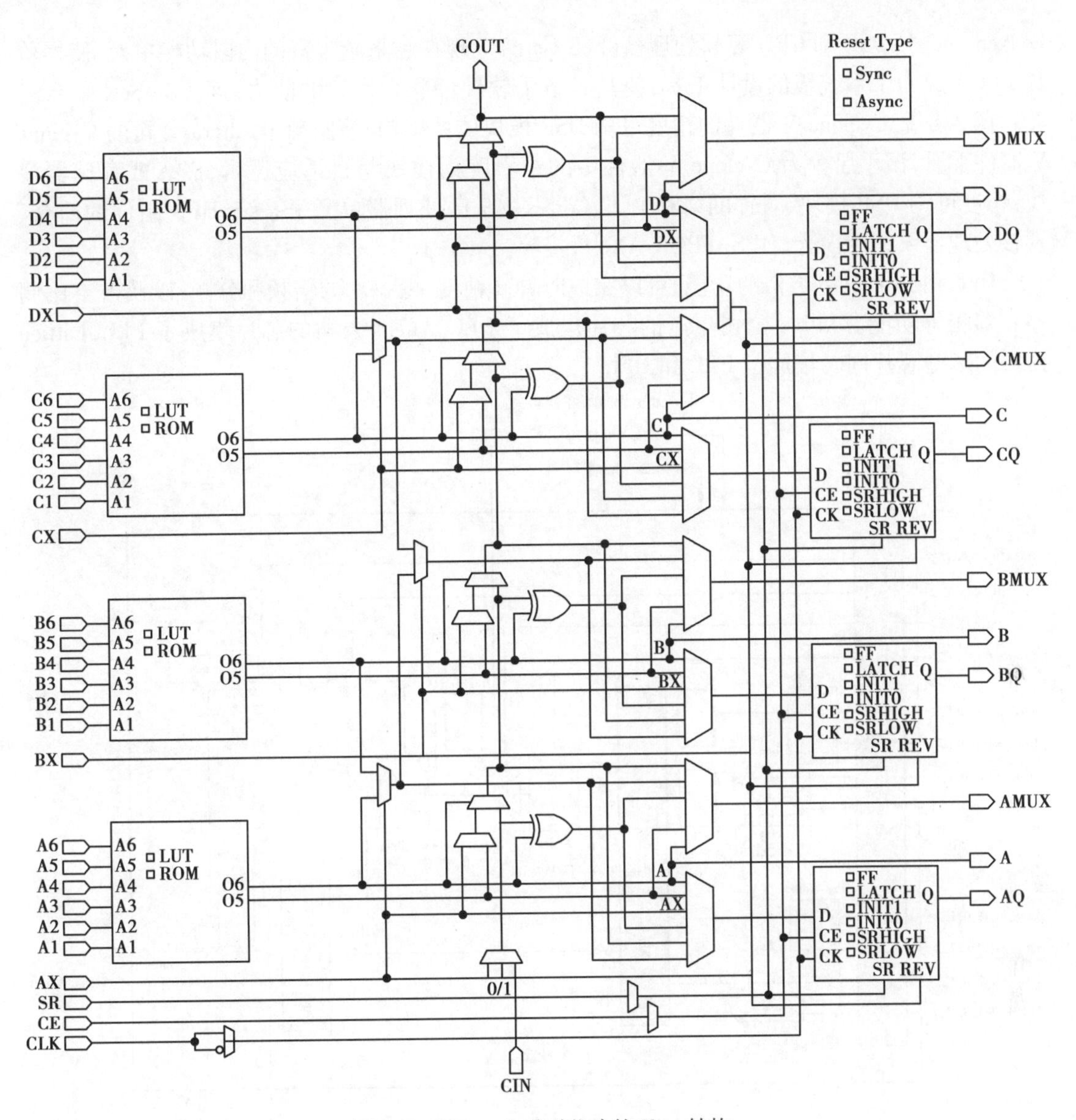

图2.7　Virtex-5系列芯片的Slice结构

数量,而不再受上面两条原则约束。

5)丰富的布线资源。布线资源连通FPGA内部的所有单元,而连线的长度和工艺决定着信号在连线上的驱动能力和传输速度。FPGA芯片内部有着丰富的布线资源,根据工艺、长度、宽度和分布位置的不同而划分为4类不同的类别。第一类是全局布线资源,用于芯片内部全局时钟和全局复位/置位的布线;第二类是长线资源,用以完成芯片Bank间的高速信号和第二全局时钟信号的布线;第三类是短线资源,用于完成基本逻辑单元之间的逻辑互联和布线;第四类是分布式的布线资源,用于专用时钟、复位等控制信号线。在实际中设计者不需要直接选择布线资源,布局布线器可自动地根据输入逻辑网表的拓扑结构和约束条件选择布线资源来连通各个模块单元。从本质上讲,布线资源的使用方法和设计的结果有密切、直接的关系。

6)底层内嵌功能单元。内嵌功能模块主要指DLL(Delay Locked Loop)、PLL(Phase

Locked Loop)、DSP 和 CPU 等软处理核(Soft Core)。现在越来越丰富的内嵌功能单元,使得单片 FPGA 成为了系统级的设计工具,使其具备了软硬件联合设计的能力,逐步向 SoC 平台过渡。图 2.8 是 Cyclone V 器件的精度可调 DSP 模块体系结构,该图源于 Altera 公司的 Cyclone V 器件手册,该手册分为 Cyclone V 器件中的逻辑阵列模块与自适应逻辑、嵌入式存储器模块、精度可调 DSP 模块、时钟网络和 PLL、Cortex-A9 微处理器单元子系统、HPS 组件的简介、硬核处理器系统的简介、HPS-FPGA AXI 桥接等。

DLL 和 PLL 具有类似的功能,可以完成时钟高精度、低抖动的倍频和分频,以及占空比调整和移相等功能。Xilinx 公司生产的芯片集成了 DLL,Altera 公司的芯片集成了 PLL,Lattice 公司的新型芯片同时集成了 PLL 和 DLL。

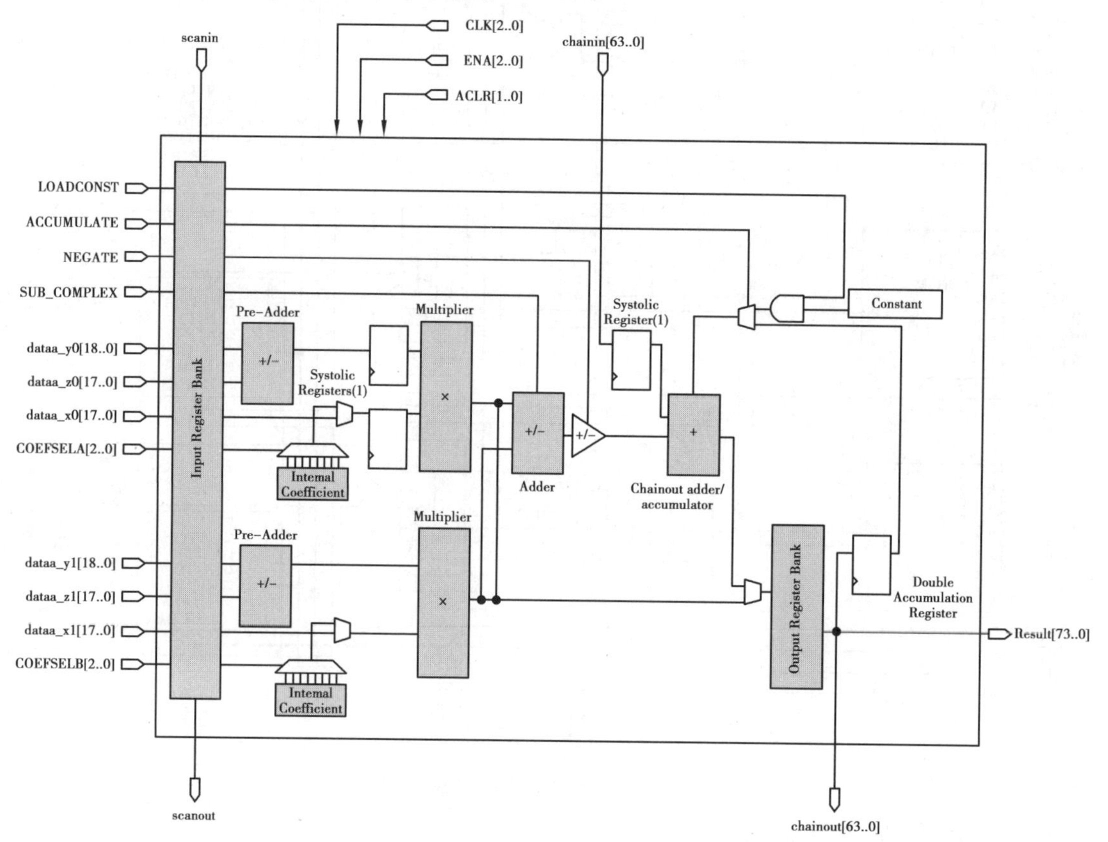

图 2.8　Cyclone V 器件的精度可调 DSP 模块体系结构

2.5.2　底层嵌入式功能块对比

Xilinx:DCM、DSP48/48E、DPLL、MulTIplier 等。

Altera:PLL/EPLL/FPLL、DSPcore 等。

Altera 的 Cyclone Ⅱ 器件最多有 4 个 PLL,分布在芯片的 4 个角上;需要注意的是 Altera 的 PLL 是模拟锁相环,在"电源/地"方面要作考虑。

Xilinx 的 spatan-3 器件最多有 4 个 DCM,也是分布在芯片的 4 个角上。

两者的区别:Altera 的 PLL 可支持较低的输入频率,具体来说 Altera 的 Cyclone 系列 PLL 的输入时钟频率范围可以低至 5 MHz。Xilinx 的 DCM(Digital Clock Manager)支持的最低锁相频率为24 MHz,具体来说Virtex-5的DPLL的最低输入频率可以达到24 MHz。

2.5.3　内嵌专用硬核

内嵌专用硬核是相对底层嵌入的软核而言的,指FPGA处理能力强大的硬核(Hard Core),等效于ASIC电路。为了提高FPGA性能,芯片生产商在芯片内部集成了一些专用的硬核。例如:为了提高FPGA的乘法速度,主流的FPGA中都集成了专用乘法器;为了适用通信总线与接口标准,很多高端的FPGA内部都集成了串并收发器(SERDES),可以达到数十Gbps的收发速度。Xilinx公司的高端产品不仅集成了Power PC系列CPU,还内嵌了DSP Core模块,其相应的系统级设计工具是EDK和Platform Studio,并以此提出了片上系统(System on Chip,SoC)的概念。

2.6　Intel FPGA

Intel公司于2015年收购了Altera公司。

2.6.1　Altera FPGA产品

进入21世纪后,产品主要有低成本的Cyclone,中端的Arria,高端的Stratix系列。产品特点见表2.2、表2.3、表2.4、表2.5。

表2.2　Cyclone系列产品

产品	Cyclone	Cyclone Ⅱ	Cyclone Ⅲ	Cyclone Ⅳ	CycloneⅤ	Cyclone10
推出年份	2002	2004	2007	2009	2011	2013
工艺技术	130 nm	90 nm	65 nm	60 nm	28 nm	20 nm

表2.3　Arria系列产品

产品	Arria GX	Arria Ⅱ GX	Arria Ⅱ GZ	Arria Ⅴ GX GT SX	Arria Ⅴ GZ	Arria 10
推出年份	2007	2009	2010	2011	2012	2013
工艺技术	90 nm	40 nm	40 nm	28 nm	28 nm	20 nm

表2.4　Stratix系列产品

产品	Stratix	Stratix GX	Stratix Ⅱ	Stratix Ⅱ GX	Stratix Ⅲ	StratixⅣ	Stratix Ⅴ	Stratix10
推出年份	2002	2003	2004	2005	2006	2008	2010	2013
工艺技术	130 nm	130 nm	90 nm	90 nm	65 nm	40 nm	28 nm	14 nm

表 2.5 CycloneV SE SoC 系列产品部分参数

器件资源	型号			
	A2	A4	A5	A6
LE	25 000	40 000	85 000	110 000
自适应逻辑模块(ALM)	9 434	15 094	32 075	41 509
M10K 存储器模块	140	270	397	557
M10K 存储器(kbit)	1 400	2 700	3 970	5 570
存储器逻辑阵列模块 MLAB(kbit)	138	231	480	621
18 位×19 位乘法器	72	116	174	224
精度可调 DSP 模块	36	84	87	112
FPGA PLL	5	5	6	6
HPS PLL	3	3	3	3
FPGA 用户 I/O 最大数量	145	145	288	288
HPS I/O 最大数量	181	181	181	181
FPGA 硬核存储器控制器	1	1	1	1
HPS 硬核存储器控制器	1	1	1	1
处理器内核(ARM CortexTM-A9 MPCoresTM)	一个或两个	一个或两个	一个或两个	一个或两个

表 2.5 中的型号 A2,全名为 Cyclone V 5CSEA2FPGA。表 2.5 中的 DSP 模块,包括三个 9×9,两个 18×19 和一个 27×27 乘法器。

2.6.2 Intel FPGA 产品

上述型号均为 Altera 公司推出,Intel 收购 Altera 后,主要推出了 Agilex 系列。英特尔 Agilex FPGA 家族从战略地位可以看成 Xilinx Ultrascale+系列对标产品。

英特尔 Agilex FPGA 家族融合了英特尔 10 nm SuperFin 制程技术与英特尔专有嵌入式多管芯互联桥接(EMIB)集成的 3D 异构系统级封装(SiP),以及基于芯片的创新架构,可为各种应用提供定制的连接和加速功能。

这种全新架构支持 FPGA 结构与专用逻辑块结合,比如收发器、处理器接口、优化的 I/O、自定义计算、英特尔 eASIC 器件和许多其他功能,从而创建面向每种应用实现独特优化的解决方案。英特尔 Agilex SoC FPGA 还集成了四核 Arm Cortex-A53 处理器,可提供高系统集成水平。

英特尔 Agilex FPGA 分为下面主要的三个系列:

(1) Agilex F 系列 FPGA

英特尔 Agilex F 系列 FPGA 和 SoC FPGA 集成了带宽高达 58 Gb/s 的收发器、增强的 DSP 功能、高系统集成度和第二代英特尔 Hyperflex 架构,适用于数据中心、网络和边缘的各种应用。英特尔 Agilex F 系列 FPGA 和 SoC 家族还提供集成四核 Arm Cortex-A53 处理器的选项,以提供高系统集成度。

(2)Agilex I **系列** FPGA

英特尔 Agilex I 系列 SoCFPGA 针对高性能处理器接口和带宽密集型应用进行了优化。通过 Compute Express Link 提供面向英特尔至强处理器的一致性连接、增强型 PCIe Gen 5 支持和带宽高达 112 Gb/s 的收发器,使得英特尔 Agilex I 系列 SoC FPGA 成为需要大量接口带宽和高性能应用的理想选择。

(3)Agilex M **系列** FPGA

英特尔 Agilex M 系列 SoC FPGA 针对计算密集型和内存密集型应用进行了优化。英特尔 Agilex M 系列 SoC FPGA 提供面向英特尔至强处理器的一致性连接、HBM 集成、增强型 DDR5 控制器和英特尔傲腾 DC 持久内存支持,针对需要大量内存和高带宽的数据密集型应用进行了优化。

使用月之暗影 Kimi 大模型,统计了 2020 年后 Intel 发布的 FPGA 产品,见表 2.6。

表 2.6 2020 年后 Intel 发布的 FPGA 产品

系列	具体型号	推出时间
Stratix 系列	Stratix 10 GX 10M FPGA	2020 年 1 月
Stratix 系列	Stratix 10 MX FPGA	2020 年 6 月
Agilex 系列	Agilex F-Series FPGA	2020 年 3 月
Agilex 系列	Agilex I-Series FPGA	2020 年 9 月
Agilex 系列	Agilex M-Series FPGA	2021 年 2 月
Max 系列	Max 10 FPGA	2020 年 11 月
Max 系列	Max 10 NX FPGA	2021 年 5 月
Agilex 系列	Agilex D-Series	2022 年
Max 系列	Max 10 GX	2022 年
Stratix 系列	Stratix V 系列升级版	2023 年
Agilex 系列	Agilex II 系列	2023 年

2.7 Xilinx FPGA 产品

2.7.1 Xilinx 传统产品历代

Xilinx CPLD 系列器件包括 XC9500 系列器件、CoolRunner XPLA 和 CoolRunner-Ⅱ系列器件。Xilinx CPLD 器件可使用 Foundation 或 ISE 开发软件进行开发设计。Xilinx FPGA 产品历代情况,如表 2.7、表 2.8 所示。

表 2.7　Xilinx FPGA 产品历代情况

Boards/PLDs/Devices	推出日期
Versal AI EdgeVAE3002、VAE3004	2023 年 7 月
Versal AI Core VCK190-ES1、VCK5000-ES1	2023 年 4 月
Kria™ KV260 Pro、Kria™ KV266 Pro	2022 年 1 月
Versal AI Core VCK190、VCK5000 等	2022 年 3 月
Versal AI Edge(ACAP) VAE1102、VAE1104 等	2021 年 12 月
Versal Premium(ACAP) VP1902、VP1904 等	2021 年 10 月
Kria 自适应系统模块(SOM) KV260、KV266 等	2021 年 6 月
Artix UltraScale+	2021 年 3 月
Aveo SmartNIC(加速卡)	2021 年 2 月
Versal Premium(ACAP)	2020 年 3 月
Versal Prime(ACAP)	2018 年 10 月
Versal AI Core(ACAP)	2018 年 10 月
Alveo 加速卡	2018 年 10 月
Zynq UltraScale+ RFSoCs	2017 年 2 月
Spartan-7	2016 年 9 月
Virtex UltraScale+	2016 年 1 月
Kintex UltraScale+	2015 年 12 月
Zynq UltraScale+	2015 年 9 月
Virtex UltraScale	2014 年 5 月
Kintex UltraScale	2013 年 11 月
Zynq-7000	2011 年 3 月
Vrtox-7	2010 年 6 月
Kintex-7	2010 年 6 月
Artix-7	2010 年 6 月
Virtex-6	2009 年 2 月
Spartan-6	2009 年 2 月
Virtex-5	2006 年
Virtex-4	2004 年

续表

Boards/PLDs/Devices	推出日期
Spartan-3/3L	2003 年
VirtexII pro	2002 年
VirtexII	2000 年
VirtexE	1999 年
Virtex(XC3000,XC4000,XC5200)	1998 年

表 2.8 Xilinx FPGA 产品工艺技术

产品	工艺技术
Artix,Virtex,Kintex	16 nm
Virtex,Kintex	20 nm
Artix,Virtex,Kintex,Spartan	28 nm
Spartan	45 nm

2.7.2 Xilinx 新一代 UltraScale 结构

UltraScale 结构是业界首款采用最先进的 ASIC 架构优化的 All Programmable 结构。本章主要对 UltraScale 结构的 Kintex 和 Virtex 器件特性进行说明,并对其内部所提供的设计资源进行详细的说明和必要的分析。通过这些分析,帮助读者在 Vivado 集成开发环境中更加高效地开发基于 UltraScale 结构的 FPGA 应用。

2.7.3 UltraScale 结构特点

UltraScale 结构能从 20 nm 平面的 FET 结构扩展至 16 nm 鳍式的 FET 晶体管,甚至更高的技术,同时还能够从单芯片扩展到 3D IC。

通过 Xilinx Vivado 设计套件的分析型协同优化方法,UltraScale 结构可以提供海量数据的布线功能,同时还能智能地解决先进工艺节点上的头号系统性能瓶颈。这种协同设计可以在不降低性能的前提下实现超过 90% 的利用率。

UltraScale 架构不仅能够解决系统总吞吐量扩展和时延方面的局限性,还能够直接应对先进工艺节点上的头号系统性能瓶颈,即互联问题。UltraScale 新一代互联架构的推出体现了可编程逻辑布线技术的真正突破。

Xilinx 致力于满足从多吉字节智能包处理到多太字节数据路径等新一代应用需求,即必须支持海量数据流。在实现宽总线逻辑模块(将总线宽度扩展至 512 位、1 024 位甚至更高)的过程中,布线或互联拥塞问题一直是影响实现时序收敛和高质量结果的主要制约因素。过于拥堵的逻辑设计通常无法在早期器件架构中进行布线。即使工具能够对设计进行布线,最终设计也经常在低于预期的时钟速率下运行。而 UltraScale 布线架构则能够完全消除布线拥塞问题。结论很简单,即只要设计合理,就能够进行布线。

2.7.4 从 FPGA 到 ACAP

赛灵思在初次提出 ACAP(Adaptive Computation Acceleration Platform,自适应计算加速平台)这个概念的时候,就在反复强调"ACAP 并不是 FPGA"。那么相比于 FPGA,ACAP 这个芯片到底有哪些特别重大的创新之处呢?主要有三点,分别是基于各种引擎的芯片架构、专用的 AI 加速单元,以及首次在 FPGA 或者 ACAP 中出现的片上网络。

整体来看,ACAP 芯片是由很多个引擎组成的,其结构如图 2.9 所示。比如 FPGA 中的"处理器系统(Processor Systems)"在 ACAP 中被称为"标量引擎(Scalar Engines)";"可编程逻辑(Programmable Logic)"则是变成了"自适应引擎(Adaptable Engines)";再加上由 AI 引擎和 DSP 引擎组成的"智能引擎(Intelligent Engine)",就构成了 ACAP 的"三大引擎"。

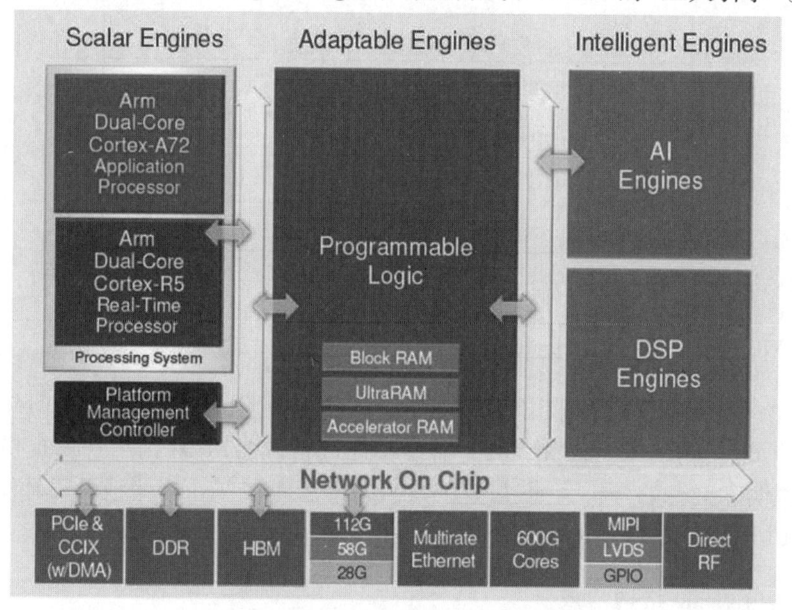

图 2.9 ACAP 结构

Xilinx 推出 Versal 系列,号称业界首款 ACAP。在大数据与人工智能迅速兴起的时代,ACAP 适用于加速广泛的应用,如视频转码、数据库、数据压缩、搜索、AI 推断、基因组学、机器视觉、计算存储及网络加速等。软硬件开发人员能够针对端点、边缘及云应用设计基于 ACAP 的产品。

软件开发人员能够使用 C/C++、OpenCL 和 Python 等软件工具应用 ACAP 系统。同时,ACAP 也仍然能利用 FPGA 工具从 RTL 级进行编程。ACAP、AI Core 系列和 Prime 系列特性见表 2.9。

表 2.9 ACAP、AI Core 系列和 Prime 系列特性

ACAP 资源与特性	AI Core 系列	Prime Series 系列
NoC		
Aggregate INT8 TOP/s	49—147	3—27
System Logic Cells (K)	540—1 968	352—2 154

续表

ACAP 资源与特性	Al Core 系列	Prime Series 系列
Hierarchical Memory (Mb)	68—191	40—324
DSP Engines	928—1 968	472—3 984
Al Engines	128—400	—
Processing System	√	√
Serial Transceivers (NRZ,PAM4)	8—44	12—66
Max. Serial Bandwidth (full duplex) (Tb/s)	2.9	4.2
I/O	346—692	238—778
Memory Controllers	2—4	1—6

Moor Insights & Strategy 市场调查公司创始人 Patrick Moorhead 表示:"这就是未来计算的形式。我们所说的是能在几分钟内即完成基因组排序,而非几天;数据中心能根据计算需求自行对其服务器的工作负载进行编程调整,例如在白天进行视频转码,晚上则执行影像识别。这一点意义重大。"

2022 年 2 月,AMD 以 500 亿美元全股份交易的方式正式完成对 Xilinx 的收购。收购完成后,Xilinx 领先的 FPGA、自适应 SoC、人工智能引擎和软件专业知识将赋能 AMD,为 AMD 带来超强的高性能和自适应计算解决方案组合,并帮助 AMD 在可预见的约 1 350 亿美元规模的云计算、边缘计算和智能设备市场中占据更大份额。

2.8 FPGA 开发与配置下载

2.8.1 开发环境

FPGA 开发环境主要包括:运行于 PC 机上的 FPGA 开发工具、编程器或编程电缆、FPGA 开发板。

软件公司开发的通用软件工具以三大软件巨头 Cadence、Mentor、Synopsys 的 EDA 开发工具为主,内容涉及设计文件输入、编译、综合、仿真、下载等 FPGA 设计的各个环节,是工业界认可的标准工具。

PLD 厂商提供的开发工具,一般仅能面对本厂的芯片。表 2.10 是销量靠前的两大公司的开发工具。

表 2.10 PLD 厂商开发工具

工具软件名称	推出时间	备注
Foundation	2002 年前	Xilinx 早期软件工具
ISE 5.1i	2002 年	Xilinx 公司软件工具

续表

工具软件名称	推出时间	备注
Vivado IDE	2012 年 4 月	Xilinx 公司软件工具
Vitis	2019 年	Xilinx 公司软件工具
MAXPLUS Ⅱ	1998 年前	Altera 公司软件工具
Quartus Ⅱ	2001 年	Altera 公司软件工具
Quartus Prime	2018 年 8 月	Intel 公司软件工具

2.8.2 开发流程

FPGA 的设计方法属于自上而下的设计方法。常见的 FPGA 开发流程如图 2.10 所示。

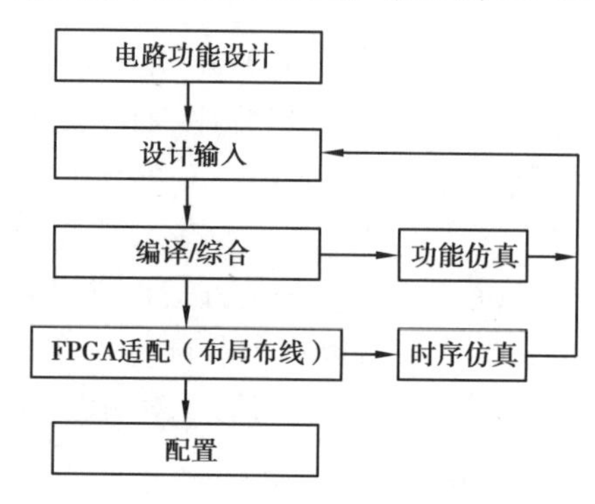

图 2.10 FPGA 开发流程

2.8.3 配置方式

FPGA 器件有三类配置下载方式：主动配置方式(Active Serial, AS)、被动配置方式(Passive Serial,PS)和最常用的 JTAG(Joint Test Action Group,联合测试工作组)配置方式。

AS 模式：烧写到 FPGA 的 EPCS 配置芯片保存。FPGA 器件每次上电时,把 EPCS 的数据读取到 FPGA 中,实现对 FPGA 的编程。

PS 模式:EPCS 作为控制器件,把 FPGA 当作存储器,把数据写入 FPGA 中,实现对 FPGA 的编程。该模式可以实现对 FPGA 在线可编程。

JTAG:直接烧写到 FPGA 内部,由于是 SRAM,断电后数据丢失,要重新烧写。

2.8.4 下载电缆

Altera 的下载电缆分为 ByteBlaster、ByteBlasterMV、ByteBlaster Ⅱ、USB-blaster,现在常用的是 USB-blaster。

2.8.5 Zynq 开发板配置下载

Zynq 开发板 FPGA 比特流文件可以通过三种途径下载：

1)利用 SDK 生成的 FSBL. elf 文件自动加载 FPGA 比特流配置文件,将比特流文件,

FSBL. elf 文件和 u-boot. elf 文件利用 SDK 工具生成 BOOT. BIN 文件。

2)利用 u-boot 下面的命令方式下载。

①FPGA info 0 查看 FPGA 信息;

②fatload mmc 00x1000000 design_1_wrapper. bin 下载比特流文件;大小为 4045564bytes,转换成十六进制:0x3dbafc

③FPGA load 00x1000000 0x3dbafc 下载比特流文件;

3)利用内核驱动加载比特流文件,文件系统启动后运行。

①mount /dev/mmcblk0p1 /mnt 挂载 SD 卡,SD 卡内有比特流文件。

②cat/mnt/design_1_wrapper. bin > /dev/xdevcfg 加载 FPGA 配置文件。

不同的开发板,由于电路设计和芯片配置不同,故下载时应根据开发板的具体情况,选择适宜的下载配置方式。

2.9　FPGA 的发展趋势

纵观 FPGA 几十年的发展历程,目前 FPGA 的芯片结构、开发工具、使用场景等各个方面的发展,都已经远远超出 FPGA 出现时所设定的目标,甚至也远远超出很多人的想象。正是由于一代代研究者和工程师的不懈努力,才让 FPGA 在不同的时代背景下焕发生机,并不断推动摩尔定律的延续。

未来,FPGA 领域仍然有很多难题需要解决,也有很多潜力巨大的方向,亟待学术界和工业界的研究者去探索和发现。如果仔细看一下四大 FPGA 顶级学术会议近年来发表的文章,并结合业界不断发布的最新成果和动态,就可以看出 FPGA 未来主要发展方向的些许端倪。

总体而言,高层次综合和人工智能应用仍然会是未来一段时间的主流。在学术界,FPGA 四大顶级会议中每年大概有超过一半的文章都集中在这两个领域。其中,既包括人工智能和机器学习与 FPGA 结合的相关工作,还包括 FPGA 高层次综合(High-level Sythesis,HLS)相关的工作,如高层语言优化、工具和 HLS 算法设计等。而高层次综合在过去 5 ~ 10 年一直是 FPGA 研究的重点和热点。例如,在 2019 年的 FPGA 大会上,与 AI 相关的文章有 8 篇,与 HLS 相关的文章有 6 篇,超过会议接收的全部论文的一半。2020 年的 FPGA 大会也延续了这一趋势,与 AI 和 HLS 相关的论文各有 7 篇和 8 篇。

值得注意的是,人工智能和高层次综合这两个领域并非泾渭分明,而是相互耦合、相互促进和相互激发的。很多文章讨论了使用 HLS 对人工智能应用进行设计和加速。例如,2019 年丛京生教授与张志如副教授就合作开发了名为 HeteroCL 的基于 Python 的硬件加速模型,这项工作可以帮助 AI 和 Python 的开发者利用 FPGA 迅速完成 AI 图形图像算法的开发和硬件搭建。类似的工作还有很多,由此可见,高层次综合,特别是领域专用的高层次综合工具和算法的设计研发,将会是未来 FPGA 发展的一个重要方向。有了更先进、更易用的开发工具,会促使更多软件和算法工程师开始使用 FPGA 作为他们算法和软件实现的硬件平台,从而进一步正向促进 FPGA 的发展。

此外,FPGA 在 AI 领域的应用也会越来越广泛。人工智能算法目前正在经历爆炸式发展,但距离稳定和成熟可能还有一段路要走。为了不断提升算力,同时兼顾功耗、成本和灵活性的要求,使用 FPGA 进行定制化架构设计就成了一个性价比很高的选择。在这个领域中,FPGA 微架构设计,AI 加速资源的扩展、对数据吞吐量的提升等方向,会成为今后发展的重点。

在数据中心(大数据)领域,FPGA 也在开始扮演越来越重要的角色。有很多 FPGA 加速云计算和大数据处理的实际例子,例如微软的 Catapult 项目和亚马逊 AWS 的 F1 实例(FPGA 云服务)等。除了云计算之外,电信网络提供商也在使用 FPGA 对自身的网络架构进行转型。这主要受到当前软件定义网络(SDN)和网络功能虚拟化(NFV)的强力推动。如何有效利用 FPGA 这种可编程硬件加速资源(包括厂商提供的 FPGA 加速卡),探索并推广 FPGA 在数据中心里的高效部署方法,如何对这类应用场景设计有效的商业模型,以及部署 FPGA 带来的安全性问题等,都将是未来一段时间内业界的研究重点。

另外,随着业界对摩尔定律存续问题讨论的不断升温,如何进一步延续芯片的性能提升,并不断降低芯片的功耗,一直是学术界和工业界投入大量人力物力的重要研究方向。我们看到,近年来新型 FPGA 架构层出不穷,各类最新的 IP、制造工艺、封装技术等尖端科技,都将 FPGA 作为主要的实现载体。可以预见的是,当半导体制造工艺逼近原子极限,更多诸如 SSI、EMIB、3DIC 等“黑科技”会不断涌现,而 FPGA 也会像现在这样成为这些“黑科技”的集大成者。量子计算、类脑计算、存内计算等全新的计算模式也会纷纷上场,并呈现百花齐放的局面。如何将这些新型计算模式与现有的基于 FPGA 的可重构计算模式相互融合和补充,会是非常有趣的研究方向。

小结

FPGA 自诞生之日起,就在摩尔定律的指引下不断发展和进化。FPGA 从一个单纯负责黏合逻辑或原型验证的简单芯片,逐步蜕变成为汇集现代最新科技、架构、IP 与开发方法的复杂片上系统 SoC,并仍然在技术的道路上不断高速前进。之所以能取得这些令人瞩目的成就,是因为那些在 FPGA 领域不断探索、发明和创新的一代代研究者,他们作为建筑师,架构起了这个领域,并不断推动 FPGA 和可重构计算技术的发展。

虽然,当前 FPGA 的研究领域还是以欧美学者为主,但我国的 FPGA 学术研究已经在过去的几年间取得了突飞猛进的成就,特别是在人工智能和 FPGA 开发工具等领域,我国专家学者的很多工作和技术成果都开始跃居世界前列。除此之外,我们的学术成果转化和商业 FPGA 发展也在不断加速前行,深鉴、寒武纪、地平线等初创企业都逐渐成为了各自领域的全球领军者。

第3章 常用EDA工具

前面章节提及了很多的ASIC设计的EDA工具,在互联网高度发展的今天,若每一个都详细介绍,不仅浪费篇幅,而且毫无必要。

本章就业界常用的几个软件进行简要介绍,会减少对诸如界面、流程、特点等的介绍,而是通过案例式介绍,让读者掌握软件的初步流程。如果需要进一步了解其他知识,可自行查阅相关资料。

3.1 Quartus Prime 概述

Quartus Prime 是 Intel 公司收购 Altera 后推出的软件,原来的名称为 Quartus Ⅱ,从 Quartus 15.1 开始,更名为 Quartus Prime。截至2025年1月,最新版本为24.3。根据官网介绍,软件分为 Pro, Standard 和 Lite 三种。英特尔® Quartus® Prime24.3 版本软件单一订购码固定节点订购价格为3 995美元。专业版下载文件大小为62.4 GB,包括如下功能模块:

- Ashling RiscFree IDE for Intel® FPGAs
- DSP Builder for Intel® FPGAs Pro Edition
- Flexlm License Daemon for Intel® FPGA software
- Intel® Advanced Link Analyzer Pro Edition
- Intel® FPGA Power Thermal Calculator
- Intel® High Level Synthesis Compiler
- Intel® Quartus® Prime Pro Edition Help
- Intel® Quartus® Prime Pro Edition Programmer and Tools
- Cyclone® 10 GX device family

如果不是开发设计大型和高速芯片,软件版本并不是越高越好,不建议初学者安装最高版本的软件,因为相关资料少,且新版软件本身可能也存在bug或流程不尽合理的地方。建议可安装多个版本,并熟悉使用。

本章以18.0版本为例。QuartusSetup、ModelSimSetup、SoCEDSSetup 等安装文件的大小总共约为8.23 G,安装后占用硬盘空间14.1 G。软件下载安装后,需要设置 license. dat 文件:在

Quartus Prime 管理器窗口选择 Tools\License Setup…,单击 License file 右侧的“…”按钮,在出现的对话框中选择 License. dat 文件或直接输入具有完整路径的文件名,如图 3.1 所示。

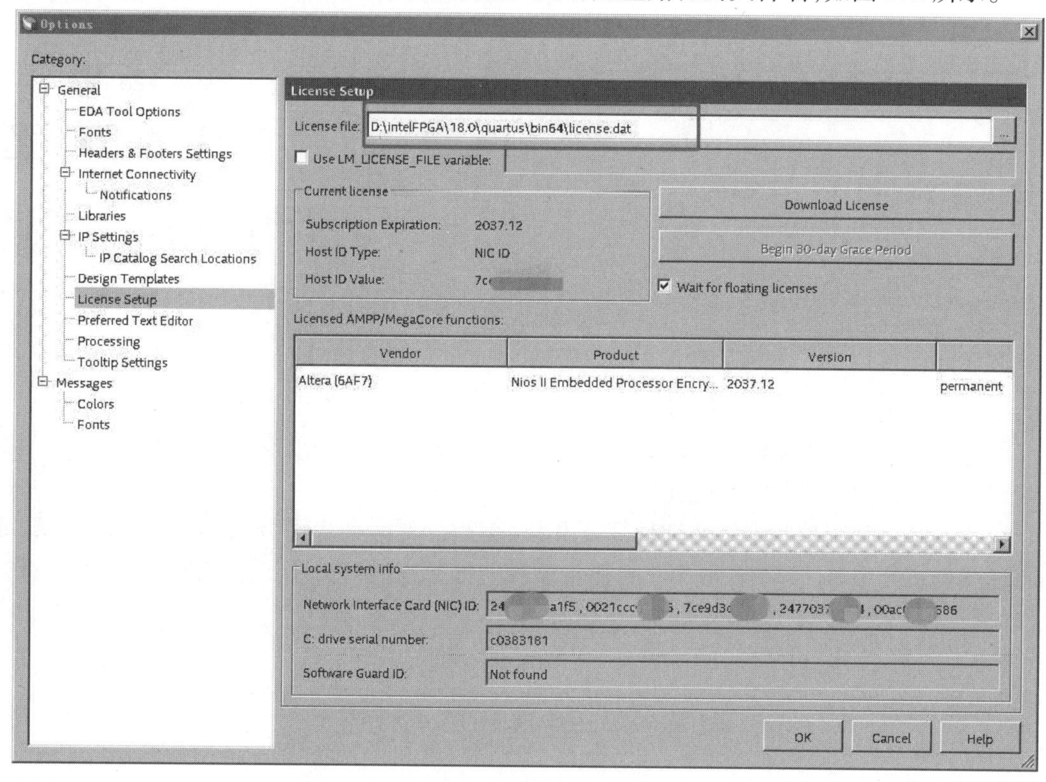

图 3.1　License 文件设定

3.2　Quartus Prime 设计流程

下面以一个移位寄存器为例,介绍 Quartus Prime 设计流程。

3.2.1　设计输入

Quartus Prime 编辑器的工作对象是项目,项目用来管理所有设计文件以及编辑设计文件过程中产生的中间文档,一般位于一个文件夹下面,建议提前先新建一个文件夹。

设计文件的种类:在一个项目下,可以有多个设计文件,这些设计文件的格式可以是原理图文件、文本文件(如 AHDL、VHDL、Verilog HDL 等文件)、符号文件、底层输入文件;或是第三方 EDA 工具提供的多种文件格式,如 EDIF、HDL、VQM 等。

(1)新建项目

选择菜单 File/New Project Wizard…,出现新建项目向导 New Project Wizard 对话框的第一页,输入项目路径、项目名称和顶层实体名,如图 3.2 所示。

第二页,选择 Empty project。第三页,可添加或删除文件,我们先跳过第三页,根据器件的封装形式、引脚数目和速度级别,选择目标器件。读者可以根据具备的实验条件进行选择。

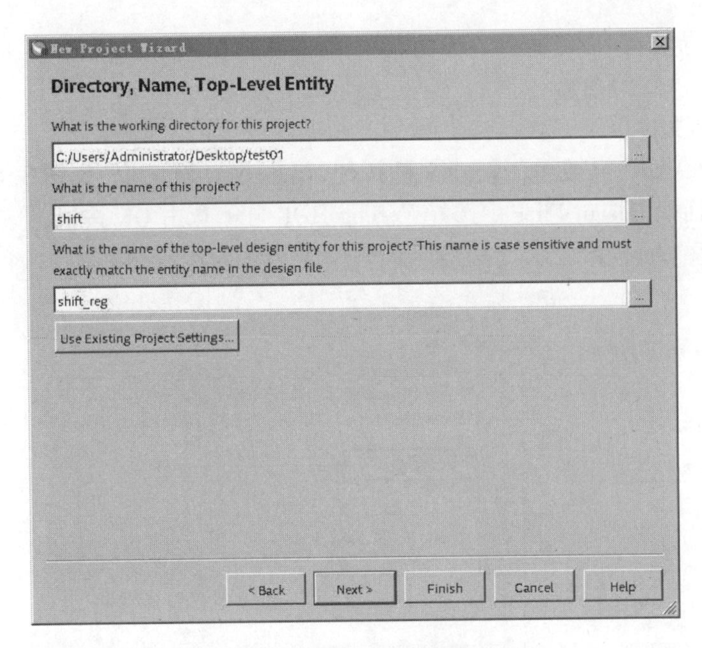

图3.2　新建项目对话框第一页

对话框的最后一页,给出前面输入内容的总览。单击Finish按钮,shift项目出现在项目导航窗口,shift_reg表示顶层实体文件(文件文本内容此刻尚未出现在右侧代码区),建立项目如图3.3所示。

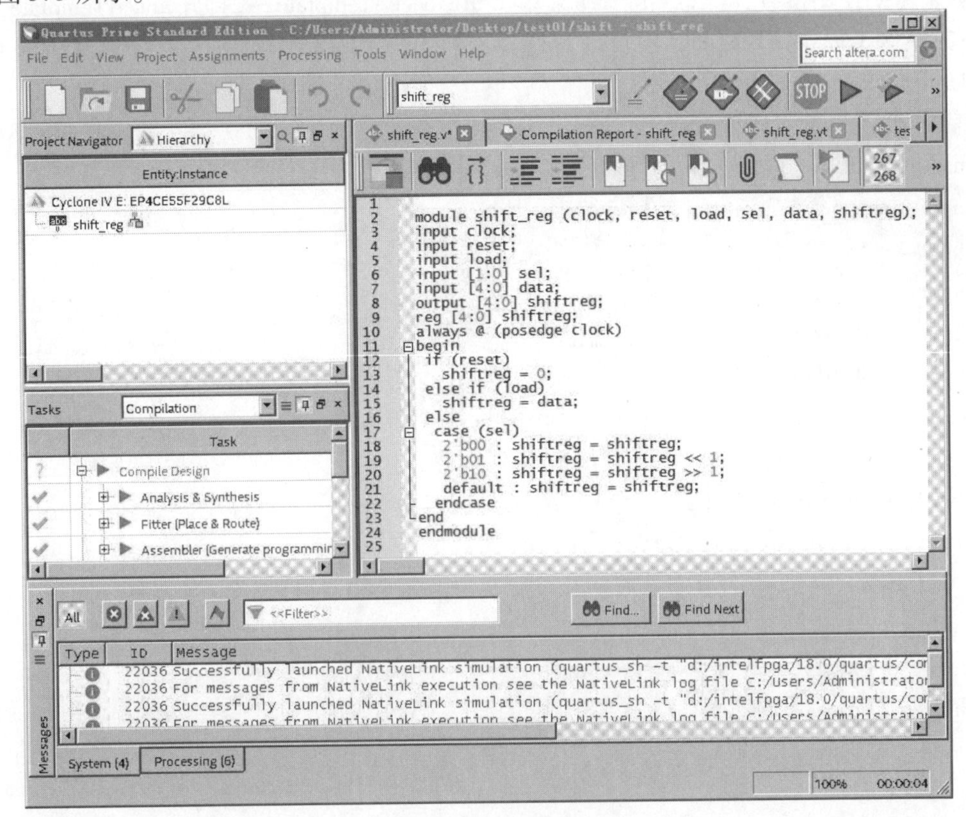

图3.3　建立项目

新建项目向导结束后,可通过主界面菜单 Assignments→Settings…→General 进行设置或修改。

(2)**输入文本文件**

选择菜单 File\New…,或单击新建文件按钮,出现 New 对话框,如图 3.4 中左侧对话框 New 所示。在对话框 Design Files 中选择 Verilog HDL File,点击 OK 按钮,打开文本编辑器。

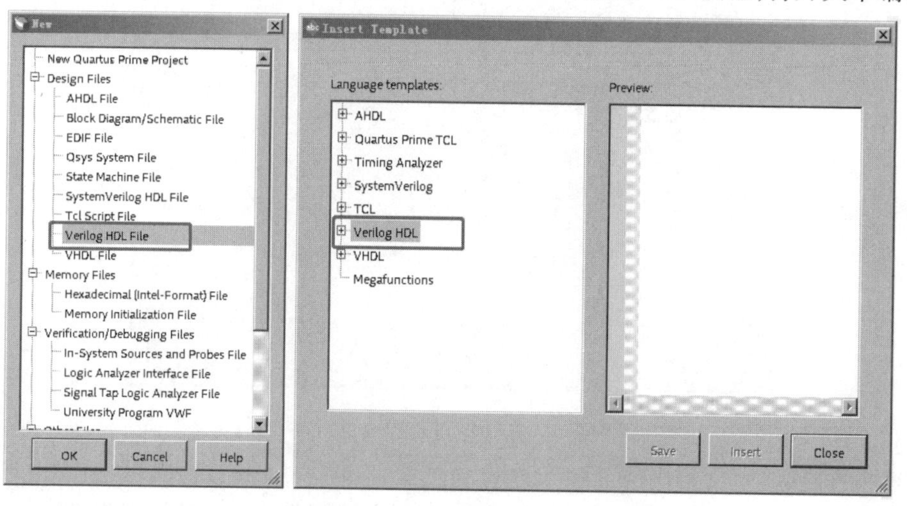

图 3.4　新建文本文件对话框与插入文本模板

如果需要使用模板,可以点击选择菜单 Edit\Insert Template…,打开 InsertTemplate 对话框,单击左侧 LanguageTemplate 栏目进行选择,然后选择 Insert。如图 3.4 右侧对话框 Insert Template 所示。

编辑、修改后的代码如下:

```
module shift_reg (clock,reset,load,sel,data,shiftreg);
input clock;
input reset;
input load;
input [1:0] sel;
input [4:0] data;
output [4:0] shiftreg;
reg [4:0] shiftreg;
always @ (posedge clock)
begin
  if (reset)
shiftreg = 0;
  else if (load)
shiftreg = data;//读入数据
  else
  case (sel)
2'b00 : shiftreg = shiftreg;//保持
```

```
2'b01 : shiftreg = shiftreg << 1;//左移
2'b10 : shiftreg = shiftreg >> 1;//右移
default : shiftreg = shiftreg;
  endcase
end
endmodule
```

(3)**添加或删除项目文件**

选择菜单 Assignments\Settings…,打开如图3.5所示的 Settings 对话框。在 Settings 对话框左侧的 Cagegory 栏目下选择 Files 项,通过右边 File Name 栏的"…"按钮查找文件选项,单击 Add 按钮添加文件。Add All 按钮的作用是将当前目录下的所有文件添加到项目中。

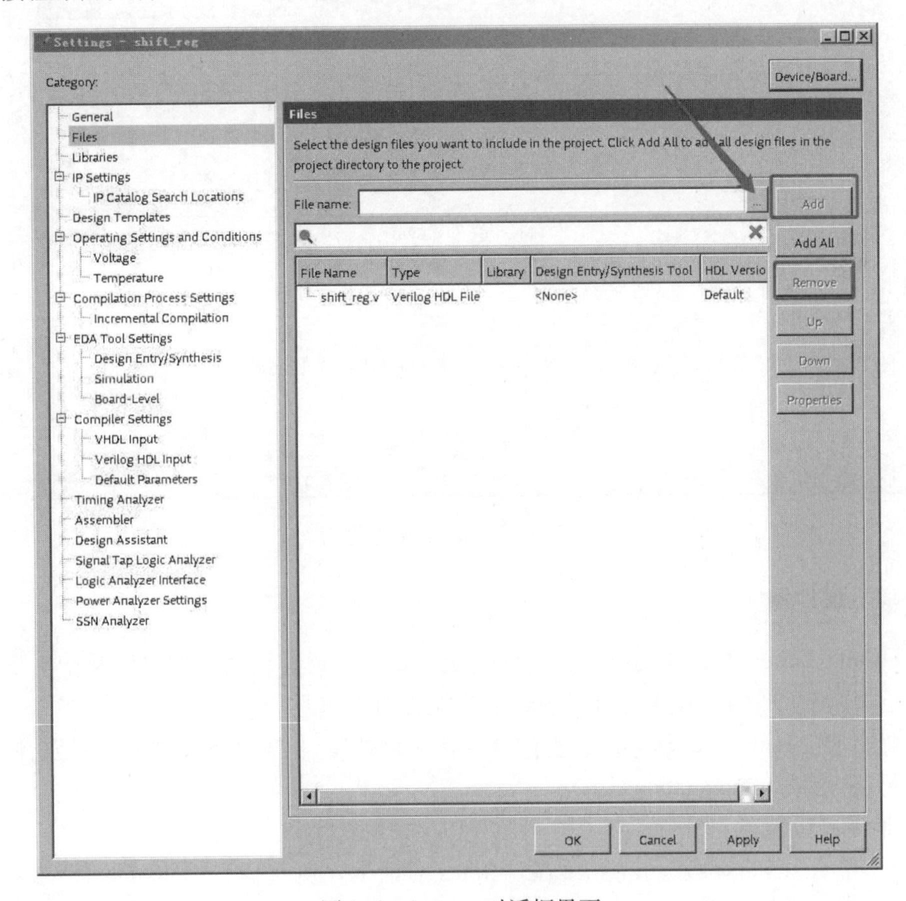

图3.5 Settings 对话框界面

删除文件:如果希望将当前项目中的文件从项目中删除,首先选中待删除文件,Remove 按钮则被激活,点击 Remove 按钮即可。

在 Settings 对话框界面,还有与设计有关的功能设置,如 Libraries、IP Settings、EDA Tool settings、Timing Analyzer、Power Analyzer Interface、SSN Analyzer 等设置。

(4)**器件设定**

如果需要指定或更改目标器件,可以通过菜单 Assignments→Device…,打开如图3.5所示的界面,可以在 Family 下拉列表中选择系列,在 Show in' Available devices' list 中选择封装形式、引脚数量和速度等级,在 Available devices 中选择目标器件,在点击 Devices and Pin Options 按钮弹出的对话框里面,进行配置、编程文件、不用引脚、双用途引脚以及引脚电压等选项的设置。Device 对话框界面如图 3.6 所示。

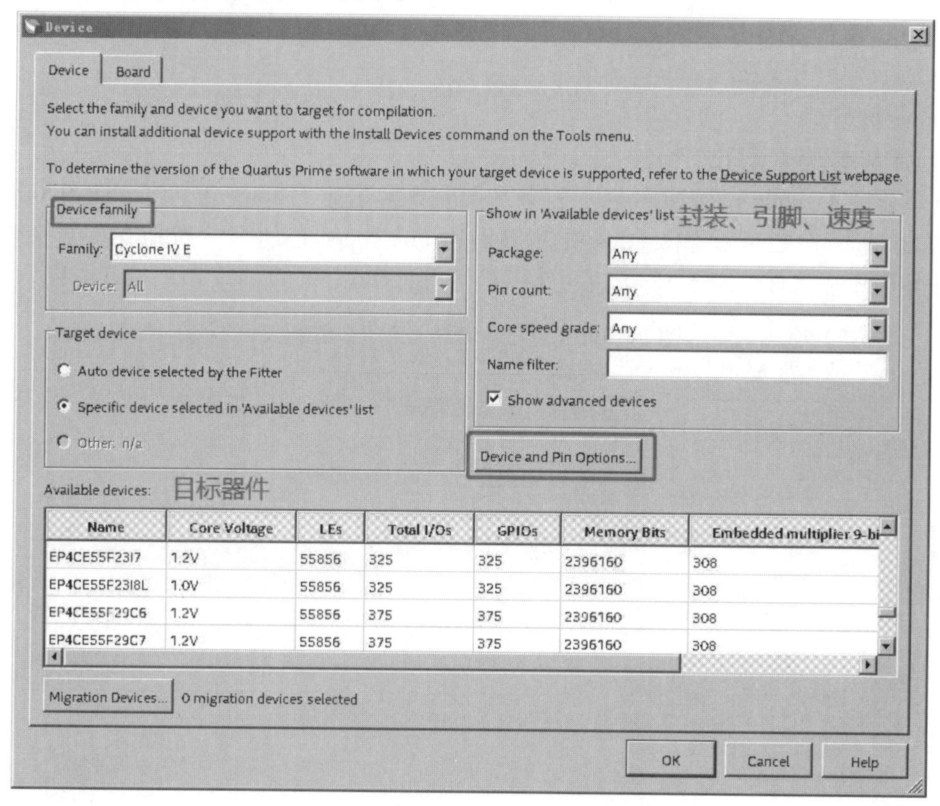

图 3.6　Device 对话框界面

3.2.2　设计编译

编译 Compilation,处理的功能包括设计错误检查、逻辑综合、器件配置以及产生下载编程文件等。编译后生产的编程文件可以用于下载配置器件。

也可先使用 Analysis & Synthesis 进行分析和综合处理,检查设计文件有无错误,修改正确后,再进行完成编译 Compilation。

(1)编译器设置

选择菜单 Assignments\Settings…,在 Settings 对话框左侧选择 Compilation Process Settings 项,可以设置与编译相关的内容。一般不用设置,采用系统默认即可。

(2)编译

如果一个项目中有多个文件,只要对其中一个文件进行编译处理,需要将该文件设置成顶层文件:打开前面编辑的文件,执行菜单命令 Project/Set as Top-Level Entity,也可以在文件名那里点击右键,选择设置为顶层实体。如果一个项目有很多的设计文本文件,要对整体项目进行编译,只需要设定最顶层的实体文件为顶层实体文件,运行编译即可。执行编程如图 3.7 所示。

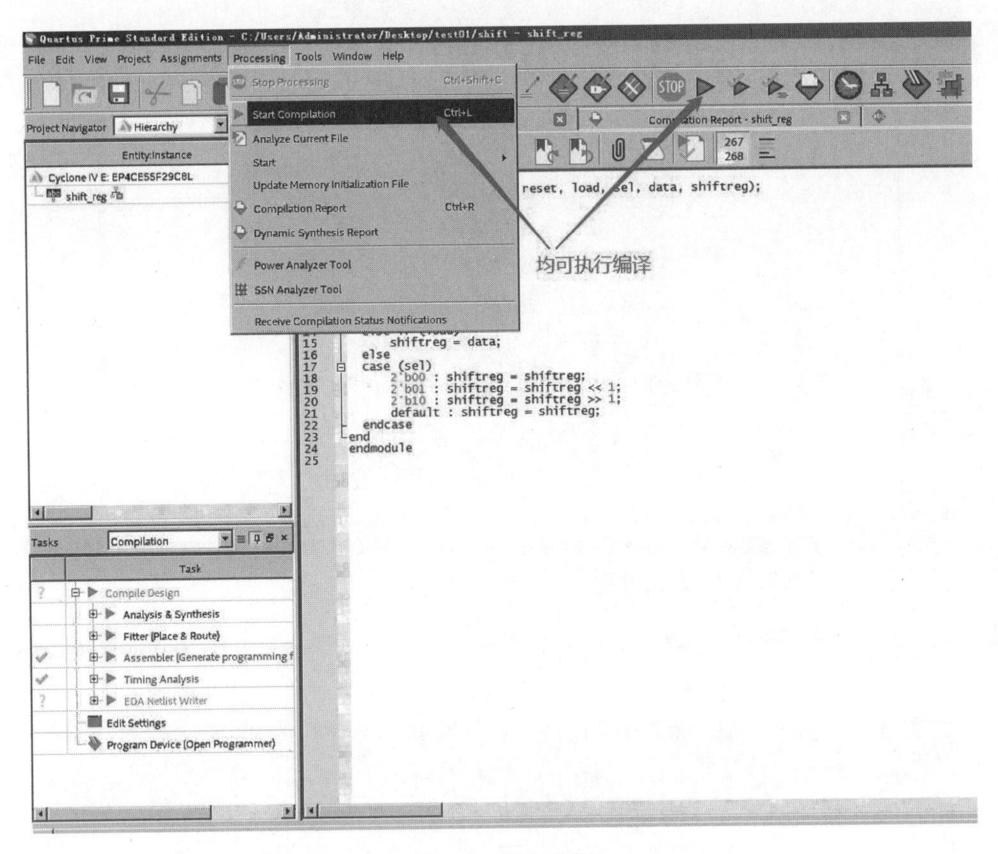

图3.7　执行编译

如果编译有错误,双击某个错误信息项,可以定位到原设计文件并高亮显示。如果编译无错(警告可以不用理会),可以在界面上看到编译的主要信息,包括项目名、文件名、选用器件名、占用器件资源、使用引脚情况等。

(3)**引脚约束(锁定)**

下载到芯片前,应该进行引脚约束(锁定)。如果在编译后又进行了引脚改动,应该再次编译,以便包含最新的引脚约束信息。

选择菜单 Assignments\Pins,出现 Assignment Editor 对话框。在需要锁定的节点名处,双击引脚锁定区 Location,在列出的引脚号中进行选择,也可直接在此处文本框中输入引脚名。引脚约束如图3.8所示。

项目编译通过,但能否实现预期的逻辑功能,波形仿真是经常用于检验的一个环节。在此,以 Prime18.0 为软件平台,介绍三种进行波形仿真的方法:一种是由 Quartus Prime 后台启动 ModelSim 仿真;第二种是直接使用 ModelSim 仿真;第三种是使用大学计划波形仿真(University Program VWF)。

(1)Quartus Prime **后台启动** ModelSim **仿真**

1)设置仿真工具。

选择顶部菜单 Assignments\Settings EDA Tool settings 中的 Simulation。在 Tool name 中选择 ModelSim-Altera,Format for output netlist 中选择开发语言的类型 verilog,simulation 界面参数设置如图3.9所示。单击 APPLY 和 OK。

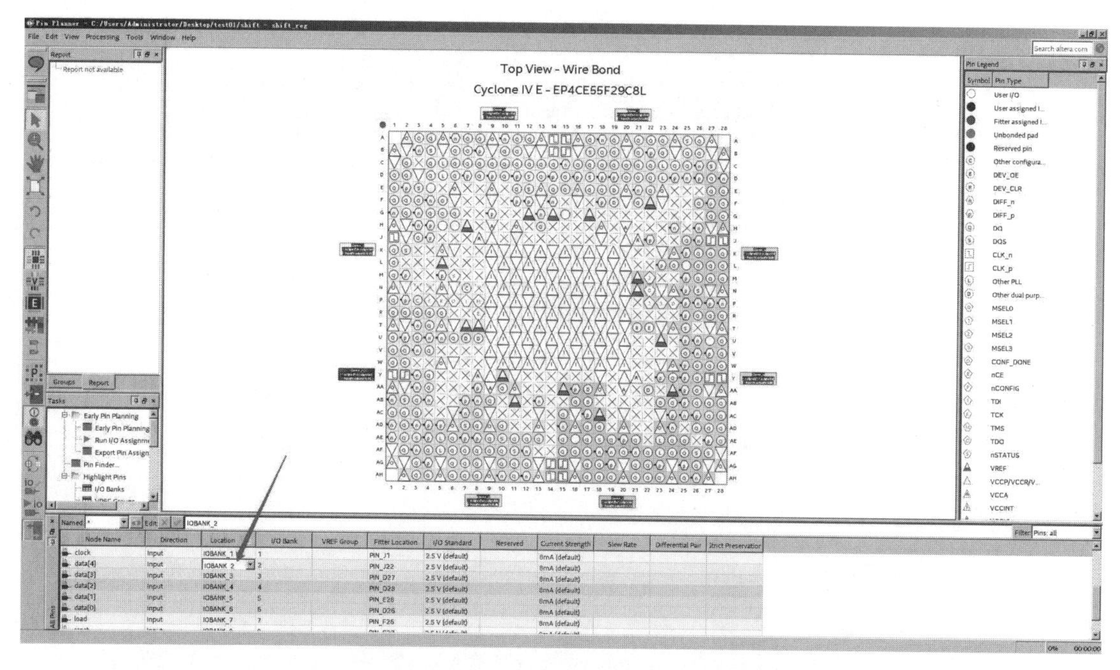

图 3.8　引脚约束

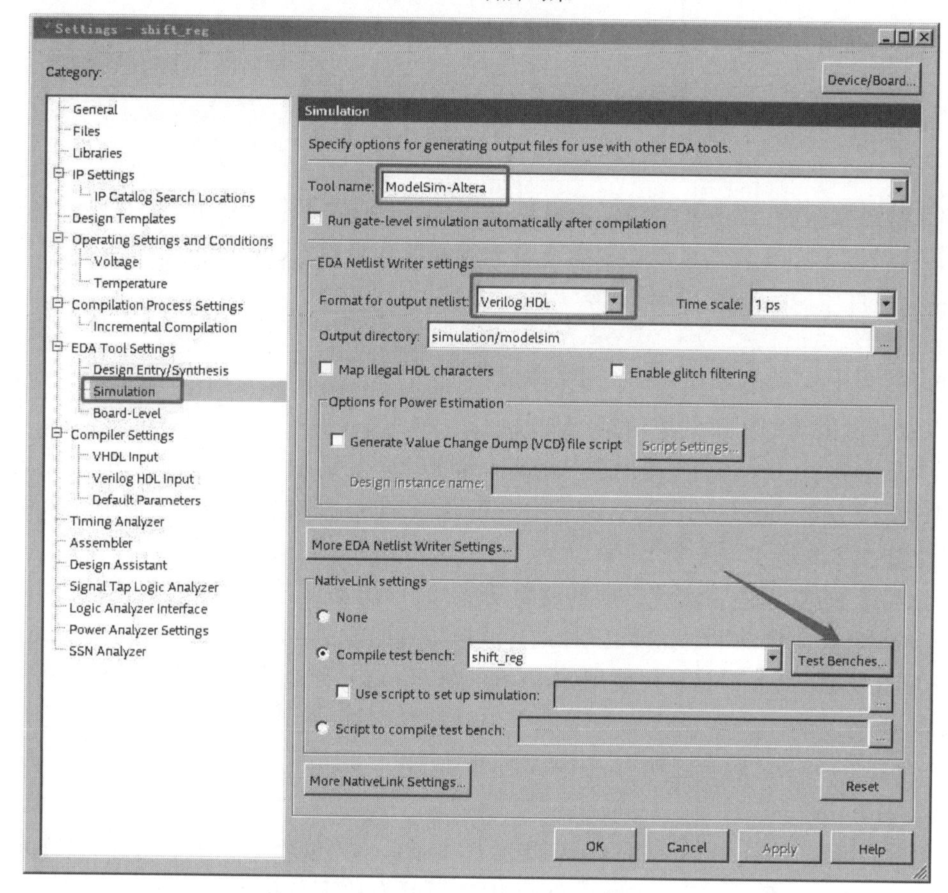

图 3.9　simulation 界面参数设置

2)生成 test bench 文件模板。

菜单栏中选择菜单栏选择 Processing\start Compilation,等待编译。编译无错后会在当前工程目录下生成 simulation 目录。再通过执行菜单栏 Processing\start\start test bench template write,在/simulation/modelsim 下生成 shift_reg. vt(如果是 vhdl 文件,后缀名为. vht)。

3)编写 test bench 文件。

根据被测试程序的要求在模板中修改测试文件,在 init 进程中添加激励信号、always 进程中添加时钟信号,编写完成仿真测试文件后保存。

仿真激励文件代码如下,存盘文件名为 shift_reg. vt。

```
'timescale 1 ns/ 1 ps
module shift_reg_vlg_tst();
reg clock;
reg [4:0] data;
reg load;
reg reset;
reg [1:0] sel;
// wires
wire [4:0]   shiftreg;
shift_reg i1 (
.clock(clock),
.data(data),
.load(load),
.reset(reset),
.sel(sel),
.shiftreg(shiftreg)
);
 initial
 begin
       reset = 1;
       data = 5'b00000;
       load = 0;
       sel = 2'b00;
       #200
       reset = 0;
       load = 1;
       #200
       data = 5'b00001;
       #100
       sel = 2'b01;
       load = 0;
```

```
        #300
        sel = 2' b10;
        #1000 $ stop;
    $ display(" Running testbench");
    end
    initial
    begin
        clock = 0;
        forever #50 clock = ~clock;
    end
    endmodel
```

时钟信号激励还可以写为:

```
initial
clock =0;//把 clk 设置为0
always
#5 clock = ~clock ;
```

4)选择仿真文件。

在 Quartes Prime16. 0 界面菜单栏中选择 Assignments \ Settings \ EDA Tool settings \ Simulation 界面,在界面 NativeLink settings 项中选择 Compile test bench 右边的 Test benches 按钮。

5)仿真结果。

仿真文件配置完成后回到 Quartus Prime 开发界面,在菜单栏中选择菜单栏 Tools 中的 Run EDA Simulation Tool\EDA RTL Simulation 进行行为级仿真,接下来就可以看到 ModelSim-Altera 的运行界面,仿真波形如图 3.10 所示。观察仿真波形,可以看到,当 sel=01 时,执行左移功能,每一个时钟上升沿,左移一位;当 sel=10 时,执行右移。

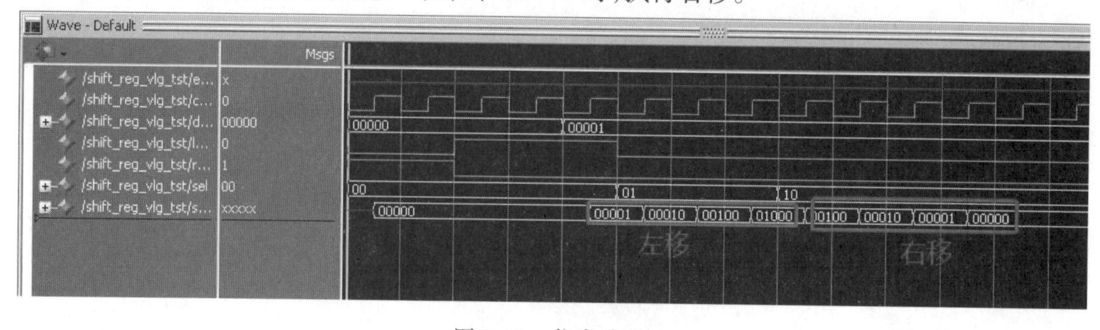

图 3.10 仿真波形

(2)**大学计划波形仿真**

由软件提供的大学计划波形仿真,可以不用编写仿真激励信号文件,直接用鼠标拖动与单击,就可以设置信号的输入波形,直接得到功能仿真或时序仿真的结果,对于初学者和中小型模块的设计,非常方便。简要介绍步骤如下。

1)主界面菜单 File→New,弹出的对话框中,选择 University Program VWF,如图3.11所示。

2)在波形界面信号栏空白处单击鼠标右键,选择 Insert Node or Bus,在弹出的 Insert Node or Bus 对话框里面单击 Node Finder,在弹出的 Node Finder 对话框里面单击 list 和“>>”按钮,完成图片中的1~5点击步骤后,单击 OK,如图3.12所示。

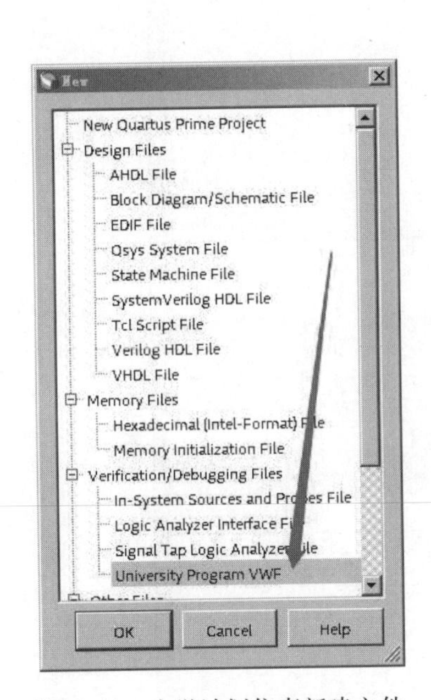

图3.11　大学计划仿真新建文件

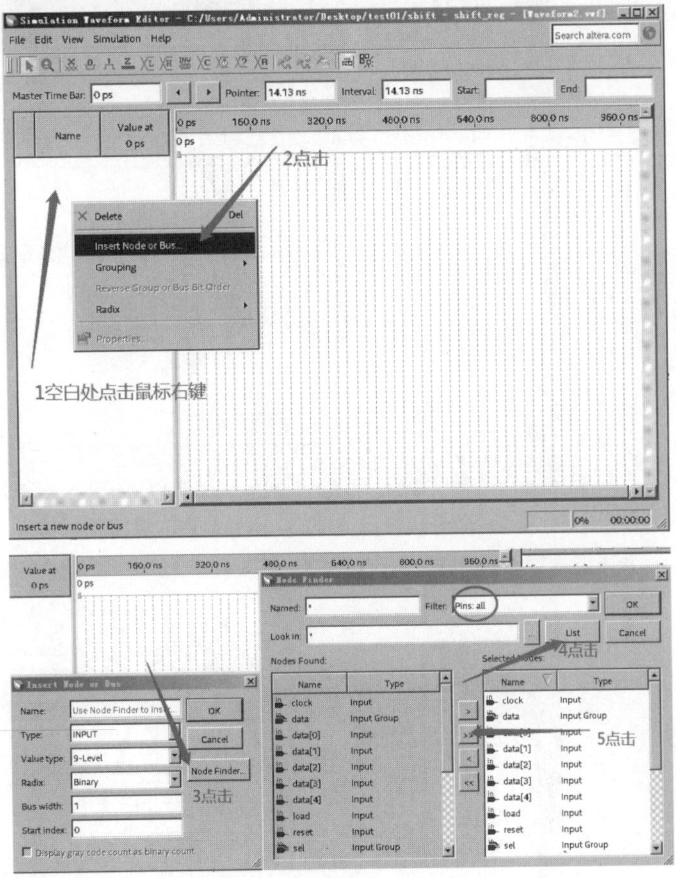

图3.12　自动导入仿真信号

3)鼠标单击左侧输入信号,配合快捷赋值方式,可快速设定输入信号波形。如图3.13所示。

4)单击功能仿真或时序仿真快捷按钮,或在菜单 Simulatione→Run Function Simulatione(或 Run Timing Simulatione),选择系统推荐名字存盘,即可得到仿真后的波形,如图3.14所示。

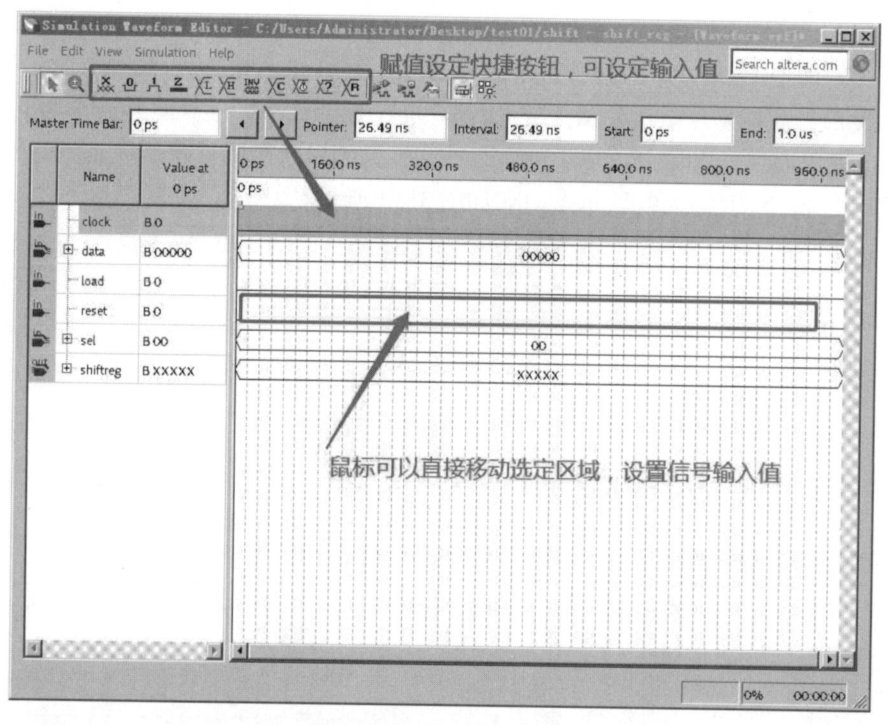

图 3.13 设定输入信号

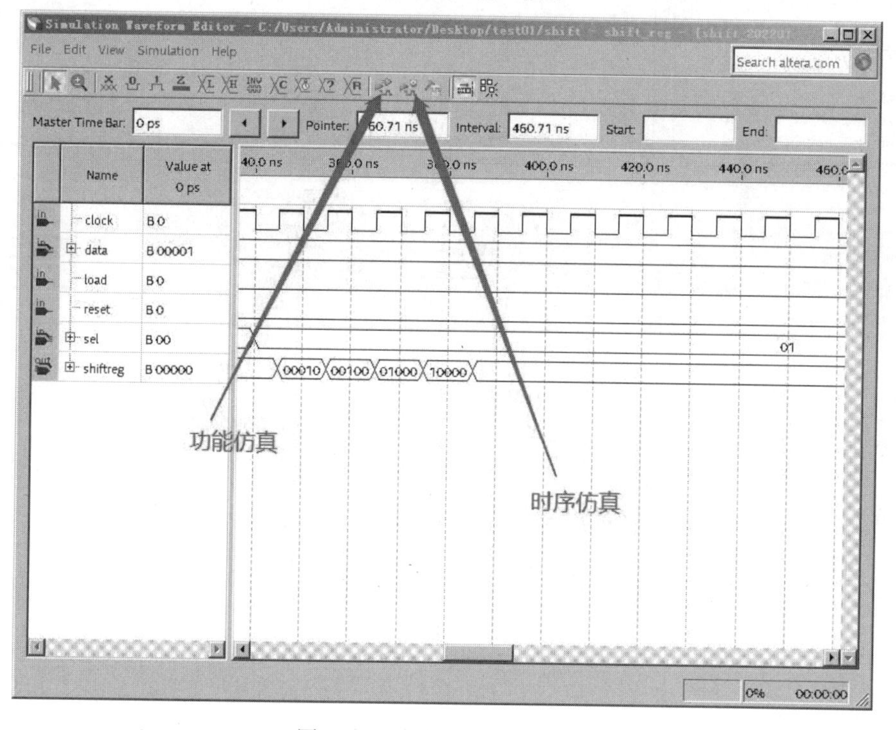

图 3.14 大学计划仿真结果

3.2.3 器件编程下载

选择菜单 Tools\Programmer 或单击工具栏中编程快捷按钮,打开编程窗口如图 3.15 所示。读者需要根据自己的实验设备情况，进行器件编程的设置。

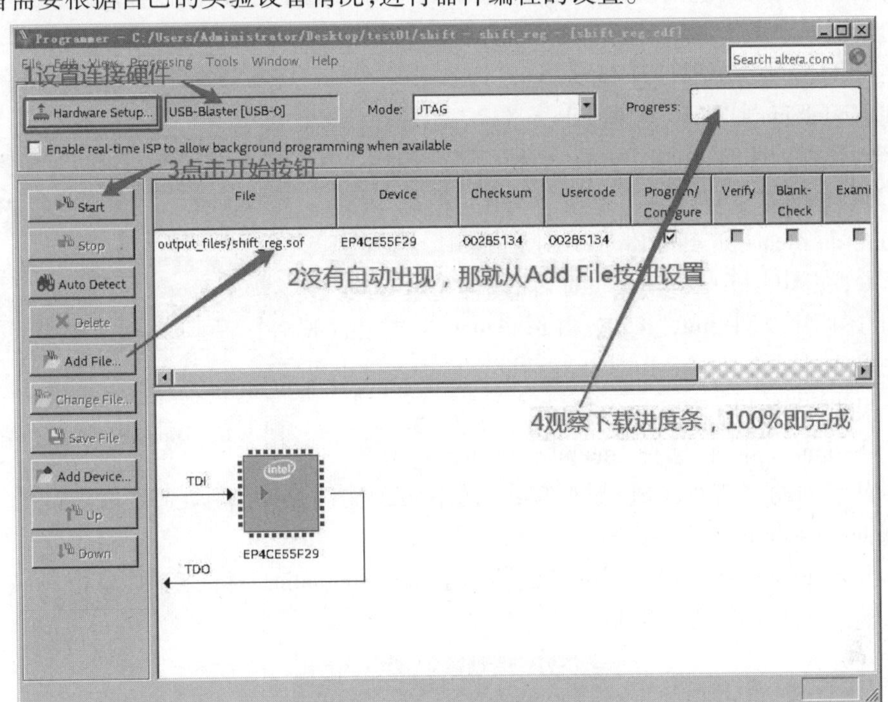

图3.15　器件下载

(1)其他编程文件的产生

Quartus Ⅱ在编译过程中会自动产生编程文件，如. pof和. sof文件。但对于其他格式的文件，需要专门进行设置才能产生。

产生. rbf文件过程如下：选择菜单File\ConvertProgramm Files…Output Promramming file Raw Binary (. rbf)，单击Input files to convert栏中的SOF Data，此时Add File按钮被激活，单击Add File按钮，添加输入数据文件shift_reg. sof，单击OK即可产生. rbf文件。

(2)与PC机连接

1)MasterBlaster下载电缆，将MasterBlaster电缆连接到PC机的RS-232串口。

2)ByteBlasterMV下载电缆，将ByteBlasterMV电缆连接到PC机的并口。

3)USB Blaster下载电缆，将USB Blaster电缆连接到PC机的USB口。

现在一般都用USBBlaster下载电缆。

3.3　直接使用ModelSim仿真

在Quartus Prime或vivado中调用ModelSim仿真，实际上还是有各种配置及目录指定，有的时候还会碰到打开了ModelSim界面，但是却没有仿真波形，有的在波形显示界面的左侧msgs框内，没有变量，有的还会碰到闪退等各种问题。

其实，直接在ModelSim里面进行仿真，并不复杂，也是非常容易上手的。简要介绍如下。

首先假定在test01文件夹里面，有shift_reg. v和testbench. v两个文件，分别是移位寄存器的 verilog 设计文件和对应的仿真激励文件。testbench. v 文件代码与前述仿真代码基本相同,但第二句改为 module testbench,以示区别。下面介绍主要步骤。

1)在 windows 中,单独打开 ModelSim。

2)在 ModelSim 主界面,选择 File→New→Project,输入仿真工程名 shift_ctbu01,单击 Browse 按钮,选定 test01 文件夹,如图 3.16 所示。

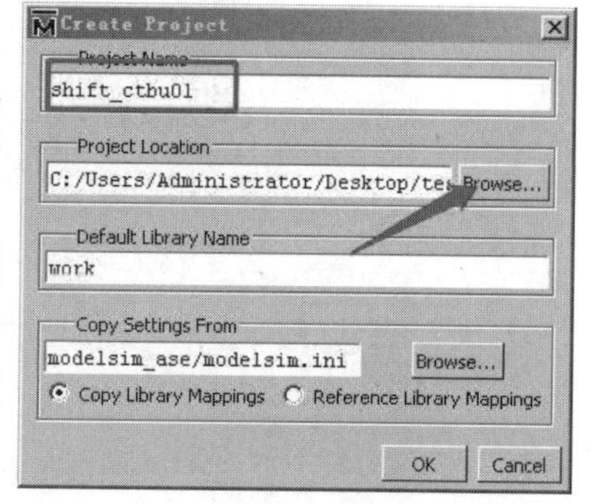

图 3.16　ModelSim 中新建仿真工程

3)在 Add items to the Project 对话框中,选择 Add Existing File,在 Add File to Project 对话框中单击 Browse 按钮,选择上述两个文件 shift_reg. v 和 testbench. v,单击 OK 按钮。关闭 Add items to the Project 对话框。增加文件也可右键进行相关操作。

4)ModelSim 主界面,选择 Compile→Compile ALL。也可在 Project 界面的文档处,Ctrl+鼠标单击,选中两个文件,鼠标移动到文件名区域,右键单击→Compile→Compile ALL。

5)单击 Simulate→Strat Simulate,在弹出的 Start Simulation 对话框中,单击 work 下面的 testbench,然后单击 OK,如图 3.17 所示。

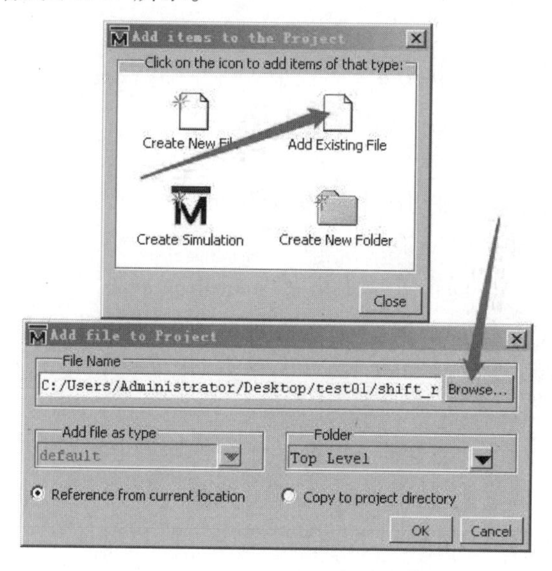

图 3.17　ModelSim 仿真导入文件

6)鼠标右键单击 testbench,在弹出的右键菜单中选择 Add Wave,testbench 中的信号名称就会在方框处自动出现。然后,单击主界面菜单 Simulate→Run→Run -all(图 3.18),右侧的仿真波形就会自动出现,如图 3.19 所示。以上是 ModelSim 的简单应用,更加细致地设置和使用,请自行查阅。

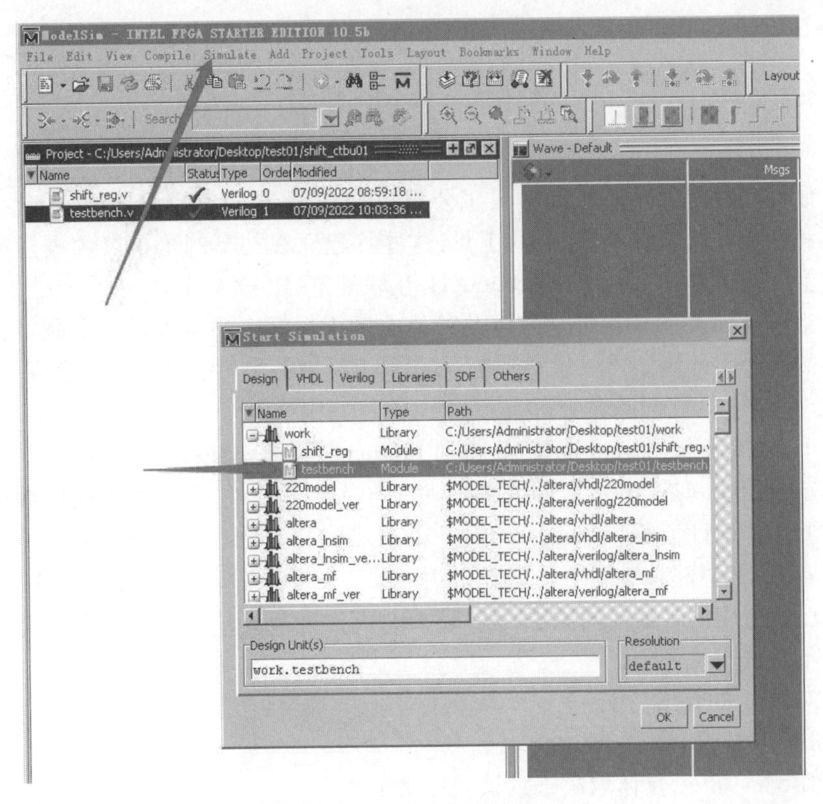

图3.18　开始仿真设置

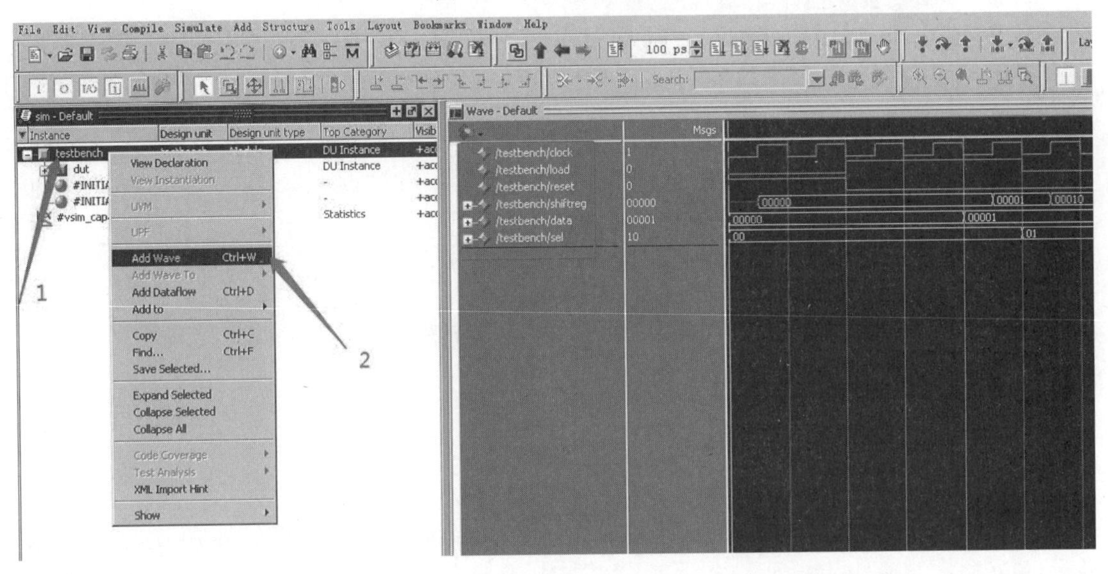

图3.19　仿真波形结果

3.4 Vivado 概述

Vivado 设计套件是 FPGA 厂商赛灵思公司 2012 年发布的集成设计环境,包括高度集成的设计环境和新一代从系统到 IC 级的工具,这些均建立在共享的可扩展数据模型和通用调试环境基础上。这也是一个基于 AMBA AXI4 互联规范、IP-XACT IP 封装元数据、工具命令语言(TCL)、Synopsys 系统约束(SDC)以及其他有助于根据客户需求量身定制设计流程并符合业界标准的开放式环境。赛灵思构建的 Vivado 工具把各类可编程技术结合在一起,能够扩展多达 1 亿个等效 ASIC 门的设计。

从 Vivado 2016. x 起,Vivado ML Standard Edition 不再需要许可证。

VivadoDesign Suite 是 Xilinx 公司的综合性 FPGA 开发软件,可以完成从设计输入到硬件配置的完整 FPGA 设计流程。Vivado2018. 3 版本在安装完成后所占用的磁盘空间大小,为 22.74 GB。本章案例截图,使用的是 2022. 1 版本,是在 Vitis2022. 1 的套件中的一部分,该套件安装完成后所占用的磁盘空间大小,为 185 GB,仅支持 Win10 及以上操作系统(Linux 等支持版本在此不再赘述)。

Vivado 2022. 1 的新增功能:

①Versal QoR 提升。

速度提升 5% ~8% ,具体取决于默认或探索策略。

②基于 ML 的资源估计。

为 IP 提供实时资源估计数据。

③ML Strategy Runs 现可用于 Versal 器件。

在迭代难以满足时序的设计时很有用。

④EA 功能。

对 Versal 器件的抽象 Shell 支持。

⑤在 Vivado ML 企业版和标准版中启用的器件。

Artix UltraScale+ 器件:XCAU15P 和 XCAU10P。

其他 Versal Prime、Premium、AI Core 和 AI Edge 系列器件。

3.5 Vivado 设计流程

下面用一个 PL 端的呼吸灯案例,介绍 Vivado 的创建工程、输入设计代码、输入约束文件、仿真、综合编译、下载的全过程。本案例采用的是领航者 V1 FPGA 开发板,主芯片 XC7Z020CLG400-2,输入设计代码参考了正点原子编写的《领航者 ZYNQ 之 FPGA 开发指南_V1.3》。本案例使用的开发软件是 Vivado2022. 1 版本。

3.5.1　设计输入

(1)新建工程

单击 Next 后,在弹出的工程类型对话界面中,选择第一个 RTL Project,并单击 Next。在 Add Sources 对话框中,直接单击 Next。在 Add Constraints 对话框中,直接单击 Next。如图 3.20 所示。

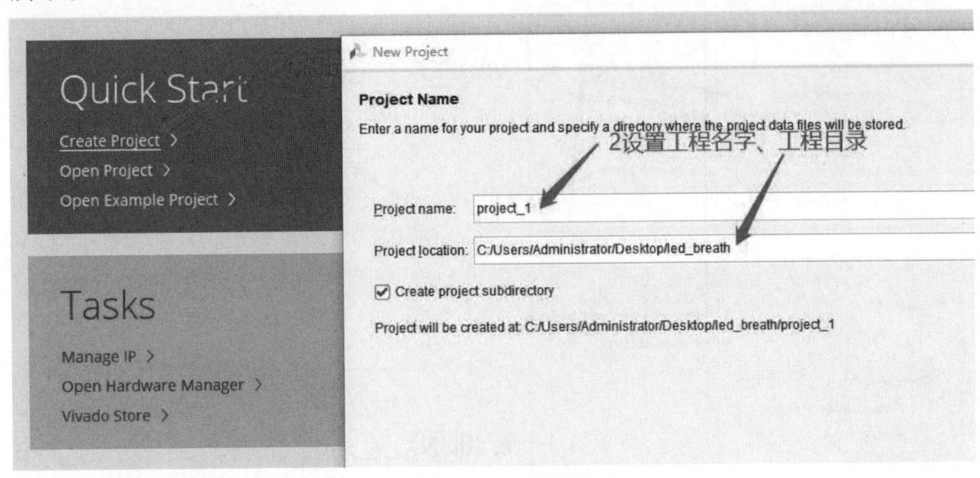

图 3.20　新建工程-设置工程名

以后一直单击 Next,直至单击 Finish。工程创建初步完成,如图 3.21 所示。

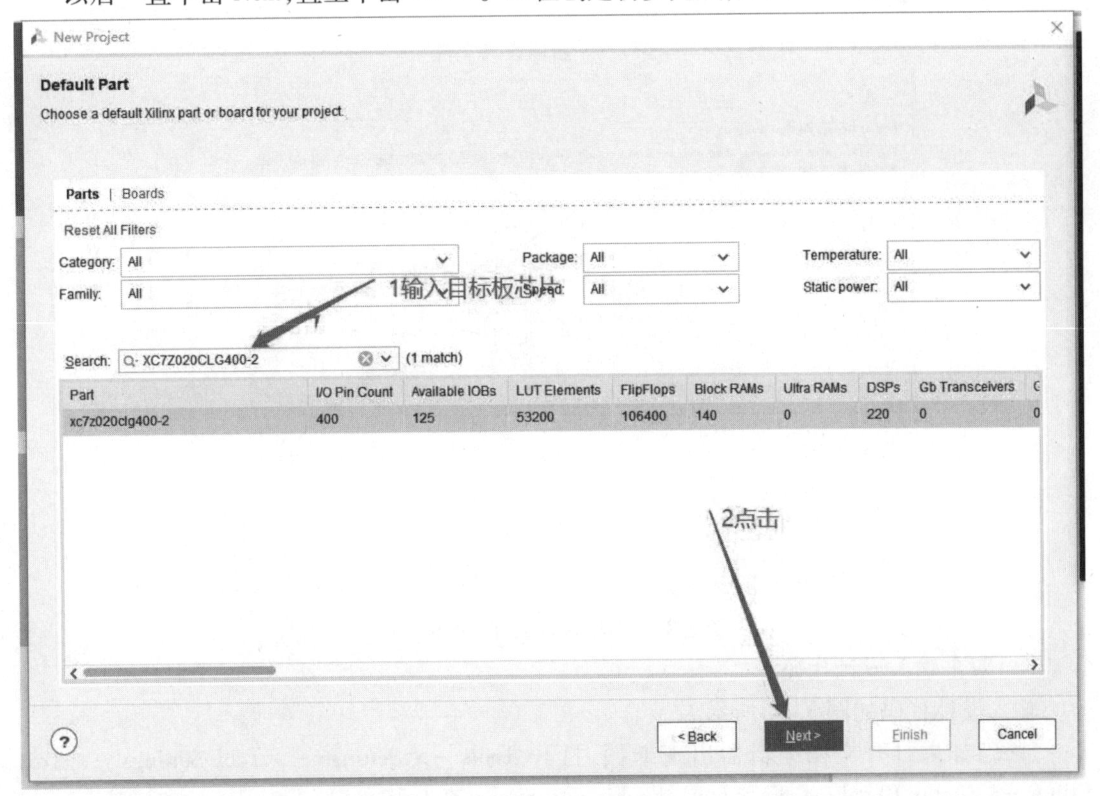

图 3.21　新建工程-选择板卡

(2)**新增设计文件**

新增设计文件如图 3.22、图 3.23 所示。

然后在弹出的对话框中单击 Finish。输入 Moudle 名字,单击 OK。

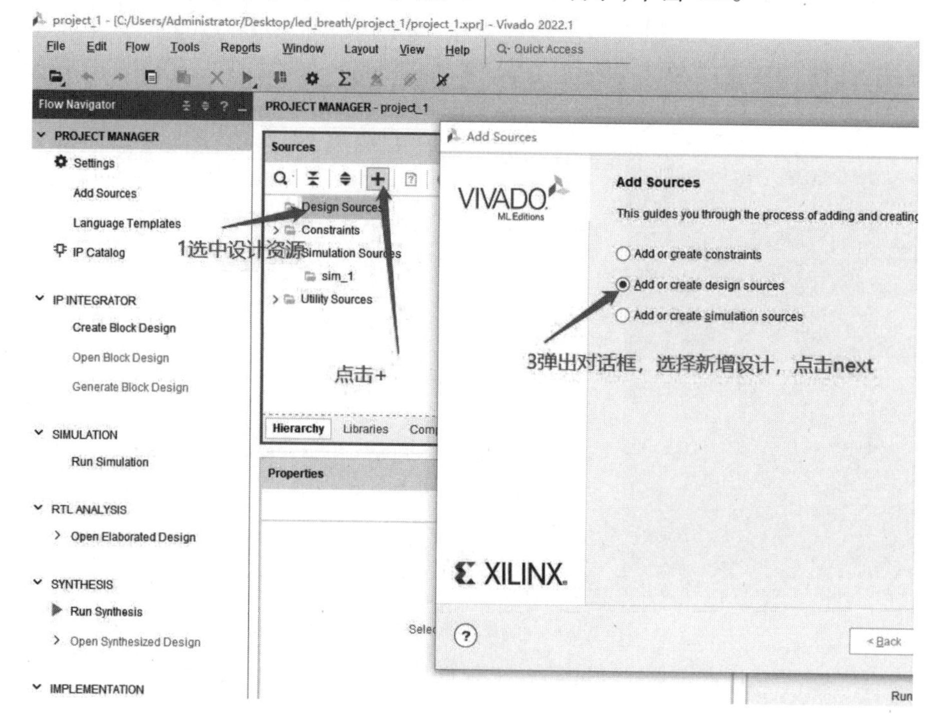

图 3.22 新增设计文件

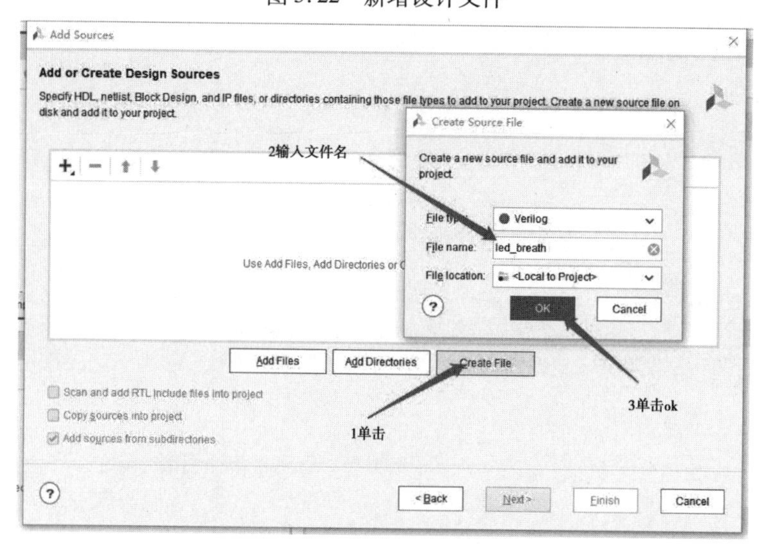

图 3.23 新增设计文件 led_breath

(3)**双击输入设计代码**。

输入设计代码如图 3.24 所示。

注意:如果打开文档编辑器出现卡顿,打开 Tools -> Settings -> Tool Settings -> Text Editor -> Syntax Checking,将 Syntax checking 从 Sigasi 改为 Vivado。

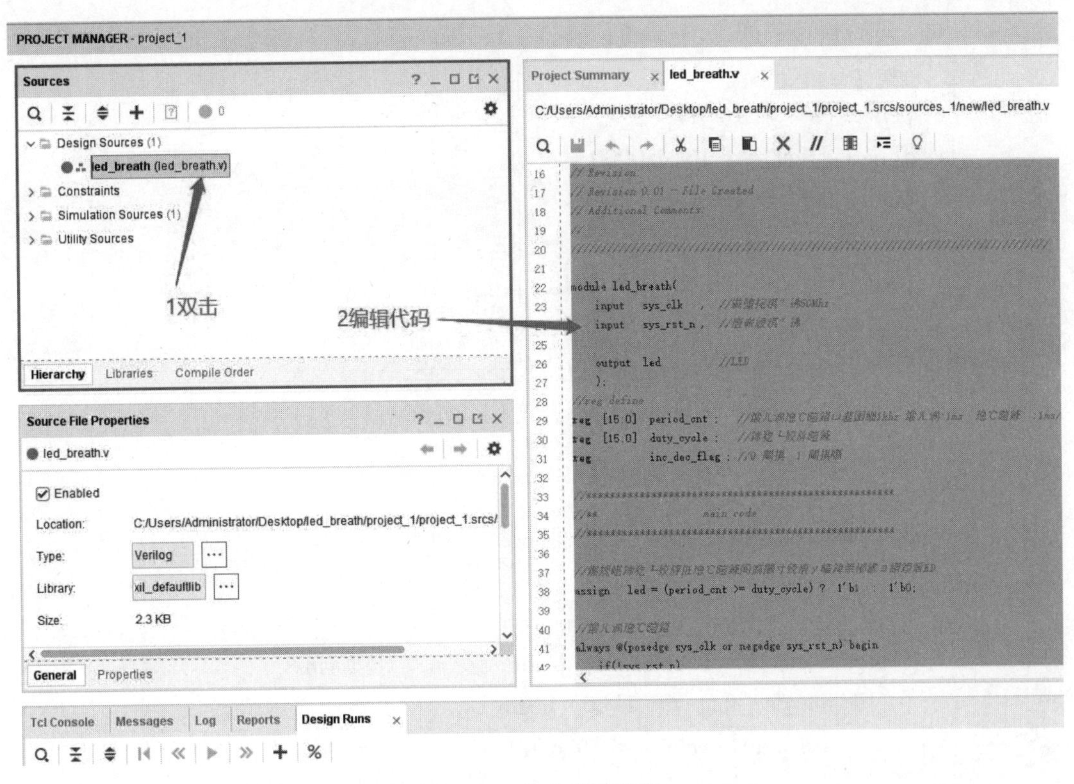

图3.24　输入设计代码

代码如下：

```
module led_breath(
    input   sys_clk,                //时钟信号 50 MHz
    input   sys_rst_n ,             //复位信号

    output   led                    //LED
    );
//reg define
reg  [15:0]  period_cnt ;           //周期计数器频率:1 kHz 周期:1 ms   计数值:1 ms/
                                      20 ns=50000
reg  [15:0]  duty_cycle ;           //占空比数值
reg          inc_dec_flag ;         //0 递增,1 递减

//* * * * * * * * * * * * * * * * * * * * * * * * * * * * * * * * * * * *
//* *                    main code
//* * * * * * * * * * * * * * * * * * * * * * * * * * * * * * * * * * * *

//根据占空比和计数值之间的大小关系来输出 LED
assign  led = (period_cnt >= duty_cycle) ?   1'b1   :   1'b0;
//周期计数值
```

```
always @ (posedge sys_clk or negedge sys_rst_n) begin
    if(! sys_rst_n)
        period_cnt <= 16' d0;
    else if(period_cnt == 16' d50000)
        period_cnt <= 16' d0;
    else
        pcriod_cnt <= pcriod_cnt + 1' b1;
end
//在周期计数器的节拍下递增或递减占空值
always @ (posedge sys_clk or negedge sys_rst_n) begin
    if(! sys_rst_n) begin
        duty_cycle   <= 16' d0;
        inc_dec_flag <= 1' b0;
    end
    else begin
        if(period_cnt == 16' d50000) begin          //计满 1ms
            if(inc_dec_flag == 1' b0) begin          //占空比递增状态
                if(duty_cycle == 16' d50000)         //如果占空比已递增至最大值
                    inc_dec_flag <= 1' b1;           //则占空比开始递减
                else                                 //否则占空比以 25 为单位递增
                    duty_cycle <= duty_cycle + 16' d25;
            end
            else begin                               //占空比递减状态
                if(duty_cycle == 16' d0)             //如果占空比已递减至 0
                    inc_dec_flag <= 1' b0;           //则占空比值开始递增
                else                                 //否则占空比以 25 为单位递减
                    duty_cycle <= duty_cycle - 16' d25;
            end
        end
    end
end
endmodule
```

(4)新增约束文件,规定引脚约束或时间约束等

新增约束文件如图 3.25、图 3.26、图 3.27 所示。

补充:vivado 中,约束文件类型一般为 XDC,提供了时序约束、物理约束、配置三类 XDC 模板。既可以通过直接编辑 XDC 文本的方式,也可以通过 GUI 图形界面的方式。例如在 Layout->I/O Planning 菜单中,对引脚、单元位置等进行物理约束。该方式会在内存中自动修改 XDC 文件,Tcl 控制台中会显示等价的 XDC 命令,必须单击 Save Constraints 保存约束。以上两种约束方法不推荐同时使用。

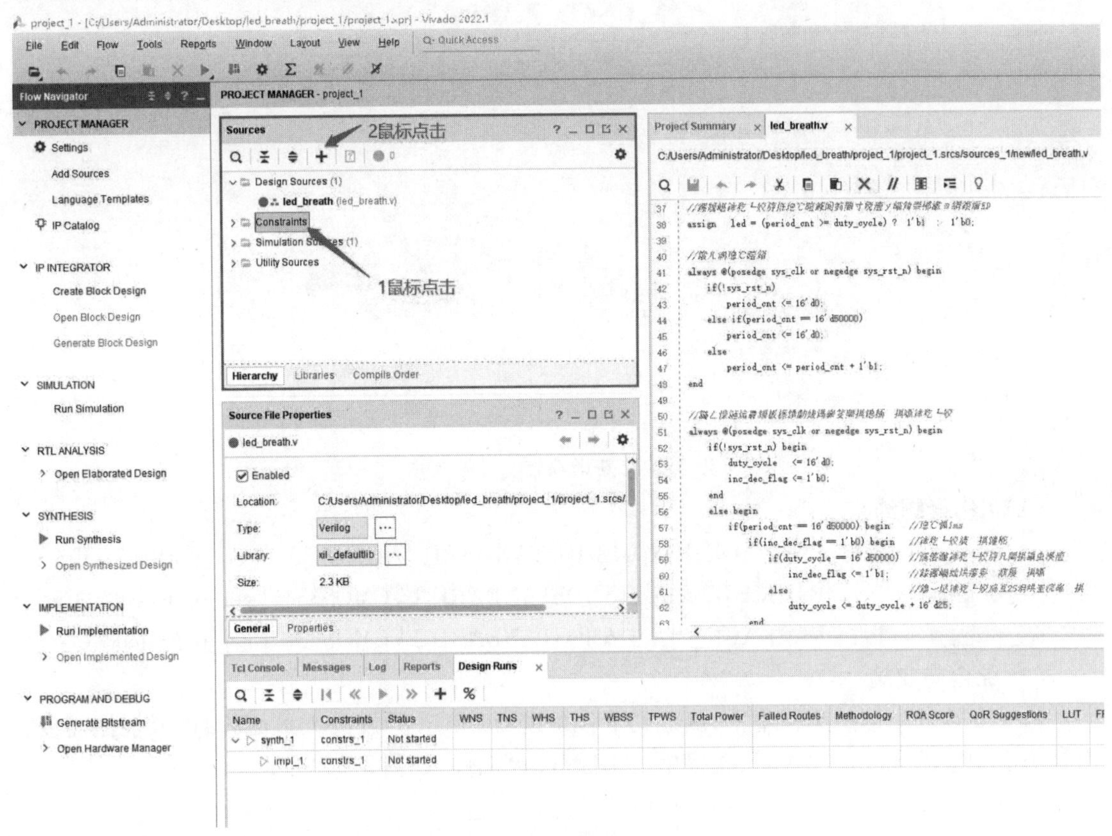

图3.25　新增约束文件第1步

在如图3.25所示界面中单击加号后，会弹出对话框。

然后单击Finish。双击该约束文件，进入编辑状态，输入引脚约束代码，以文本命令方式，指定U18\J15\J16分别为sys_clk\sys_rst_n\led。

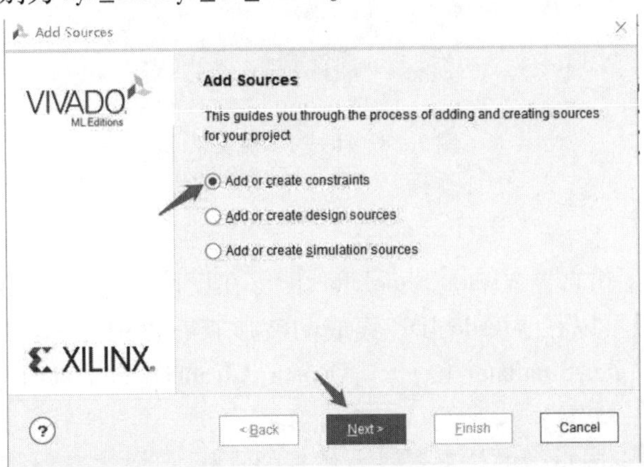

图3.26　新增约束文件第2步

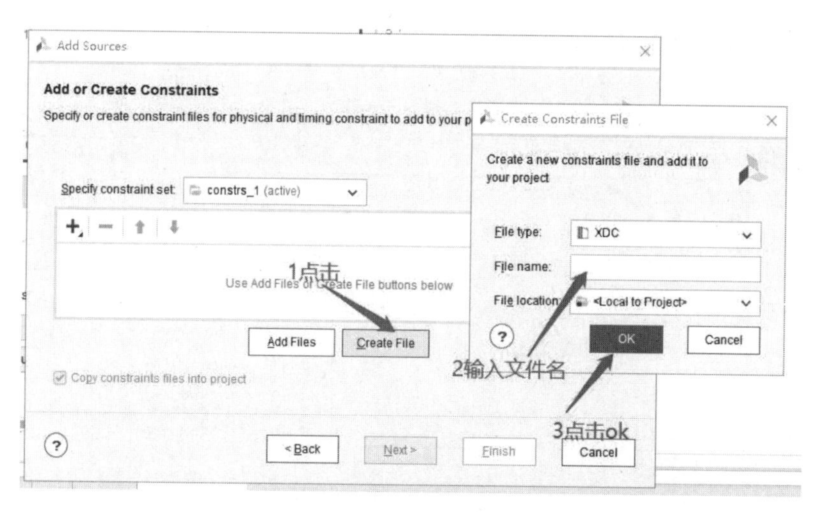

图 3.27　新增约束文件第 3 步

(1)#IO 管脚约束

set_property -dict {PACKAGE_PIN U18 IOSTANDARD LVCMOS33} [get_portssys_clk]

set_property -dict {PACKAGE_PIN J15 IOSTANDARD LVCMOS33} [get_ports sys_rst_n]

set_property -dict {PACKAGE_PIN J16 IOSTANDARD LVCMOS33} [get_ports led]

(2)综合与实施

Vivado 软件左侧的流程菜单,从上到下就是进行 FPGA 开发的大致流程,可以根据需要,直接单击相应的菜单。在这里,直接单击生成 bit 流文件,如图 3.28 所示。

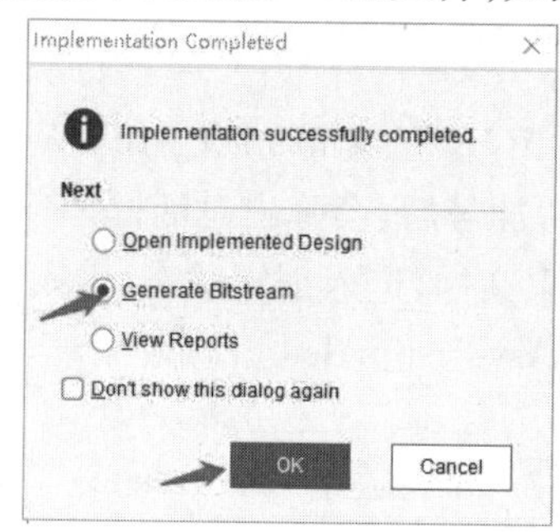

图 3.28　生成 bit 流文件

3.5.2　波形仿真

Vivado 内部集成了仿真器 Vivado Simulator,能够在设计流程的不同阶段运行设计的功能仿真和时序仿真,结果可以在 Vivado IDE 集成的波形查看器中显示。Vivado 还支持与诸如 ModelSim、Verilog Compiler Simulator (VCS)、Questa Advanced Simulator 等第三方仿真器的联合仿真。

下面介绍利用 viviado 自带的仿真器进行仿真的步骤。

(1)创建仿真激励文件

单击"Sources"窗口中的"+"号(Add Sources 命令),在弹出的窗口中选择"Add or Create Simulation Sources",如图 3.29 所示。

图 3.29　Add Sources 对话框

然后单击 Finish。在弹出的自动定义模块窗口中直接单击“OK”按钮即可，紧接着会弹出一个模块定义的确认按钮，单击“YES”按钮即可，如图 3.30 所示。

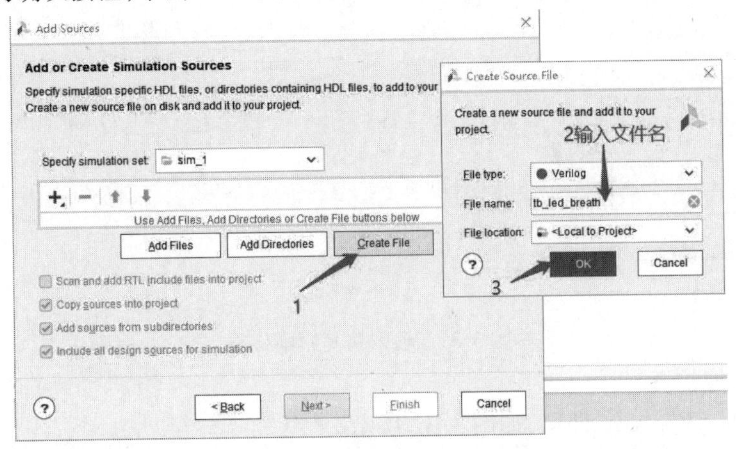

图 3.30　创建仿真激励文件对话框

(2)输入仿真激励代码

这时，在 Source 窗口→Simulation Sources→sim_1 下双击 tb_led_breath. v，并在右侧编辑框中，输入 tesbench 仿真激励代码，如图 3.31 所示。

```
'timescale 1ns / 1ps
module tb_led_breath();
//输入信号
reg sys_clk;
reg sys_rst_n;
//输出
wire led;
//信号初始化
initial begin
      sys_clk = 1'b0;
      sys_rst_n = 1'b0;
      #100
      sys_rst_n = 1'b1;
end
```

```
always #10 sys_clk = ~ sys_clk;
//实例化待测试设计
led_breath   unit_led_breath(
    . sys_clk ( sys_clk ) ,
    . sys_rst_n ( sys_rst_n ) ,
    . led ( led)
    ) ;
endmodule
```

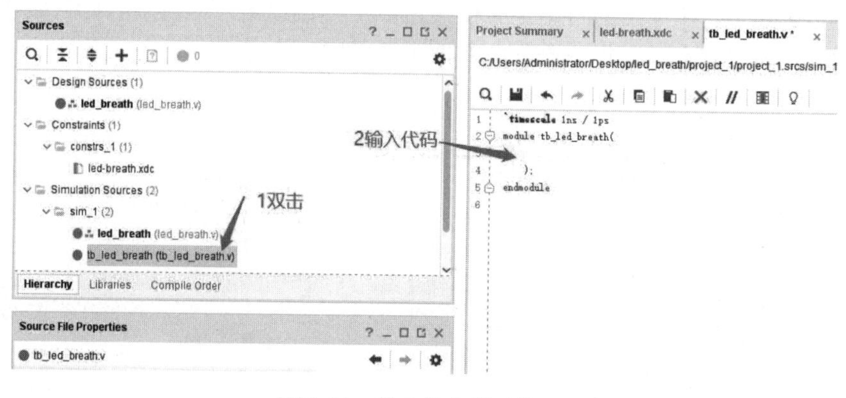

图 3.31　输入仿真激励代码

(3)**运行功能仿真**

弹出对话框,选择 save 即可,如图 3.32 所示。

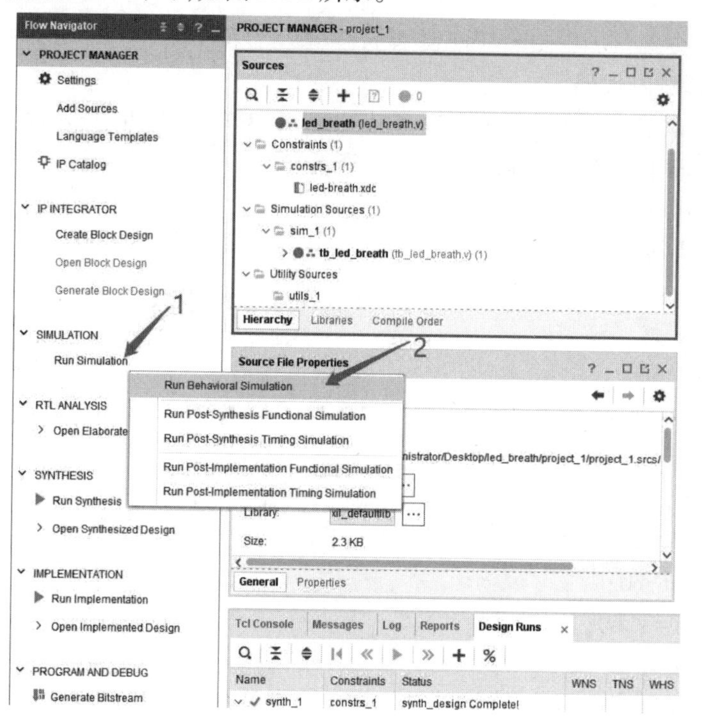

图 3.32　运行功能仿真

(4)得到波形仿真图

仿真波形不包含内部变量如图3.33所示,仿真波形包含内部变量如图3.34所示。

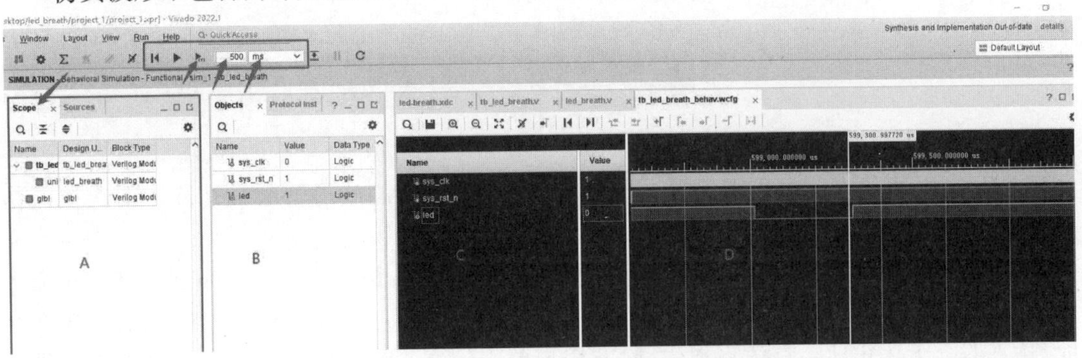

图3.33　仿真波形不包含内部变量

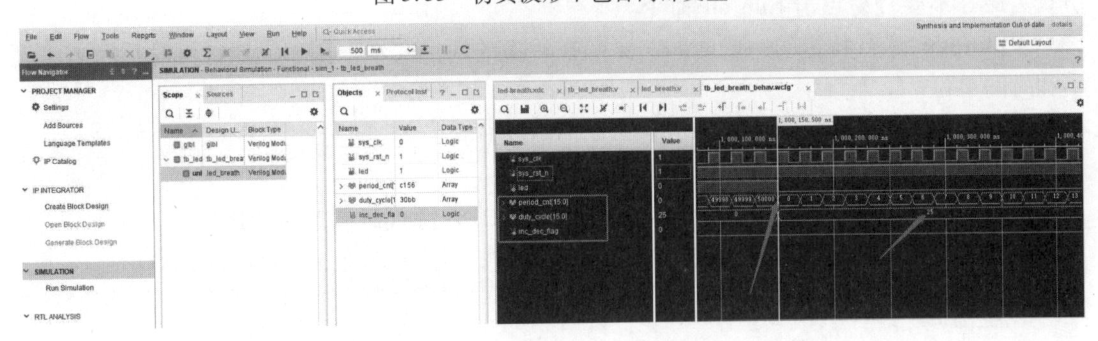

图3.34　仿真波形包含内部变量

仿真前,先修改图3.33上部方框,仿真工具栏中的仿真时间为500 ms或1 000 ms,这样可以观察完一个变化的周期。

从仿真图可以看出,period_cnt递增计数直至50 000,然后跳转到0,重复。而第一次达到50 000,duty_cycle计数从0变为25,通过放大和缩小仿真图,并配合左右移动,可以看出,led的低电平从最开始的非常少,然后逐渐增加,意味着占空比发生了变化。分析波形图,结果是符合设计预期的。

补充知识点:

1)仿真的时长由Settings设置窗口中的参数值指定,默认为1 000 ns。

2)仿真波形窗口介绍,下面分别介绍图3.33中的ABCD栏。

(A)Scope窗口。Scope(范围)是HDL设计的层次划分。在Scope窗口中,显示设计层次结构。当选择一个Scope层次结构中的作用域时,该作用域内的所有HDL对象,包括reg、wire等都会出现在“Objects”窗口中。可以在“Objects”窗口中选择HDL对象,并将它们添加到波形窗口中。

(B)Object窗口。“Objects”窗口会显示在“Scopes”窗口中选择范围内的所有HDL仿真对象。

(C)波形窗口的名称栏,显示信号或变量的名称、值。

(D)波形窗口,用于显示所要观察信号的波形。若要向波形窗口添加单个HDL对象或多个HDL对象,在“Objects”窗口中,右键单击一个或多个对象,然后从下拉菜单中选择“Add to

Wave Window”选项。

3)仿真工具栏。仿真工具栏包含运行各个仿真动作的命令按钮如图 3.35 中编号 1 ~ 6 所示。

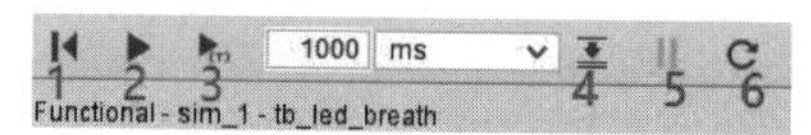

图 3.35 仿真工具栏

- Restart:将仿真时间重置为零,此时波形窗口中原有的波形都会被清除。下次执行仿真时,会从 0 时刻重新开始。
- Run all:运行仿真,直到其完成所有事件或遇到 HDL 语句中的 $ stop 或 $ finish 命令为止。注意,如果没有在 TestBench 语句中加入 $ stop 或 $ finish 命令,当点击 Run all 命令时,仿真器会无休止地一直仿真下去,除非用户单击仿真工具栏中的“Break”按钮,手动结束仿真。最好不要轻易点击 Run all 命令。
- Run For:运行特定的一段时间。紧随在后面的两个文本框用于设定仿真时长的数值大小和时间单位。
- Step:按步运行仿真,每一步仿真一个 HDL 语句。
- Break:暂停当前仿真。
- Relaunch:重新编译仿真源并重新启动仿真(HDL 源代码修改后使用)。

仿真的时长由 Setting 设置窗口中的参数值指定,如图 3.36 所示,默认为 1 000 ns。

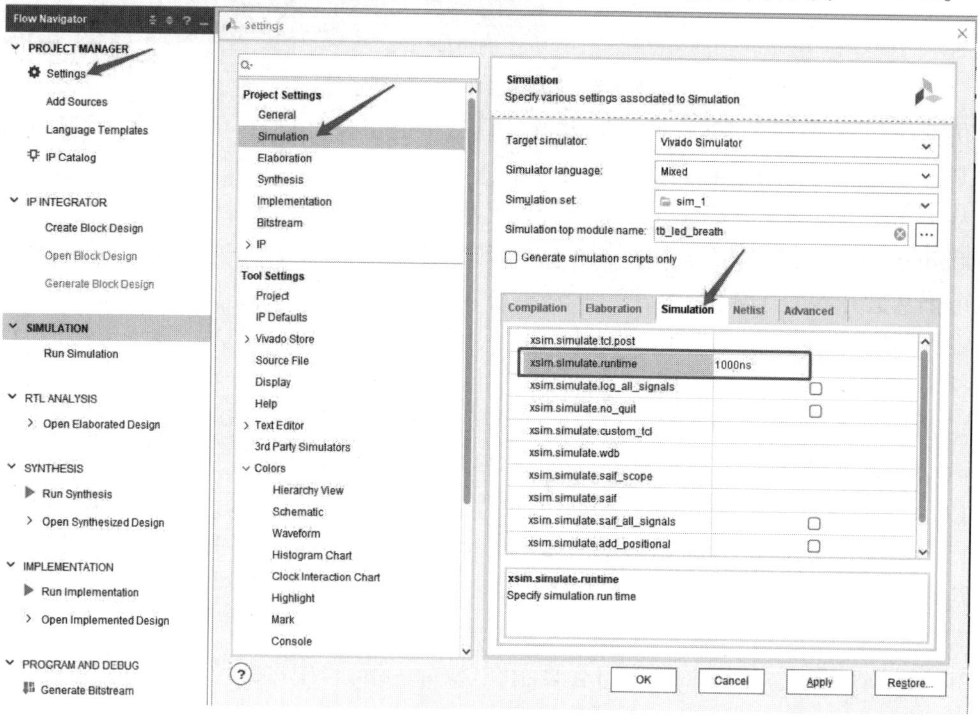

图 3.36 仿真参数设置

3.5.3 下载到板卡

下载前,先将板卡的下载配置方式调整为 JTAG 方式(红色拨码开关为 11)。

Vivado 左侧,流程导航条最下端的 Open Hardware Manger 下面,鼠标左键单击 Open Targer,弹出的对话菜单中选择 Auto Connect,就会自动找到下载器件,如图 3.37 所示。

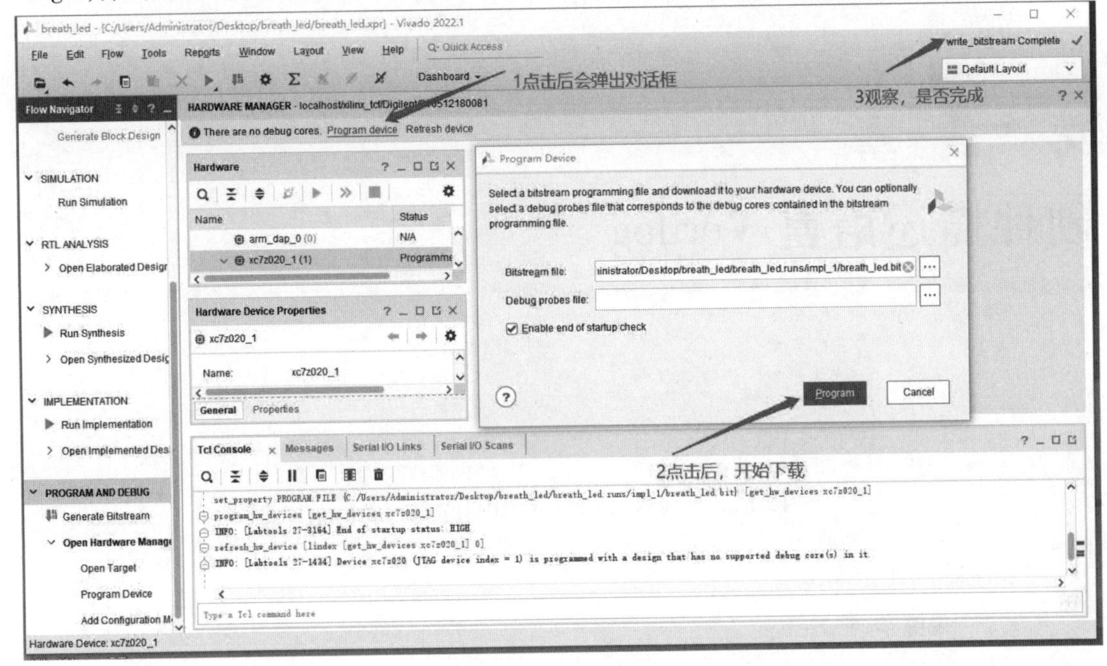

图 3.37　下载到板卡

板卡观测结果:下载完成后,在板卡中间那个小的核心板区域,可以看到 LED 灯开始由不亮—逐渐很亮—逐渐不亮的循环。说明本案例的设计与操作正确,达到了预期目的。

第 4 章 硬件描述语言 Verilog

4.1 Verilog HDL 的语言要素

4.1.1 关键字

Verilog HDL 语言内部已经使用的词称为关键字或保留字,它是 Verilog HDL 语言内部的专用词,是事先定义好的确认符,用来组织语言结构。用户不能随便使用这些关键字。需注意的是,所有关键字都是小写的。例如,ALWAYS 不是关键字,它只是标识符,与 always(关键字)是不同的。表 4.1 为 Verilog HDL 的常用关键字,共计 103 个;使用较多的关键字 20 个,如表 4.2 所示。

表 4.1 Verilog HDL 的常用关键字(103 个)

and	always	assign	begin	buf
bufif0	bufif1	case	casex	casez
emos	deassign	default	defparam	disable
edge	else	end	endcase	endfunction
endprimitive	endmodule	endspecify	endtable	endtask
event	for	force	forever	fork
function	highz0	highz1	if	ifnone
initial	inout	input	integer	join
large	macromodule	medium	module	nand
negedge	nor	not	notif0	notif1
nmos	or	output	parameter	pmos
posedge	primitive	pulldown	pullup	pull0
pull1	rcmos	real	realtime	reg

续表

and	always	assign	begin	buf
release	repeat	rnmos	rpmos	rtran
rtranif0	rtranif1	scalared	small	specify
speeparam	strength	strong0	strong1	supply0
supply1	table	task	tran	tranif0
tranif1	time	tri	triand	trior
trireg	tri0	tri1	vectored	wait
wand	weak0	weak1	while	wire
wor	xnor	xor		

表 4.2　使用较多的关键字(20 个)

名称	含义
module	模块开始定义
input	输入端口定义
output	输出端口定义
inout	双向端口定义
parameter	信号的参数定义
wire	wire 信号定义
reg	reg 信号定义
always	产生 reg 信号语句的关键字
assign	产生 wire 信号语句的关键字
begin	语句的起始标志
end	语句的结束标志
posedge/negedge	时序电路的标志
case	case 语句起始标记
default	case 语句的默认分支标志
endcase	case 语句结束标记
if	if/else 语句标记
else	if/else 语句标记
for	for 语句标记
endmodule	模块结束定义

4.1.2 信号的电平逻辑数值与强度模型

如表 4.3 所示,有 4 种基本的逻辑数值状态。

表 4.3 4 种基本的逻辑数值

状态	含义
0	低电平或 False 或逻辑 0
1	高电平或 True 或逻辑 1
Z 或 z 或?	高阻态
X 或 x	未知的逻辑或不确定

如表 4.4 所示,信号强度表示数字电路中不同强度的驱动源,用来解决不同驱动强度下的赋值冲突,逻辑 0 和 1 可以用表 4.4 列出的强度值表示,驱动强度从 supply 到 highz 依次递减。

表 4.4 强度等级

名称	含义	类型	强弱
supply	电源级驱动	驱动	最强
strong	强驱动	驱动	
pull	上拉	驱动	
large	大容性	存储	
weak	弱驱动	驱动	
medium	中性驱动	存储	
small	小容性	存储	
highz	高容性	高阻	最弱

4.1.3 数值表示

在数值中,下画线"_"可以用在整数与实数中,只是为了提高可读性,综合时无用,但下画线符号不能用作首字符。

(1)**整数**

整数的表示形式为如下:

+/-<size>' <base_format><number>

其中,"+/-"是正数和负数标示;size 指换算过后的二进制数的宽度;"'"为基数格式表示的固有字符,该字符不能缺省,否则为非法表示形式;base_format 是其基数符号;number 是可以使用的数字字符集,形式上是相应进制格式下的一串数值。

当代码中没有指定数字的位宽与进制时,默认为 32 位的十进制,比如 200,实际上表示的值为 32' d200。

16 进制中大写 A ~ F 与小写 a ~ f 可以通用。

基数符号用 B/O/D/H 或 b/o/d/h 均可,表示二进制/八进制/十进制/十六进制。

举例:

8' b01011100//表示 4 位二进制数字 0101_1100;

8' d2//表示 4 位十进制数字 2(二进制 0000_0010);

8' haF//表示 8 位十六进制数字 aF(二进制 1010_1111)

' O742//9 位八进制数

' hBD//8 位十六进制数

8　'h　2B//在位宽和字符之间以及进制和数值之间可以有空格,

//但数字之间不能有空格,"'"和基数 h 之间不能有空格

10' b101//左边补 0,得 0000000101

8' bz1x0//左边补 z,得 zzzzz1x0

4' b11111010//等价于 4' b1010,从右向左高位截断

6' HFFAB//等价于 6' H2B,从右向左高位截断

4' b???? //等价于 4' bzzzz

4' d-9//非法表示,数值不能为负,有负号应放最左边

3' b001//非法表示,"'"和基数 b 之间不允许出现空格

(4+4) ' b01//非法表示,位宽不能是表达式形式

(2)**实数**

可以采用十进制表示法或科学计数法。

举例:

3.67//十进制计数法

5.2e8//科学计数法

3.5E-6//科学计数法可用 e 或 E 表示,其结果相同

4_4582.2198_5897//使用下画线提高可读性

7.//非法表示

.4e5//非法表示

4.1.4　标识符

定义:标识符(identifier)用于定义模块名、端口名和信号名等。Verilog 的标识符可以是任意一组字母、数字、$ 和_(下画线)符号的组合,但标识符的第一个字符必须是字母或者下画线。另外,标识符是区分大小写的。

以下是一些书写规范的要求:

1)用有意义的有效的名字如 sum、cpu_addr 等。

2)用下画线区分词语组合,如 cpu_addr。

3)采用一些前缀或后缀,比如时钟采用 clk 前缀:clk_100m,clk_cpu;低电平采用_n 后缀:enable_n。

4)统一缩写,如全局复位信号 rst。

5)同一信号在不同层次保持一致性,如同一时钟信号必须在各模块保持一致。

6)自定义的标识符不能与保留字(关键词)同名。

7)参数统一采用大写,如定义参数使用 SIZE。

8)不建议大小写混合使用,普通内部信号建议全部小写,信号命名能体现信号的含义。

举例:

```
Count //合法
COUNT //与 Count 不同
R56_68 //合法
FIVE $ //合法
30count //非法,标识符不允许以数字开头
out * //非法,标识符中不允许包含字符"*"
a+b-c//非法,标识符中不允许包含字符"+"和"-"
n@238//非法,标识符中不允许包含字符"@"
```

为了使用标识符集合以外的字符或标号,Verilog HDL 规定了转义标识符(Escaped Identifier)。采用转义标识符可以在一条标识符中包含任何可打印的字符。转义标识符以"\"(反斜线)符号开头,以空白结尾(空白可以是一个空格、一个制表字符或换行符)。以下是合法的转义标识符。

```
\ a+b=c
\7900
\.*.$.*
\{*****}
\~Q
\fifo_wr//与 fifo_wr 相同
```

4.1.5 注释符与空白符

(1)注释符

单行注释以"//"开始。多行注释以"/*"开始,到"*/"结束。注意,多行注释符号,不能够嵌套,但是单行注释可以嵌套在多行注释中。

(2)空格和 TAB

空白符包括空格符(\b)、制表符(\t)、换行符和换页符。空白符使代码看起来结构清晰,阅读起来更方便。在编译和综合时,空白符被忽略。

Verilog HDL 程序可以不分行,也可以加入空白符采用多行编写。

由于不同的解释器对于 TAB 翻译不一致,所以建议不使用 TAB,全部使用空格。

(3)字符串及其表示

字符串是指用双引号括起来的字符序列,它必须包含在同一行中,不能分行书写。若字符串用作 Verilog HDL 表达式或赋值语句中的操作数,则字符串被看作 8 位的 ASCII 值序列,即一个字符对应 8 位的 ASCII 值。例如"hello world"和"An example for Verilog HDL"是标准的字符串类型。

4.1.6 数据类型

在 Verilog HDL 中,数据类型共有 19 种,分别是 wire、tri、tri0、tri1、wand、triand、trireg、trior、 wor、reg、large、small、scalared、medium、vectored、integer、time、real、parameter 型。

按照抽象程度区分，Verilog HDL 的数据类型又可划分为两大类：物理数据类型（主要包括连线型及寄存器型）和抽象数据类型（主要包括整型、时间型、实型及参数型）。物理数据类型与实际硬件电路的映射关系比较明显，而抽象数据类型多用于辅助设计和仿真验证。

在 Verilog 语法中，应用较多的主要有三大类数据类型，即寄存器类型、线网类型和参数类型。真正在数字电路中起作用的数据类型是寄存器类型和线网类型。

(1)**寄存器类型**

寄存器类型表示一个抽象的数据存储单元，它只能在 always 语句和 initial 语句中被赋值，并且它的值从一个赋值到另一个赋值过程中被保存下来。如果该过程语句描述的是时序逻辑，即 always 语句带有时钟信号，则该寄存器变量对应为寄存器；如果该过程语句描述的是组合逻辑，即 always 语句不带有时钟信号，则该寄存器变量对应为硬件连线，寄存器类型的缺省值是 x（未知状态）。

寄存器数据类型有很多种，如 reg、integer、real 等，其中最常用的就是 reg 类型，它的使用方法如下：

```
//reg define
reg [31:0] delay_cnt; //延时计数器
reg key_flag ; //按键标志
```

(2)**线网类型**

线网表示 Verilog 结构化元件间的物理连线。它的值由驱动元件的值决定，例如连续赋值异或门的输出。如果没有驱动元件连接到线网，线网的缺省值为 z（高阻态）。线网类型同寄存器类型一样，也是有很多种，如 wire、tri、wor、trior、wand、triand、trireg、tri1、tri0、supply0、supply1 等，如表 4.5 所示。

表 4.5　线网数据类型及功能

连线型数据类型	功能说明
wire,tri	标准连线（缺省默认类型）
wor, trior	多重驱动时，具有线或特性
wand,trand	多重驱动时，具有线与特性
trireg	具有电荷保持特性（特例）
tri1	上拉电阻
tri0	下拉电阻
supply1	电源线，用于对电源建模，为高电平 1
supply0	电源线，用于对“地”建模，为低电平 0

最常用的就是 wire 和 tri 类型，它们的语法和语义一致。不同之处为：wire 型变量通常用来表示单个门驱动或连续赋值语句驱动的连线型数据，tri 型变量则用来表示多驱动器驱动的连线型数据，主要用于定义三态的线网。使用方法如下：

```
//wire define
wiredata_en; //数据使能信号
wire [7:0] data ; //数据
```

reg 型数据与 wire 型数据的区别在于,reg 型数据保持最后一次的赋值,而 wire 型数据需要有持续的驱动。一般情况下,reg 型数据的默认初始值为不定值 x,缺省时的位宽为 1 位。

(3)**参数类型**

我们再来看一下参数类型,参数其实就是一个常量,常被用于定义状态机的状态、数据位宽和延迟大小等,由于它可以在编译时修改参数的值,因此它又常被用于一些参数可调的模块中,使用户在实例化模块时,可以根据需要配置参数。在定义参数时,我们可以一次定义多个参数,参数与参数之间需要用逗号隔开。这里我们需要注意的是参数的定义是局部的,只在当前模块中有效。它的使用方法如下:

```
//parameter define
parameter DATA_WIDTH =32; //数据位宽为 32 位
```

4.2 Verilog 的运算符

Verilog 中的运算符按照功能可以分为下述类型:①算术运算符;②关系运算符;③逻辑运算符;④条件运算符;⑤位运算符;⑥移位运算符;⑦拼接运算符。

4.2.1 运算符和优先级

运算符的优先级如表 4.6 所示,编写程序时建议用括号来控制运算的优先级。

表 4.6 运算符和优先级

运算符	功能	优先级别
!、~、*、/、%	反逻辑、位反相、乘、除、取模	高 ↓ 低
+、-	加、减	
<<、>>	左移、右移	
<、<= 、> 、>=	小于、小于等于、大于、大于等于	
= =、! =、= = =、! = =	等、不等、全等、非全等	
&	按位与	
^、^ ~	按位逻辑异或、同或	
|	按位逻辑或	
&&	逻辑与	
||	逻辑或	
?:	条件运算符,唯一的三目运算符,等同于 if-else	

4.2.2　算术运算符

常用的算术运算符主要包括加减乘除和模除（模除运算也称为取余运算）如表4.7所示。

注意，Verilog 实现乘除比较浪费组合逻辑资源，尤其是除法。一般2的指数次幂的乘除法使用移位运算来完成运算。非2的指数次幂的乘除法一般是调用现成的 IP，QUARTUS/Vivado 等工具软件会有提供，不过这些工具软件提供的 IP 也是由最底层的组合逻辑（与或非门等）搭建而成的，也比较浪费逻辑资源。

表4.7　算术运算符

符号	使用方法	说明
+	a+b	a 加 b
-	a-b	a 减 b
*	a * b	a 乘 b
/	a/b	a 除以 b
%	a% b	a 模除 b

4.2.3　关系运算符

关系运算符主要用作一些条件判断，在进行关系运算符时，如果声明的关系是假的，则返回值是0，如果声明的关系是真的，则返回值是1；所有的关系运算符有着相同的优先级别，关系运算符的优先级别低于算术运算符的优先级别如表4.8所示。

表4.8　关系运算符

符号	使用方法	说明
>	a>b	a 大于 b
<	a<b	a 小于 b
>=	a>=b	a 大于等于 b
<=	a<=b	a 小于等于 b
= =	a = =b	a 等于 b
！ =	a！ =b	a 不等于 b

4.2.4　逻辑运算符

如表4.9所示，逻辑运算符是连接多个关系表达式用的，可实现更加复杂的判断，一般不单独使用，需要配合具体语句来实现完整的意思。在逻辑运算符的操作过程中，如果操作数是1位的，那么1就代表逻辑真，0就代表逻辑假；如果操作数是由多位组成的，则当操作数每一位都是0时才是逻辑0值，只要有一位为1，这个操作数就是逻辑1值。例如：寄存器变量a、b的初值分别为4' b1110和4' b0000，则！ a=0，！ b=1，a&&b=0；a||b=1。

表 4.9　逻辑运算符

<table>
<tr><th>符号</th><th>使用方法</th><th>说明</th></tr>
<tr><td>!</td><td>! a</td><td>a 取非</td></tr>
<tr><td>&&</td><td>a&&b</td><td>a 和 b 相与,可以理解为逐位相与后,结果再逐位相与,所以有两个 &</td></tr>
<tr><td>||</td><td>a||b</td><td>a 和 b 相或</td></tr>
</table>

需注意的是,若操作数中存在不定态 x,则逻辑运算的结果也是不定态,例如:a 的初值为 4' b1100,b 的初值为 4' b01x0,则! a=0,! b=x,a&&b=x,a||b=x。

4.2.5　位运算符

位运算符是一类最基本的运算符,可以认为它们直接对应数字逻辑中的与、或、非门等逻辑门。常用的位运算符如表 4.10 所示。

表 4.10　位运算符

<table>
<tr><th>符号</th><th>使用方法</th><th>说明</th></tr>
<tr><td>~</td><td>~a</td><td>a 的每一位取反</td></tr>
<tr><td>&</td><td>a&b</td><td>a 和 b 逐位与</td></tr>
<tr><td>^</td><td>a^b</td><td>a 和 b 逐位异或</td></tr>
<tr><td>|</td><td>a|b</td><td>a 和 b 逐位或</td></tr>
</table>

位运算符的与、或、非和逻辑运算符的逻辑与、逻辑或、逻辑非使用时候容易混淆,逻辑运算符一般用在条件判断上,位运算符一般用在信号赋值上。

4.2.6　移位运算符

移位运算符包括左移位运算符和右移位运算符,这两种移位运算符都用 0 来填补移出的空位,如表 4.11 所示。

表 4.11　移位运算符

符号	使用方法	说明
<<	a<<b	a 左移 b 位
>>	a>>b	a 右移 b 位

如果 a 是 1(二进制:0000_0001),那么 a<<2,就是 4(二进制:0000_0100,高位移出,低位补 0)。一般使用左移位运算代替乘法,右移位运算代替除法,但是这也只能表示 2 的指数次幂的乘除法。

4.2.7　拼接和复制运算符

Verilog 中有一个特殊的运算符是 C 语言中没有的,就是位拼接运算符。用这个运算符可以把两个或多个信号的某些位拼接起来进行运算操作,如表 4.12 所示。

表4.12 拼接复制运算符

符号	使用方法	说明
{}	{a[7:4],b[3:0]}	将ab拼接,作为一个新信号
{{}}	{2{a}}	复制2个a,拼接在一起

4.2.8 条件运算符

条件运算符一般用来构建从两个输入中选择一个作为输出的条件选择结构,功能等同于 always 中的 if-else 语句,如表4.13所示。

表4.13 条件运算符

符号	使用方法	说明
?:	a? b:c	如果a为真,选择b,否则选择c

例4.1 条件运算举例。

```
module mux2(in1,in2,sel,out);
input [3:0]in1,in2;
input sel;
output [3:0]out;
wire [3:0]out;
assign out=(! sel)? in1:in2; //sel为0时out等于in1,反之为in2
endmodule
```

上述语句,描述了一个2选1的数据选择器,图4.1是其电路结构。

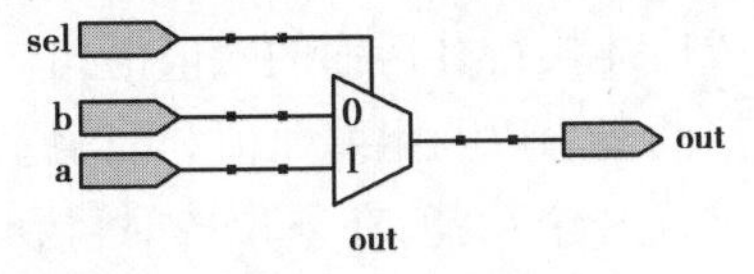

图4.1 数据选择器电路结构

特殊情况下,若该数据选择器的sel端为不定态x,则out由in1和in2按位运算的结果得出,若in1=4' b0011,in2=4' b0101,则按照上述真值表得出out=4' b0xx1。

4.3 功能描述方式

VerilogHDL可综合硬件逻辑电路的功能描述,通常有三种方式:结构描述方式、数据流描述方式和行为描述方式。

(1)**结构描述方式**

结构描述方式也称为门级描述方式,是通过调用VerilogHDL语言预定义的基础元件(也称为原语,即Primitive),比如逻辑门元件,并定义各元件间的连接关系来构建电路。这种方式构建的电路模型综合和执行效率高,但描述效率低,难于设计复杂数字系统。

(2)数据流描述方式

描述组件间的数据流,主要使用连续赋值语句 assign 将表达式所得结果赋值给(连续驱动)表达式左边的线网(信号输出),多用于组合逻辑电路的建模。因为能用表达式方便地表示比较复杂的逻辑运算,因此描述效率高于门级描述方式。

(3)行为描述方式

类似于计算机语言中的高级语言,使用过程块语句 always、initial(包含 if…else…、case…等高级抽象描述语句)描述逻辑电路的逻辑功能(行为),无须设计者熟知硬件电路结构即可进行,是一种多见且常用的建模方式。行为描述方式既可用于组合逻辑电路的建模,也可用于时序逻辑电路的建模。

对一个硬件逻辑电路建模,可根据需要任意选用其中的一种方法,或者混合几种方法。

4.4 阻塞赋值与非阻塞赋值

4.4.1 阻塞赋值

即在同一个 always 中,一条阻塞赋值语句如果没有执行结束,那么该语句后面的语句就不能被执行,即被“阻塞”。也就是说 always 块内的语句是一种顺序关系,这里和 C 语言很类似。符号“=”用于阻塞的赋值(如 b = a),阻塞赋值“=”在 begin 和 end 之间的语句是顺序执行,属于串行语句。

阻塞赋值的执行可以认为是只有一个步骤的操作,即计算符号“=”右侧的信号值并更新左侧的信号,此时不允许任何其他语句的干扰。所谓的阻塞概念就是在同一个 always 块中,必须等到前面一条语句赋值完成后才执行其后面的赋值语句。

为了方便大家理解阻塞赋值的概念以及阻塞赋值和非阻塞赋值的区别,这里以在时序逻辑下使用阻塞赋值为例来实现这样一个功能:在复位的时候,a=1,b=2,c=3;而在没有复位的时候,a 的值清零,同时将 a 的值赋值给 b,b 的值赋值给 c,阻塞赋值程序及阻塞赋值仿真图如图 4.2 和图 4.3 所示。

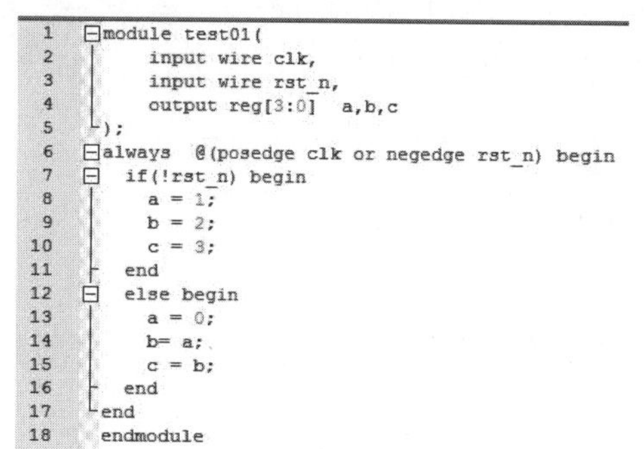

```
1   module test01(
2       input wire clk,
3       input wire rst_n,
4       output reg[3:0]  a,b,c
5   );
6   always  @(posedge clk or negedge rst_n) begin
7     if(!rst_n) begin
8       a = 1;
9       b = 2;
10      c = 3;
11    end
12    else begin
13      a = 0;
14      b= a;
15      c = b;
16    end
17  end
18  endmodule
```

图 4.2　阻塞赋值程序

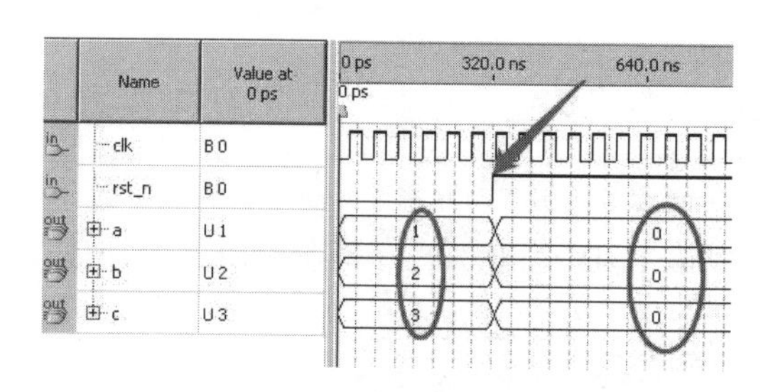

图 4.3　阻塞赋值仿真图

代码中使用的是阻塞赋值语句,从仿真波形图中可以看到,在复位的时候(rst_n=0),a=

1, b=2,c=3;而结束复位之后(波形图中红色箭头处),当 clk 的上升沿到来时(以及上升沿之后),a=0,b=0,c=0。首先执行的是 a=0,赋值完成后将 a 的值赋值给 b,由于此时 a 的值已经为0,所以 b=a=0,最后执行的是将 b 的值赋值给 c,而 b 的值已经赋值为0,所以 c 的值同样等于0。

4.4.2　非阻塞赋值

符号"<="用于非阻塞赋值(如 b <= a),非阻塞赋值由时钟节拍决定,在时钟上升沿到来时,执行赋值语句右边,然后将 begin-end 的所有赋值语句同时赋值到赋值语句的左边,注意:是 begin 到 end 的所有语句一起执行,且一个时钟只执行一次,属于并行执行语句。这是与 C 语言最大的一个差异点,大家要逐步理解并行执行。

非阻塞赋值的操作过程可以看作两个步骤:

①赋值开始的时候,计算符号"="右侧的信号值;

②赋值结束的时候,更新符号"="左侧的信号值。

使用非阻塞赋值同样来实现这样一个功能:在复位的时候,a=1,b=2,c=3;而2在没有复位的时候,a 的值清零,同时将 a 的值赋值给 b,b 的值赋值给 c,非阻塞赋值程序及非阻塞赋值仿真图如图4.4和图4.5所示。

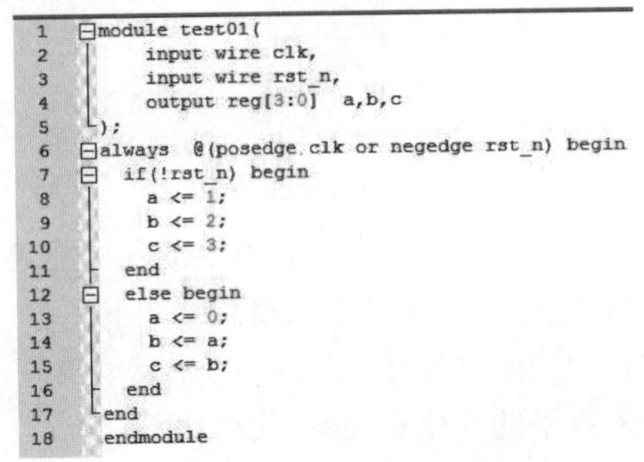

```
1  module test01(
2      input wire clk,
3      input wire rst_n,
4      output reg[3:0]  a,b,c
5  );
6  always  @(posedge clk or negedge rst_n) begin
7    if(!rst_n) begin
8      a <= 1;
9      b <= 2;
10     c <= 3;
11   end
12   else begin
13     a <= 0;
14     b <= a;
15     c <= b;
16   end
17 end
18 endmodule
```

图4.4　非阻塞赋值程序

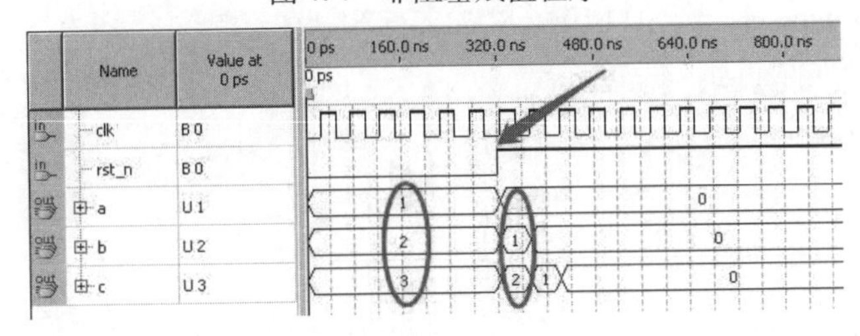

图4.5　非阻塞赋值仿真图

从仿真波形图中可以看到,在复位的时候(rst_n=0),a=1,b=2,c=3;而结束复位之后(波形图中的箭头处),当 clk 的上升沿到来时,a=0,b=1,c=2。这是因为非阻塞赋值在同时计算程序里面的编号为13、14和15的赋值语句。在上升沿到达的瞬间,a、b、c 分别锁定获得上升沿时刻的当前值,而当前值分别是1,2,3,例如 b 获得的是此刻的 a 的值,而此刻 a 的值还来不及变化,还是1,同理,c 获得 b 此刻的值,为2。

如图4.6所示是非阻塞赋值程序的 RTL 图,从图中可以看到,abc 从左到右形成了类似串行传递数据的结构,左侧的0信号(D 触发器输入端)需要经过3个 clk,才能到达 c 的输出端,而每一个 clk,abc 都锁定的是自己当前 D 输入端的信号(从 D 输入到 Q 输出,需要延迟反应时间)。

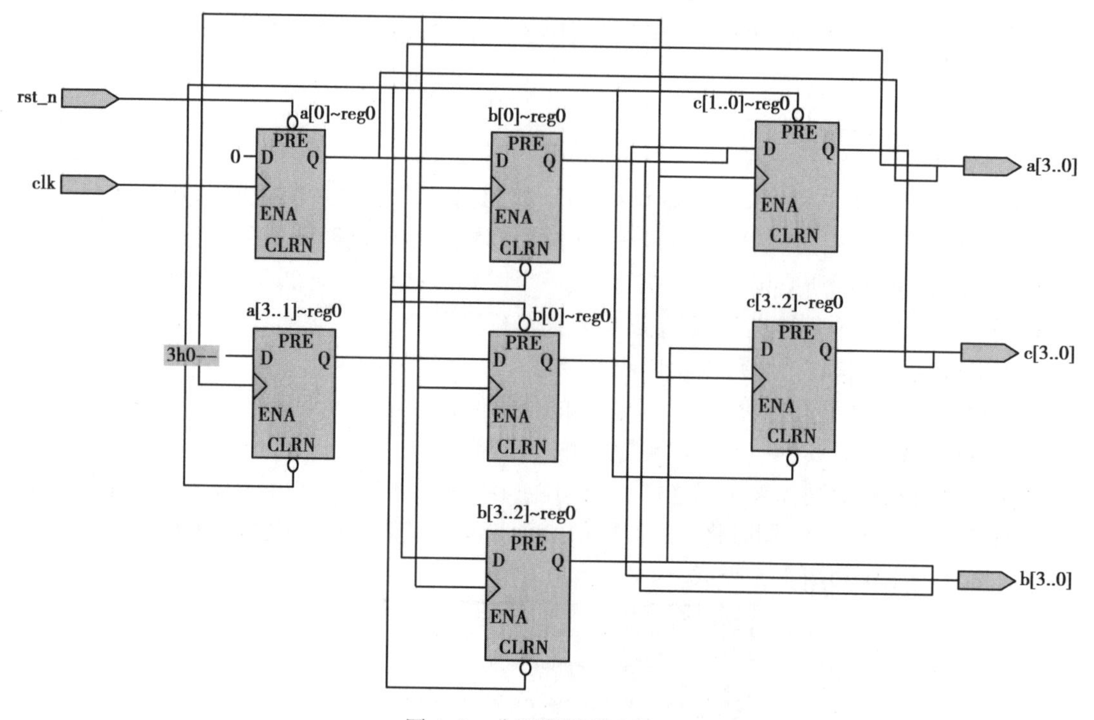

图 4.6　非阻塞赋值 RTL

在了解了阻塞赋值和非阻塞赋值的区别之后,有些朋友可能还是对什么时候使用阻塞赋值,什么时候使用非阻塞赋值有些疑惑,在此给大家总结如下。

在描述组合逻辑电路时,使用阻塞赋值,比如 assign 赋值语句和不带时钟的 always 赋值语句,这种电路结构只与输入电平的变化有关系,代码如下:

示例 1:assign 赋值语句

```
assign data = (data_en == 1'b1) ? 8'd255 : 8'd0;
```

示例 2:不带时钟的 always 语句

```
always @(*) begin
if (en) begin
a = a0;
b = b0;
end
else begin
a = a1;
b = b1;
end
end
```

在描述时序逻辑的时候,使用非阻塞赋值,综合成时序逻辑的电路结构,比如带时钟的 always 语句;这种电路结构往往与触发沿有关系,只有在触发沿时才可能发生赋值的变化,代码如下：

示例3：

```
always @ (posedge sys_clk or negedge sys_rst_n) begin
if (! sys_rst_n) begin
a <= 1'b0;
b <= 1'b0;
end
else begin
a <= c;
b <= d;
end
end
```

4.5　assign 语句和 always 语句

assign 语句和 always 语句是 Verilog 中的两个基本语句，这两个都是经常使用的语句。

(1) assign **语句**

使用时不能带时钟。

```
assign counter_en = (counter == (COUNT_MAX - 1'b1)) ? 1'b1 : 1'b0;
```

(2) always **语句**

1) 不带时钟的 always。

在 always 不带时钟时，逻辑功能和 assign 完全一致，虽然产生的信号定义还是 reg 类型，但是该语句产生的还是组合逻辑。复杂组合逻辑电路推荐使用 always 进行编程。

```
reg [3:0] led;
always @ ( * ) begin
case (led_ctrl_cnt)
2'd0 : led = 4'b0001;
2'd1 : led = 4'b0010;
2'd2 : led = 4'b0100;
2'd3 : led = 4'b1000;
default : led = 4'b0000;
endcase
end
```

2) 带时钟的 always。

在 always 带时钟信号时，这个逻辑语句才能产生真正的寄存器，如下示例中的 counter 就是真正的寄存器。

```
//计数器
always @ (posedge sys_clk or negedge sys_rst_n) begin
```

```
if (sys_rst_n == 1'b0)
counter <= 1'b0;
else if (counter_en)
counter <= 1'b0;
else
counter <= counter + 1'b1;
end
```

4.6 锁存器(latch)

latch 是指锁存器,是一种对脉冲电平敏感的存储单元电路,学过数字电路的都知道,锁存器是电平触发的存储器,它在整个电平触发期间,都会接收外界的输入信号,并实时传递到输出端,容易被干扰和形成毛刺。而寄存器是边沿触发的存储器,只在时钟边沿的一瞬间,接收外界输入信号。两者的基本功能是一样的,都可以存储数据。锁存器属于组合逻辑电路,而寄存器是时序电路。

latch 的主要危害是会产生毛刺(glitch),这种毛刺对下一级电路是很危险的,并且其隐蔽性很强,不易查出。因此,在设计中,应尽量避免 latch 的使用。

代码里面出现 latch 的两个原因是在组合逻辑中,不带时钟的 if 或者 case 语句不完整的描述,比如 if 缺少 else 分支,case 缺少 default 分支,导致代码在综合过程中出现了 latch。解决办法就是 if 必须带 else 分支,case 必须带 default 分支。

注意,只有不带时钟的 always 语句 if 或者 case 语句不完整才会产生 latch,带时钟的语句 if 或者 case 语句不完整描述不会产生 latch。

图 4.7、图 4.8 为缺少 else 分支的带时钟的 always 语句和不带时钟的 always 语句,通过实际产生的电路图可以看到第二个是有一个 latch 的,第一个仍然是普通的带有时钟的寄存器(D 触发器)。

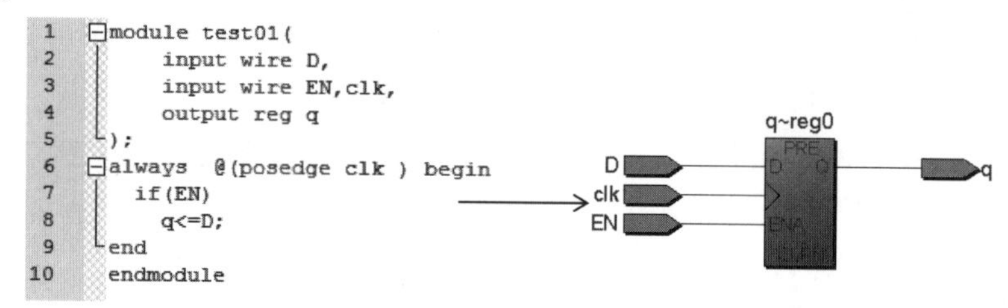

图 4.7 带时钟语句的不完整 if 结构程序及 RTL

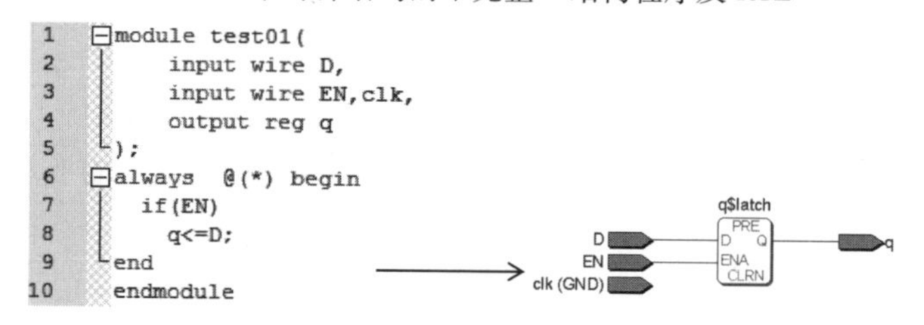

图 4.8 不带时钟语句的不完整 if 结构程序及 RTL

4.7　条件语句与循环语句

条件语句主要有 if-else 语句和 case 语句。循环语句主要有 while 语句、for 语句、forever 语句、repeat 语句。简单介绍如下：

(1) if-else **语句**

和 C 用法类似，如果运行语句是多行，应加上 begin 和 end。不再详述。

(2) case **语句**

和 C 用法类似，多分支选择语句，default 项可有可无，但一个 case 语句中只能有一个。不再详述。

(3) while **语句**

用法：

```
while (condition) begin
    语句
end
```

当 while (condition) 条件为假时，终止循环。

(4) for **语句**

用法：

```
for(初始条件;判别语句;步长) begin
  语句
end
```

示例，用 for 循环语句对存储器进行清 0 初始化。

```
for(n=0; n < mem_size; n = n+1)
mem(n)= 32' h0;
```

(5) forever **语句**

用法：

```
forever begin
语句
end
```

永久循环，不包含任何条件表达式，相当于 while(1)，系统函数 $ finish 退出循环。常用于产生周期性的波形，用作仿真测试信号，不能独立写在程序中，必须在 initial 块中。

示例：仿真时用 forever 语句产生时钟 clk。

```
initial begin
clk= 0;
forever #10 clk= ~clk;
end
```

(6) repeat **语句**

用法：

```
repeat (loop_yimes) begin
语句
end
```

执行固定次数循环,循环次数不能是表达式,必须为常量、变量或信号。如果循环次数是变量信号,循环次数是开始执行时变量信号的值。

示例:

```
repeat(2) @(posedge clk)//等待两个时钟上升沿
```

4.8 generate 生成语句

generate 语句有 generate-for,generate-if,generate-case 三种语句,用法类似。

循环生成语句允许使用者对下面的模块或模块项进行多次的实例引用:①模块;②用户定义原语;③门级语句;④连续赋值语句;⑤initial 和 always 块。

generate-for 语句,语法如下:

```
genvar i;
generate
for (i=0; i< ??; i=i+1)
  begin:循环的段名
        内容
  end
endgenerate
```

注意:

①循环生成中 for 语句使用的变量必须用 genvar 关键字定义,genvar 关键字可以写在 generate 语句外面,也可以写在 generate 语句里面,只要先于 for 语句声明即可。

②必须给循环段起一个名字。这是一个强制规定,并且也是利用循环生成语句生成多个实例的时候分配名字所必须的。

③for 语句的内容必须加 begin-end,即使只有一条语句也不能省略。这也是一个强制规定,而且给循环起名字也离不开 begin 关键字。

④可以是实例化语句,也可以是连续赋值语句。

4.9 任务 task 和函数 function

task 和 function 分别用来定义任务和函数,利用任务和函数可以把一个很大的程序模块分解为许多较小的任务和函数,便于理解和调试,即增强了代码的可读性和可维护性。任务、函数的定义和调用都包括在一个 module 的内部,它们一般用于行为级建模,在编写 Testbench 时用得较多,而在写可综合的代码时要慎用。

(1)**函数**(function)

函数 function 的使用包括函数定义和函数调用两部分。函数定义使用 function 声明语句，从关键字 function 开始，至 endfunction 结束。函数声明必须出现在模块内部，可以在模块的任意位置。

function 声明语句语法格式如下：

```
function<类型或位宽> <函数名>;
<参数声明>;
⋮
语句区;
⋮
endfunction
```

函数可接受多个输入参数，由函数名返回结果，可看作表达式计算。类型或位宽用于说明返回值的类型，可声明为 integer、real、time 或 reg 型，real 和 time 型不可综合。若为 reg 型，则可通过[msb:lsb]指定位宽，缺省时默认为 1 位。参数声明部分用于说明传递给函数的输入变量，或函数内部使用的变量。每个函数至少要有一个输入变量。输入变量用 input 说明，不可以是 output 或 inout 型。语句区使用行为描述语句实现函数功能，可以是 if…else…、case、过程块赋值语句等。函数语句区中必须有一条语句用来给函数名赋值。

若语句区有多于一条的语句，则需使用 begin…end 块。

函数的调用是将函数作为表达式中的操作数实现的。函数调用的语法格式如下：

函数名(表达式 1,表达式 2,…)

表达式作为传入函数的参数，按顺序依次连接到函数的输入变量。

(2)**任务**(task)

函数只能通过函数名返回 1 个值，任务 task 可以不返回值，或者通过输出端口返回多个值。Verilog HDL 任务的概念类似于其他高级编程语言中“过程”(Procedure)的概念。

任务的使用包括 task 定义和 task 调用两个部分。task 定义语法规则如下：

```
task<任务名>;
<端口和内部变量声明>;
⋮
语句区;
⋮
endtask
```

任务定义从关键字 task 开始，至 endtask 结束，必须出现在模块中，但可以在模块的任意位置。端口说明用于说明传入、传出任务的变量，用 input、output 或 inout 声明。语句区使用行为描述语句实现任务功能，可以是 if…else…、case、过程块赋值语句等。若语句区有多于一条的语句，则需使用 begin…end 块。

对任务的定义和使用需要说明的是，包含定时控制语句如 always 的任务是不可综合的。启动的任务往往被综合成组合逻辑电路。

在使用时，任务和函数除在返回值的方式、个数方面有所不同外，函数要求至少有一个输入变量，而任务可以没有或有一个或多个任意类型的输入变量。另外，函数不能调用任务，而任务可以调用其他任务和函数。

4.10 编译预处理

Verilog HDL 语言和 C 语言一样也提供了编译预处理的功能。编译预处理是 Verilog HDL 编译系统的一个组成部分。

Verilog HDL 语言允许在程序中使用几种特殊的命令(它们不是一般的语句)。Verilog HDL 编译系统通常先对这些特殊的命令进行“预处理”,然后将预处理的结果和源程序一起再进行通常的编译处理。

在 Verilog HDL 语言中,为了和一般的语句相区别,这些预处理命令以符号“ ' ”开头(注意这个符号是不同于单引号“ ' ”的)。这些预处理命令的有效作用范围为定义命令之后到本文件结束或到其他命令定义替代该命令之处。Verilog HDL 提供了以下预编译命令:

' accelerate, ' autoexpand _ vectornets, ' celldefine, ' default _ nettype, ' define, ' else, ' endcelldefine, ' endif, ' endprotect, ' endprotected, ' expand _ vectornets, ' ifdef, ' include, ' noaccelerate,' noexpand_vectornets,' noremove_gatenames,' noremove_netnames,' nounconnected_drive,' protect,' protecte,' remove_gatenames,' remove_netnames,' reset,' timescale,' unconnected _drive

接下来对常用的' define、' include、' timescale 进行介绍,其余的请查阅参考书。

(1)**宏定义** ' define

宏定义是用一个指定的标识符(即名字)来代表一个字符串,它的一般形式为:

' define 标识符(宏名) 字符串(宏内容)

示例:' define signal string

它的作用是指定用标识符 signal 来代替 string 这个字符串,在编译预处理时,把程序中在该命令以后所有的 signal 都替换成 string。

(2)**“文件包含”处理**' include

' include 命令可以将内含数据类型声明或函数定义的 Verilog 程序文件内容复制插入另一个 Verilog 模块文件' include 命令出现的位置,以增加程序设计的方便性与可维护性。与 C 语言中的#include 用法类似。

' include 命令的语法规则如下:

' include"文件名"

例如下边的例子中,若用文件 count10. v 定义十进制计数器模块,在 7_seg. v 文件中定义七段数码管显示模块,在文件 aram_def. v 中定义相关参数、宏等,则可通过' include 包含命令把这些文件定义的模块、参数、宏等包含进当前文件,即复制写在 my_counter 模块的前边,直接使用。

```
' include" count10. v"
' include"7_seg. v"
' include" param_def. v"
module my_counter…;
```

⋮
endmodule

(3)**条件编译命令** ifdef,else **与** endif

ifdef、else 与 endif 称为条件编译命令,允许编译综合器根据已知条件选择部分语句进行编译综合。语法规则如下:

ifdef<宏名>
语句组 A;
else
语句组 B;
endif

编译综合器会首先检查是否定义了宏,如果已经定义了宏,则编译综合语句组 A,否则编译综合语句组 B。

ifdef 命令的 else 分支可省略。

(4)**时间尺度** 'timescale

timescale 命令用来说明跟在该命令后模块的时间单位和时间精度。使用 timescale 命令可以在同一个设计里包含采用了不同的时间单位的模块。

例如,一个设计中包含了两个模块,其中一个模块的时间延迟单位为 ns;另一个模块的时间延迟单位为 ps。EDA 工具仍然可以对这个设计进行仿真测试。

timescale 命令的格式如下:

timescale<时间单位>/<时间精度>

示例:

timescale 1ns/1ps

在这个命令之后,模块中所有的时间值都表示是 1ns 的整数倍。这是因为在 timescale 命令中,定义时间单位为 1 ns。模块中的延迟时间可表达为带三位小数的实型数,因为 timescale 命令定义时间精度为 1 ps。

第 5 章 硬件描述语言 VHDL

5.1 VHDL 概述

电子设计的数字化已成为共识。数字信号处理集成电路在数字逻辑系统中的基本单元是与门、或门和非门。这些基本单元既可以单独实现相应的开关逻辑操作,也可以构成各种触发器、锁存器等器件,实现状态记忆。在数字电路课程中,主要学习如何设计一些简单的组合逻辑电路和时序逻辑电路,但是如何设计一个复杂的数字系统,以及如何对其功能进行验证同样是非常重要的问题。本章将对 VHDL 硬件描述语言的程序结构、语言要素,以及主要描述语句等内容进行讲解,为后续复杂数字系统的设计奠定基础。

5.1.1 什么是 VHDL

VHDL 的英文全称是 Very-High-Speed Integrated Circuit Hardware Description Language,它于 1982 年诞生。在 1987 年底,VHDL 被 IEEE(The Institute of Electrical and Electronics Engineers)和美国国防部确认为标准硬件描述语言。后来,随着各 EDA(Electronic Design Automation)公司陆续推出自己的 VHDL 设计环境,VHDL 在电子设计领域得到了广泛的接受并逐步取代了原有的非标准硬件描述语言。目前,VHDL 和 Verilog 作为 IEEE 的工业标准硬件描述语言,又得到众多 EDA 公司的支持,已成为电子工程领域中通用的硬件描述语言。有专家认为,在人工智能时代,VHDL 与 Verilog 语言将承担起几乎全部的数字系统设计任务。

5.1.2 VHDL 的特点

VHDL 主要用于描述数字系统的结构、行为、功能和接口。除了含有许多具有硬件特征的语句外,VHDL 的语言形式、描述风格及其语法与一般的高级计算机语言,如 C 语言、Java 等非常类似。如果读者具有相关高级计算机语言的基础,那么在学习和理解 VHDL 时会有所帮助。但值得注意的是,VHDL 是一种硬件描述语言,其本质是在进行电路的设计,具有并行的特点,而一般的高级计算机语言则是在对某一算法进行具体描述,具有串行处理的特点。因此,读者在用 VHDL 实现具体电路时,不能完全以写 C 语言或者 Java 的思维来写 VHDL

代码。

使用 VHDL 进行工程设计具有多方面的优点，主要包括：

1)具有强大的行为描述能力。强大的行为描述能力是避开具体的器件结构，从逻辑行为上描述和设计大规模电子系统的重要保证。就目前流行的 EDA 工具和 VHDL 综合器而言，将基于抽象行为描述风格的 VHDL 程序综合成为具体的 FPGA 和 CPLD 等目标器件的网表文件已不成问题，只是在综合与优化效率上略有差异。

2)具有丰富的功能。VHDL 最初是作为一种仿真标准格式出现的，因此 VHDL 既是一种硬件电路描述和设计语言，也是一种标准的网表格式，还是一种仿真语言。其丰富的仿真语句和库函数使得在任何系统的设计早期就能对系统的功能可行性进行查验，随时对设计进行仿真模拟，从而使设计者对整个工程设计的结构和功能的可行性作出决策。

3)具有支持大规模设计的分解和已有设计的再利用功能。VHDL 语句的行为描述能力和程序结构决定了它的这一特征，使其非常符合大规模系统高效、高速地完成必须由多人甚至多个开发组共同并行工作才能实现的特点。VHDL 中设计实体的概念、程序包的概念、设计库的概念为设计的分解和并行工作提供了有力的支持。

4)能减少电路设计过程中出现的时间和可能发生的错误，降低开发成本。对于用 VHDL 完成的一个确定的设计，可以利用 EDA 工具进行逻辑综合和优化，并自动地把 VHDL 描述设计转变成门级网表。这种方式突破了门级设计的瓶颈，极大地减少了电路设计的时间和可能发生的错误，降低开发成本。应用 EDA 工具的逻辑优化功能，可以自动地把一个综合后的设计变成一个更高效、更高速的电路系统。反过来，设计者还可容易地从综合和优化后的电路获得设计信息，便于更新修改 VHDL 设计描述，使之更为完善。

5)对设计的描述具有相对独立性。设计者可以不懂硬件的结构，也不必管最终设计实现的目标器件，而进行独立的设计。正因为 VHDL 的硬件描述与具体的工艺技术和硬件结构无关，因此 VHDL 设计程序的硬件实现目标器件有广阔的选择范围，其中包括各系列的 CPLD、FPGA 及各种门阵列实现目标。

6)具有快速修改和调用的特点。由于 VHDL 具有类属描述语句和子程序调用等功能，对于已完成的设计在不改变源程序的条件下，只需改变端口类属参量或函数就能轻易地改变设计的规模和结构。

5.2　VHDL 程序结构

一个完整的 VHDL 程序通常包含实体(Entity)、结构体(Architecture)、配置(Configuration)、包集合(Package)和库(Library)五部分。本节将对这些内容作详细介绍。

VHDL 设计的基本单元是 VHDL 的一个基本设计实体。对于一个基本设计单元，简单的可以是一个门电路，复杂的可以是一个微处理器或系统。但是，不论是简单的数字电路还是复杂的数字系统，它们都由实体和构造体两部分构成。

(1)**实体**(Entity)

作为一个设计实体(可简单理解为硬件)的组成部分，实体主要完成对该设计与外部电路之间的接口进行描述。实体是设计实体的表层设计单元，实体说明部分规定了设计单元的输

入输出接口信号或引脚,它是设计实体对外的一个通信界面。其语法格式为:

```
entity 实体名 is
    [类属说明;]
    [端口说明;]
end entity 实体名;
```

在上面的语法格式中,“类属说明”是可选项,“端口说明”是必备项。下面,以例 5.1 对实体的语法格式作进一步阐述。

例 5.1 实体的应用举例。

```
entity my_entity is
    generic(m: time:=1 ns);
    port(
        a,b,c : in bit;
        d : out bit );
entity my_entity;
```

在该例中,实体以“entity my_entity is”开始,以“end entity my_entity”结束。其中,my_entity 是该实体的实体名。在“类属说明”部分定义了 m 为 time 数据类型,其值为 1ns。在端口说明部分,定义了 4 个端口名,即 a、b、c、d,并对它们的端口方向进行了定义,其中“in”表示输入引脚,“out”表示输出引脚;同时,还对它们的数据类型进行了指定,即 bit 数据类型。

除上面例子中的“in”和“out”端口模式外,VHDL 中另外还有两种端口模式,即“inout”和“buffer”。这四种端口模式的说明如表 5.1 所示。

表 5.1 端口模式说明

端口模式	端口模式说明
in	输入,只读模式
out	输出,单向赋值模式
inout	双向,同时具有 in 和 out 的功能
buffer	具有读功能的输出模式,但只能有一个驱动源

此外,需要说明一点,VHDL 是对字母的大小不敏感的语言。在部分书籍中,有的作者习惯将 VHDL 的保留字(Reserved Words)用大写给出,有的又习惯将它们写成小写,这都是可以的。本书中,VHDL 的保留字将以小写的形式给出,如表 5.2 所示。在使用 VHDL 进行设计时,除应该使用保留字的地方外,其他地方不能出现与其同名的命名或语句,否则会出现错误。

表 5.2 VHDL 的保留字

abs	configuration	impure	null	rem	type
access	constant	in	Of	report	unaffected
after	disconnect	inertial	On	return	units
alias	downto	inout	Open	rol	until

续表

abs	configuration	impure	null	rem	type
all	else	is	Or	ror	use
and	elsif	label	Others	select	variable
architecture	end	library	Out	severity	wait
array	entity	linkage	Package	signal	when
assert	exit	literal	Port	shared	while
attribute	file	loop	Postponed	sla	with
begin	for	map	Procedure	sll	xnor
block	function	mod	Process	sra	xor
body	generate	nand	Pure	srl	
buffer	generic	new	Range	subtype	
bus	group	next	Record	then	
case	guarded	nor	register	to	
component	if	not	reject	transport	

(2)**结构体**(Architecture)

结构体是实体所定义的设计实体中的一个组成部分,它描述了设计实体的内部结构和/或外部设计实体端口间的逻辑关系。结构体由两部分组成:①对数据类型、常数、信号子程序和元件等元素的说明部分;②描述实体逻辑行为的功能描述语句。其语法格式为:

```
architecture 结构体名 of 实体名 is
[说明语句]
    begin
        [功能描述语句]
end architecture 结构体名;
```

在上面的语法格式中,设计者可以自行命名具体的“结构体名”,而“实体名”则必须是该结构体所在实体的名字。值得注意的是,一个实体可以包含多个结构体,在这种情况下,各结构体名不可重复。由于结构体是对实体功能的具体描述,因此它一定要跟在实体的后面。

例5.2　结构体的应用举例。

```
entity my_entity is
    generic(m: time:=1 ns);
    port(
        a,b,c : in bit;
        d : out bit );
end entity my_entity;
architecture dataflow of my_entity is
    begin
```

```
        d <= (a and c) or (not c and b);
end architecture dataflow;
```

该例中,实体"my_entity"包含了一个名为"dataflow"的结构体。该结构体以"architecture data of my_entity is"开始,以"end architecture dataflow"结束。在该结构体内,各端口的信号被用于完成了一系列的逻辑运算。读者只要掌握一点基本的高级语言就可以读懂它所表达的含义。符号"<="表示传送(或代入、赋值)的意思,即将 a、b、c 的逻辑运算结果送 d 输出。

在类属说明部分定义了 m 为 time 数据类型,其值为 1ns。在端口说明部分,定义了 4 个端口名,即 a、b、c、d,并对它们的端口方向进行了定义,其中"in"表示输入引脚,"out"表示输出引脚;同时,还对它们的数据类型进行了指定,即 bit 数据类型。

(3)**块语句结构**(Block)

block 是 VHDL 中具有的一种划分机制,它允许设计者合理地将一个模块分为多个区域,在每个块都能对其局部信号、数据类型和常量加以描述和定义。实际上,结构体本身就是一个 Block,任何能在结构体的说明部分进行说明的对象都能在 block 说明部分进行说明。块语句的语法格式为:

```
块结构名:block
接口说明
类属说明
begin
        并行语句
end block 块结构名;
```

在上面的语法格式中,关键词"block"前面必须设置一个"块结构名",但在结尾语句"end block 块结构名"中,"块结构名"可以省略不写。

例 5.3 块的应用举例。

```
entity mux is
    port(
        s0,s1,sel : in bit;
        q : out bit );
end entity mux;
architecture dataflow of mux is
    signal temp1,temp2,temp3: bit;      —结构体全局信号定义
    begin
    cal: block
      begin
        temp1 <= s0 and sel;
        temp2 <= s1 and (not sel);
        temp3 <= temp1 or temp2;
        q <= temp3;
    end block cal;
end architecture dataflow;
```

例 5.3 中，一个名为“cal”的块被包含到结构体中。在这个块里，输入信号完成了一系列逻辑运算：s0 和 sel 完成与运算后赋值给 temp1，s1 和 sel 的非完成与运算后赋值给 temp2，temp1 和 temp2 完成或运算后赋值给了 temp3，最后 temp3 的结果被赋值给输出 q。在此，temp1、temp2 和 temp3 是结构体“dataflow”中定义的 3 个全局信号，它们的数据类型为 bit 类型。程序中，符号“—”为 VHDL 语言的注释符号。

(4)**进程**(Process)

在 VHDL 中，进程语句结构是对设计实体中部分逻辑行为的顺序描述。区别于并行语句的同时执行方式，顺序语句可以根据设计者的要求，顺序可控地逐条执行，实现某一功能。与 C 语言的执行方式类似，顺序语句的运行顺序与程序语句书写的顺序一致，但这并不表示进程语句结构所对应的硬件逻辑行为也具有相同的顺序性，这是读者需要特别注意的地方。进程语句结构既允许有组合逻辑的描述，也可以有时序逻辑的描述，它们都可以用顺序语句来表达。进程的语句格式为：

```
进程名:process(信号 1,信号 2,…) is
begin
        顺序描述语句
end process 进程名;
```

在上面的语法格式中，关键词“process”前面设置了一个进程名，但该进程名并不是必需的。“顺序描述语句”部分是一段顺序执行的语句，用于描述该进程的具体行为。进程结构中，语句的执行由某个敏感信号触发。在上述语法格式中，敏感信号包含了“信号 1”“信号 2”等多个敏感量，当它们中的某个敏感信号的值发生变化时就会触发“顺序描述语句”部分中已经定义的相关语句，并立即执行，完成某一功能行为。行为的结果可赋值给信号，并通过信号被其他的 process 或 block 读取或赋值。

在进程结构中，“顺序描述语句”总是受到敏感信号的控制，即当任一敏感信号的值发生更新时，其对应的行为语句就要执行一次。当进程中最后一条语句执行完成后，执行过程将返回到进程的第一条语句，等待下一次敏感信号的到来。但当程序中存在 Wait 语句时，执行过程将被有条件地暂停。

一个结构体可以包含多个 process 结构，且每个 process 结构可以在与其对应的敏感信号发生变化时在任何时刻被触发执行，这些被包含的或被触发的 process 结构具有并行性。

例 5.4　进程的应用举例。

```
entity mux is
   port(
      s0,s1,sel : in bit;
      q : out bit );
end entity mux;
architecture dataflow of mux is
   begin
      cal: process(s0,s1,sel) is
         variable temp1,temp2,temp3: bit;—进程局部变量定义
         begin
```

```
            temp1 := s0 and sel;
            temp2 := s1 and (not sel);
            temp3 := temp1 or temp2;
            q <= temp3;
        end process cal;
    end architecture dataflow;
```

例5.4与例5.3非常类似。这里,在"process(s0,s1,sel)"语句中,s0、s1、sel都是信号量,当它们中任意一个的值发生变化时都会触发Process语句。一旦触发,process中的语句将从"temp1 := s0 and sel"往下逐句执行,当最后一条语句"q <= temp3"执行完成后,便返回到开始的process语句,以等待下一次触发条件的到来。

例5.5 带有wait语句的进程应用举例。

```
entity mux is
  port(
    s0,s1,sel : in bit;
    q : out bit );
end entity mux;
architecture dataflow of mux is
  begin
    cal: process
      wait until clock;
      variable temp1,temp2,temp3: bit;—进程局部变量定义
      begin
        temp1 := s0 and sel;
        temp2 := s1 and (not sel);
        temp3 := temp1 or temp2;
        q <= temp3;
      end process cal;
end architecture dataflow;
```

例5.5是一个包含有进程的结构体,其主要内容与例5.4类似。它们的区别在于,例5.5中的process后面没有列出敏感信号,但在后面附加了"wait until clock"语句。"wait until clock"语句是用于控制process语句的启动。此处,信号clock即为该进程的敏感信号,每当出现一个时钟脉冲clock时,即进入wait语句以下的顺序语句。

(5)**子程序**(Subprogram)

VHDL中的子程序具有和其他高级语言中的子程序相当的概念,它是相对于主程序而言的。主程序调用子程序以后,子程序能将处理结果返回给主程序,其本质是一个VHDL程序模块。与进程类似,子程序只能利用顺序语句来定义和完成算法,且可以反复被调用。它们的不同之处在于,子程序不能像进程那样从本结构体的其他块或进程结构中直接读取信号值或向信号赋值。此外,子程序在调用时首先要进行初始化,执行结束后子程序就终止,再调用时要重新进行初始化。因此,子程序内部的值无法保存,且只有当子程序返回以后才能被再

调用。子程序还具有可重载性的特点，即允许有许多重名的子程序，但这些子程序的参数类型和返回值数据类型可能不同。

在VHDL中，子程序有两种类型，即过程(Procedure)和函数(Function)。其中，"过程"与其他高级语言中的子程序相当，"函数"与其他高级语言中的函数相当。

1)过程(Procedure)语句。

在VHDL中，过程语句的语法格式如下：

```
procedure 过程名(参数1;参数2;…) is
begin
    顺序语句
end procedure 过程名;
```

在过程语句中，参数可以是输入，也可以是输出。"过程名"后面括号内的参数列表应该包含该过程中的所有输入和输出参数。

例5.6 用过程语句实现将位矢量转换为整数。

```
procedure vector2int
  (x: in std_logic_vector;
  y: out boolean;
  z: inout integer) is
  begin
    z := 0;
    y := false;
    for i in x'range loop
      z := z*2;
      if (x(i) = 1) then
        z := z+1;
      elsif (x(i)/ = 0) then
        y := true;
      end if
    end loop;
end procedure vector2int;
```

在这个过程结构中，x的端口模式是输入，y是输出，z是输入输出。在前面已经提到，子程序在被调用时需要先进行初始化，此处z和y首先被分别赋值了初值0和false。"顺序语句"部分的"for""if""elsif"类似于其他高级语言中的"for""if""else if"。符号"="和"/="分别表示"等于"和"不等于"。程序所要表达具体含义，这里不作展开。

2)函数(Function)语句。

在VHDL中，函数语句的语法格式如下：

```
function 函数名(参数1;参数2;…)
return 数据类型名 is
[定义语句]:
begin
```

```
    [顺序处理语句];
    return [返回变量名];
end function 函数名;
```

在函数语句中,函数名后面括号内的所有参数都是输入参数,因此它们对应的端口方向关键词"in"便可以省略。函数的输入值由调用者复制到输入参数中,如果没有特别指定,则在函数语句中按常数处理。

例 5.7 函数应用的举例。

```
entity fnc is
  port(a: in std_vector (0 to 2);
  m: out std_vector (0 to 2));
end entity fnc;
architecture demo of fnc is
  function sam(x,y,z: std_logic) return std_logic is
    begin
      return (x and y) or y;
end function sam;
begin
  process (a)
    begin
      m(0) <= sam(a(0),a(1),a(2));
      m(1) <= sam(a(2),a(0),a(1));
      m(2) <= sam(a(1),a(2),a(0));
    end process;
end architecture demo;
```

在上面程序中,结构体中定义了一个完成某种算法的函数,并在进程中调用了函数。在进程中,输入端口信号位矢 a 是敏感信号,当 a 的 3 个位输入元素 a(0)、a(1)、a(2)中的任意一个发生更新时,将触发该进程,并进一步启动对函数 sam 的调用,最后将函数的返回值赋值给 m 输出。

(6)**库**(Library)

在 VHDL 中,库是经编译后的数据集合,用于存放包集合定义、实体定义、结构体定义和配置定义。它与其他高级语言中的库具有相似性。为了使用库中的内容,库的说明总是放在设计单元的最前面。通常,库中存放有不同数量的程序包,而程序包中又可存放不同数量的子程序,子程序又可放置函数、过程、设计实体等基础设计单元。当某一库在 VHDL 程序中被声明打开后,则该库中的内容就可以被设计项目所调用,为设计者提供极大的便利。以下为库的声明打开方式:

```
library 库名;
```

当前,在 VHDL 中存在的库大致可以归纳为 5 种:IEEE 库、STD 库、面向 ASIC 的库、WORK 库和用户定义库。

1)IEEE 库。

IEEE 库是 VHDL 设计中最常见的库，它包含有 IEEE 标准的程序包和其他一些支持工业标准的程序包，如 STD_LOGIC_1164、MUMERIC_BIT 等。其中，STD_LOGIC_1164 是最重要和最常用的，它是大多数基于数字系统设计的程序包的基础。此外，IEEE 库中也包含了一些非 IEEE 标准的程序包，最常用的有 Synopsys 公司的 STD_LOGIC_ARITH、STD_LOGIC_SIGNED 等。

2）STD 库。

STD 库是 VHDL 的标准库，在库中存放有名为“STANDARD”的包集合。由于它是 VHDL 的标准配置，因此在调用“STANDARD”中的内容时，可以省略对 STD 库的声明。但是，如果设计者需要用到“TEXTIO”包集合中的数据时，应该先说明库和包集合名。例如：

```
library std;
use std. textio. all;
```

3）面向 ASIC 的库。

面向 ASIC 的库主要用于门级仿真，通常由各公司提供。该库中存放了与逻辑门一一对应的实体。为了使用面向 ASIC 的库，在写程序时必须首先对其声明。

4）WORK 库。

WORK 库是设计者的 VHDL 设计的现行作业库，用于存放设计者设计和定义的一些设计单元和程序包。在实际调用中，不需要对该库进行声明。

5）用户定义库。

该库包含了用户为自身设计需要所开发的共用包集合和实体等数据，在调用时需要提前声明。

（7）**程序包**（Package）

程序包的内容主要由常数说明、数据类型说明、元件定义和子程序这四种基本结构组成，因此一个程序包中至少应该包含这四种基本结构中的一种。

①常数说明：主要用于预定义系统的宽度，如数据总线通道的宽度。

②数据类型说明：用于说明整个设计中通用的数据类型，如通用的地址总线数据类型定义等。

③元件定义：主要规定在 VHDL 设计中参与已完成的设计实体对外的接口界面。

④子程序：存放在程序包的函数定义和过程定义。

使用程序包的语法如下：

```
package 程序包名 is                    ——程序包首
[说明语句]；
end package 程序包名；

package body 程序包名 is               ——程序包体
[说明语句]；
end package body 程序包名；
```

程序包由程序包首和程序包体两部分组成，其中程序包体是可选项。一个完整的程序包中，程序包首的程序包名和程序包体的程序包名是同一个名字。一般，程序包首列出所有项的名称，而程序包体具体给出各项的细节。

例 5.8 程序包应用的举例。

```
library std;
use std.std_logic.all;
package math is                                   ——程序包首
  function add(a,b: in tw16) return tw16;
end package math;
package body math is                              ——程序包体
  function add(a,b: in tw16) return tw16 is
    variable result: integer;
    begin
      result := vect2int(a)+vect2int(b);
      return int2tw16(result);
    end function add;
end package body math;
```

(8)**配置**(Configuration)

配置语句描述层与层之间的连接关系以及实体与结构之间的连接关系。配置也是VHDL设计实体中的一个基本单元,在综合或仿真中,可以利用配置语句为确定整个设计提供许多有用信息。例如,要设计一个二输入四输出的译码器,如果一种结构中的基本元件采用反相器和三输入与门,而另一种结构中的基本元件采用与非门,那么它们各自的结构体是不一样的,并且都放在各自的库中。如果使用配置语句,就可以在设计这个译码器时实现对两种不同构造体的选择。配置语句的基本语法为:

```
configuration 配置名 of 实体名 is
    [语句说明];
End configuration 配置名;
```

例 5.9 使用反相器构造二输入四输出译码器。

```
library ieee;
use ieee.std_logic_1164.all;
entity inv is
port(a: in std_logic;
  b: out std_logic);
end entity inv;
architecture behave of inv is
begin
  b <= not (a) after 5 ns;
end architecture behave;
configuration invcon of inv is
for behave
end for;
end configuration invcon;
```

例5.10　使用三输入与门电路构造二输入四输出译码器。

```
library ieee
use ieee.std_logic_1164.all;
entity and3 is
port(a1,a2,a3: in std_logic;
  o1: out std_logic);
end entity and3;
architecture behave of and3 is
begin
  o1 <= a1 and a2 and a3 after 5 ns;
end architecture behave;
configuration and3con of and3 is
for behave
end for;
end configuration and3con;
```

5.3　VHDL 语言要素

与其他计算机编程语言一样,VHDL 具有其独有的语言特点。准确无误地理解和掌握 VHDL 的语言要素是正确、高效完成 VHDL 程序设计的重要基础。本节将介绍 VHDL 的文字规则、数据对象、数据类型,以及运算操作符。

5.3.1　VHDL 文字规则

VHDL 文字主要包括数值和标识符,其中数值型文字所描述的值主要包括数字型、字符串型、位串型。

(1)数字型文字

数字型文字的值有多种表达方式,包括整数型、实数型、数制型、物理量型。其中,整数型和实数型文字都是十进制的数,只是实数型文字必须带有小数点。

例5.11　数字型文字举例。

5,123,34E2(等于3400),9_87_654(等于987654)　　——整数型文字

5.0,123.9,0.0,34E-2(等于0.34),3.14_15_9(等于3.14159)——实数型文字

在上面两个例子中,字母“E”是科学计数法的写法;数字间的下画线相当于空格,只是为了提高文字的可读性,无其他含义。

数制型文字是以数制基数表示的文字,其文字表达通常由5部分组成:①用十进制数标明所要表达数字的进制基数;②间隔符“#”;③所要表达的数字;④指数间隔符“#”;⑤用十进制表示的指数部分,如果指数为0,则省略不写。

物理量文字是一种具有明确的物理意义的文字表达,见例5.14。

例5.12　数制型文字举例。

```
n1 <= 16#F#;            ——十六进制数 F,等于十进制数 15
n2 <= 10#123#;          ——十进制数 123
n3 <= 8#70#;            ——八进制数 70,等于十进制数 56
n4 <= 2#1111_0010#;     ——二进制数 11110010,等于十进制数
n5 <= 16#E#E2;          ——十六进制数 E 的 100 倍,等于十进制数 400
```

例 5.13　物理量文字举例。

60s(60 秒),1000m(1000 米),k(千欧姆),2A(2 安培)

(2)**字符串型文字**

在 VHDL 中,在表示某个字符时需要用到单引号。字符可以是数值,也可以是字母或者符号,例如:"9""A""*"等。字符串则是一维的字符数组,它有两种类型:文字字符串和数位字符串。有别于字符的表示方法,字符串在表示时需要用双引号引起来。比如,"Sun""Earth""Moon"。

数位字符串与文字字符串相似,但它所代表的是某一进制数的数组,它的长度是等值二进制数的位数。比如,对于一个八进制数字符串,它的每一个数就代表了一个 3 位的二进制数。数位字符串在表示的时候,需要确定基数,然后将该基数表示的值放在双引号中。常见的基数符号有"B""O""X",它们分别表示二进制、八进制和十六进制。

例 5.14　字符串型文字举例。

```
d1 <= B"1_0001_1110";   ——二进制数组,数值字符串长度为 9
d2 <= O"12";            ——八进制数组,数值字符串长度为 6
d3 <= X"ADC";           ——十六进制数组,数值字符串长度为 12
d4 <= "1111_0000";      ——错误的表示,缺少基数符号
```

(3)**标识符**

VHDL 硬件描述语言对标识符的书写与其他高级语言类似,主要由字母、数字和下画线构成。需要注意的是,在 VHDL 中,任何标识符必须以英文字母开头,且英文字母不区分大小写;当要使用下画线时,必须保证是单一下画线,不能连续使用一个以上的下画线,且下画线的前后必须有字母或数字。

以上是 VHDL 1987 标准中对标识符的最基本要求。在 VHDL 93 标准中,VHDL 支持了扩展的标识符。扩展标识符用反斜杠"\"来界定,可以用数字开头,允许包含回车、换行、空格等符号,如\Welcome\、\2008 Olympic Games\、\A/BC\。此外,93 标准也允许在两个反斜杠之前使用多个相邻的下画线,但扩展标识符要区分大小写。

例 5.15　标识符举例。

合法的标识符:VHDL,aB_c,num_1,voltage_h,state0

非法的标识符:aB_,2value,signal_#Y,voltage-L,return,data__abc

(4)**下标名**

下标名用于指明数组行变量或信号的某一元素,其语句格式为:

标识符(表达式)

这里的"标识符"必须是数组型的变量或信号的名字,"表达式"所代表的值必须是数组下标范围中的一个值。

例 5.16

```
signal a: bit_vector (0 to 2);
signal x,: bit;
x <= a(2);
```

(5) **段名**

多个下标名的组合可形成段名,它对应数组中某一段的元素,其语句格式为:

标识符(表达式 方向 表达式)

段名的"标识符"必须是数组类型的信号名或变量名,"表达式"的数值必须在数组元素下标号范围内,且必须是可计算的,"方向"用"to"或者"downto"表示。其中,"to"表示数组下标由低到高排列,"donwto"则相反。

例 5.17

```
signal a1,a2: bit_vector (0 to 10);
signal b: std_logic_vector (5 downto 0);
signal c: std_logic_vector (0 to 4);
signal d: std_logic_vector (0 to 3);
signal e: std_logic;
a1(0 to 3) <= a2(7 to 10);
b(2) <= '1';
c(0 to 3) <= "1010";
d <= c;                          ——错误! c 和 d 长度不等
d <= c(1 to 4);                  ——正确!
```

5.3.2　VHDL 数据对象

在 VHDL 中存在一种对象,它可以接受不同数据类型的赋值,被称为数据对象。它有 3 类,分别是常量(Constant)、变量(Variable)和信号(Signal)。其中,常量和变量类似于计算机高级语言中的常量和变量;但信号这一数据对象就比较特殊,它具有更多的硬件特性,是 VHDL 中最有特色的语言要素之一。VHDL 中三类数据对象的含义和说明场合如表 5.3 所示。

表 5.3　VHDL 中三类数据对象的含义和说明场合

类别	含义	说明场合
常数	常数是全局量	以下两种场合下均可存在
变量	共享变量是全局量,局部变量是局部量	Process,Function,Procedure
信号	信号是全局量	Entity,Architecture,Package

(1) **常数**

在 VHDL 程序中,常数是一个固定的值,一旦做了数据类型和赋值说明后,在程序中就不能再改变。从硬件电路的角度看,常量相当于电路中的恒定电平,对应"电源"或"地"。对常数进行说明,就是对某一常数名赋予一个固定的值。这个赋值操作通常在程序开始前进行,

该值的数据类型则在说明语句中指明。常数说明的语句格式为:

constant 常数名: 数据类型 :=表达式;

例 5.18　常数的应用举例。

```
constant VCC: real := 3.3;
constant yanshi: time := 10ns;
constant fbus: bit_vector := "011";
constant VCC: real := "011";           ——错误! 数据类型不一致
```

常数的说明场合包括实体、结构体、块、进程、子程序和程序包。如果常数说明在实体中,其有效范围为这个实体定义的所有结构体;如果常数说明在结构体中,其只能用于此结构体;如果常数说明在进程中,其只能用于这个进程中;如果常数说明在程序包中,那么它将具有最大的全局化特征,可以用在调用此程序包的所有设计实体中。这就是常数的可视性,即常数的使用范围取决于它被说明的位置。

(2)**变量**

在 VHDL 中,变量是一个局部量,只能用在进程和子程序中,不能将信息带出对它作出定义的当前设计单元。共享变量(Shared Variable)是一种可在全局引用的变量,对于初学者,在开始学习 VHDL 时不建议使用。本书中,除非特别说明,变量都以局部量处理。

变量的赋值是一种理想化的数据传输,即传输过程不存在任何时延,立即发生。定义变量的语句格式为:

variable 变量名: 数据类型 := 初始值;

例 5.19　变量的应用举例。

```
variable a: integer;
variable b,c: integer := 2;
variable i: integer range 0 to 10 := 0;
a := b + c after 10 ns;                ——错误! 变量在赋值时不能产生延时
```

(3)**信号**

信号是描述硬件系统的基本数据类型,相当于组合电路中逻辑门与逻辑门之间的连线。在 VHDL 中,信号及其相关的信号赋值语句、延时语句等能很好地描述硬件系统的许多基本特征,如硬件系统运行时的并行性、信号传输过程中的延迟等。信号通常在结构体、包集合和实体中说明,其语句格式为:

signal 信号名: 数据类型 :=表达式;

例 5.20　信号的应用举例。

```
signal sys_clk: bit := '0';
signal gnd: bit := '0';
signal abc: bit;
```

在例 5.20 中,信号"abc"没有设置初始值。对于信号,初始值的设置并不是必需的,初始值仅仅在 VHDL 的行为仿真中有效。相比于变量,信号的硬件特性更为明显,具有全局性特性。比如,实体中定义的信号,在其对应的结构体中都是可见的。当信号确定了数据类型和表达式后,就可以对信号进行赋值,其语句格式为:

目标信号名<=表达式;

这里,符号"<="表示赋值操作,表示将数据信息传入。在对目标信号名进行赋值操作时,可以设置延时量。需要注意的是,即使在给目标信号进行零延时赋值时,其传输过程也要经历一个特定的延时过程,这是与符号":="不同的地方。此外,符号"<="两边的数值也并非完全要求一致。

例5.21　x、y、z 都是信号,对它们进行赋值操作。

```
x <= 9;
y <= x;
z <= x after 5ns;
```

在例5.21的第三句中,x的值在经过5ns延时后赋值给信号z。这里,"after"是保留字,其后面接需要延时的时间值。

5.3.3　VHDL 数据类型

VHDL和其他计算机高级语言一样,也有数据类型的概念。但VHDL对数据类型的定义相当严格,不同类型之间的数据不能直接代入,即使数据类型相同如果位长不同也不能直接代入。因此,为了能正确、熟练地使用VHDL进行设计,必须很好地理解和记忆各种数据类型的定义。

(1)标准的数据类型

表5.4列出了VHDL中标准的数据类型,它们已被包含进VHDL标准程序包Standard中,因此在使用时不必通过Use语句进行调用。下面对各数据类型作简要介绍。

表5.4　标准的数据类型

数据类型	含义
整数	整数32位,-2147483647 ~ 2147483647
自然数、正整数	整数的子集(自然数:大于等于0的整数)
实数	浮点数,-1.0E38 ~ +1.0E38
位	逻辑"0"或"1"
位矢量	位矢量
布尔量	逻辑"真"或"假"
字符	ASCII字符
字符串	字符矢量
时间	时间单位fs、ps、ns、us、ms、sec、min、hr
错误等级	NOTE、WARNING、ERROR、FAILURE

1)整数(Integer)。

在VHDL中,整数的表示范围为$-(2^{31}-1) \sim (2^{31}-1)$,即-2147483647 ~ 2147483647。在对整数进行操作时,不能将其赋值给与之不匹配的数据类型,亦不能对其使用逻辑操作符。如果确实需要,可以用转换函数。

例 5.22 整数的应用举例。

0,1,25,4123	十进制整数
10E4	十进制整数
16#D5#	十六进制整数
8#700#	八进制数
2#11010011#	二进制整数

2)自然数(Natural)和正整数(Positive)。

自然数和正整数是整数的子集。自然数是大于等于 0 的整数,正整数是值为正的整数。

3)实数(Real)。

实数也称为浮点数,它必须带小数点“.”,其取值范围为-1.0E38 ~ +1.0E38。例 5.23 列举了实数常量的书写方式。

例 5.23 实数的应用举例。

0.0,-1.1,25.0,123_45.67_89	十进制实数
10.2E4,3.14E-2	十进制实数
8#34.1#E4	八进制实数

4)位(Bit)。

在数字系统中,信号通常用一个位来表示。位数据类型的取值只能是 0 或者 1,用字符“0”或者“1”表示。位与整数中的 0 和 1 是不同的,“0”和“1”只表示一个位的两种取值状态。

5)位矢量(Bit_vector)。

位矢量与位不同,它的表示是用双引号。使用位矢量必须注明位宽,即数组中的元素个数和排列方式。

例 5.24 位的应用举例。

B“101_000”	——6 位二进制位串
O“371”	——9 位八进制位串
X“AF”	——8 位十六进制位串
X“ ”	——十六进制的空位串
signal a: bit_vector (7 to 0);	—a 被定义为一个具有 8 位位宽的矢量

6)布尔(Boolean)。

与位相似,布尔量也具有两种状态,即“真(True)”和“假(False)”。这两个状态量可进行关系运算,但不能进行算术运算。布尔数据与位数据可以通过转换函数相互转换。

7)字符(Character)。

在 VHDL 中,对所定义的字符量用单引号括起来,如“a”。在前面已经提到,VHDL 对大小写不敏感,但是对字符量而言,大小写字符是不同的。比如,“A”就不同于“a”。

8)字符串(String)。

字符串也称为字符矢量。类似于位矢量,它的表示也是用双引号将所需要表达的内容括起来。例如,“welcome”。字符串常用于程序的提示和说明。

9)时间(Time)。

VHDL 中唯一的预定义物理类型是时间。完整的时间类型包括整数和物理量单位两部分,整数和单位之间至少留一个空格,例如 60 sec、10 ns。时间数据类型的单位包括 fs、ps、ns、 us、ms、sec、min 和 hr，它们分别表示飞秒、皮秒、纳秒、微秒、毫秒、秒、分和小时。

10）错误等级（Severity Level）。

错误等级类型数据用于表示系统的状态，共有 4 种：NOTE（注意）、WARNING（警告）、ERROR（错误）和 FAILURE（失败）。在仿真过程中，可输出这 4 种值用于提示被仿真系统当前的工作状况。

（2）用户定义的数据类型

VHDL 允许用户自定义数据类型，其语句格式为：

type 数据类型名｛，数据类型名｝数据类型定义；

或

type 数据类型名｛，数据类型名｝；

用户可定义的数据类型有：整数（Integer）类型，实数（Real）、浮点数（Floating）类型，数组（Array）类型，枚举（Enumerated）类型，存取（Access）类型，文件（File）类型，记录（Record）类型，时间（Time）类型。下面对常用的几种用户定义的数据类型进行介绍。

1）整数类型和实数类型。

在标准的数据类型中，VHDL 已经包含了整数类型。这里所要介绍的整数类型是指用户定义的整数类型，可以理解为标准整型数据类型中的一个子类。这种由用户定义的整数类型的语句格式为：

type 数据类型名 is 数据类型定义约束范围；

例如，一年共有 12 个月，其值只能取 1 ~ 12 的整数，如果用户要定义一个用于表示一年中月份的数据类型，就可以写为：type month is integer range 1 to 12。同理，用户定义的实数类型和浮点数类型也如此。

2）数组类型。

数组类型是将一组具有相同数据类型的元素集合在一起，从而形成一个新的数据对象来处理的数据类型，它可以是一维或多维的。这里只对一维数组进行介绍。其语句格式为：

type 数组名 is array 数组范围 of 数据类型；

例 5.25　数组类型的应用举例。

```
type num1 is array (0 to 10) of std_logic;
type x is (low,high);
type fbus is array (0 to 7,x) of bit;
```

上面例子中的第一句表示定义了一个名为 num1 的数组，它有 11 个元素，它的下标顺序为 0 ~ 10，各元素的排序是 num1(0)、num1(1)、…、num1(10)。第二句和第三句表示，首先定义了一个名为 x 的枚举类型，然后将 fbus 定义为一个有 9 个元素的数组类型，其中每个元素的类型都是 bit。

除用上面的方法来定义数组外，还可以用另外一种方法来定义，即不说明所定义的数组下标的取值范围，而是定义某一数据对象为此数组类型时再确定该数组下标范围的取值，这就是非限制性数组类型。它的语句格式为：

type 数组名 is array (数组下标名<>) of 数据类型；

在这条语句格式中，“数组下标名”是以整数类型设定的一个数组下标名称，符号“<>”是下标范围特定符号。注意，符号“<>”中间不能有任何形式的字符，包括空格。

例 5.26

```
type num1 is array (natural range <>) of integer;
variable va: num1 (1 to 5);                    —将数组 num1 取值范围限定为 1 ~6
```

在例 5.26 中,首先定义了一个非限制性数组类型 num1,然后它的范围由第二句进行了限制说明。可以看出,当需要多次使用该数据对象但又需要不同下标取值的数组类型时,非限制性数组类型将能提供一定的便利性。

3)枚举类型。

枚举数据类型是一种特殊的数据类型,它们用文字符号来表示一组实际的二进制数,从而提高程序的阅读性,更便利于编译和综合器的优化。枚举类型数据的语句格式为:

```
type 数据类型名 is (元素 1,元素 2,…);
```

例如,定义一个名为"week"的枚举数据,可以表示为:type week is (sun,mon,tue,wed,thu,fri,sat)。如此,在后续的程序中凡是用于代表周三的日子便都可以用 wed 来代替。相比而言,这比用代码"011"表示周三更为直观易懂。

4)时间类型。

时间类型的语句格式为:

```
type 数据类型名 is 范围;
     units 基本单位;
     单位;
end units
```

例 5.27

```
type timescale is range -1E18 to 1E18;
units fs;
ps = 1000 fs;
ns = 1000 ps;
us = 1000 ns;
ms = 1000 us;
sec = 1000 ms;
min = 60 sec;
hr = 60 min;
end units;
```

在上面例子中,基本单位被定义为"fs",它与其他单位的换算遵循了相关物理量的规定。用类似的方法,也可以对其他物理量进行定义。

5)记录类型。

记录类型与数组类型都属于数组类型。它们的区别在于,数组类型是由相同数据类型的对象元素构成的,而记录类型是由不同数据类型的对象元素构成的。需要说明的是,构成记录类型的各种不同的数据类型可以是任何一种已定义过的数据类型,包括已定义的数组类型和记录类型。其语句格式为:

```
type 记录类型名 is record
     元素名: 数据类型;
```

```
    元素名：数据类型；
...
end record；
```

例 5.28

```
type people is record
num：integer；
addr：STD_LOGIC_VECTOR（7 donwto 0）；
end units；
```

例 5.29

```
type people is record
num：integer；
addr：STD_LOGIC_VECTOR（7 downto 0）；
end units；
signal addbus：STD_LOGIC_VECTOR（10 downto 0）；
signal n_people：people ：=（1，"1101000"）；
addbus <= n_people. addr；        —从记录数据类型中提取元素数据类型时，应该用"."。
```

(3)用户定义的子类型

用户定义的子类型是用户对已定义的数据类型作一些范围限制而形成的一种新的数据类型。其语句格式为：

```
subtype 子类型名 is 数据类型名；
```

例 5.30　在"STD_LOGIC_VECTOR"的基础上定义子类型并使用。

```
subtype vect1 is STD_LOGIC_VECTOR（7 downto 0）；
signal test1：STD_LOGIC_VECTOR（7 downto 0）；
signal test2：STD_LOGIC_VECTOR（10 downto 0）；
signal tg：vect1；
test1 <= tg；                    ——正确操作！
test2 <= tg；                    ——错误操作！
```

(4)数据类型的转换

在前面的内容中已经提到，VHDL 中不同数据类型之间不能进行运算和直接代入，如果要实现正确的代入操作，则必须将要代入的数据进行类型转换，这就是数据类型的转换。通常，转换函数由 VHDL 的包集合提供。表 5.5 列出了部分数据类型转换函数。

表 5.5　部分数据类型转换函数

函数名	功能
STD_LOGIC_1164 包集合：	
to_stdlogicvector(x)	转换 bit_vector 为 std_logic_vector
to_bitvector(x)	转换 std_logic_vector 为 bit_vector
to_stdlogic(x)	转换 bit 为 std_logic
to_bit(x)	转换 std_logic 为 bit

续表

函数名	功能
STD_LOGIC_ARITH 包集合: conv_std_logic_vector(x,位长) conv_integer(x)	转换 integer、unsigned、signed 为 std_logic_vector 转换 integer 为 unsigned、signed
STD_LOGIC_UNSIGNED 包集合: conv_integer(x)	转换 std_logic_vector 为 integer

例 5.31

```
signal a: BIT_VECTOR (11 to 0);
signal b: STD_LOGIC_VECTOR (11 to 0);
a <= X"8B";
b <= to_ stdlogicvector(B"1000_1111_0101");
b <= to_ stdlogicvector(O"3105");
b <= to_stdlogicvector(X"3BA");
```

(5)IEEE **标准**"STD_LOGIC"**和**"STD_LOGIC_VECTOR"

"STD_LOGIC"和"STD_LOGIC_VECTOR"是 IEEE 新制订的标准化数据类型,是在 VHDL 语法以外所添加的数据类型。当在使用该类数据时,在程序中必须对库和使用包集合进行说明。"STD_LOGIC"型数据类型具有 9 种不同的值,如表 5.6 所示。

表 5.6　STD_LOGIC 型数据类型的 9 种不同值

值	含义
0	0
1	1
L	弱信号 0
H	弱信号 1
U	初始值
X	不定
W	弱信号不定
Z	高阻态
-	不可能情况

5.3.4　VHDL 操作符

根据不同的功能,如表 5.7 所示 VHDL 的操作符可以分为 4 类,即逻辑运算(Logical)符、关系运算(Relational)符、算术运算(Arithmetic)符和并置运算(Concatenation)符。与操作符对应的是操作数,它是指被操作符所操作的对象。在使用操作符时,操作数的类型必须与操作符所要求的类型相一致。此外,类似于 C 语言中的操作符,VHDL 中的操作符也具有优先级之分。

表5.7　VHDL的操作符

类型	操作符	功能	操作数的数据类型
算术操作符	+	加	整数
	−	减	整数
	&	并置	一维数组
	*	乘	整数和实数
	/	除	整数和实数
	MOD	去模	整数
	REM	取余	整数
	SLL	逻辑左移	BIT 或布尔型一维数组
	SRL	逻辑右移	BIT 或布尔型一维数组
	SLA	算术左移	BIT 或布尔型一维数组
	SRA	算术右移	BIT 或布尔型一维数组
	ROL	逻辑循环左移	BIT 或布尔型一维数组
	ROR	逻辑循环右移	BIT 或布尔型一维数组
	* *	乘方	整数
	ABS	取绝对值	整数
关系操作符	=	等于	任意数据类型
	/=	不等于	任意数据类型
	<	小于	枚举与整数类型,及对应的一维数组
	>	大于	枚举与整数类型,及对应的一维数组
	<=	小于等于	枚举与整数类型,及对应的一维数组
	>=	大于等于	枚举与整数类型,及对应的一维数组
逻辑操作符	AND	与	BIT、BOOLEAN、STD_LOGIC
	OR	或	BIT、BOOLEAN、STD_LOGIC
	NAND	与非	BIT、BOOLEAN、STD_LOGIC
	NOR	或非	BIT、BOOLEAN、STD_LOGIC
	XOR	异或	BIT、BOOLEAN、STD_LOGIC
	XNOR	异或非	BIT、BOOLEAN、STD_LOGIC
	NOT	非	BIT、BOOLEAN、STD_LOGIC
符号操作符	+	正	整数
	−	负	整数

(1)**逻辑操作符**

在 VHDL 中,逻辑操作符共有 7 个,如表 5.8 所示。在使用操作符进行运算时需要注意的是,当一条语句中存在两个以上逻辑表达式时,在进行运算时是没有左右优先级差异的,不存在像 C 语言中的“自左至右”的规定。例如,对于语句“x <= (a and b) or (not c and d);”,如果去掉里面的括号,那么从语法上讲它是错误的。当然,也有例外。比如,在语句“x <= (a and b) and (c and d);”中,是否去掉括号其结果都一样。对于初学者,建议大家保留括号,一是有助于理解信号之间的逻辑关系,二是避免发生错误。

表 5.8　VHDL 中操作符的优先级

操作符	优先级
NOT、ABS、* *	高
* 、/、MOD、REM	↓
+(正)、-(负)	
+、-、&	
SLL、SLA、SRL、SRA、ROL、ROR	
=、/=、<、<=、>、>=	
AND、OR、NAND、NOR、XOR、XNOR	低

(2)**算术操作符**

VHDL 中有 15 个算术操作符,如表 5.7 所示。在这些操作符中,“+”“-”“MOD”“REM”“* *”和“ABS”可操作的操作数类型为整数;“*”和“/”可操作的操作数类型为整数和实数(包括浮点数);“SLL”“SRL”“SLA”“SRA”“ROL”和“ROR”可操作的操作数类型为 BIT 或布尔型一维数组;“&”可操作的操作数类型为一维数组。

在数据位较长的情况下,在使用算术操作符进行运算,特别是使用“*”时,应特别慎重。如果“*”两边的位长相加后的值和要代入变量的位长不等,则会出现语法错误。符号“+”和“-”也存在类似的规定。

并置运算符“&”用于位的连接,可以利用它将普通操作数或数组组合起来形成各种新的数组。例如“VH”&“DL”的结果为“VHDL”,“2”&“1”的结果为“21”。

(3)**关系操作符**

VHDL 中有 6 个算术操作符,如表 5.8 所示。在这些操作符中,“=”和“/=”适用于所有类型的操作数;其他操作符可使用于整数、枚举及对应的一维数组等类型的关系运算。在进行关系运算时,要求左右两边操作数的类型必须相同,但其位长度可以不同。

(4)**符号操作符**

符号操作符“+”和“-”的操作数只有一个,操作数的数据类型是整数。其中,“+”不会对操作数作任何改变,而“-”则会使运算后的结果为操作数的相反数。需要注意的是,在使用“-”时,需要对其添加括号,如:“x := a*(-b);”。

5.4　VHDL 的主要描述语句

VHDL 的主要描述语句包括顺序语句(Sequential Statements)和并行语句(Concurrent Statements)。

5.4.1　顺序语句

顾名思义,顺序语句的执行具有顺序性,即每一条语句执行的先后顺序与其书写的顺序一致。顺序语句只能出现在进程(Process)、函数(Function)和过程(Procedure)中,用于定义进程或子程序所执行的算法。在 VHDL 中,顺序语句主要有:wait 语句、断言语句、信号代入语句、变量赋值语句、if 语句、case 语句、loop 语句、next 语句、exit 语句、过程调用语句、null 语句。下面将对这些语句进行介绍。

(1) wait 语句

在进程中,当执行到 wait 语句时,运行程序将被挂起,直到满足结束挂起条件才重新开始执行。wait 语句可以设置 4 种不同的条件:wait(无限等待)、wait on(敏感信号量变化)、wait until(条件满足)和 wait for(时间到)。

①wait on 语句。

wait on 语句的书写格式为:

wait on 信号 [,信号];

例如,wait on 后面跟两个信号 a 和 b 的语句可以写为“wait on a,b;”。该语句表示等待信号量 a 和 b 发生变化,只要二者中任意一个信号量发生变化,进程就结束挂起状态,继续执行 wait on 语句之后的其他语句。需要注意的是,当 wait on 用于进程时,如果 process 语句中已包含敏感信号量,那么在进程中就不能使用 wait on 语句,见例 5.32。

例 5.32

```
process (a,b) is
begin
y <= a and b;
wait on a,b;                          ——错误语句!
end process;
```

②wait until 语句。

wait until 语句的书写格式为:

wait until 表达式;

这里,“表达式”是布尔表达式,当进程执行到该语句时将被挂起,直到表达式返回“真”值才被再次启动。需要注意的是,wait until 的“表达式”是一个隐式的敏感信号量表,即当表中任意一个信号量发生变化时,将立即对“表达式”的结果进行更新。例如,在语句“wait until ((x*10)<100);”中,当 x 的值大于等于 10 时,表达式返回一个“假”值,进程执行到该语句将被挂起;当 x 的值小于 10 时,表达式返回一个“真”值,进程将再次被启动,继续执行后续语句。

③wait for 语句。

wait for 语句的书写格式为:

wait for 时间表达式;

wait for 语句可用于指定程序做特定时间的等待。当进程执行到该语句时将被挂起,直到指定的等待时间结束,进程才再次启动,执行后续语句。例如,在语句"wait for 10ms;"中,指定的时间长度为 10 ms,当进程执行到该语句时将被挂起,然后进入 10 ms 的等待,当 10 ms 时间结束后,进程才再次被启动。当然,"时间表达式"也可以是一个非常数值。例如,在语句"wait for (a+b);"中,"时间表达式"就是"a+b"这个时间量。如果 a 等于 10 ms,b 等于 30 ms,那么进程执行到该语句时将等待"a+b"的时间,即 40 ms,等价于执行了语句"wait for 40 ms"。

④wait on 语句。

wait on 语句的书写格式为:

wait on 信号或表达式或时间表达式;

与前几种 wait 语句不同,wait on 语句可以同时使用多个等待条件,这些条件包括信号量、布尔量和时间量。例如,在语句"wait on a,b until (x * 10<100) for 10 ms;"中,等待的条件总共有 3 个,即①信号量 a 和 b;②布尔量表达式"x * 10<100";③时间常量 10 ms。在上述 3 个条件中,只要 a 和 b 中任意一个发生变化,或布尔量的值为"真",或等待时间 10 ms 完成,其中一个或多个条件满足,则进程将被再次启动,继续执行后续语句。

(2)断言(Assert)语句

断言语句主要用于程序仿真和调试过程中的人机对话,它可以给出一条文字串作为警告和错误信息。其语句格式为:

assert 条件[REPORT 输出信息][severity 级别];

例如,有这样一条断言语句"assert (a = '1') report "a timed out at 1" severity error;"。在该语句中,"条件"是"a = '1'",如果执行到该语句时条件不满足,则输出"report"后面的文字串。"severity"后面跟的错误级别用于告知设计者其出错的级别为"error"。

(3)信号代入语句

信号代入语句的语句格式为:

目的信号量<= 信号量表达式;

该语句表示将右边"信号量表达式"的值赋给左边的"目的信号量"。例如,有信号代入语句"a <= b;",它表示将 b 的值赋给 a。

(4)变量赋值语句

变量赋值语句的语句格式为:

目的变量 :=表达式;

该语句表示左边"目的变量"的值将由右边"表达式"的值所代替。

(5)if 语句

类似于 C 语言中的 if 语句,VHDL 中的 if 语句也是一种条件语句。它根据语句中所设置的一种或多种条件选择性地执行指定的语句。if 语句的结构有 3 种,下面对它们进行介绍。

1)第一种。

第一种 if 语句的语句格式为:

```
if 条件语句 then
  顺序语句
end if
```

例 5.33

```
if(a = ‘1’) then
b <= c;
end if;
```

在上面例子中,如果条件“a = ‘1’”满足,则执行顺序语句“b <= c;”,否则跳过。

2)第二种。

第二种 if 语句的格式为:

```
if 条件句 then
  顺序语句
else
  顺序语句
end if
```

例 5.34

```
if(a = ‘1’) then
b <= c;
else
b <= d;
end if;
```

在上面例子中,如果条件“a = ‘1’”满足,则执行顺序语句“b <= c;”,否则执行 else 后面的语句“b <= d;”。

3)第三种。

第三种 if 语句的格式为:

```
if 条件语句 then
  顺序语句
elsif 条件句 then
  顺序语句
…
else
  顺序语句
end if
```

例 5.35

```
if (a = ‘1’) then
b <= c;
elsif (a = ‘0’) then
b <= d;
else
```

```
b <= e;
end if;
```

在上面例子中,如果条件“a = ‘1’”满足,则执行顺序语句“b <= c;”,否则作进一步判断,判断条件“a = ‘0’”是否满足。如果满足,则执行语句“b <= d;”,否则执行 else 后面的语句“”。“b <= e;”。

(6)case **语句**

类似于 C 语言中的 case 语句,VHDL 中的 case 语句也是用于描述从多个语句中选择其中之一来执行。其语句格式为:

```
case 表达式 is
  when 条件表达式=> 顺序语句;
  when 条件表达式=> 顺序语句;
  …
end case;
```

当执行到 case 语句时,首先计算“表达式”的值,然后确定与之相同的“条件表达式”,执行对应的顺序语句,最后结束 case 语句。这里,“表达式”可以是一个整数类型或枚举类型的值,也可以是由这些数据类型的值构成的数组。“条件表达式”可以有 4 种不同的表示形式:①单个普通数值,如 10;②数值选择范围,如(1 to 3),表示取值为 1,2 或 3;③并列数值,如 5|9,表示取值为 5 或 9;④混合方式,以上 3 种方式的混合表示。

在使用 case 语句时,有几点是需要注意的:①“表达式”的值必须在“条件表达式”的值范围内;②如果“条件表达式”的值所在范围没有包含“表达式”的值,则必须在最后使用关键词“others”,且这个关键词只能使用一次;③每一个“条件表达式”只能出现一次,不允许在 case 语句中出现相同的“条件表达式”;④case 语句在执行过程中必须选中所罗列的“条件表达式”中的一条。

例 5.36 用 case 语句描述一个 4 选 1 多路选择器。

```
library ieee;
use ieee.std_logic_1164.all;
entity mux41 is
port(sel1,sel2: in std_logic;
a,b,c,d: in std_logic;
z: out std_logic);
end entity mux41;
architecture selct of mux41 is
signal s: std_logic_vector (1 downto 0);
begin
s <= sel1 & sel2;
process (s,a,b,c,d)
begin
case s is
when "00" => z <= a;
```

```
when "01" => z <= b;
when "10" => z <= c;
when "11" => z <= d;
whenothers => z <= 'X';      —X 必须大写才能统一于 std_logic 中的定义
end case
end process;
end selct;
```

在上面例子中,语句"when others => z <= 'X';"是必需的,因为信号量 s 为 std_logic_vector 数据类型,除了已经列出的"00""01""10"和"11"四个值外,还可能有其他定义于 std_logic_vector 的值。此外,符号"=>"不是关系运算操作符,它仅仅描述值和对应执行语句的对应关系。

(7) loop **语句**

loop 语句就是循环语句,它可以使被包含的一组顺序语句被循环执行,其执行次数由设定的循环参数决定。loop 语句的表达式有 3 种,下面将对它们进行介绍。

1) 单个 loop 语句。

单个 loop 语句的格式为:

```
标号: loop
  顺序语句
end loop 标号;
```

这种循环语句是 loop 语句中最简单的,但是如果需要跳出循环则需要其他控制语句的帮助,如 exit 语句。在例 5.38 中,L1 这个 loop 循环语句就必须借助"exit L1 when a > 10;"完成循环的跳出,即当 a 的值大于 10 时,结束对语句"a := a+1;"的执行。

例 5.37

```
L1: loop
a := a+1;
exit L1 when a > 10;
end loop L1;
```

2) for_loop 语句。

这种循环语句的格式为:

```
标号: for 循环变量,in 循环次数范围 loop
  顺序语句
end loop 标号;
```

这里的"循环变量"是 loop 语句的一个局部变量,不用事先定义。但需要注意的是,在 loop 语句范围内不能再使用与它同名的标识符;同时,这个变量不能被赋值,只能作为赋值源使用。"循环次数范围"决定了 loop 语句中"顺序语句"被执行的次数。

例 5.38

```
L2: for k in 1 to 9 loop
a := a+k;
end loop L2;
```

在例5.38中,k是循环变量,其取值范围为1~10。k从1开始取值,每取一次后就执行一次语句“a := a+k;”,然后自身加1。假设a的初始值为0,那么在执行完这段程序后,k的值将为9,a的值将是1~9的叠加结果,也就是45。

3)while_loop语句。

这种循环语句的格式为:

```
标号: while 循环条件 loop
  顺序语句
end loop 标号;
```

对于while_loop语句,如果“循环条件”为真,则循环将持续下去,直到永远;反之,循环将被终止。因此,在使用while_loop语句时,在“顺序语句”中必须包含终止条件。

例5.39

```
k := 1;
a := 0;
L3: while (k<10) loop
a := a+k;
k := k+1;
end loop L3;
```

例5.39所实现的功能与例5.38相同。在例5.39的while_loop循环中,程序将先对k的值进行判断,如果k<10则为真,执行语句“a := a+k;”和“k := k+1;”,如果为假,则终止循环。

(8)next 语句

next语句主要用在loop语句执行中进行有条件的或无条件的转向控制,其语句格式有3种:

第一种:next;

第二种:next loop 标号;

第三种:next loop 标号 when 条件表达式;

对于第一种,当loop内的顺序语句执行到next语句时,循环将被无条件地终止,跳到当前loop语句开头处,开始下一次循环。它类似于c语言中的“continue”。

对于第二种,其功能与第一种类似,只是它所要跳转的地方为loop的“标号”。在多重loop语句中,它可以使程序跳到指定标号的loop语句处。

第三种可以理解为第二种的改良版,即当when后面的“条件表达式”为真时才发生跳转行为,否则继续向下执行。

(9)exit 语句

exit语句在前面的loop语句已经提到,它主要是用于控制loop语句的执行。其语句格式也有3种:

第一种:exit;

第二种:exit loop 标号;

第三种:exit loop 标号 when 条件表达式;

这3种语句的使用方法与上述next语句的3种语句方法非常相似。唯一不同之处是,

next 语句是使程序跳转到指定的 loop 标号处，即某一 loop 的开头处继续执行；而 exit 语句是使程序跳转到指定 loop 语句的结束处，终止整个循环，它类似于 C 语言中的“break”。

(10)返回(Return)语句

返回语句的格式有两种：

第一种：return；

第二种：return 表达式；

第一种只能用于过程，它不带任何返回值，执行返回语句将使过程无条件地跳转到结束处 end，结束当前程序；第二种只能用于函数，且必须包含一个返回值。函数可以拥有多个返回语句，但在调用函数时，只有其中一个返回语句可以将值带出。

(11)空操作(Null)语句

空操作语句的格式为：

null；

顾名思义，空操作语句不完成任何操作。它常用于 case 语句中，用于满足未列举条件下的操作行为。

例 5.40

```
case s is
when "00" => z <= a;
when "01" => z <= b;
when "10" => z <= c;
when "11" => z <= d;
when others => null;
end case;
```

5.4.2　并行语句

并行语句是相对于顺序语句而言的，各语句的执行都是同步进行的，与语句的书写顺序无关。在执行过程中，并行语句之间可以是相互独立的，也可以存在信息交换。在 VHDL 中，并行语句包括：进程语句、并发信号代入语句、条件信号代入语句、选择信号代入语句、并发过程调用语句和块语句。

(1)进程语句

进程语句是一种并行语句，在一个结构体中多个进程语句可以同时并行运行。在 VHDL 中，进程语句是使用最频繁和最能体现 VHDL 语言特点的一种语言，归纳起来，它具有以下几个特点。

①可以与其他进程并行运行，并可存取结构体或实体名中所定义的信号；

②进程结构中的所有语句的执行过程具有顺序性；

③进程结构中必须包含用于启动它的敏感信号或 wait 语句；

④进程之间的信息交换通过信号量完成。

(2)并行信号赋值语句

并行信号赋值语句有 3 种形式，它们分别是简单信号赋值语句、条件信号赋值语句，以及选择信号赋值语句。从它们的名称中可以知道，这 3 种信号有个共同点，即赋值目标必须都是信号;此外,与其他并行语句一样,它们在结构体内的执行是同时发生的,与它们的书写顺序没有关系。

1)简单信号赋值语句。

这种语句要求“表达式”和“赋值目标”必须具有相同的数据类型,格式为:

赋值目标<=表达式;

2)条件信号赋值语句。

条件信号赋值语句的格式为:

```
赋值目标 <= 表达式 when 赋值条件 else
  表达式 when 赋值条件 else
  …
  表达式;
```

条件信号赋值语句的格式要求,当“when”所指定的“赋值条件”满足时,则将前面的“表达式”赋值给“赋值目标”,否则进行下一“赋值条件”的判断。最后一个“表达式”允许省略,它的功能在于,当上述“赋值条件”都不满足时,就将其值赋给“赋值目标”。

在结构体中,条件赋值语句的功能与 IF 语句相同,每一个“赋值条件”都要按照书写的先后顺序依次判断,一旦发现满足“赋值条件”,就将对应的“表达式”的值赋值给“赋值目标”。这种判断的先后性决定了在前的语句具有更高的优先级。例如,在例 5.42 中,如果 test1 和 test2 等于'1'都同时满足,那么 x 的值将等于 a 的值。

例 5.41

```
x <= a when test1 = '1' else
b when test2 = '1' else
c;
```

条件赋值语句与 if 语句的不同之处在于,if 语句只能在进程内部使用,且 if 语句允许嵌套使用,而条件信号赋值语句却不允许嵌套。

3)选择信号赋值语句。

选择信号赋值语句类似于 case 语句,它对“选择表达式”进行测试,根据“选择表达式”的取值执行不同的赋值操作。其语句格式为:

```
with 选择表达式 select
赋值目标信号 <=表达式 when 选择值,
  表达式 when 选择值,
  …
  表达式 when 选择值;
```

选择信号赋值语句类似于 case 语句,它对各“选择值”所在语句的测试具有同期性,不像条件信号赋值语句那样按照书写的顺序自上而下依次测试;此外,选择信号赋值语句中不允许有条件重叠的现象,也不允许存在条件不全的情况。

例 5.42

```
with sel select
x <= a when 0|1,
  b when 2 to 5,
```

```
  c when 6|7,
  'Z' when others;                ——Z 必须大写
```

在例 5.42 中,x 的值与 sel 的值密切相关,当 sel 为 0 或 1 时,x 等于 a;当 sel 为 2 ~5 的任意一个数时,x 等于 b;当 sel 为 6 或 7 时,x 等于 c;当以上都不满足时,x 呈高阻态(Z)。

(3)并行过程调用语句

并行过程调用语句可以出现在结构体中,它是一种可以在进程之外执行的并行语句。并行过程调用语句的格式为:

过程名(关联参数名);

例 5.43

```
procedure adder(signal x,y: in std_logic
  signal sum: out std_logic);
  …
  adder(a1,b1,sum1);
```

在例 5.43 中,首先定义了一个名为 adder 的过程,之后程序通过语句“adder(a1,b1,sum1);”对这一过程进行了调用。这里,a1,b1 和 sum1 分别对应过程中的 x,y 和 sum。

(4)块语句

块语句具有并行语句结构,其内部由一系列并行语句构成。从功能上讲,它只是一种并行语句的组合方式。因此,它可以使程序逻辑、层次更清晰。块语句的语句格式为:

```
标号名: block
块头
{说明语句};
begin
  {并行语句};
end block 标号名;
```

块语句中,“块头”被用于信号的映射及参数的定义,一般通过 generic 语句、genric_map 语句、port 语句和 port_map 语句来实现。“说明语句”与结构体的说明语句相同,是对块所要用的对象的说明,其说明的对象包括:use 子句、子程序说明及子程序体、类型说明、常数说明、信号说明、元件说明。

在块中定义的所有数据类型、信号、变量、常量、子程序等都是局部的。对于多层嵌套的块结构,这些局部定义的量只对当前块以及嵌套于本层块的其他内部块可见,而对其外层块均不可见。

例 5.44

```
B1: block                          ——定义块 B1
    signal s: bit;                 ——B1 中定义信号量 s
    begin
        s <= a and b;
        B2: block                  ——定义块 B2
            signal s: bit;         ——B2 中定义信号量 s
            begin
```

```
                s <= c and d;
                B3: block
                  begin
                      x <= s;        ——此信号量 s 来自 B2 块
                end block B3;
        end block B2;
        y <= s;                      ——此信号量 s 来自 B1 块
end block B1;
```

例 5.44 呈现了一段包含三重嵌套块的程序,其中 B1 块为最外层块,其次是 B2 块,最后是 B3 块。在 B1 和 B2 块中均定义了信号量 s,但它们并非同一个量。在 B3 块中,语句“x <= s;”要完成将 s 的值赋给 x,这里,s 的值来自于 B2 块中的语句“s <= c and d;”,而非 B1 块中的语句“s <= a and b;”。倒数第二句中,语句“y <= s;”要将 s 的值赋给 y,这里的 s 是来自于 B1,而非 B2。可以看出,B2 块中定义的 s 对于 B3 块(内层块)是可见,而对 B1 块(外层块)不可见。

(5)元件例化语句

元件例化语句是将已经设计好的实体封装为一个“元件”,然后通过利用特定的语句将此元件与当前的设计实体中的指定端口连接起来,从而为当前设计实体引入一个新的低一级的设计层次。通俗地讲,这个“元件”相当于一个电阻或电容,“当前的设计实体”相当于正在设计的电路。

当然,VHDL 中的元件例化是可以多层次和多含义的。“元件”可以是已经设计好的实体,可以是元件库中的某个元件,可以是一个低层次的当前设计实体,也可以是软 IP 核或嵌入式的硬 IP 核。

完整的元件例化语句由元件定义语句和元件例化语句两部分组成,两部分缺一不可。其中,元件定义语句的格式为:

```
component 元件名
  generic (类属表);
  port (端口列表);
end component;
```

元件例化语句的格式为:

```
例化名: 元件名 port map ([端口名=>] 连接端口名,…);
```

元件定义语句所要完成的工作就是将现有资源(包括已经设计好的实体,元件库中的某个元件等)进行封装,使其只留出对外的接口。接口的数据类型和参数通过“类属表”给出,接口的名字则通过“端口名表”给出。元件例化语句所要完成的任务就是对元件与当前设计实体的连接进行说明。在这个说明中,“例化名”是必需的,“元件名”是元件定义语句中已经定义好的元件名,“port map”是端口映射,“端口名”是元件定义语句中“端口名表”内已定义好的元件端口的名称,“连接端口名”则是当前设计实体与要嵌入元件之间的对应端口。

元件例化语句中所定义的元件的“端口名”与“连接端口”的接口有两种表示方法:位置关联方式和名字关联方式。其中,位置关联方式下,“端口名”和符号“=>”均可省略不写,但要求所列出的端口名的排列方式必须与元件端口定义中的端口名逐一对应。与位置关联方式相反,名字关联方式下"端口名"和符号"=>"必须存在。由于存在关联连接符号,因此"端口名"和"连接端口名"的对应式不受书写位置的影响。名字关联方式下,"端口名"和"连接端口名"对应关系直观、明确,建议初学者使用这种方式。

例5.45

```
library ieee;
use ieee.std_logic_1164.all;
use ieee.std_logic_arith.all;
use ieee.std_logic_unsigned.all;
entity test is
  port(
     clk1 : out std_logic := '0';
     o1   : out integer := 2
     );
end test;
architecture teststr of test is
  begin
    process
      begin
      wait for 10 ns;
      clk1 <= '1';
      wait for 10 ns;
      clk1 <= '0';
    end process;
end teststr;
```

例5.46

```
library ieee;
use ieee.std_logic_1164.all;
use ieee.std_logic_arith.all;
use ieee.std_logic_unsigned.all;
entity tb is
  port(
     clk2 : out std_logic;
     o2   : out integer
     );
end tb;
architecture tb_str of tb is
  component test is
    port(
```

```
        clk1  : out std_logic;
        o1    : out integer
        );
      end component;
      begin
        test1 : test port map(clk2,o2);                    ——位置关联方式
        test2 : test port map(clk1 =>clk2,o1 =>o2);        ——名字关联方式
end tb_str;
```

例5.45和例5.46分别给出了一段包含元件定义和元件例化语句的程序。其中,所定义的元件为例5.45中的设计实体“test”。在元件例化部分分别用了位置关联方式和名字关联方式。

(6)**生成语句**

生成语句是一种可以建立重复结构或在多个模块的表示形式之间进行选择的语句。由于生成语句可以用来产生多个相同的结构,因此使用生成语句就可以避免多段相同结构的VHDL程序的重复书写。生成语句有两种形式:if_generate形式和for_generate形式,它们的语句格式分别为:

```
[标号:] if 条件 generate
说明
begin
  并行语句
end generate [标号];
[标号:] for 循环变量 in 取值范围 generate
说明
begin
并行语句
end generate [标号];
```

在这两种形式的生成语句中,“说明”主要是对元件数据类型、子程序、数据对象作一些局部说明,“并行语句”是生成语句所要复制的基本单元,包括元件、进程语句、块语句、并行过程调用语句、并行信号赋值语句以及生成语句。

if_generate语句也称为条件生成语句,主要用于一些预编译前的代码控制,根据一些初始参数来决定载入哪一部分代码来进行编译,即有选择性地让部分代码执行。

例5.47

```
constant sel : integer := 0;
signal a,b,c: std_logic_vector(15 downto 0);
myMul: if (sel = 1) generate
begin
  c <= a * b;
end generate myMul;
myDiv: if (sel = 0) generate
```

```
  begin
    c <= a / b;
end generate myDiv;
```

例 5.47 呈现了一段包含两个 if_generate 语句的程序。在这段程序中,两个 if_generate 语句的执行与否受到 sel 的控制,即当 sel 等于 1 时执行标号为“myMuL”的 if_generate 语句,当 sel 等于 0 时执行标号为“myDiv”的 if_generate 语句。需要注意的是,必须确保两个 if_generate 语句不能同时被触发,否则会出现赋值冲突错误;同时,if_generate 语句不支持 else 分支。

for_generate 语句也称为循环生成语句,主要用于描述设计中一些有规律的单元结构,其生成参数及其取值范围的含义和运行方式与 for_loop 语句非常相似。

例 5.48

```
  signal a,b : std_logic_vector(99 downto 0);
    invertVector: for i in 0 to 99 generate
    begin
      a(i) <= b(99 - i);
  end generate invertVector;
```

例 5.48 呈现了一段包含一个 for_generate 语句的程序。该程序实现了逻辑向量 a 和 b 之间的反转赋值,高效地解决了重复书写 100 行直接信号赋值语句。

第 6 章

常见数字电路的设计

基于前面对 Verilog HDL 和 VHDL 的详细介绍,本章将对常见数字电路的设计进行介绍,从而使读者更加深入地理解和熟练运用这两种硬件语言。

6.1 组合逻辑电路

在数字电路中,组合逻辑电路是一种逻辑电路,它的任一时刻的稳态输出仅仅与该时刻的输入变量的取值有关,而与该时刻以前的输入变量取值无关。本小节将对简单门电路、编-译码器、选择器以及运算器进行介绍。

6.1.1 简单门电路

门电路是数字电路中最基本的逻辑电路,它们有一个或多个输入端,但输出端只有一个。门电路就像一扇门,如果输入条件成立,门就打开,输出端就会有一个状态信号的输出;反之,门关闭,输出另外一个状态的信号。常见的门电路有与门电路、或门电路、非门电路、与非门电路、或非门电路、异或门电路等。这里,将对 2 输入与门电路、2 输入或门电路和非门电路进行介绍。

(1)输入与门电路

顾名思义,与门电路就是将输入的信号作与运算。2 输入与门电路有两个输入端、一个输出端,如图 6.1 所示。

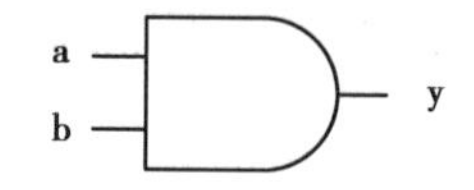

图 6.1 输入与门电路

在这个电路中,a 和 b 为两个输入端的输入信号,y 为输出端的信号,那么输入与输出之间可以通过逻辑表达式"y = a & b"表达。例 6.1 和例 6.2 分别用 Verilog 和 VHDL 对其进行了设计。

例 6.1 用 Verilog 设计一个 2 输入与门电路。

```
module and2 (input a, input b, output y);
    assign y = a & b;
endmodule
```

例6.2　用VHDL设计一个2输入与门电路。

```
library ieee;
use ieee.std_logic_1164.all;
entity and2 is
port(a, b: in std_logic;
     y: out std_logic);
end entity and2;
architecture and2_1 of and2 is
begin
     y <= a and b;
end architecture and2_1;
```

(2)输入或门电路

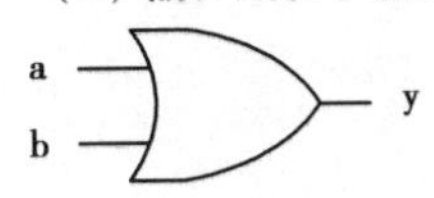

图6.2　输入或门电路

2输入或门电路与2输入与门电路非常相似,它们之间唯一的区别就是逻辑操作不同,其电路如图6.2所示。

在这个电路中,a和b为两个输入端的输入信号,y为输出端的信号,那么输入与输出之间可以通过逻辑表达式"y = a | b"表达。例6.3和例6.4分别用Verilog和VHDL对其进行了设计。

例6.3　用Verilog设计一个2输入或门电路。

```
module or2 (input a, input b, output y);
     assign y = a | b;
endmodule
```

例6.4　用VHDL设计一个2输入或门电路。

```
library ieee;
use ieee.std_logic_1164.all;
entity or2 is
port(a, b: in std_logic;
     y: out std_logic);
end entity or2;
architecture or2_1 of or2 is
begin
     y <= a or b;
end architecture or2_1;
```

(3)非门电路

非门电路只有一个输入端和一个输出端,其电路如图6.3所示。图中,a为输入端的输入信号,y为输出端的信号,则输入与输出之间可以用逻辑表达式"y = ~a"表达。例6.5和例6.6分别用Verilog和VHDL对其进行了设计。

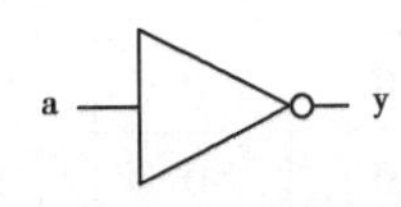

图6.3　非门电路

例6.5　用Verilog设计一个非门电路。

```
module not1 (input a, output y);
```

```
assign y =  ~a;
endmodule
```

例 6.6 用 VHDL 设计一个非门电路。

```
library ieee;
use ieee.std_logic_1164.all;
entity not1 is
port(a: in std_logic;
     y: out std_logic);
end entity not1;
architecture not1_1 of not1 is
begin
     y <= not a;
end architecture not1_1;
```

6.1.2 编码器、译码器和选择器

编码器、译码器和选择器是组合电路中较简单的 3 种通用电路,它们都由简单的门电路组合而成。本小节将对它们进行介绍。

(1)编码器

编码器是将数据从一种形式转换为另一种形式的设备或过程。常见的编码器有 8-3 编码器、二-十进制编码器、8421 编码器、优先编码器等。这里将对 8-3 编码器进行介绍。

如图 6.4 所示,展示了一个 8-3 编码器,它有 8 个信号输入端、3 个二进制输出端,其真值表如表 6.1 所示。输入与输出之间的化简逻辑表达式为:

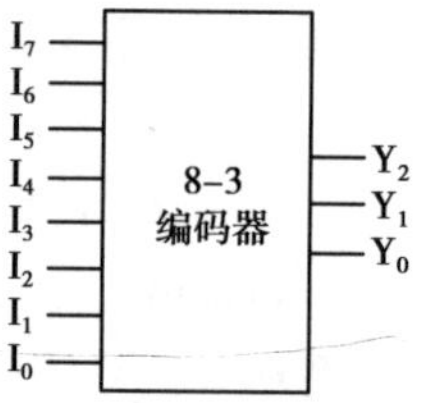

图 6.4 8-3 编码器

$$Y_1 = I_2 + I_3 + I_6 + I_7$$

表 6.1 8-3 编码器真值表

输入								输出		
I_0	I_1	I_2	I_3	I_4	I_5	I_6	I_7	Y_2	Y_1	Y_0
0	0	0	0	0	0	0	1	0	0	0
0	0	0	0	0	0	1	0	0	0	1
0	0	0	0	0	1	0	0	0	1	0
0	0	0	0	1	0	0	0	0	1	1
0	0	0	1	0	0	0	0	1	0	0
0	0	1	0	0	0	0	0	1	0	1
0	1	0	0	0	0	0	0	1	1	0
1	0	0	0	0	0	0	0	1	1	1

例6.7　用 Verilog HDL 实现一个8-3编码器。

```
module mb_83(x, y);
input [7:0] x;
output [2:0] y;
reg [2:0] y;
always@ (x)
   begin
       case (x)
       8'b00000001: y=3'b000;
       8'b00000010: y=3'b001;
           8'b00000100: y=3'b010;
           8'b00001000: y=3'b011;
           8'b00010000: y=3'b100;
           8'b00100000: y=3'b101;
           8'b01000000: y=3'b110;
           8'b10000000: y=3'b111;
           default: y=3'b000;
       endcase
   end
endmodule
```

例6.8　用 VHDL 实现一个8-3编码器。

```
library ieee;
use ieee.std_logic_1164.all, ieee.numeric_std. all;
entity encoder_83 is
port (x: in std_logic_vector (7 downto 0);
    y: out std_logic_vector (2 downto 0));
end encoder_83;
architecture encoder_83_1 of encoder_83 is
begin
    process (x)
        begin
            if (x = "00000001") then y <= "000";
            elsif (x = "00000010") then y <= "001";
            elsif (x = "00000100") then y <= "010";
            elsif (x = "00001000") then y <= "011";
            elsif (x = "00010000") then y <= "100";
            elsif (x = "00100000") then y <= "101";
            elsif (x = "01000000") then y <= "110";
            elsif (x = "10000000") then y <= "111";
```

```
            else y <= "xxx";
            end if;
        end process;
end encoder_83_1;
```

例6.7和例6.8分别给出了一段用Verilog和VHDL实现8-3编码器的程序。它们分别使用了“case”语句和“if”语句来实现。实际上,根据化简的逻辑表达式可以知道,8-3编码器用或门就能实现。因此,它的实现过程还可以用其他方式完成,感兴趣的读者可自行尝试。

(2)**译码器**

译码器是数字电路中的一种多输入多输出的组合逻辑电路,负责将二进制代码翻译为特定的对象,其功能正好与编码器相反。常见的译码器有3-8译码器、二-十译码器、BCD-七段显示译码器等。这里将对3-8编码器进行介绍。

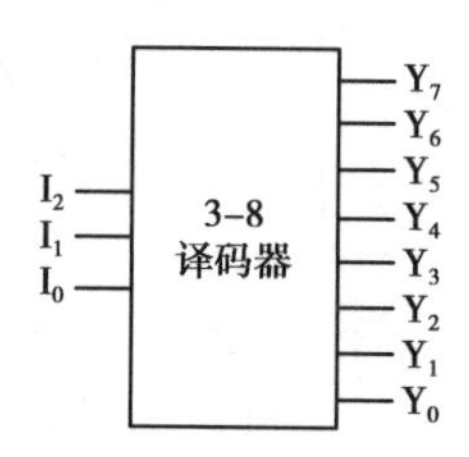

图6.5　3-8译码器

如图6.5所示,展示了一个3-8编码器,从结构上看,它与8-3编码器正好相反,有3个信号输入端、8个二进制输出端,其真值表如表6.2所示。输入与输出之间的化简逻辑表达式为:

$$Y_7=\bar{I}_2\bar{I}_1\bar{I}_0, Y_6=\bar{I}_2\bar{I}_1 I_0, Y_5=\bar{I}_2 I_1\bar{I}_0, Y_4=\bar{I}_2 I_1 I_0$$

$$Y_3=I_2\bar{I}_1\bar{I}_0, Y_2=I_2\bar{I}_1 I_0, Y_1=I_2 I_1\bar{I}_0, Y_0=I_2 I_1 I_0$$

表6.2　3-8译码器真值表

输入			输出							
I_2	I_1	I_0	Y_0	Y_1	Y_2	Y_3	Y_4	Y_5	Y_6	Y_7
0	0	0	0	0	0	0	0	0	0	1
0	0	1	0	0	0	0	0	0	1	0
0	1	0	0	0	0	0	0	1	0	0
0	1	1	0	0	0	0	1	0	0	0
1	0	0	0	0	0	1	0	0	0	0
1	0	1	0	0	1	0	0	0	0	0
1	1	0	0	1	0	0	0	0	0	0
1	1	1	1	0	0	0	0	0	0	0

例6.9　用Verilog实现一个3-8译码器。

```
module decoder_3x8(x, y);
input [2:0] x;
output [7:0] y;
reg [7:0] y;
wire [2:0] x;
always @ (x)
    begin
```

```
    if( x = =0)
        y = 8' b10000000;
        else if (x = =1)
        y =8' b01000000;
        else if (x = =2)
        y =8' b00100000;
        else if (x = =3)
        y =8' b00010000;
        else if (x = =4)
        y =8' b00001000;
        else if (x = =5)
        y =8' b00000100;
        else if (x = =6)
        y =8' b00000010;
        else if (x = =7)
        y =8' b00000001;
        else
        y = 8' b00000000;
  end
endmodule
```

例6.10　用VHDL实现一个3-8译码器。

```
library ieee;
use ieee. std_logic_1164. all, ieee. numeric_std. all;
use ieee. std_logic_arith. all;
use ieee. std_logic_unsigned. all;
entity decoder3_8 is
port ( x : in std_logic_vector (2 downto 0);
    y: out std_logic_vector (7 downto 0));
end decoder3_8;
architecture behavioral of decoder3_8 is
begin
    process (x)
        begin
            case x is
              when "111" => y <= "00000001";
              when "110" => y <= "00000010";
              when "101" => y <= "00000100";
              when "100" => y <= "00001000";
              when "011" => y <= "00010000";
```

```
            when “010”  => y <= "00100000";
            when “001”  => y <= "01000000";
            when “000”  => y <= "10000000";
        end case;
    end process ;
end behavioral;
```

例6.9 和例6.10 分别给出了一段用 Verilog 和 VHDL 实现3-8 译码器的程序。它们分别使用了“if”语句和“case”语句来实现。实际上,根据化简的逻辑表达式可以知道,8-3 编码器用或门就能实现。因此,它的实现过程还可以用其他方式完成,感兴趣的读者可自行尝试。

(3)**选择器**

选择器也称多路复用器,是一种可以从多个输入信号中选择一个信号进行输出的器件。常见的选择器有四选一选择器、八选一选择器、十六选一选择器等。这里将对四选一选择器进行介绍。

如图6.6 所示,展示了一个四选一选择器。它有4 个数据输入端、2 个信号选择端和1 个信号输出端,其真值表如表6.3 所示。从表中可以看出,输出端 Y 的值受控制端的控制。基于此,可以写出实现它的 Verilog 程序和 VHDL 程序,分别如例6.11 和例6.12 所示。

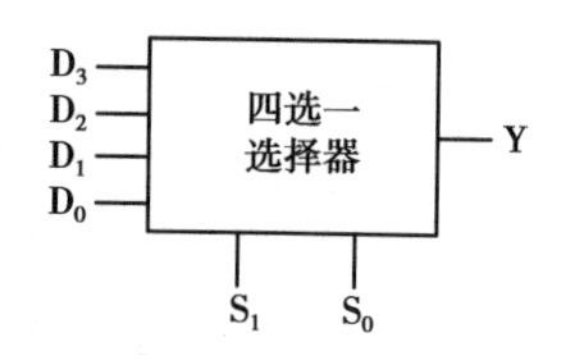

图6.6　四选一选择器

表6.3　四选一选择器真值表

控制		输入				输出
S1	S0	D3	D2	D1	D0	Y
0	0	x	x	x	x	D0
0	1	x	x	x	x	D1
1	0	x	x	x	x	D2
1	1	x	x	x	x	D3

例6.11　用 Verilog 实现一个四选一选择器。

```
module selector_41(a, b, c, d, sel, y);
  input a;
  input b;
  input c;
  input d;
  input [1:0] sel;
  output reg y;
  always @ (*)
begin
    case(sel)
        2'b00 : y = a;
        2'b01 : y = b;
```

```
        2'b10 : y = c;
        2'b11 : y = d;
        default: y = 0;  //可以选择一个合适的默认值
    end case
end
end module
```

例6.12 用VHDL实现一个四选一选择器。

```
library ieee;
use ieee.std_logic_1164.all;
entity slect1_4 is
port(s1,s2: in std_logic;
    a,b,c,d: in std_logic;
    y: out std_logic);
end entity slect1_4;
architecture ART of slect1_4 is
signal s: std_logic_vector (1 downto 0);
begin
    s <= s1&s2;
process(a, b, c, d, s) is
    begin
        case s is
            when "00" => y <= a;
            when "01" => y <= b;
            when "10" => y <= c;
            when "11" => y <= d;
            when others => y <= '0';
        end case;
    end process;
end architecture ART;
```

6.1.3 算术运算电路

算术运算电路是一种可对二进制整数执行算术运算的组合逻辑电路。本小节将对加法器、和求补器进行介绍。

(1)加法器

加法器是一种用于执行加法运算的数字电路器件,是构成电子计算机核心微处理器中算术逻辑单元的基础。加法器有半加法器和全加法器之分,全加法器可由两个半加法器构成。因此,本书将先对半加法器进行介绍。

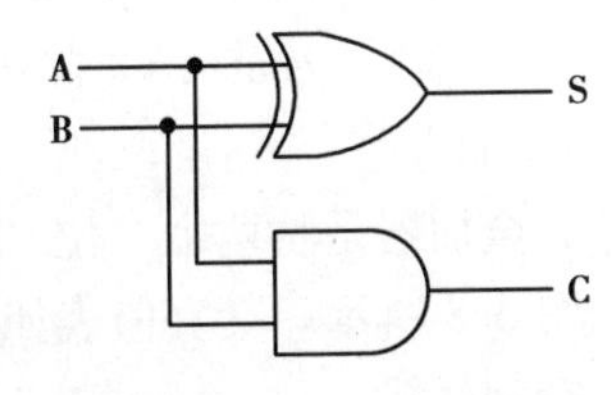

图6.7 半加法器电路

如图6.7所示为半加法器电路。半加法器的功能是将两个一位二进制数相加。它有两个输出,即“和”与“进位”,如图 6.7 所示。其真值表如表 6.4 所示。通过真值表,可以得到和(S)与进位(C)的逻辑表达式。

$$S = A \oplus B$$

$$C = AB$$

表 6.4　半加法器真值表

输入		输出	
A	B	C	S
0	0	0	0
1	0	0	1
0	1	0	1
1	1	1	0

从逻辑表达式可以得知,S 是通过 A 与 B 的异或结果得到,而 C 是通过 A 与 B 的相与结果得到。基于此,便可以通过编写相应的程序得到这个半加法器。例 6.13 和例 6.14 分别呈现了用 Verilog 和 VHDL 的实现过程。

例 6.13　用 Verilog 实现一个半加法器。

```
    module half_adder(a, b, sum, cout);
    input a, b;
    output sum, cout;
    assign sum=a ^ b;
    assign cout=a & b;
end module
```

例 6.14　用 VHDL 实现一个半加法器。

```
    library ieee;
    use ieee. std_logic_1164. all;
    entity half_adder is
    port (a,b: in std_logic;
          sum, cout: out std_logic);
    end half_adder;
    architecture ha of half_adder is
    begin
         sum <= a xor b;
         cout <= a and b;
end ha;
```

全加器是将两个一位二进制数相加,并根据接收到的低位进位信号,输出和与进位输出,如图 6.8 所示。其真值表如表 6.5 所示。通过真值表,可以得到和(S)与进位输出(Cout)的逻辑表达式。

$$S = A \oplus B \oplus C_{in}$$

$$C_{out} = AB + BC_{in} + AC_{in}$$

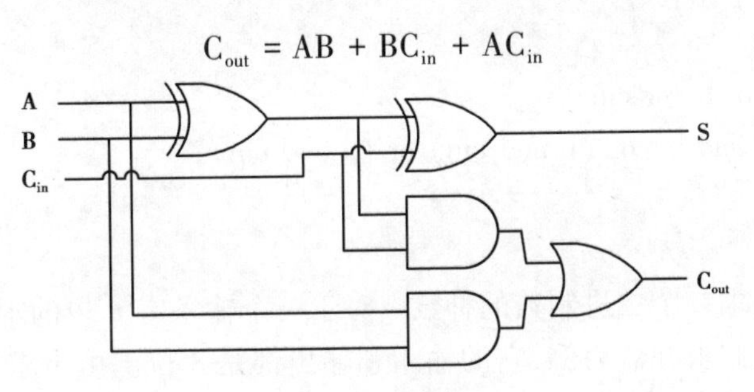

图 6.8　全加法器电路

表 6.5　全加法器真值表

输入			输出	
A	B	C_{in}	C_{out}	S
0	0	0	0	0
1	0	0	0	1
0	1	0	0	1
1	1	0	1	0
0	0	1	0	1
1	0	1	1	0
0	1	1	1	0
1	1	1	1	1

通过逻辑表达式可以编写相应的程序得到这个全加法器。例 6.15 和例 6.16 分别呈现了用 Verilog 和 VHDL 的实现过程。

例 6.15　用 Verilog 实现一个全加法器。

```
module full_adder(a, b, cin, sum, cout);
    input a, b, cin;
    output sum, cout;
    assign sum=a ^ b ^ cin;
    assign cout=(a & b) | (b & cin) | (a & cin);
endmodule
```

例 6.16　用 VHDL 实现一个全加法器。

```
library ieee;
use ieee.std_logic_1164.all;
entity full_adder is
port (a, b, cin: in std_logic;
    sum, cout: out std_logic);
end full_adder;
architecture fa of full_adder is
```

```
begin
    sum <= a xor b xor cin;
    cout <= (a and b) or (b and cin) or (a and cin);
end fa;
```

(2)**求补器**

求补器的功能是求一个二进制数的补数。对于一个输入有 n 位的求补器,其输出也有 n 位。以一个 8 位二进制求补器为例,它的输入和输出都是 8 位。由于求补器的电路较复杂,如果用门电路进行描述会很复杂,这里采用 RTL 的描述方法。例 6.17 和例 6.18 分别呈现了用 Verilog 和 VHDL 实现一个求补器的过程。

例 6.17　用 Verilog 实现一个求补器(设输入 a 为无符号数)。

```
    module com (a, b);
    input [7:0] a;
    output [7:0] b;
    assign b= ~a + 1;
end module
```

例 6.18　用 VHDL 实现一个求补器(设输入 a 为无符号数)。

```
    library ieee;
    use ieee.std_logic_1164.all;
    use ieee.std_logic_unsigned.all;
    entity com is
    port (a: in std_logic_vector (7 downto 0);
          b: out std_logic_vector (7 downto 0));
    end com;
    architecture com1 of com is
    begin
          b <= not a + '1';
end com1;
```

6.2　时序逻辑电路

时序逻辑电路是相对于组合逻辑电路而言的。时序逻辑电路任何时刻的稳态输出不仅取决于当前的输入,还与前一时刻输入形成的状态有关。因此,时序逻辑电路拥有储存信息的能力,而组合逻辑电路则没有,其电路示意图如图 6.9 所示。归纳起来,时序电路具有 3 个特点:记忆功能、有反馈回路、有存储电路。时序逻辑电路包含的种类很多,本节主要介绍锁存器、触发器、寄存器和计数器。

6.2.1　锁存器

锁存器(Latch)是一种对脉冲电平敏感的存储单元电路,它们可以在特定输入脉冲电平作用下改变状态。顾名思义，锁存器的“锁存”就是把信号暂存以维持某种电平状态。这里，主要介绍RS锁存器和D锁存器。

(1)RS锁存器

RS锁存器是最基本的锁存结构，实际应用中一般会进行各种改造和扩展。RS锁存器有两个输入端和两个输出端，如图6.10所示。其中，输出Q与Q′互为逻辑相反。RS锁存器的真值表如表6.6所示。

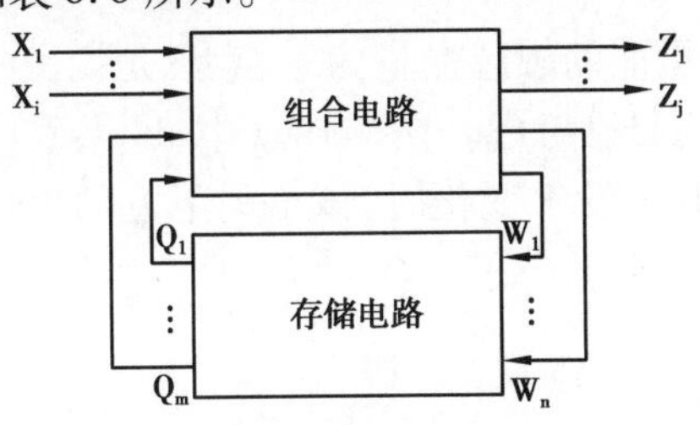

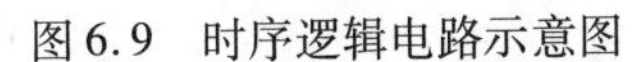
图6.9　时序逻辑电路示意图

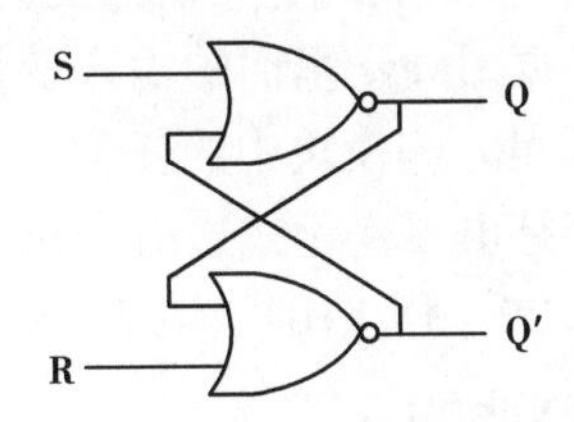

图6.10　RS锁存器电路结构图

表6.6　RS锁存器真值表

输入		输出
R	S	Q
0	0	Q
0	1	1
1	0	0
1	1	X

从真值表可以发现，当R=S=0时，输出保持不变；当S=1，R=0时，Q=1；当R=1，S=0时，Q=0；当R=S=1时，Q的状态不确定，对于这种状态应该尽量避免。基于的工作原理，便可以通过编写程序来实现。例6.19和例6.20分别给出了用Verilog和VHDL实现一个RS锁存器的过程。

例6.19　用Verilog实现一个RS锁存器。

```
module rs_latch(r, s, q);
  input r, s;
  output reg q;
  always @ ( * )
begin
    if(r == 1 && s == 1)
        q <= 1'bX;
    else
        begin
          if(r)
            q <= 1'b0;
          else if(S)
```

```
            q <= 1'b1;
        else
            q <= q;
      end
  end
end module
```

always@后面内容是**敏感变量**,always@(*)里面的敏感变量为*,意思是说敏感变量由综合器根据always里面的输入变量**自动添加**,不用自己考虑。在Verilog中always@(*)语句的意思是always模块中的任何一个输入信号或电平发生变化时,该语句下方的模块将被执行。不管是电平变化或边沿变化,都能触发。

例6.20 用VHDL实现一个RS锁存器。

```
library ieee;
use ieee.std_logic_1164.all;
entity s_r_latch is
port ( s : in std_logic;
r : in std_logic;
q : out std_logic);
end s_r_latch;
architecture behavioral of s_r_latch is
begin
    process(r, s)
        begin
            if (r = '1' and s = '1') then
                q <= 'X';
            elsif (r = '0' and s = '0') then
              q <= q;
            elsif (r = '0' and s = '1') then
                q <= '1';
            else
              q <= '0'
            end if;
        end process;
end behavioral;
```

(2)D**锁存器**

对于RS锁存器,当R和S的状态同时为1时将出现Q值不确定的情况。为了解决这个问题,可以在RS锁存器上增加两个与门和一个非门。这个升级的电路就是D锁存器。它有两个输入、两个输出,如图6.11所示,其真值表如表6.7所示。

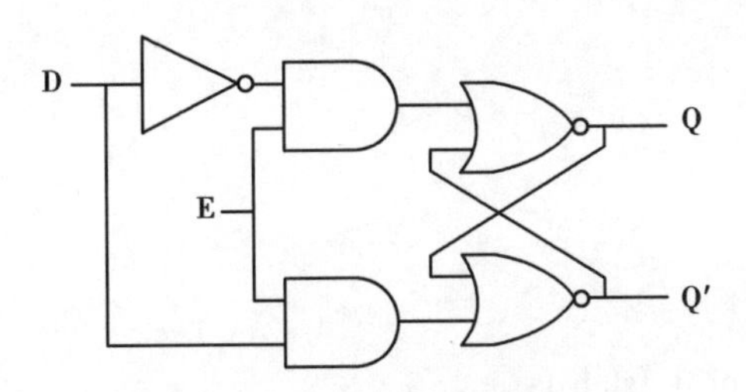

图6.11　D锁存器电路结构图

表6.7　D锁存器真值表

输入		输出
E	D	Q
0	0	Q
0	1	Q
1	0	0
1	1	1

从真值表可以发现,当E=0时,输出保持不变;当E=1,D=0时,Q=0;当E=1,D=1时,Q=1。基于其工作原理,可以通过编写程序来实现。例6.21和例6.22分别给出了用Verilog和VHDL实现一个RS锁存器的过程。

例6.21　用Verilog实现一个D锁存器。

```
module d_latch(e, d, q);
  input e, d;
  output reg q;
  always @ ( * )
begin
    if(e == 0)
        q <= q;
    else
        begin
            if(d)
              q <= 1'b1;
            else
              q <= 1'b0;
        end
    end
end module
```

例6.22　用VHDL实现一个D锁存器。

```
library ieee;
use ieee.std_logic_1164.all;
```

```
entity d_latch is
port ( e : in std_logic;
      d : in std_logic;
      q : out std_logic);
end d_latch;
architecture behavioral of d_latch is
begin
      process(e, d)
            begin
                  if (e = '1' ) then
                        if (d = '0' ) then
                              q <= '0' ;
                        else
                              q <= '1' ;
                        end if;
            end if;
                  if (e = '0' ) then
                        q <= q;
                  end if;
      end process;
end behavioral;
```

6.2.2 触发器

触发器(Flip-Flop)泛指一类电路结构,可以由触发信号,如时钟信号、置位信号、复位信号等改变输出状态,并保持这一状态直到下一个或另一个触发信号的到来。触发器对脉冲边沿(上升沿和下降沿)敏感,而锁存器是对脉冲电平(高电平和低电平)敏感,这是它们之间最主要的区别。

触发器的种类很多,如 RS 触发器、D 触发器、JK 触发器、T 触发器等。这里主要介绍 RS 触发器和 D 触发器。

(1)RS 触发器

RS 触发器与 RS 锁存器非常类似,也具有两个输入和两个输出,其真值见表 6.8。

表 6.8 RS 触发器真值表

时钟	输入		输出
Clock	R	S	Q
↓	X	X	Q
↑	0	0	Q
↑	0	1	1

续表

时钟	输入		输出
↑	1	0	0
↑	1	1	X

从真值表可以发现，当时钟 Clock 为下降沿时，无论 R 和 S 是什么值，输出 Q 都保持不变。当时钟 Clock 为上升沿时，如果 R=S=0，输出 Q 保持不变；如果 S=1、R=0，Q=1；如果 R=1、S=0，Q=0；如果 R=S=1 时，Q 的状态不确定，对于这种状态应该尽量避免。基于的工作原理，便可以通过编写程序来实现。例6.23 和例6.24 分别给出了用 Verilog 和 VHDL 实现一个 RS 锁存器的过程。

例6.23　用 Verilog 实现一个 RS 触发器。

```
module rs_ff(r, s, clk, q);
input r, s, clk;
output q;
reg q;
always@ (posedge clk)
    case({r, s})
        2'b01: q<=1'b1;
        2'b10: q<=1'b0;
        2'b11: q<=1'bx;
        default: q <= q;
    end case
end module
```

例6.24　用 VHDL 实现一个 RS 触发器。

```
library ieee;
use ieee. std_logic_1164. all;
use ieee. std_logic_arith. all;
use ieee. std_logic_unsigned. all;
entity sr_ff is
port( s, r, clock: in std_logic;
q: out std_logic);
end sr_ff;
architecture behavioral of sr_ff is
begin
    process(clock)
        variable tmp: std_logic;
        begin
            if(clock='1' and clock'event) then
```

```
                if(s='0' and r='0')then
                    tmp:=tmp;
                elsif(s='1' and r='1')then
                    tmp:='X';
                elsif(s='0' and r='1')then
                    tmp:='0';
                else
                    tmp:='1';
                end if;
                end if;
            q <= tmp;
        end process;
end behavioral;
```

(2)D **触发器**

D 触发器与 D 锁存器类似,是一种简单的触发器,在触发边沿到来时,将输入端的值存入其中,且这个值与当前存储的值无关。这里介绍以时钟上升沿为触发条件的 D 触发器,其真值表如表 6.9 所示。

表 6.9　D 触发器真值表

时钟	输入	输出
Clock	D	Q
↓	X	Q
↑	0	0
↑	1	1

从真值表可以发现,当时钟 Clock 为下降沿时,无论输入 D 的状态,输出 Q 都保持不变。当时钟 Clock 为上升沿时,输出 Q 的值将跟随输入 D 的变化。基于触发器的工作原理,便可以通过编写程序来实现。例 6.25 和例 6.26 分别给出了用 Verilog 和 VHDL 实现一个 D 触发器的过程。

例 6.25　用 Verilog 实现一个 D 触发器。

```
  module d_ff(d, clk, q);
    input d, clk;
output q;
    reg q;
    always @ (posedge clk)
begin
  q <= d;
    end
endmodule
```

例6.26　用VHDL实现一个D触发器。

```
library ieee;
use ieee.std_logic_1164.all;
use ieee.std_logic_arith.all;
use ieee.std_logic_unsigned.all;
entity d_ff is
port(d, clock: in std_logic;
    q: out std_logic);
end d_ff;
architecture behavioral of d_ff is
begin
    process(clock)
        begin
          if(clock='1' and clock'event) then
                q <= d;
            end if;
    end process;
end behavioral;
```

6.3　状态机

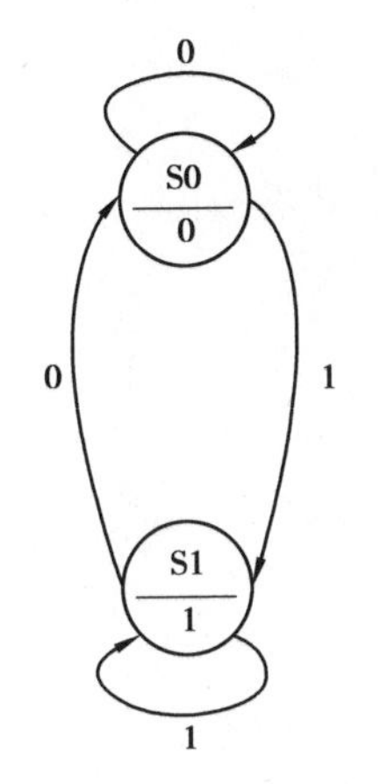

图6.12　自动门的状态图

状态机是由状态寄存器和组合逻辑电路构成,能够根据控制信号按照预先设定的状态进行状态转移,是协调相关信号动作、完成特定操作的控制中心。它不是指一台实际的机器,而是指一个数学模型。更直白地说,它就是一张状态转换图。例如,根据自动门的运行规则,可以将其抽象为如图6.12所示的一幅图。自动门共有两个状态,即“开”和“关”,分别用状态S0和S1表示,为便于仿真设S0=0、S1=1。门处于关闭状态下,其输出为0;当输入为0时保持关闭状态,当输入为1时进入S1状态(开启门)。门处于开启状态下,其输出为1;当输入为1时保持关闭状态,当输入为0时进入S0状态(关闭门)。

状态机有4个要素,即现态、条件、动作、次态。“现态”和“条件”是因,“动作”和“次态”是果。更详细地说,“现态”是指当前所处的状态。“条件”又称为“事件”,是当一个条件被满足时,触发一个动作或执行一次状态的迁移。“动作”是“条件”满足后执行的动作。动作执行完毕后,可以迁移到新的状态,也可以仍旧保持原状态。动作不是必需的,当条件满足后也可以不执行任何动作,直接迁移到新状态。“次态”是“条件”满足后要迁往的新状态,它是相对于“现态”而言的。“次态”一旦被激活就转变为新的“现态”。

具有有限个状态的状态机称为有限状态机(Finite State Machine),如上面提到的自动门这种。有限状态机是表示有限个状态以及在这些状态之间的转移和动作等行为的数学计算模型,主要有两大类:第一类,若输出只和状态有关而与输入无关,则称为摩尔(Moore)状态机;第二类,输出不仅和状态有关而且和输入有关系,则称为米利(Mealy)状态机。

6.3.1 摩尔状态机

摩尔状态机是指输出只由当前的状态所确定的有限状态机,其输出只与有限状态机的当前状态有关,与输入信号的当前值无关。摩尔状态机在时钟脉冲的有效边沿后的有限个门延后,输出达到稳定值。即使在一个时钟周期内输入信号发生变化,输出也会在一个完整的时钟周期内保持稳定值而不变。输入对输出的影响要到下一个时钟周期才能反映出来。摩尔状态机最重要的特点就是将输入与输出信号隔离开来。

摩尔状态机的典型结构如图 6.13 所示,输入有 2 个:输入信号 X 和状态锁存器时钟信号 clk,输出有 1 个:输出信号 Y,其值只与当前的状态有关,而与输入信号 X 无关。

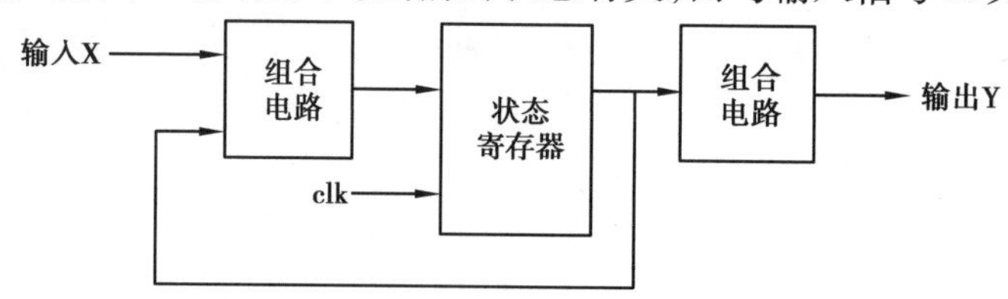

图 6.13 摩尔型状态机的典型结构

现以自动门为例来设计一个摩尔状态机,其 Verilog 程序和 VHDL 程序分别如例 6.27 和例 6.28 所示。

例 6.27 用于描述自动门开与关的 Moore 状态机(Verilog 程序)。

```
module moore_door( Input clk, data_in, reset, output reg data_out);
reg state;
parameter S0 = 0, S1 = 1;          // S0 表示关闭状态,S1 表示开启状态

always @ (state)
begin                              // 输出只与现态有关
    case (state)
        S0: data_out = 1'b0;
        S1: data_out = 1'b1;
        default: data_out = 1'b0;
    end case
end

always @ (posedge clk or posedge reset)
begin              //次态
        if (reset)
            state <= S0;
```

```
            else
                case (state)
                    S0:if (data_in)
                            state <= S1;
                        else
                            state <= S0;
                    S1: if (data_in)
                            state <= S1;
                    else
                        state <= S0;
                    end case
end
end module
```

例6.28　用于描述自动门开与关的 Moore 状态机(VHDL 程序)。

```
library ieee;
use ieee.std_logic_1164.all;
entity moore_door is
port(clk: in std_logic;
    data_in: in std_logic;
    reset: in std_logic;
    data_out: out std_logic);
end entity;

architecture rtl of moore_door is
    constant S0: std_logic := '0';
    constant S1: std_logic := '1';
    signal state : std_logic;
    begin
        process (clk, reset)
            begin
                if reset = '1' then
                    state <= s0;
                    elsif (rising_edge(clk)) then
                    case state is
                        when s0 =>
                        if data_in = '1' then
                            state <= s1;
                        else
                            state <= s0;
```

```
                    end if;
                    when s1 =>
                    if data_in = '1' then
                        state <= s1;
                    else
                        state <= s0;
                    end if;
                    end case;
            end if;
    end process;

    process (state)
          begin
            case state is
            when s0 =>
                data_out <='0' ;
            when s1 =>
                data_out <='1' ;
            end case;
    end process;
end rtl;
```

6.3.2 米利状态机

米利状态机是基于它的当前状态和输入生成输出的状态机。与输出只依赖于当前状态的摩尔状态机不同,它的输出与当前状态和输入都有关。米利状态机的输出直接受输入信号的当前值影响,而输入信号可能在一个时钟周期内任意时刻变化,这使得米利状态机对输入的响应发生在当前时钟周期,比摩尔状态机对输入信号的响应要早一个周期。因此,输入信号的噪声可能影响输出的信号。

同样以自动门为例,对其工作状态进行重新定义,如下。自动门共有两个状态,即“开”和“关”,分别用状态 S0 和 S1 表示,为便于仿真设 S0=0、S1=1。门处于关闭状态下,当输入为 0 时保持关闭状态,输出为 0;当输入为 1 时进入 S1 状态(开启门),输出为 1。门处于开启状态下,当输入为 1 时保持关闭状态,输出为 1;当输入为 0 时进入 S0 状态(关闭门),输出为 0。其状态图如图 6.14 所示。

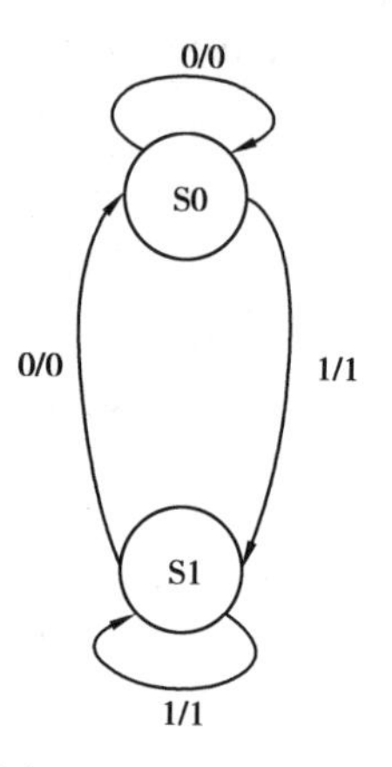

图 6.14 自动门的米利状态图

例 6.29 用于描述自动门开与关的 Mealy 状态机(Verilog 程序)。

```
module mealy_door (input clk, data_in, reset, output reg data_out);
reg state;
```

```
parameter S0 = 0, S1 = 1;          // S0 表示关闭状态,S1 表示开启状态

always @ (posedge clk or posedge reset)
begin    //次态与现态和输入有关
    if (reset)
        state <= S0;
    else
        case (state)
            S0:
                if (data_in)
                    begin state <= S1; data_out = 1'b1; end
                else
                  begin state <= S0; data_out = 1'b0; end
            S1:
              if (data_in)
                  begin state <= S1; data_out = 1'b1; end
              else
                  begin state <= S0; data_out = 1'b0; end
        end case
end
end module
```

例 6.30　用于描述自动门开与关的 Mealy 状态机(VHDL 程序)。

```
library ieee;
use ieee.std_logic_1164.all;
entity moore_door is
port( clk : in std_logic;
    data_in : in std_logic;
    reset : in std_logic;
    data_out : out std_logic);
end entity;

architecture rtl of moore_door is
constant S0: std_logic := '0' ;
constant S1: std_logic := '1' ;
signal state : std_logic;

begin
    process (clk, reset)
        begin
```

```
            if reset = '1' then
                state <= s0;
            elsif (rising_edge(clk)) then
                    case state is
                        when s0 =>
                            if data_in = '1' then
                                statc <= s1;data_out = '1';
                            else
                                state <= s0; data_out = '0';
                            end if;
                        when s1 =>
                            if data_in = '1' then
                                state <= s1; data_out = '1';
                            else
                                state <= s0; data_out = '0';
                            end if;
                    end case;
            end if;
        end process;
end rtl;
```

6.4 元件例化

元件例化的相关内容已经在第4章和第5章介绍过。本节将以举例的形式进行介绍,对其语句格式等内容将不再赘述。在6.1.3节中已经介绍过,一个全加器可以通过两个半加法器构成。基于此,本节将以元件例化的方式,通过Verilog和VHDL来构建一个全加器,分别如例6.31和例6.32所示。

例6.31 通过两个半加法器来构建一个全加器的Verilog程序。

```
    // 半加法器
    module half_adder(a, b, sum, cout);
    input a, b;
    output sum, cout;
    assign sum=a ^ b;
    assign cout=a & b;
    end module

// 全加法器
module full_adder(a, b, c, sum, cout);
```

```
    input a, b, c;
    output sum, cout;
    wire ha1_sum, wire ha2_sum, wire ha1_cout;
    wire ha2_cout, wire out_sum, wire out_cout;
    half_adder  ha1(.a(a), .b(b), .sum(ha1_sum), .cout(ha1_cout));       //
模块调用
    half_adder ha2(.a(c), .b(ha1_sum), .sum(ha2_sum), .cout(ha2_cout));  //模
块调用
    assign out_sum = ha2_sum;
    assign out_cout = ha1_cout | ha2_cout;
end module
```

例6.32　通过两个半加法器来构建一个全加器的VHDL程序。

```
—半加法器
library ieee;
use ieee.std_logic_1164.all;
entity half_adder is
port (a, b: in std_logic;
    sum, cout: out std_logic);
end half_adder;
architecture ha of half_adder is
    begin
        sum <= a xor b;
        cout <= a and b;
    end ha;

—全加法器
library ieee;
use ieee.std_logic_1164.all;
entity full_adder is
port (A, B, C: in std_logic;
    Sum, Cout: out std_logic);
end full_adder;
architecture fa of full_adder is
    signal sum1, sum2, c1, c2;
    component half_adder is              —元件定义
        port (a: in std_logic;
            b: in std_logic;
            sum: out std_logic;
            cout: out std_logic);
```

```
        begin
            HA1: half_adder (a=>A, b=>B, sum=>sum1, cout=>c1);        ——元件
例化
            HA2: half_adder (a=>C, b=>sum1, sum=>sum2, cout=>c2);     ——元件
例化
            Sum <= sum2;
            Cout <= c1 or c2;
    end fa;
```

6.5 序列信号发生器

序列信号是指在同步脉冲作用下循环地产生一串周期性的二进制信号,能产生这种信号的逻辑器件就称为序列信号发生器或序列发生器。本小节将在状态机的基础上对序列信号发生器的设计进行介绍。

现考虑用一个不断循环的状态机循环产生序列信号 001011。从所需要的信号可以得知,该状态机包含 6 个状态,设它们为 S0 ~ S5,其输出分别对应序列信号的每一位(从高到低),且从 S0 开始。由于对输入信号没有要求,因此可以通过一个摩尔型有限状态机来实现,其状态图如图 6.15 所示。

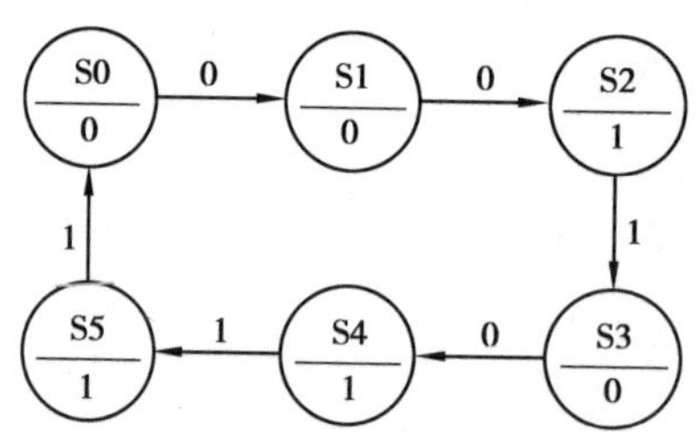

图 6.15 由摩尔型状态机构成的序列信号发生器产生“001011”序列时的状态图

例 6.33 用一个摩尔型有限状态机循环产生序列信号 001011(Verilog 程序)。

```
module sequence_signal_fsm(clk, rst_n, dout);
    input clk, rst_n;
    output dout;
    reg dout;
    reg [2:0] pre_state, next_state;
    parameter S0 = 3'b000, S1 = 3'b001, S2 = 3'b010,
    S3 = 3'b011, S4 = 3'b100, S5 = 3'b101;
    always @ (posedge clk or negedge rst_n)
begin
        if(rst_n == 0)
            pre_state <= s0;
        else
```

```
        pre_state <= next_state;
    end

always @ (pre_state)
begin
    case(pre_state)
    S0:
        begin
        dout = 1' b0;
            next_state <= S1;
      end
        S1:
        begin
                dout = 1' b0;
                next_state = S2;
        end
        S2:
          begin
                dout = 1' b1;
                next_state = S3;
          end
        S3:
          begin
                dout = 1' b0;
                next_state = S4;
          end
        S4:
          begin
                dout = 1' b1;
                next_state = S5;
          end
        S5:
          begin
                dout = 1' b1;
                next_state = S0;
          end
        default: next_state = S0;
      end case
    end
```

```
end module
```

例 6.34 用一个摩尔型有限状态机循环产生序列信号 001011(VHDL 程序)。

```
library ieee;
use ieee. std_logic_1164. all;
entity moore_door is
port( clk : in std_logic;
     data_in : in std_logic;
     reset : in std_logic;
     data_out : outstd_logic);
end entity;

architecture rtl of moore_door is
constant S0: std_logic_vector := "000";
constant S1: std_logic_vector := "001";
constant S2: std_logic_vector := "010";
constant S3: std_logic_vector := "011";
constant S4: std_logic_vector := "100";
constant S5: std_logic_vector := "101";

signal state : std_logic_vector;

begin
     process (clk, reset)
          begin
               if reset = '0' then
                    state <= S0;
                    elsif (rising_edge(clk)) then
                    case state is
                         when S0 =>
                         if data_in = '0' then
                              state <= S1;
                    end if;
                    when S1 =>
                    if data_in = '0' then
                         state <= S2;
                    end if;
                    when S2 =>
                    if data_in = '1' then
                         state <= S3;
```

```
                    end if;
                        when S3 =>
                        if data_in = '0' then
                            state <= S4;
                        end if;
                        when S4 =>
                        if data_in = '1' then
                            state <= S5;
                        end if;
                        when S5 =>
                        if data_in = '1' then
                            state <= S0;
                        end if;
                        when others
                        state <= S0;
                    end case;
                end if;
            end process;

    process (state)
        begin
            case state is
                when S0 =>
                data_out <='0' ;
                when S1 =>
                data_out <='0' ;
                when S2 =>
                data_out <='1' ;
                when S3 =>
                data_out <='0' ;
                when S0 =>
                data_out <='1' ;
                when S5 =>
                data_out <='1' ;
            end case;
        end process;
end rtl;
```

上述序列信号发生器还可以通过移位寄存器、计数器等方法实现,感兴趣的读者可以自行尝试,这里不作介绍。

6.6 序列信号检测器

序列检测就是将一个指定的序列从数字码流中识别出来,是时序数字电路中非常常见的设计之一。FPGA 做序列检测的方法有很多,可以使用移位寄存器实现,也可以使用状态机实现。使用移位寄存器实现设计非常简单,利用移位寄存器将输入信号循环锁存,然后通过将移位寄存器中的数据与指定的序列比对,输出序列检测的结果。这里重点介绍使用状态机实现序列检测。

序列信号检测需要考虑可重叠和不可重叠两种情况。可重叠的序列检测器检测到一个目标串后可以不用回到初始状态,该目标串的元素可作为下一个目标串的字串继续进行判断,如序列“011010101110”。而不可重叠的序列检测器在完成一次检测后必须回到初始状态,如序列“011010101110”。但不管是哪种情况,其方法都一样:首先要实现需要设计的逻辑功能使用状态图,然后再将状态图转换为设计代码。本小节以从输入信号中检出“101”序列为目标,对其实现过程进行介绍。

从序列“101”可以知道,所要使用的状态机至少需要有 3 个状态,以分别对应指定序列的三位逻辑状态。在只考虑可重叠的序列检测器的情况下,可构建如图 6.16 的米利状态图。根据状态图,可进一步设计出相应的程序,如例 6.35 和例 6.36 所示。

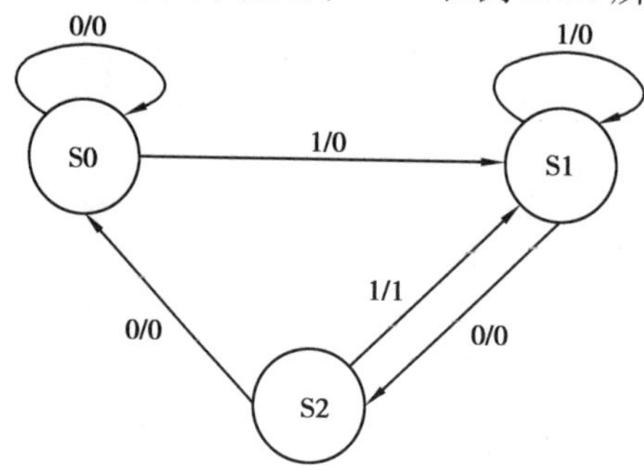

图 6.16 实现检出“101”序列的米利状态机状态图

例 6.35 用米利状态机实现检出“101”(Verilog 程序)。

```
module mealy_overlap (output reg dout, input wire clk, input wire rst, input wire din);
reg [1:0] curr_state;
reg [1:0] next_state;
parameter S0 = 2'b 00;
parameter S1 = 2'b 01;
parameter S2 = 2'b 10;

always @ (posedge clk or negedge rst)
begin
     if (! rst)
curr_state <= S0;
```

```
    else
    curr_state <= next_state;
end

always @ ( * )
begin
case (curr_state)
    S0:
        begin
          if (din == 1) begin next_state <= S1; dout <= 0; end
            else begin next_state <= S0; dout <= 0; end
        end
    S1:
        begin
          if (din == 0) begin next_state <= S2; dout <= 0; end
            else begin next_state <= S1; dout <= 0; end
        end
    S2:
        begin
        if (din == 1) begin next_state <= S1; dout <= 1;
        end
        else begin next_state <= S0; dout <= 0; end
        end
        default: begin next_state <= S0; dout <= 0; end
        endcase
        end
endmodule
```

例6.36　用米利型状态机实现检出“101”(VHDL程序)。

```
library ieee;
use ieee.std_logic_1164.all;
entity mealy_overlap is
port(clk  : in std_logic;
     data_in  : in std_logic;
     reset  : in std_logic;
     data_out  : outstd_logic);
end entity;

architecture rtl of mealy_overlap is
constant S0: std_logic_vector := "00";
```

```
constant S1: std_logic_vector := "01";
constant S2: std_logic_vector := "10";
signal state : std_logic_vector;

begin
    process (clk, reset)
        begin
        if reset = '0' then
            state <= S0;
        elsif (rising_edge(clk)) then
            case state is
                when S0 =>
                if data_in = '1' then
                    state <= S1; data_out = 1;
                else
                    state <= S0; data_out = 0;
                end if;
                when S1 =>
                if data_in = '0' then
                    state <= S2; data_out = 0;
                else
                    state <= S2; data_out = 1;
                end if;
                when S2 =>
                if data_in = '1' then
                    state <= S3; data_out = 1;
                else
                    state <= S2; data_out = 0;
                end if;
                when others
                state <= S0; data_out = 0;
            end case;
        end if;
    end process;
end rtl;
```

例6.35和例6.36是通过米利型状态机实现了对“101”序列的检测,当然使用摩尔型状态机也一样可以实现,其实现方法也类似,这里不作介绍,感兴趣的读者可自行尝试。

6.7　ROM 的设计

ROM(Read-Only Memory)是只读存储器的英文缩写。它是一种半导体存储器,其特点是一旦在其体内存储了资料就无法再被改写或删除,但其存储过的内容也不会因为电源关闭而丢失。只读存储器非常适合用于存储那些在生命周期中几乎不会被更改的软件,在 CPU、GPU、手机、计算机等器件或设备中被广泛应用,具有重要的作用。

为了便于理解 ROM 的工作原理和实现过程,本小节将用 Verilog 和 VHDL 对 ROM 进行设计。

例 6.37　用 Verilog 设计一个 64bit 的 ROM。

```
module rom(addr, en, clk, data);
    input [3:0] addr;                              //输入数据
    input en;                                      //使能
    input clk;                                     //时钟
    output reg [3:0] data;                         //输出
    reg [3:0] mem [15:0];                          //4 位数据,16 个位置

    always @ (posedge clk)
    begin
        if(en)
        data <= mem[addr];
        else
        data <= 4'bxxxx;
    end

    initial                                        //初始化
    begin
        mem[0] = 4'b0000;
        mem[1] = 4'b0001;
        mem[2] = 4'b0010;
        mem[3] = 4'b0011;
        mem[4] = 4'b0100;
        mem[5] = 4'b0101;
        mem[6] = 4'b0110;
        mem[7] = 4'b0111;
        mem[8] = 4'b1000
        mem[9] = 4'b1001;
        mem[10] = 4'b1010;
```

```
        mem[11] = 4'b1011;
        mem[12] = 4'b1100;
        mem[13] = 4'b1101;
        mem[14] = 4'b1110
        mem[15] = 4'b1111;
    end
endmodule
```

例6.38　用 VHDL 设计一个 64bit 的 ROM。

```
library ieee;
use ieee.std_logic_1164.all;
use ieee.numeric_std.all;

entity ROM is
port(address : in std_logic_vector(3 downto 0);
    dout : out std_logic_vector(3 downto 0));
end entity ROM;

architecture RTL of ROM is
type MEMORY_16_4 is array (0 to 15) of std_logic_vector(3 downto 0);
constant ROM_16_4 : MEMORY_16_4 := (
    x"0",
        x"1",
        x"2",
        x"3",
        x"4",
        x"5",
        x"6",
        x"7",
        x"8",
        x"9",
        x"a",
        x"b",
        x"c",
        x"d",
        x"e",
        x"f");
begin
    main : process(address)
        begin
```

```
            dout <= ROM_16_4(to_integer(unsigned(address)));
        end process main;
    end architecture RTL;
```

6.8　RAM的设计

RAM(Radom Access Memory)是随机存取存储器的英文缩写,它是与处理器直接交换数据的内部存储器,可以随时读写,而且速度很快,通常作为操作系统或其他正在运行中的程序的临时资料存储介质。

为了便于理解RAM的工作原理和实现过程,本小节将用Verilog和VHDL对一个单端口RAM进行设计。

例6.39　用Verilog设计一个8x64bit的单端口RAM。

```
module single_port_ram(data, addr, we, clk, q);
    input [7:0] data;                          //输入数据
    input [5:0] addr;                          //地址
    input we;                                  //写使能
    input clk;                                 //时钟
    output [7:0] q;                            //输出
    reg [7:0] ram [63:0];                      //8 * 64 位 RAM
    reg [5:0] addr_reg;                        //地址寄存器

    always @ (posedge clk)
    begin
        if(we)
          ram[addr] <= data;
        else
          addr_reg <= addr;
    end
    assign q = ram[addr_reg];
    endmodule
```

例6.40　用VHDL设计一个8×64 bit的单端口RAM。

```
library ieee;
use ieee.std_logic_1164.all;

entity single_port_ram is
port(data: in std_logic_vector(7 downto 0);
    addr: in natural range 0 to 63;
    we: in std_logic := '1';
```

```
        clk: in std_logic;
        q: out std_logic_vector(7 downto 0));
    end entity;

    architecture rtl of single_port_ram is                    ——为 RAM 构建一个二维
数组
    subtype word_t is std_logic_vector(7 downto 0);
    type memory_t is array(63 downto 0) of word_t;
    signal ram : memory_t;                                    ——RAM 的信号定义
    signal addr_reg : natural range 0 to 63;                  ——保存地址
    begin
        process(clk)
        begin
            if(rising_edge(clk)) then
                if(we = '1') then
                    ram(addr) <= data;
                end if;
                addr_reg <= addr;
            end if;
        end process;
    q <= ram(addr_reg);
    end rtl;
```

6.9 数码管动态扫描电路

七段式数码管由 7 个发光二极管组成,这 7 个发光二极管有一个公共端。公共端必须接地或接电源。其中,公共端接地的数码管是共阴极数码管,而公共端与电源相连接的数码管称为共阳极数码管。本小节将用 Verilog 和 VHDL 来实现 4 个共阴极七段数码管的动态显示。

例 6.41 用 Verilog 实现 4 个共阴极七段数码管的动态显示。

```
'timescale 1ns / 1ps
module bcd_2_7seg(
input wire [3:0] s1_data,
input wire [3:0] s2_data,
input wire [3:0] s3_data,
input wire [3:0] s4_data,
input wire clk,
output reg [6:0] seg,
output reg [3:0] s);
```

```
reg [3:0] data;
reg [18:0] times;
initial times = 0;
initial s = 4'b0001;

always @ (posedge clk)
begin
    times <= times + 19'b1;
case (times)
        19'd000000: begin s <= 4'b0001; data <= s1_data; end
        19'd100000: begin s <= 4'b0010; data <= s2_data; end
        19'd200000: begin s <= 4'b0100; data <= s3_data; end
        19'd300000: begin s <= 4'b1000; data <= s4_data; end
    endcase
  if(times == 400000)
        times <= 19'b0;
end

always @ (posedge clk)
begin
    case(data)
        4'b0000: seg = 7'b0111111;      //3f: 0
        4'b0001: seg = 7'b0000110;      //06: 1
        4'b0010: seg = 7'b1011011;      //5b: 2
        4'b0011: seg = 7'b1001111;      //4f: 3
        4'b0100: seg = 7'b1100110;      //66: 4
        4'b0101: seg = 7'b1101101;      //6d: 5
        4'b0110: seg = 7'b1111101;      //7d: 6
        4'b0111: seg = 7'b0000111;      //07: 7
        4'b1000: seg = 7'b1111111;      //7f: 8
        4'b1001: seg = 7'b1101111;      //6f: 9
        4'b1010: seg = 7'b1110111;      //77: A
        4'b1011: seg = 7'b1111100;      //7c: b
        4'b1100: seg = 7'b0111001;      //39: C
        4'b1101: seg = 7'b1011110;      //5e: d
        4'b1110: seg = 7'b1111001;      //79: E
        4'b1111: seg = 7'b1110001;      //71: F
    endcase
```

```
    end
endmodule
```

例6.42 用VHDL实现4个共阴极七段数码管的动态显示。

```
library ieee;
use ieee.std_logic_1164.all;
use ieee.std_logic_unsigned.all;
entity dtsm is
port(clk:in std_logic;
    key:in std_logic_vector(3 downto 0);
    ledag:out std_logic_vector(6 downto 0);
    sel:out std_logic_vector(2 downto 0));
end dtsm;

architecture beha of dtsm is
begin
    process(clk)
        variable count:std_logic_vector(2 downto 0);
        begin
            if (clk'event and clk='1') then
            count:=count+1;
            end if;
        sel<=count;
    end process;

    process(key)
        begin
          case key is
            when"0000"=>ledag<="0111111";
            when"0001"=>ledag<="0000110";
            when"0010"=>ledag<="1011011";
            when"0011"=>ledag<="1001111";
            when"0100"=>ledag<="1100110";
            when"0101"=>ledag<="1101101";
            when"0110"=>ledag<="1111101";
            when"0111"=>ledag<="0000111";
            when"1000"=>ledag<="1111111";
            when"1001"=>ledag<="1100111";
            when"1010"=>ledag<="1110111";
            when"1011"=>ledag<="1111100";
```

```
        when"1100" =>ledag<="0111001";
        when"1101" =>ledag<="0111110";
        when"1110" =>ledag<="1111001";
        when"1111" =>ledag<="1110001";
        when others=>null;
      end case;
   end process;
end beha;
```

6.10　键盘扫描电路

在键盘中按键数量较多时，为了减少 I/O 口的占用，通常将按键排列成矩阵形式。在矩阵式键盘中，每条水平线和垂直线在交叉处不直接连通，而是通过一个按键加以连接。最常见的是4×4 矩阵键盘，所包含的按键有 0～9 这 10 个数字键和 A～F 这 6 个字母键。

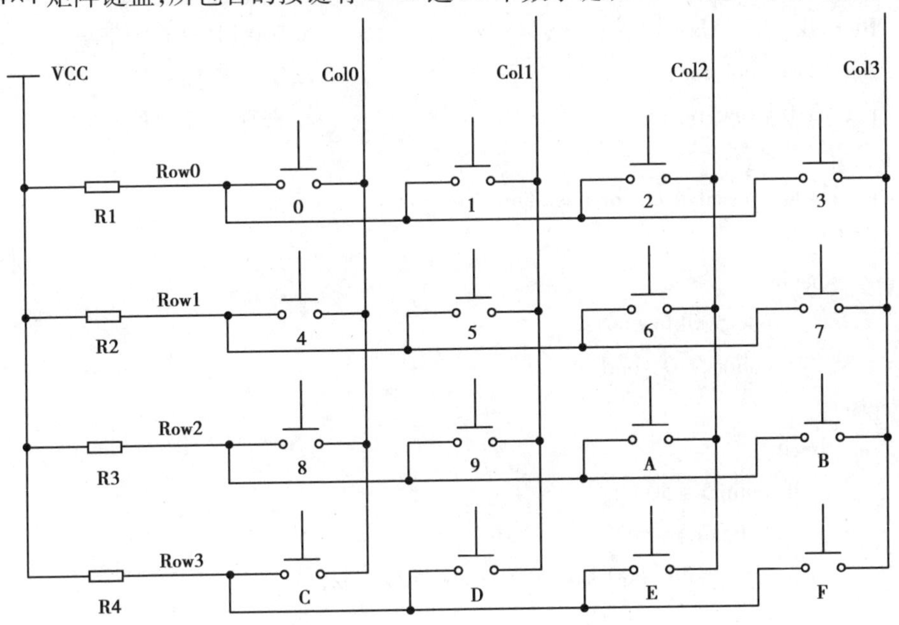

图 6.17　4×4 矩阵键盘原理图

图 6.17 展示了一个 4×4 矩阵键盘的原理图。为了使键盘正常工作，一般采用行列扫描法读取按键信息。针对上面原理图中的矩阵键盘，其行列扫描法的基本步骤为：(1)给所有列输入 0，并检测行是否全为 1；如果在行中检测到 0，则依次给各列输入 0，并再次检测为 0 的行；根据所检测出的值为 0 的行和列，定位出按键的位置。按照这个步骤，本小节设计了对应的 Verilog 程序和 VHDL 程序。

例 6.43　4×4 矩阵键盘的 Verilog 程序。

```
module key(
    clk,                                        //50 MHz
```

```
        reset,
        row,                                        //行
        col,                                        //列
        key_value                                   //键值
    );

    input clk,reset;
        input [3:0] row;
        output [3:0] col;
        output [3:0] key_value;
        reg [3:0] col;
        reg [3:0] key_value;
        reg [5:0] count;
        reg [2:0] state;                            //状态标志
        reg key_flag;                               //按键标志位
        Reg clk_500 kHz;                            //500 kHz 时钟信号
        reg [3:0] col_reg;                          //寄存扫描列值
        reg [3:0] row_reg;                          //寄存扫描行值

        always @ (posedge clk or negedge reset)
        if(! reset)
            begin
                clk_500khz<=0;
                count<=0; end
        else
            begin
              if(count>=50)
                  begin
                      clk_500 kHz <=  ~clk_500 kHz;
                      count<=0;
                  end
                  else
                      count <= count+1;
            end

    always @ (posedge clk_500khz or negedge reset)
        if(! reset)
            begin
                col <= 4'b0000;
```

```
    state<=0; end
else
  begin
    case (state)
      0:
          begin
          col[3:0]<=4'b0000;
          key_flag<=1'b0;
            //如果有键按下,扫描第一行
          if(row[3:0]! =4'b1111)
            begin
              state <= 1;
              col[3:0] <= 4'b1110;
          end
          else
            state<=0;
        end
        1:
        begin
          if(row[3:0]! =4'b1111)
              state <= 5;
        //判断是否是第一行
          else
        begin
          state <= 2;
              col[3:0] <= 4'b1101;
          end //扫描第二行
            end

            2:
            begin
              if(row[3:0]! =4'b1111)
              state <= 5;
              //判断是否是第二行
              else
            begin
              state <= 3;
              col[3:0] <= 4'b1011;
            end //扫描第三行
```

```
                end

                3:
                begin
                  if(row[3:0]! =4'b1111)
                  state <= 5;    //判断是否是第三行
                  else
                  begin
                    state <= 4;
                    col[3:0] <= 4'b0111;
            end  //扫描第四行
            end

                4:
                begin
                  if(row[3:0]! =4'b1111)
                  state <= 5;
                  //判断是否是第一行
                  else
                  state<=0;
                end

                5:
                begin
                    if(row[3:0]! =4'b1111)
                  begin
                        col_reg<=col;          //保存扫描列值
                        row_reg<=row;          //保存扫描行值
                        state<=5;
                        key_flag<=1'b1;        //有键按下
                  end
                    else
                  state<=0;
            end
        endcase
    end

always @ (clk_500khz or col_reg or row_reg)
    begin
```

```
            if(key_flag==1'b1)
                begin
                    case ({row_reg, col_reg})
                        8'b1110_1110:key_value<=4'h0;
                        8'b1110_1101:key_value<=4'h1;
                        8'b1110_1011:key_value<=4'h2;
                        8'b1110_0111:key_value<=4'h3;
                        8'b1101_1110:key_value<=4'h4;
                        8'b1101_1101:key_value<=4'h5;
                        8'b1101_1011:key_value<=4'h6;
                        8'b1101_0111:key_value<=4'h7;
                        8'b1011_1110:key_value<=4'h8;
                        8'b1011_1101:key_value<=4'h9;
                        8'b1011_1011:key_value<=4'ha;
                        8'b1011_0111:key_value<=4'hb;
                        8'b0111_1110:key_value<=4'hc;
                        8'b0111_1101:key_value<=4'hd;
                        8'b0111_1011:key_value<=4'he;
                        8'b0111_0111:key_value<=4'hf;
                    endcase
            end
        end
endmodule
```

例6.44　4×4矩阵键盘的VHDL程序。

```
    library ieee;
    use ieee.std_logic_1164.all;
    use ieee.std_logic_arith.all;
    use ieee.std_logic_unsigned.all;

    entity key_pad is
    port (reset_in : in std_logic;
          clock_in : in std_logic;
          row_pins : in std_logic_vector(3 downto 0);
          col_pins : out std_logic_vector(3 downto 0);
          key_data: out std_logic_vector(3 downto 0));
    end key_pad;

    architecture key_pad_rtl of key_pad is
  signal count: std_logic_vector(23 downto 0);
```

```
    signal key_value: std_logic_vector(3 downto 0);
    type key_state is (col_pins1, col_pins2, col_pins3, col_pins4);
    signal system_state : key_state := col_pins1;
    type key_lookup is array (0 to 15) of std_logic_vector(3 downto 0);

    constant key_lookup_data: key_lookup := (x"0", x"1", x"2", x"3", x"4", x"5", x"
6", x"7", x"8", x"9", x"a",x"b", x"c", x"d", x"e", x"f");

  begin
  process(clock_in, reset_in)
      begin
        if(rising_edge(clock_in)) then
          if(reset_in = '0' )then
            count<=x"000000";
          end if;
        end if;
  end process;

  process(clock_in, reset_in)
    begin
      if(rising_edge(clock_in)) then
        if(reset_in = '0' ) then
            system_state <=col_pins1;
        else
          case system_state is
            when col_pins1 => col_pins <="1110";
            case row_pins is
            when "1110" => key_value <= key_lookup_data(0);
            when "1101" => key_value <= key_lookup_data(4);
            when "1011" => key_value <= key_lookup_data(8);
            when "0111" => key_value <=key_lookup_data(12);
            when others => key_value <= key_lookup_data(0);
          end case;
        system_state <=col_pins2;

        when col_pins2 => col_pins <="1101";
          case row_pins is
            when "1110" => key_value <= key_lookup_data(1);
            when "1101" => key_value <= key_lookup_data(5);
```

```
            when "1011"  => key_value <= key_lookup_data(9);
            when "0111"  => key_value <= key_lookup_data(13);
            when others => key_value <= key_lookup_data(0);
          end case;
        system_state <=col_pins3;

        when col_pins3  => col_pins <="1011";
          case row_pins is
            when "1110"  => key_value <= key_lookup_data(2);
            when "1101"  => key_value <= key_lookup_data(6);
            when "1011"  => key_value <= key_lookup_data(10);
            when "0111"  => key_value <= key_lookup_data(14);
            when others => key_value        lookup_data(0);
            end case;
          system_state <=col_pins4

          when col_pins4 => col_p
            case row_pins is
              when "1110"  => key_value <= key_lookup_data(3);
              when "1101"  => key_value <= key_lookup_data(7);
              when "1011"  => key_value <= key_lookup_data(11);
              when "0111"  => key_value <= key_lookup_data(15);
              when others => key_value <= key_lookup_data(0);
            end case;
            system_state <=col_pins1;
          end case;
        end if;
      end if;
    end process;
    key_data <= key_value;
end key_pad_rtl;
```

第 7 章

基于 IP 核的设计

7.1 IP 核

IP(Intellectual Property)本来是指知识产权、著作权等,在 IC 设计领域通常被理解为实现某种功能的设计。IP 核则是完成某种常用但是比较复杂的算法或功能而且参数可修改的电路模块,又称为 IP 模块。随着 CPLD/FPGA 的规模越来越大,设计越来越复杂,IP 核以及 IP 复用技术成为 FPGA、SoC 设计的关键技术之一。

根据实现的不同,IP 核可以分为三类:完成行为域描述的软核(Soft Core),完成结构域描述的固核(Firm Core)和基于物理域描述并经过工艺验证的硬核(Hard Core)。

表 7.1 三类 IP 核多角度对比一览表

项目	软(soft)核	固(firm)核	硬(hard)核
描述内容	功能模块	模块逻辑结构	物理结构
提供方式	HDL 文档	门电路网表对应具体工艺网表	电路物理结构掩模板图和全套工艺文件
优点	灵活,可移植	介于二者之间	后期开发时间短
缺点	后期开发时间长		灵活性差,不同工艺难移植

软核(Soft IP Core)在 EDA 设计领域指的是综合之前的寄存器传输级(RTL)模型;具体在 FPGA 设计中指的是对电路的硬件语言描述,包括逻辑描述、网表和帮助文档等。软核只经过功能仿真,需要经过综合以及布局布线才能使用。其优点是灵活性高、可移植性强,允许用户自配置;缺点是对模块的预测性较低,在后续设计中存在发生错误的可能性,有一定的设计风险。软核是 IP 核应用最广泛的形式。

固核(Firm IP Core)固核在 EDA 设计领域指的是带有平面规划信息的网表;具体在 FPGA 设计中可以看作带有布局规划的软核,通常以 RTL 代码和对应具体工艺网表的混合形式提供。将 RTL 描述结合具体标准单元库进行综合优化设计,形成门级网表,再通过布局布线工具即可使用。和软核相比,固核的设计灵活性较差,但在可靠性上有较大提高。

硬核(Hard IP Core)硬核在EDA设计领域指经过验证的设计版图;具体在FPGA设计中指布局和工艺固定、经过前端和后端验证的设计,设计人员不能对其修改。不能修改的原因有两个:首先是系统设计对各个模块的时序要求很严格,不允许打乱已有的物理版图;其次是保护知识产权的要求,不允许设计人员对其有任何改动。IP硬核的不许修改特点使其复用有一定的困难,因此只能用于某些特定应用,使用范围较窄。

下面介绍Altera/Intel公司和Xilinx/AMD公司的IP核。

随着软件版本的升级,有的软件把LPM宏功能模块菜单与IP核菜单分开了。在这里,我们采用比较宽泛的定义,把LPM宏功能模块、软件自带的IP均认为是IP核。

Altera/Intel公司及其IP合作伙伴提供的IP功能模块,他们基本可以分为两类,免费的LPM宏功能模块(Megafunctions/LPM)和需要授权使用的IP知识产权(MEGACORE)。

Altera LPM宏功能模块是一些复杂或高级的构建模块,可以在Quartus Primee设计文件中和门、触发器等基本单元一起使用。这些可参数化LPM宏功能模块和LPM函数均为Altera器件结构作了优化,而且必须使用宏功能模块才可以使用一些Altera特定器件的功能。比如存储器、DSP快、LVDS驱动器、PLL电路。

通过菜单Tools >IP Catalog,并在IP Catalog中输入LPM,会出现Quartus Primee软件已安装的LPM种类,如图7.1所示。通过选择需要的LPM,点击并进行修改。

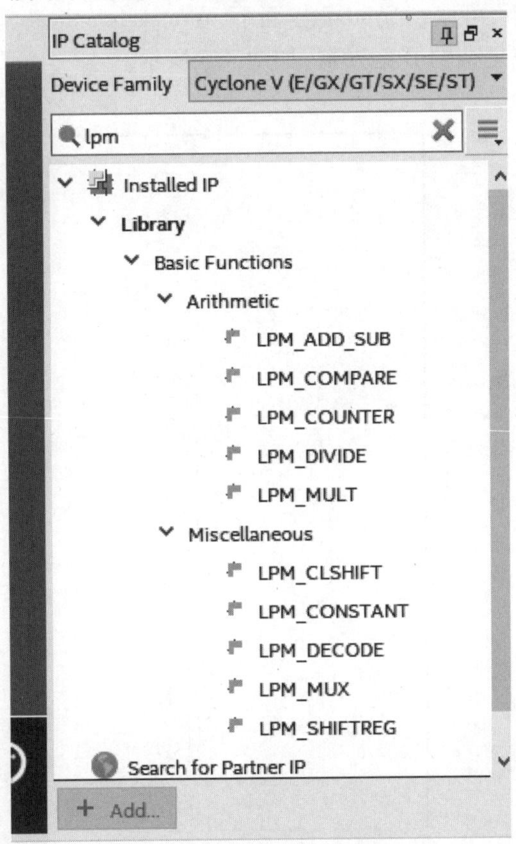

图7.1　LMP种类选择界面

7.2 Quartus Prime 触发器 IP 核的 VHDL 设计应用

触发器(Flip-Flop)是数字电路设计中的基本单元,尤其是 D 触发器,通常被用作延时和缓存处理。利用多个 D 触发器构造移位寄存器和 m 序列发生器,将它们结合在一起,可以形成串行输入初始状态序列发生器,利用原理图进行设计,结果如图 7.2 所示。

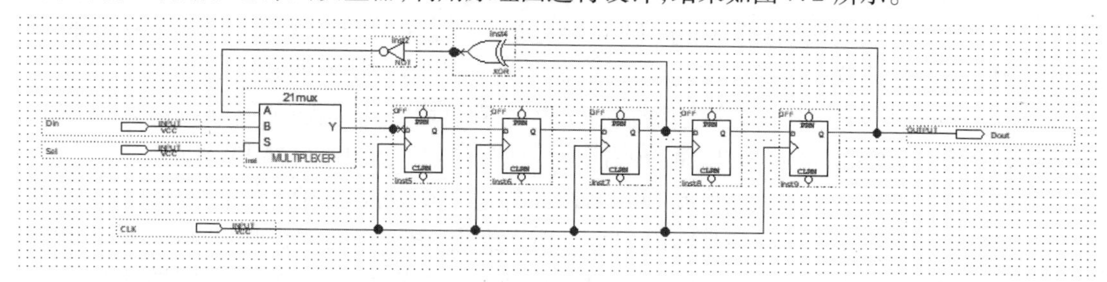

图 7.2 利用触发器构造序列发生器

触发器的延迟功能和移位寄存器功能类似,Altera LPM 宏功能模块中将两种功能结合在一起,用同一个模块实现。

在原理图输入模式下,可以在 Symbol 界面下,在 megafunctions > storage 下使用宏功能模块 LPM_DFF 完成功能更复杂的 D 触发器,如图 7.3 所示。

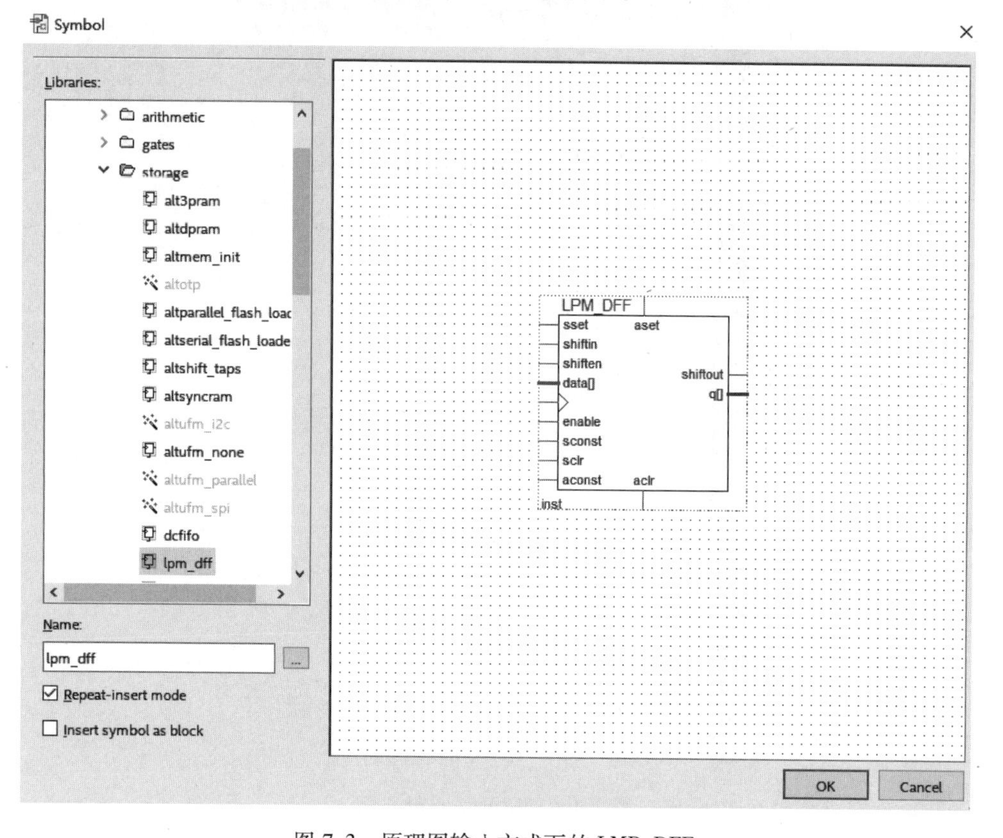

图 7.3 原理图输入方式下的 LMP_DFF

在 Mega Wizard Plug-In Manager 可以进行 D 触发器的设计。在 Mega Wizard Plug-In Manager 没有 LPM_DFF，而是命名为 LPM_SHIFTREG。在 IP Catalog 栏中输入 LMP_SHIFTREG，并单击，弹出 Save IP Variation 对话框，如图 7.4 所示；选择文件类型为 VHDL，并命名为 LMP_SHIFTREG，然后单击 OK，打开 Mega Wizard Plug-In manager 界面，如图 7.5 所示。

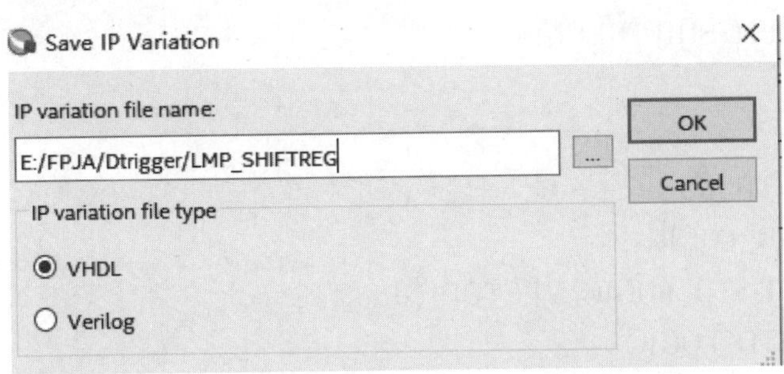

图 7.4　在 Mega Wizard Plug-In ManagerD 触发器的设计

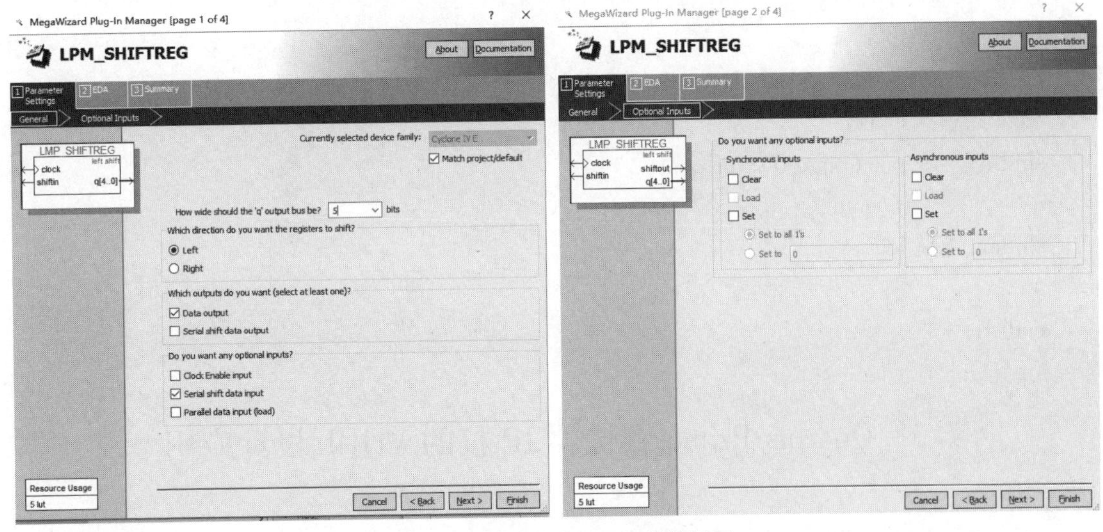

图 7.5　LPM_SHIFTREG 参数设置

在图 7.5 所示的参数设置页面，可以对 LMP_SHIFTREG 进行各种属性设置，这里设置了并行输出 q 的宽度为 5 bit，表示内部有 5 级 D 触发器，形成 5 位的移位寄存器。另外还有输出端口的选择和输入端口的配置，如并行输入、输出端口以及同步、异步端口设置等。

比较 LPM_DFF 和 LPM_SHIFTREG 可以看到，二者实现的功能相同，对比分析可以更好地理解各个端口的功能和使用方法。LPM_SHIFTREG 的其他设置可采取默认值，最终可以实现定制的 LPM_SHIFTREG 功能。

例 7.1　调用 LPM_SHIFTREG 模块形成 m 序列。

参考代码：

```
LIBRARY ieee;
USE ieee. std_logic_1164. all;
ENTITY myShift5Reg IS
port( clk : in std_logic;
```

```
qout : buffer STD_LOGIC_VECTOR(0 to 4);
dout: out std_logic );

END myShift5Reg;
ARCHITECTURE rtl OF myShift5Reg IS
COMPONENT LPM_SHIFTREGl IS
PORT
(
clock     : IN STD_LOGIC ;
shiftin   : IN STD_LOGIC ;
q         : OUT STD_LOGIC_VECTOR (0 to 4);
shiftout  : OUT STD_LOGIC
);
END COMPONENT;
begin
mySReg_inst : LPM_SHIFTREGl PORT MAP (
clock     => clk,
shiftin   => not (qout(0) xor qout(2)),
q         => qout,
shiftout  => dout
);
end rtl;
```

7.3 Quartus Prime 存储器 IP 核的 VHDL 设计应用

存储器是 FPGA 设计中常用的模块之一,包括 RAM、ROM 等。我们可以通过模板(Template)很快地给出完整代码。

例 7.2　单口 RAM 模板。

新建 VHDL 文件,在 Edit 菜单下选择 Insert Templae……->VHDL->Full Designs->RAMs and ROMs->Single-Port RAM,生成如图 7.6 所示代码。

例 7.3　基于存储器 IP 的 DES 算法 S 盒实现的仿真测试用例。

通过菜单 Tools >IPCatalog,在 IPCatalog 栏中输入 RAM,然后会列出相关的 IP 核,在这里选择 RAM:1-PORT。使用定制 RAM 实现 DES 算法中的 S 盒模块,DES 算法中 S 盒是 6 进 4 出的,即数据为 4BIT,地址为 6BIT,共 64 个 4 比特数据。单端口 RAM 的参数设置包括 4 个部分如图 7.7 ~ 图 7.12 所示。

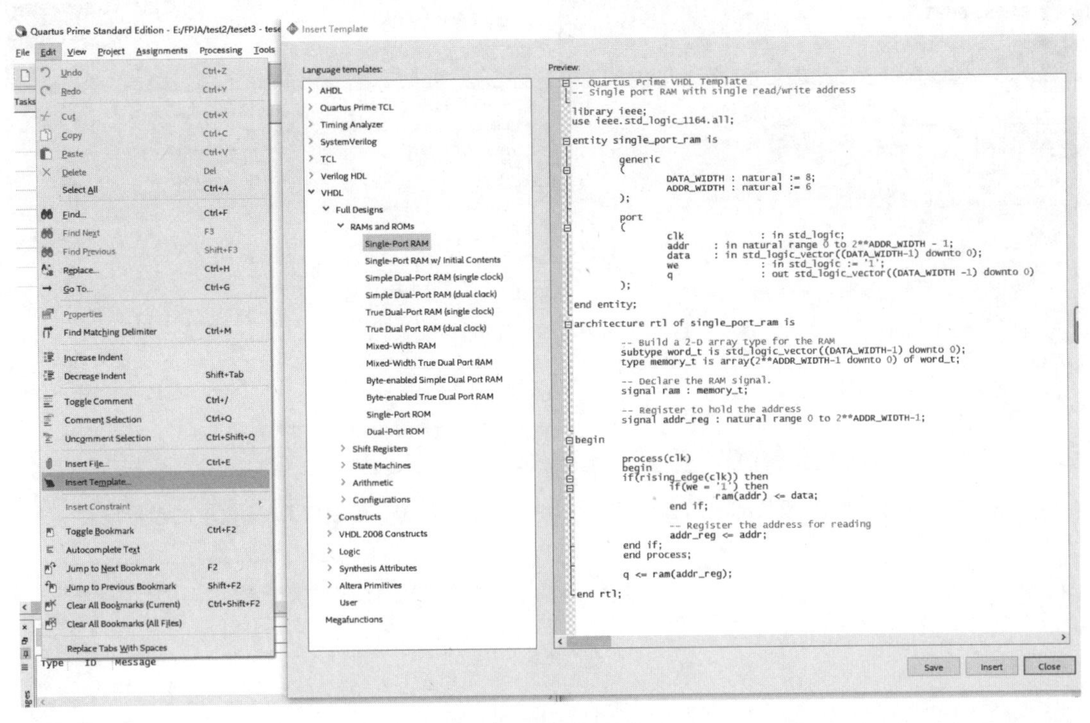

图 7.6　自生成的代码

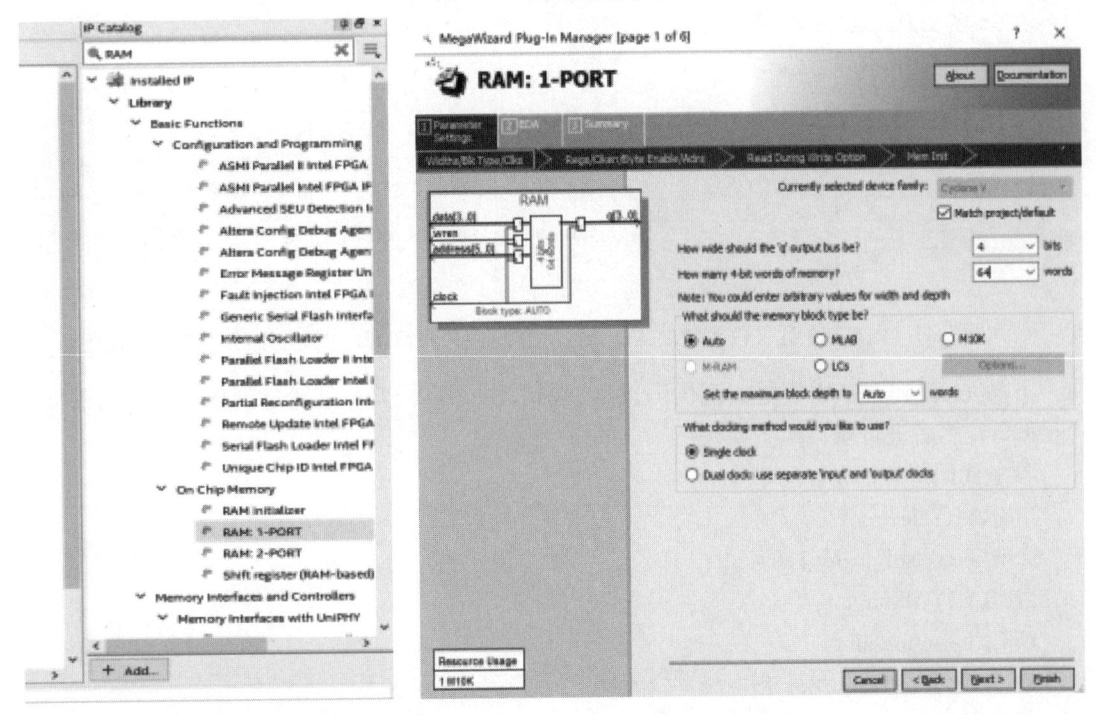

图 7.7　选择 RAM:1-PORT

图 7.8　单端口 RAM 模块的参数设置

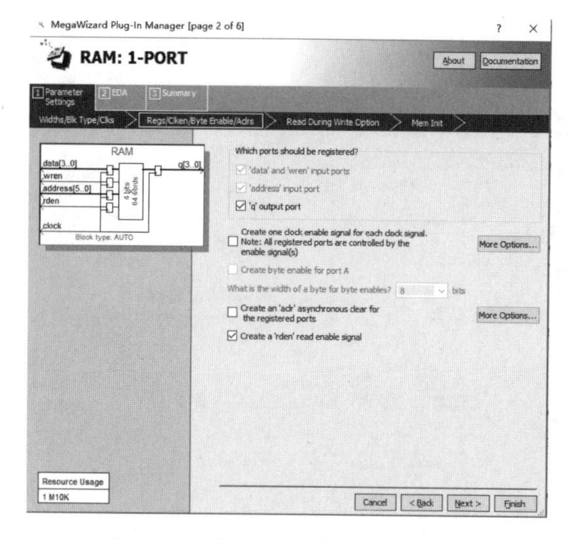

图 7.9　单端口 RAM 模块的参数设置

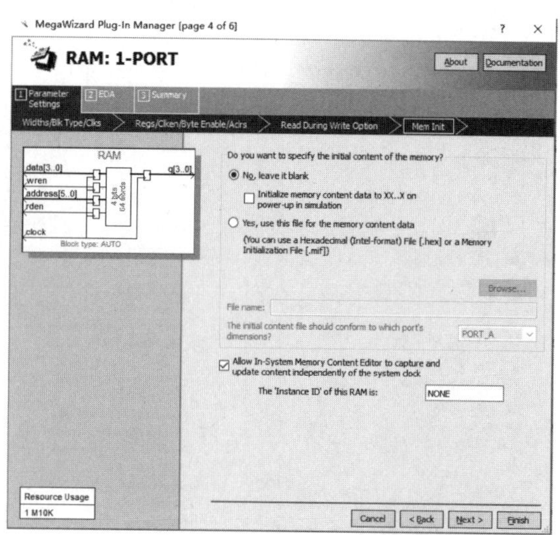

图 7.10　单端口 RAM 模块的参数设置

Number of Words & Word Size

Number of words: 64

Word size: 4

OK　Cancel　Help

图 7.11　内存初始化文件容量设置

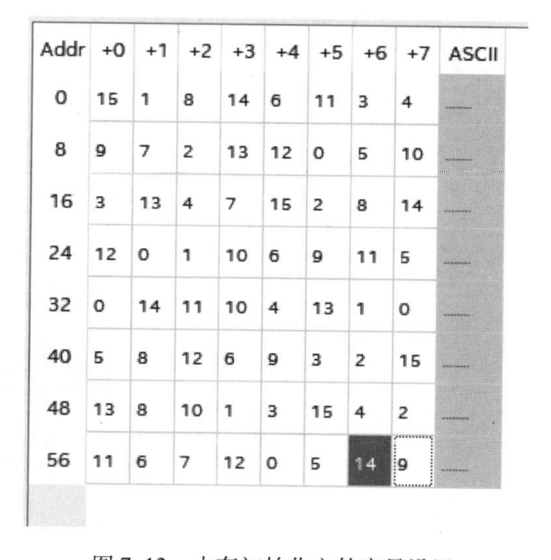

Addr	+0	+1	+2	+3	+4	+5	+6	+7	ASCII
0	15	1	8	14	6	11	3	4	....
8	9	7	2	13	12	0	5	10	....
16	3	13	4	7	15	2	8	14	....
24	12	0	1	10	6	9	11	5	....
32	0	14	11	10	4	13	1	0	....
40	5	8	12	6	9	3	2	15	....
48	13	8	10	1	3	15	4	2	....
56	11	6	7	12	0	5	14	9	....

图 7.12　内存初始化文件容量设置

下面是定制的 RAM 模块实现代码,可以看到,RamTest_SBox 是通过例化 Altera 内部模块 altsyncram,然后进行端口配置实现的。

参考代码 1:

```
LIBRARY ieee;
USE ieee. std_logic_1164. all;
LIBRARYAltera_mf;
USEAltera_mf. all;
ENTITY RamTest_SBox IS
PORT
(
address : IN STD_LOGIC_VECTOR (5 DOWNTO 0);
```

```
clock     : IN STD_LOGIC := '1' ;
data      : IN STD_LOGIC_VECTOR (3 DOWNTO 0);
rden      : IN STD_LOGIC := '1' ;
wren      : IN STD_LOGIC ;
q         : OUT STD_LOGIC_VECTOR (3 DOWNTO 0)
);
END RamTest_SBox;
ARCHITECTURE SYN OF ramtest_sbox IS
SIGNAL sub_wire0: STD_LOGIC_VECTOR (3 DOWNTO 0);
COMPONENT altsyncram
GENERIC (
clock_enable_input_a              : STRING;
clock_enable_output_a             : STRING;
init_file                         : STRING;
intended_device_family            : STRING;
lpm_hint: STRING;
lpm_type: STRING;
numwords_a: NATURAL;
operation_mode: STRING;
outdata_aclr_a: STRING;
outdata_reg_a: STRING;
power_up_uninitialized: STRING;
read_during_write_mode_port_a : STRING;
widthad_a: NATURAL;
width_a: NATURAL;
width_byteena_a : NATURAL
);
PORT (
address_a    : IN STD_LOGIC VECTOR (5 DOWNTO 0);
clock0       : IN STD_LOGIC ;
data_a       : IN STD_LOGIC_VECTOR (3 DOWNTO 0);
wren_a       : IN STD_LOGIC ;
q_a          : OUT STD_LOGIC_VECTOR (3 DOWNTO 0);
rden_a       : IN STD_LOGIC
);
END COMPONENT;
BEGIN
q <= sub_wire0(3 DOWNTO 0);
altsyncram_component : altsyncram
```

```
GENERIC MAP (
clock_enable_input_a => "BYPASS" ,
clock_enable_output_a => "BYPASS" ,
init_file => "sbox. nif" ,
intended_device_family => "Cyclone IV GX" ,
lpm_hint => "ENABLE_ ,RUNTIME. MOD= NO" ,
lpm_type => "altsyncram" ,
numwords_a => 64,
operation_mode => "SINGLE_PORT" ,
outdata_aclr_a => "NONE" ,
outdata_reg_a => "CLOCK0" ,
power_up_uninitialized => "FALSE" ,
read_during_write_mode_port_a => "NEN_DATA_NO_NBE_READ" ,
widthad_a => 6,
width_a => 4,
width_byteena_a => 1
)
PORT MAP(
address_a => address,
clock0 => clock,
data_a => data,
wren_a => wren,
rden_a => rden,
q_a => sub_wire0
);
END SYN;
```

对生成程序进行综合,然后编写测试用例进行仿真,例 7.3 给出的测试用例向测试对象提供时钟激励,读信号 rden 始终有效,并且在该时钟上升沿顺序给出地址数据,从而完成 S 盒内容读取的仿真。

参考代码 2:

```
library ieee;
use ieee. std_logic_1164. all;
use ieee. std_logic_unsigned. all;
ENTITY RamTest_SBox_vhd_tst IS
END RamTest_SBox_vhd_tst;
ARCHITECTURE RamTest_SBox_arch OF RamTest_SBox_vhd_tst IS
SIGNAL address :STD_LOGIC_VECTOR(5 DOWNTO 0) :="000000" ;
SIGNAL clock :STD_LOGIC:='0' ;
SIGNAL data : STD_LOGIC_VECTOR(3 DOWNTO 0);
```

```
SIGNAL q : STD_LOGIC_VECTOR(3 DOWNTO 0);
SIGNAL rden : STD_LOGIC:='1';——读信号始终有效
SIGNAL wren : STD_LOGIC:='0';——不允许写
COMPONENT RaMTest_SBox
PORT (
        address  : IN STD_LOGIC_VECTOR(5 DOWNTO 0);
        clock    : IN STD_LOGIC;
        data     : IN STD_LOGIC_VECTOR(3 DOWNTO 0);
        q        : OUT STD_LOGIC_VECTOR(3 DOWNTO 0);
        rden     : IN STD_LOGIC;
        wren     : IN STD_LOGIC
        );
END COMPONENT;
BEGIN
il: RamTest_SBox
PORT MAP (
address => address,
clock => clock,
data => data,
q=> q,
rden => rden,
wren => wren
);
always : PROCESS(clock)          ——时钟下降沿给出地址激励信号

BEGIN
if falling_edge(clock) then
   if (address = "11111") then address <= "00000";
      else address <=  address + "00001";
   end if;
end if;
END PROCESS always;

CLOCK_Pro : PROCESS          ——提供时钟激励信号,周期为20 ns
BEGIN
      wait for 10 ns; clock <= not clock;
END PROCESS CLOCK_Pro;
END RamTest_SBox_arch;
```

7.4 Quartus Prime 锁相环 IP 核的 VHDL 设计应用

Altera 在很多型号的 FPGA 芯片中都提供了专用锁相环电路,用来提供设计所需的多种时钟频率。只有通过 Quartus Prime 软件的参数化模块库中的 PLL 模块才能很好地利用 FPGA 芯片中的锁相环资源。

在 IPCatalog 栏中输入 PLL 或者 ALTPLL,然后在 Library 中单击 ALTPLL,在弹出的如图 7.13 所示的 Save IP Variation 界面中,选择 VHDL 作为创建的设计文件语言,将输出文件命名为 mypll,单击 OK 按钮后进入如图 7.14 所示的对话框,在此对输入时钟 inclk0 的频率和 PLL 的工作模式进行设置,假设输入频率为 100 MHz。工作模式采用 normal 模式。输入频率用于输出频率设置的参考,不与实际工作频率相关。Altera 器件共有 4 种工作模式:normal 模式,PLL 的输入引脚与 I/O 单元的输入时钟寄存器相关联;zero delaybuffer 模式,PLL 的输入引脚和 PLL 的输出引脚的延时相关联,通过 PLL 的调整,到达两者“零”延时;external feedback 模式,PLL 的输入引脚和 PLL 的反馈引脚延时相关联;nocompensation 模式,不对 PLL 的输入引脚进行延时补偿。

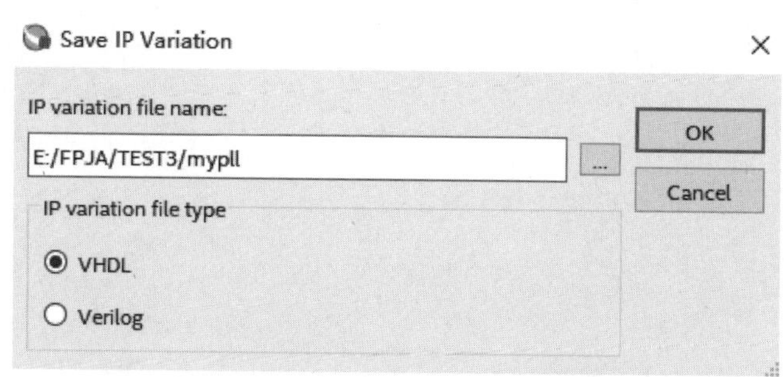

图 7.13 创建新的参数化模块——锁相环 PLL

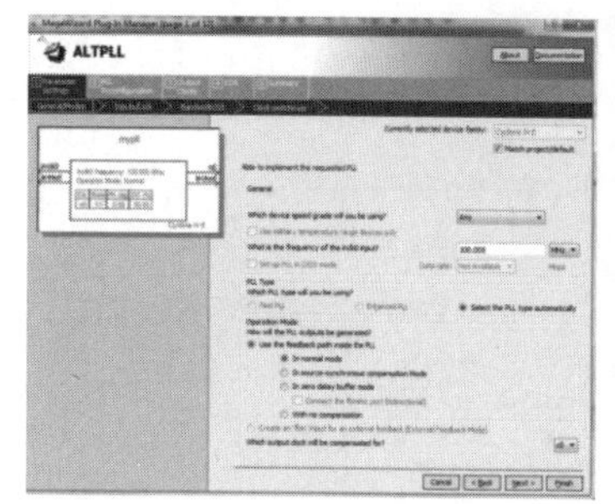

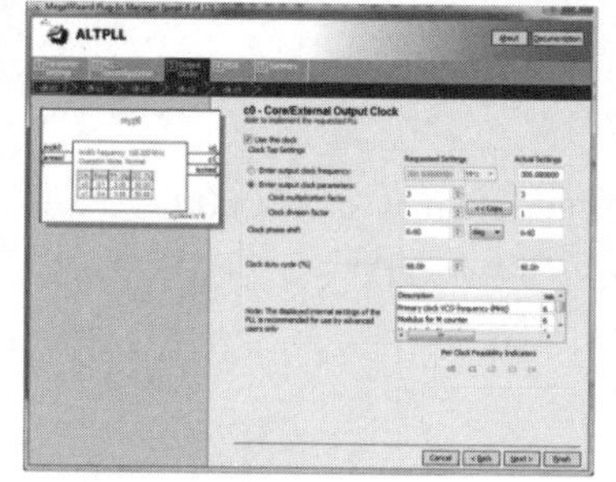

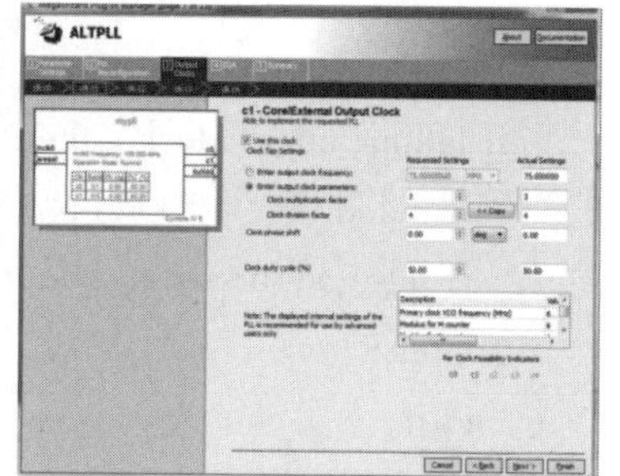

图 7.14 输入时钟频率和 PLL 的工作模式进行设置

参数化模块 ALTPLL 可以设置 9 个输出时钟。这里仅使用两个输出时钟:c0 和 c1,分别设置为 300 MHz 和 75 MHz。这里的时钟输出频率都是以设定乘因子和除因子的方式给出的,也可以直接输入预期时钟频率(Requested Setting)。

时钟模块的其他设置均采用默认设置,通过给定输入时钟频带进行仿真,可以得到如图 7.15 所示的仿真图。

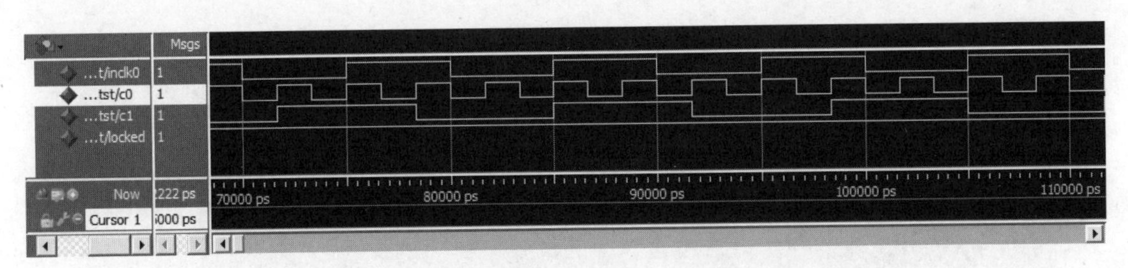

图7.15　创建新的参数化模块——锁相环PLL

分析如图7.15所示的仿真波形。其中inclk0是输入时钟信号,时钟周期为10 000 ps,时钟频率为100 MHz;c0和c1是输出信号,3个时钟信号都是占至比1∶1的时钟信号。如图7.15所示的inc-lk0经过1个时钟周期后,c0恰好经过了3个时钟周期,即c0的频率是inclk0的3倍,即300 MHz。再分析c1和c0的周期特性,可以发现,c1的频率是c0的1/4,即75 MHz。因此,通过仿真波形可知仿真结果与ALTPLL的设置相符,PLL设计正确。

7.5　Quartus Prime 运算电路IP核的VHDL设计应用

Quartus Prime软件的参数化模块库内含运算单元IP模块,可以较方便地调用FPGA芯片内部集成的乘法器等资源。下面利用LPM_ADD_SUB设计一个简单的8位加法器。

首先选择参数化模块,运算电路LPM_ADD_SUB如图7.16所示。

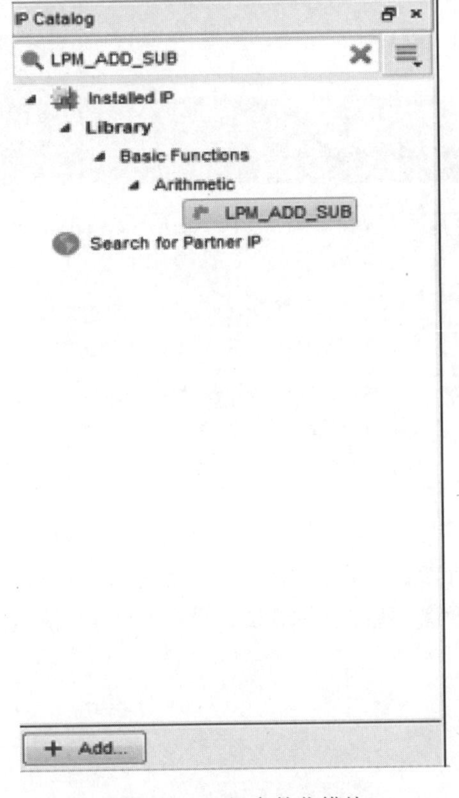

图7.16　选择参数化模块

然后对 LPM_ADD_SUB 进行参数设置 1,如图 7.17 所示。

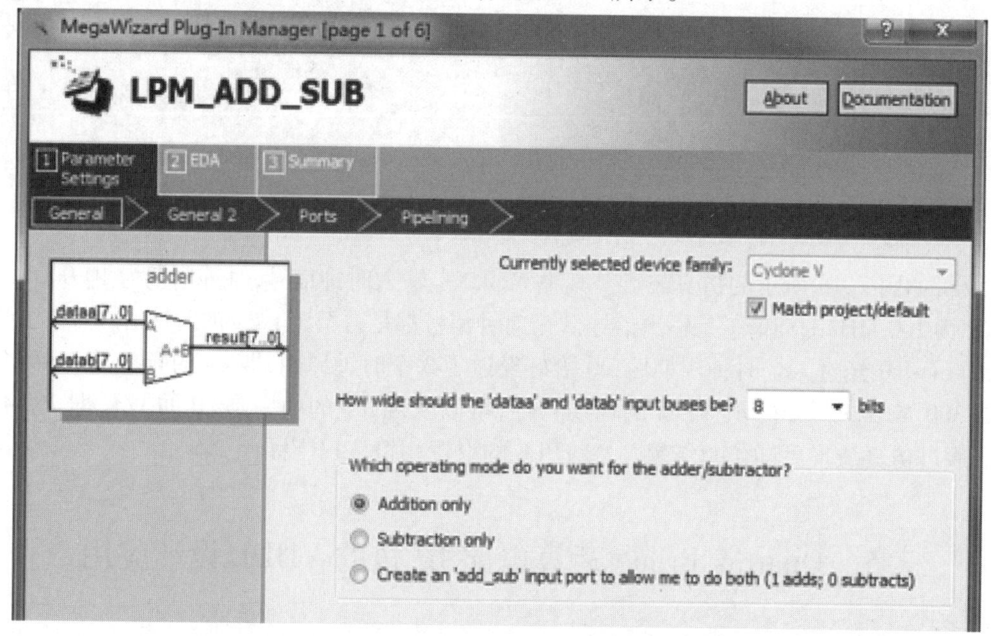

图 7.17　参数化模块 LPM_ADD_SUB 的参数设置 1

接着对 LPM_ADD_SUB 进行参数设置 2,如图 7.18 所示。

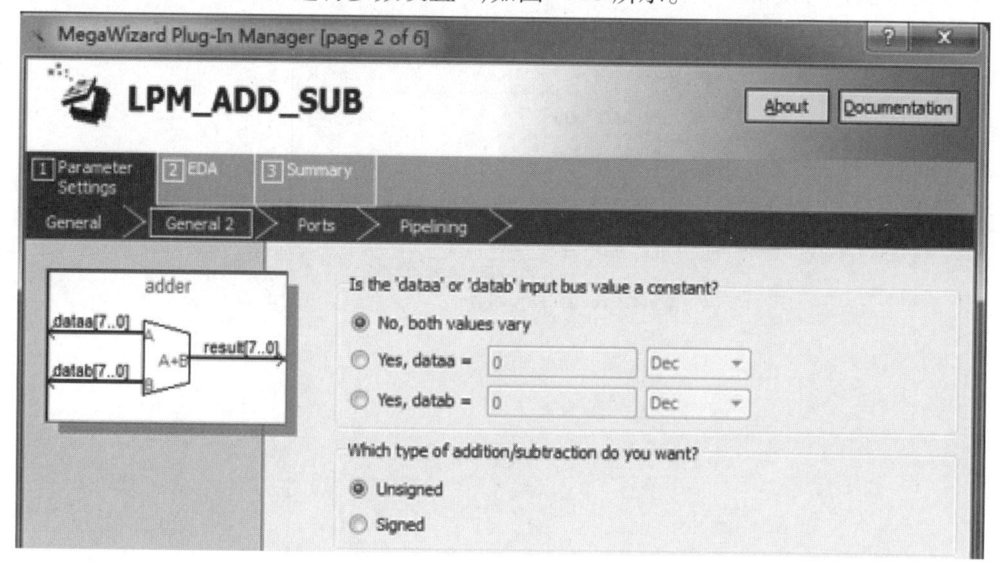

图 7.18　参数化模块 LPM_ADD_SUB 的参数设置 2

对 LPM_ADD_SUB 进行参数设置 3,如图 7.19 所示。

将 LPM_ADD_SUB 设置保存后,编写测试文件进行仿真,仿真结果如图 7.20 所示。

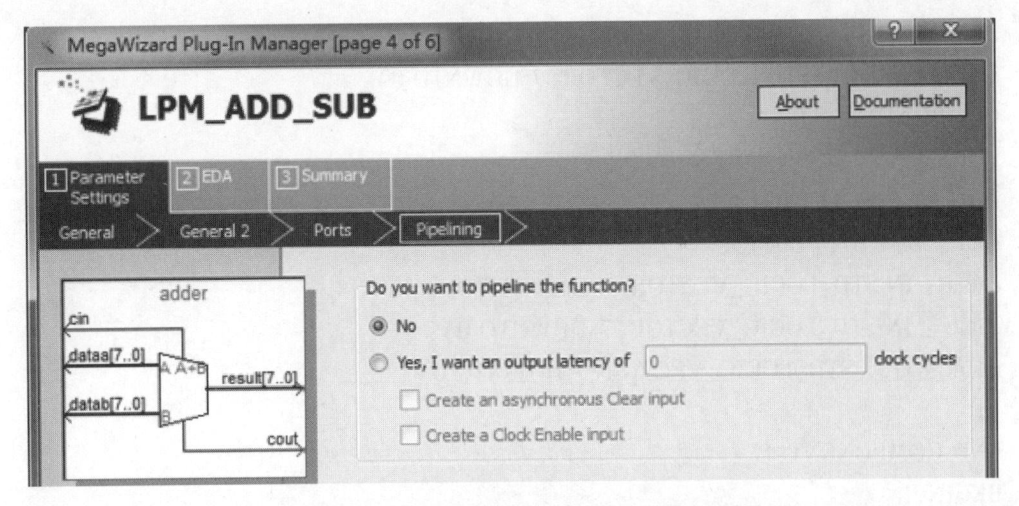

图7.19　参数化模块LPM_ADD_SUB的参数设置3

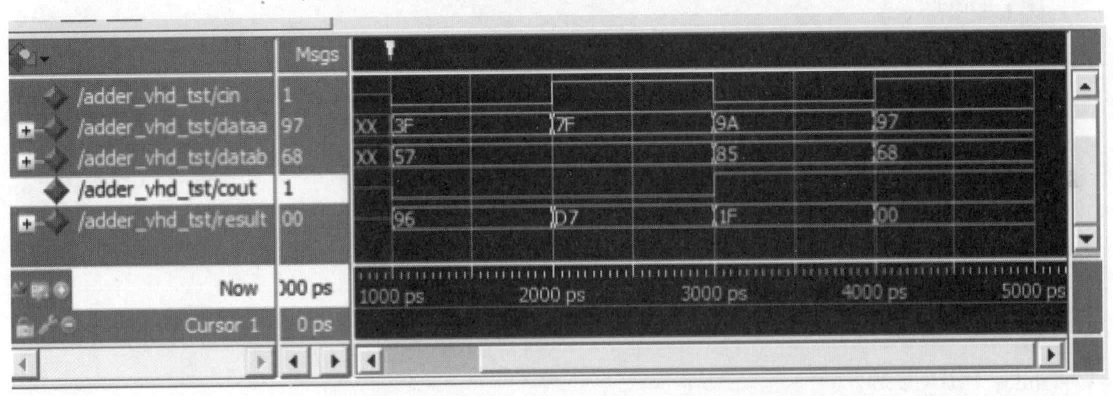

图7.20　参数化模块LPM_ADD_SUB的参数设置4

图7.20给出了上述测试用例仿真后波形，图中数据开始的部分是由于测试用例中首先等待了1 ns后才给出有效数据，这段时间输入没有初始值，所以数据均为X。这里给出的运算电路是一个带进位的8位全加器，数据显示均为十六进制。从图中可以看出，在1 001 ps处，输入数据为：进位信号cin为0，加数dataa和datab分别是0x3F和0x57，结果result为0x96，进位输出0，之后在2 000 ps，3 000 ps，4 000 ps处，随着输入数据的变化，输出结果作出相应变化。由分析可知，输出符合设计要求，设计结果正确。定制完成后，会自动生成符合图和相应的硬件语言代码。

代码如下：

```
LIBRARY ieee;
USE ieee.std_logic_1164.all;
ENTITY adder_vhd_tst IS
END adder_vhd_tst;
ARCHITECTURE adder_arch OF adder_vhd_tst IS
SIGNAL cin : STD_LOGIC;
SIGNAL cout : STD_LOGIC;
SIGNAL dataa : STD_LOGIC_VECTOR(7 DOWNTO 0);
```

```
SIGNAL datab : STD_LOGIC_VECTOR(7 DOWNTO 0);
SIGNAL result : STD_LOGIC_VECTOR(7 DOWNTO 0);
COMPONENT adder
PORT (
cin : IN STD_LOGIC;
cout : OUT STD_LOGIC;
dataa : IN STD_LOGIC_VECTOR(7 DOWNTO 0);
datab : IN STD_LOGIC_VECTOR(7 DOWNTO 0);
result : OUT STD_LOGIC_VECTOR(7 DOWNTO 0)
);
END COMPONENT;
BEGIN
i1 : adder
PORT MAP (
-- list connect ions between master ports and signals
cin => cin,
cout => cout,
dataa => dataa,
datab => datab,
result => result
);
init : PROCESS
—var iable declarations
BEGIN
—code that executes only once
wait for 1 ns; cin<= '0' ; dataa<= x"3f"; datab<= x"57";
wait for 1 ns; cin<= '1' ; dataa<= x"7f"; datab<= x"57";
wait for 1 ns; cin<= '0' ; dataa<= x"9a"; datab<= x"85";
wait for 1 ns; cin<= '1' ; dataa<= x"97"; datab<= x"68";
WAIT;
END PROCESS init;
END adder_arch;
```

7.6 自定义 IP 核——Vivado

(1)创建 IP 核管理工程

打开 Vivado,在 Tasks 下单击 Manage IP,选择 New IP Location…,如图 7.21 所示。

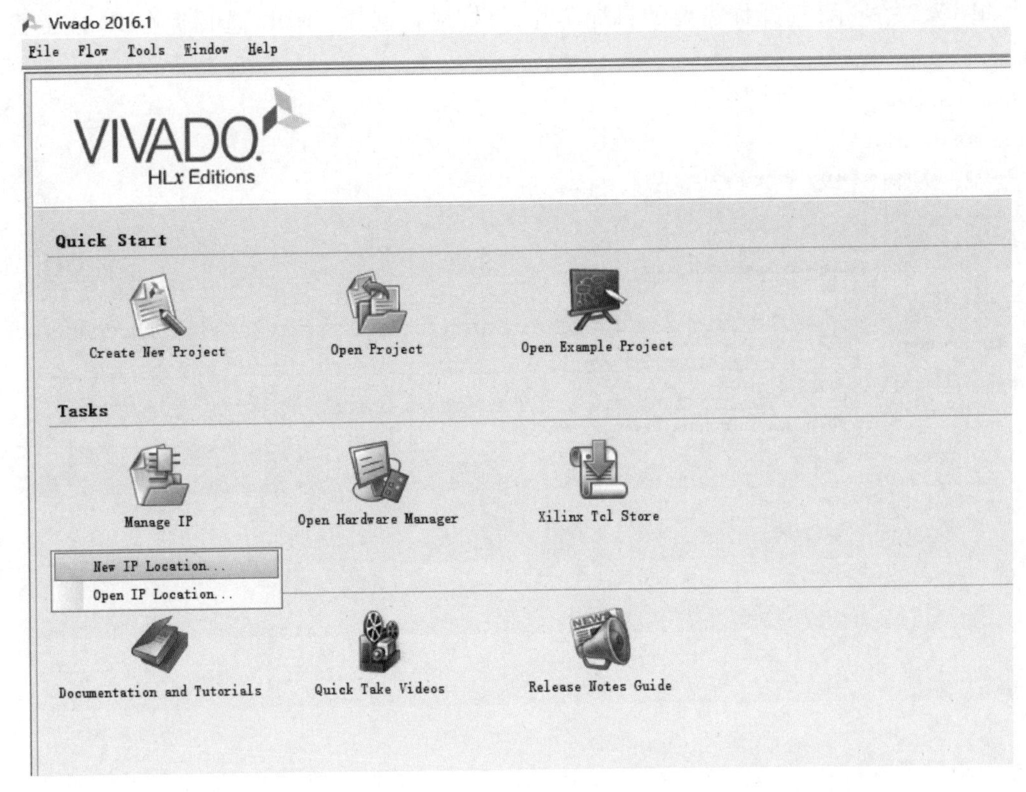

图7.21　选择 New IP Location

(2)**设置IP核管理工程**

在弹出的窗口中选择Next,如图7.22所示。

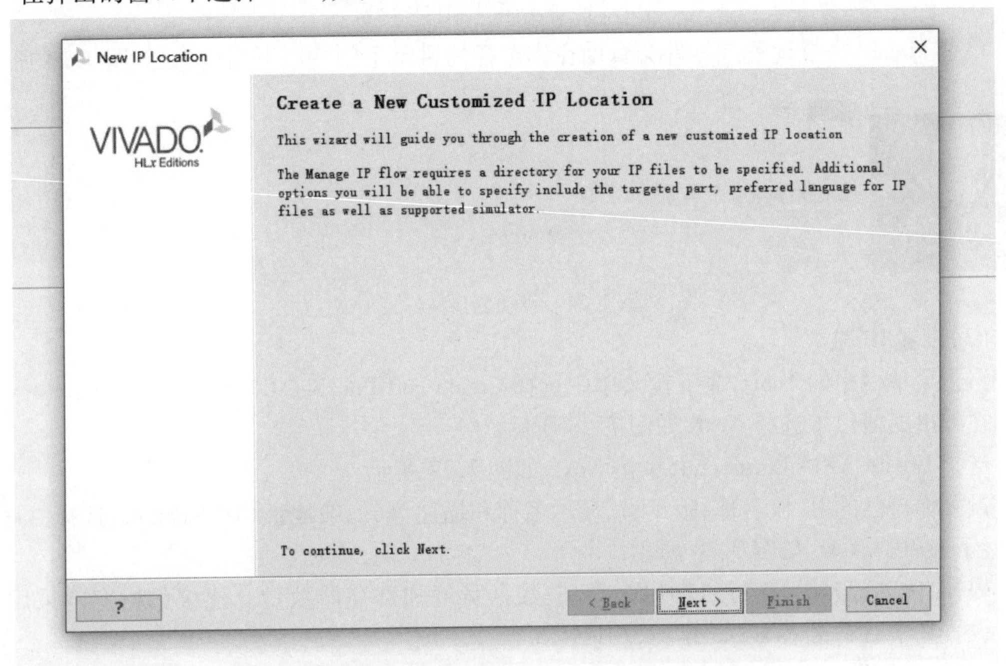

图7.22　Create a New Customized IP Location 界面

如图 7.23 所示,选择你需要的目标芯片,目标语言选择 VHDL,选择保存 IP 核工程的地址。

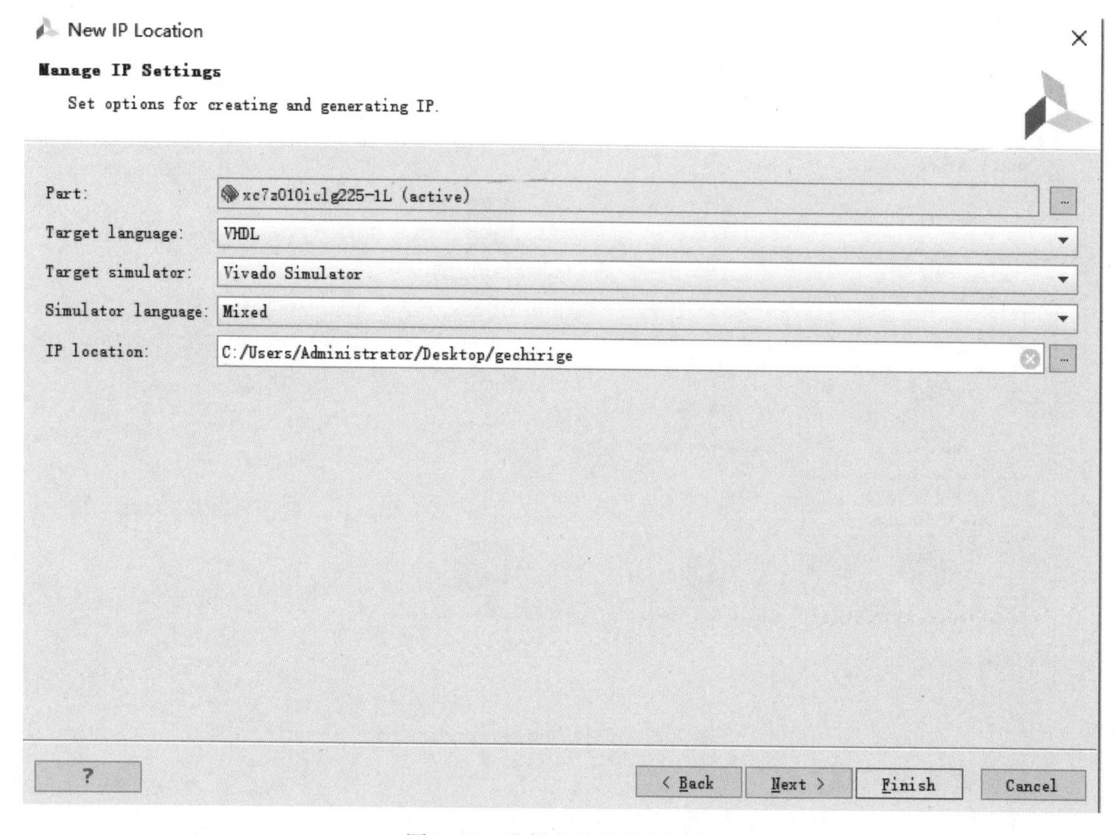

图 7.23 选择芯片和目标语言

单击 Finish,完成设置。软件会自动在你选择的目录下创建以下文件夹,如图 7.24 所示。

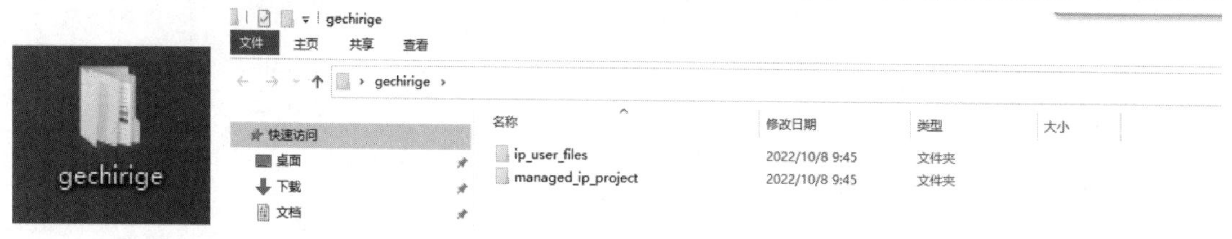

图 7.24 自动创建文件夹

(3)设置 IP 核

点击菜单栏中的 Tools,在下拉菜单中选择 Create and Package IP,如图 7.25 所示。

在弹出的窗口中选择 Next,如图 7.26 所示。

选择 Create AXI4 Peripheral,单击 Next,如图 7.27 所示。

设置你自己的 IP 核名称、版本号、显示名称和描述等,一般地址(IP location)选择默认即可,接下来单击 Next,如图 7.28 所示。

根据自己的需要,修改接口名称、类型、数据宽度和寄存器数量。建议数据宽度采用 32 位。设置完毕后单击 Next,如图 7.29 所示。

选择 Add IP to the repository,单击 Finish,如图 7.30 所示。

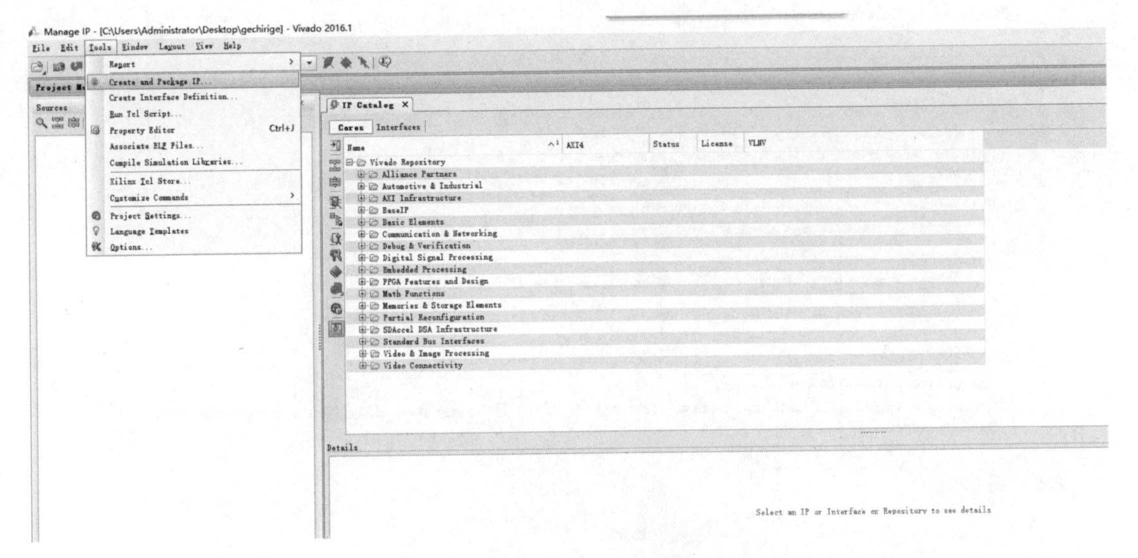

图 7.25　选择 Create and Package IP

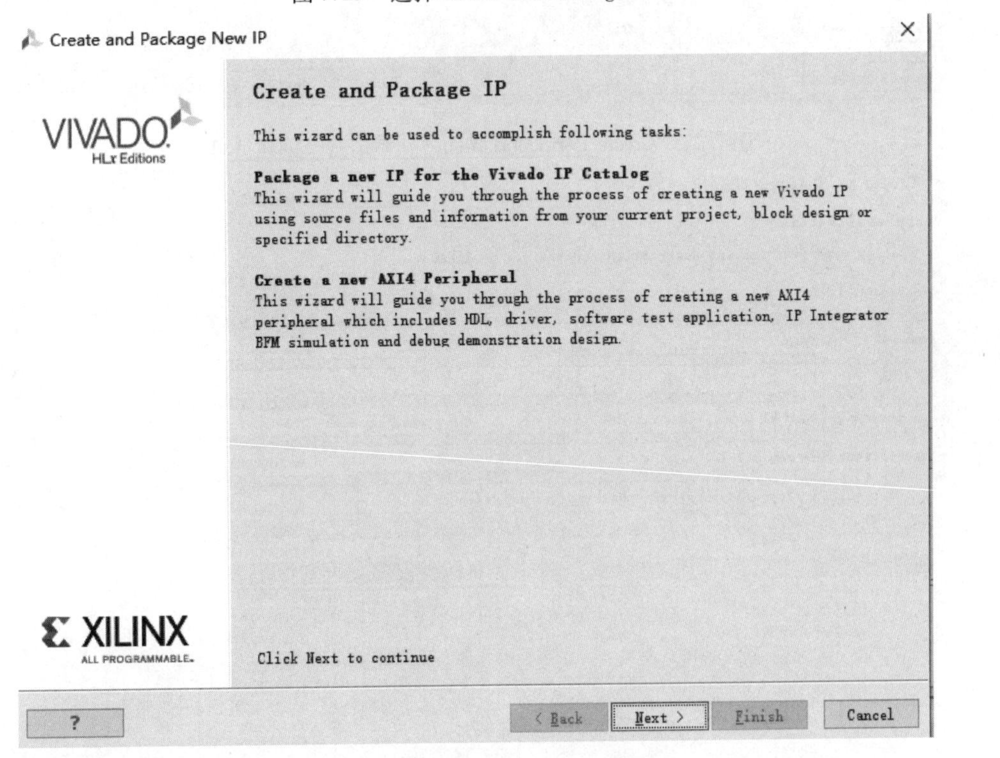

图 7.26　Create and Package IP 界面

Create and Package New IP

Create Peripheral, Package IP or Package a Block Design

Please select one of the following tasks.

Packaging Options

- ○ Package your current project
  Use the project as the source for creating a new IP Definition.
  Note: All sources to be packaged must be located at or below the specified directory.
- ○ Package a block design from the current project
  Choose a block design as the source for creating a new IP Definition.
- ○ Package a specified directory
  Choose a directory as the source for creating a new IP Definition.

Create AXI4 Peripheral

- ◉ Create a new AXI4 peripheral
  Create an AXI4 IP, driver, software test application, IP Integrator AXI4 BFM simulation and debug demonstration design.

? < Back Next > Finish Cancel

图 7.27　Create Peripheral 界面——单击选择创建 AXI4

Create and Package New IP

Peripheral Details

Specify name, version and description for the new peripheral

Name: myip

Version: 1.0

Display name: myip_v1.0

Description: My new AXI IP

IP location: C:/Users/Administrator/Desktop/gechirige/ip_repo

☐ Overwrite existing

? < Back Next > Finish Cancel

图 7.28　Peripheral Details 界面

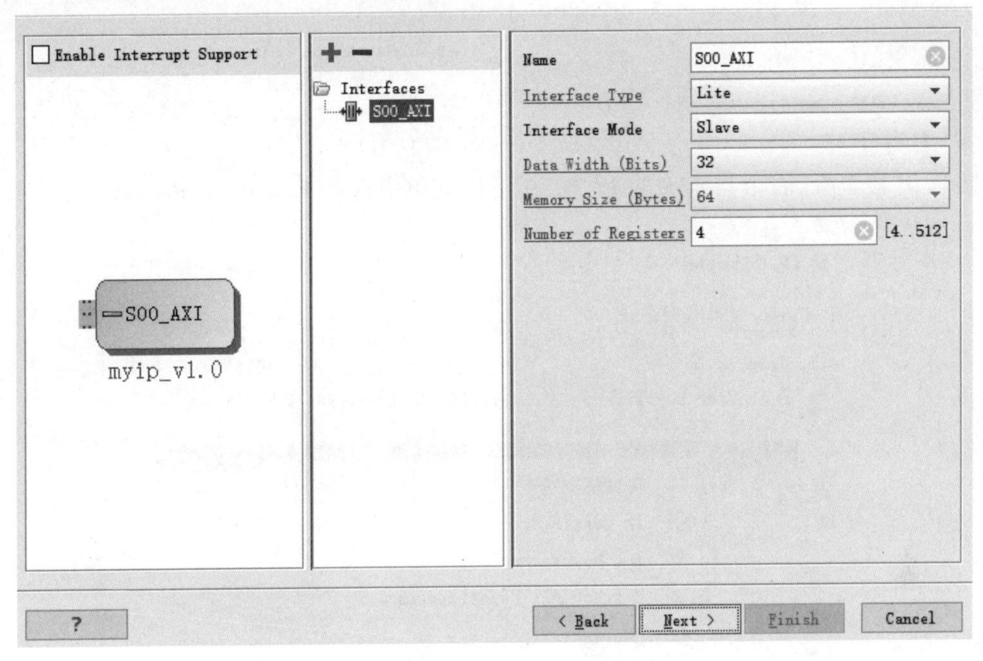

图7.29 Add Interfaces界面

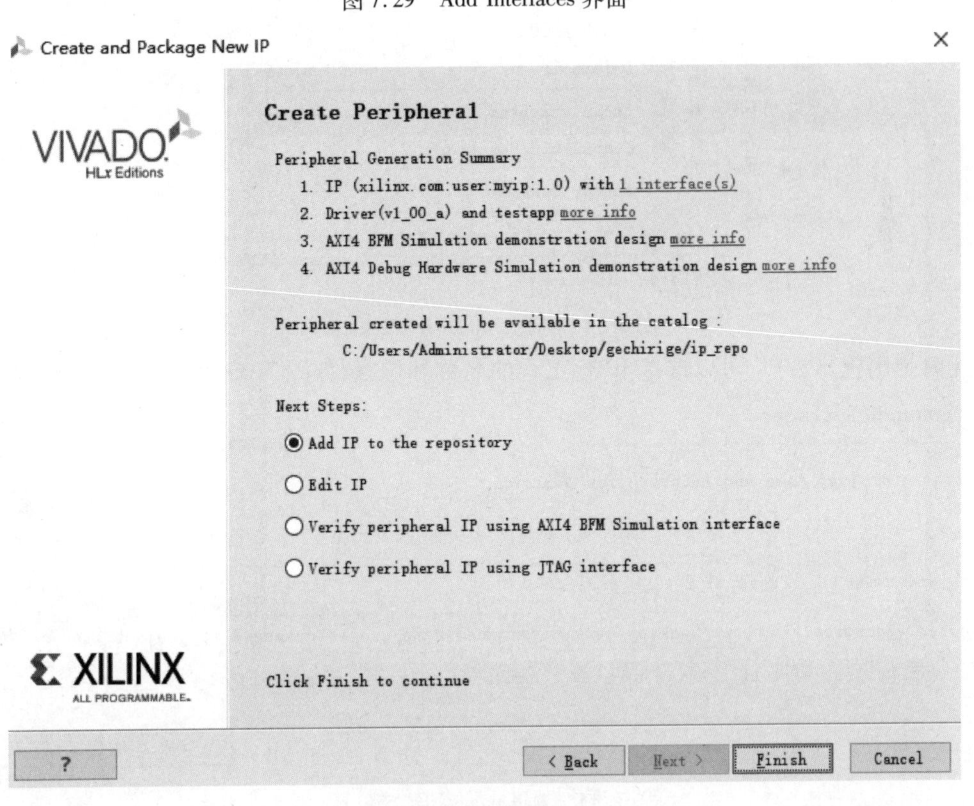

图7.30 Create Peripheral

此时 IP 核管理工程中,IP Catalog 中就会增加你刚创建的 IP 核,如图 7.31 所示。

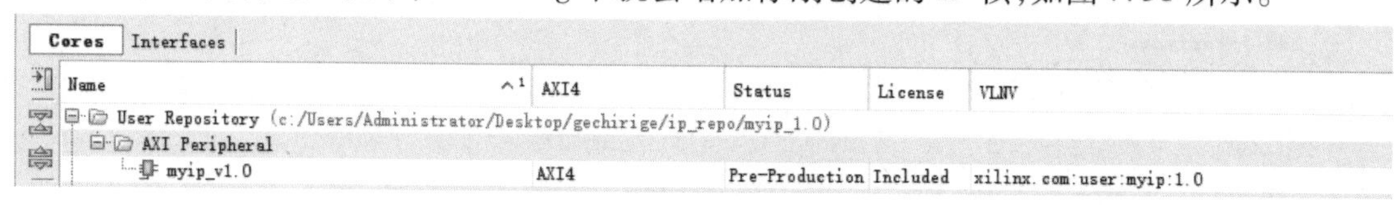

图 7.31　IP 核管理工程栏目

(4)**编辑 IP 核**

打开 IP 核工程,右击自定义的 IP 核,在下拉菜单中选择 Edit in IP Packager,如图 7.32 所示。

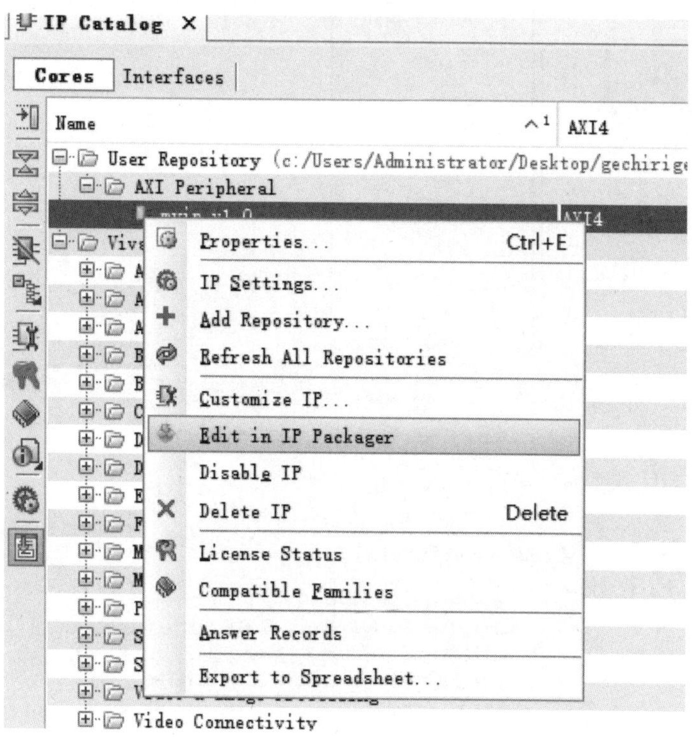

图 7.32　选择 Edit in IP Packager

此时弹出提示窗口,可以选择 IP 核工程的名称和位置,如图 7.33 所示,此处选择默认。

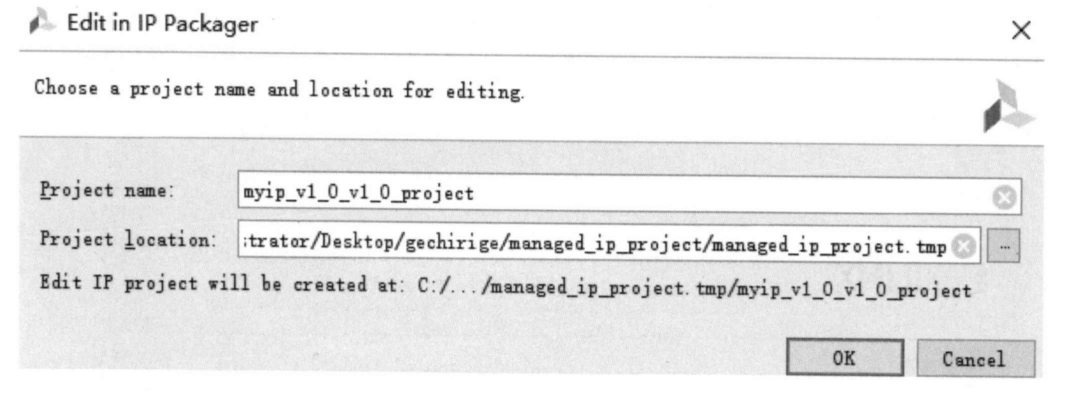

图 7.33　编辑 name 和选择位置

点击 OK,软件自动打开 IP 核编辑工程,编辑 IP 核顶层文件,双击蓝色框中的文件"myip_v1_0.vhd",打开 IP 核顶层文件,如图 7.34 所示。

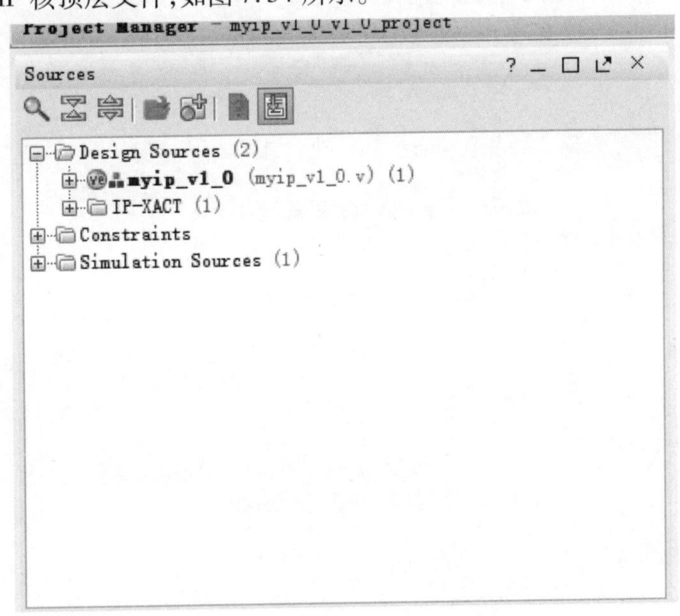

图 7.34　打开 IP 核顶层文件

在顶层文件的第 8 行可以输入用户自定义的常量,在第 19 行可以输入用户自定义的输入输出接口。

例 7.4　常量 N、接口 user_pin0 和 user_pin2。

在顶层文件第 8 行添加代码,如图 7.35 所示。

```
1  library ieee;
2  use ieee.std_logic_1164.all;
3  use ieee.numeric_std.all;
4
5  entity myip_v1_0 is
6      generic (
7          -- Users to add parameters here
8          N : integer :=32;
9          -- User parameters ends
0          -- Do not modify the parameters beyond this line
1
```

图 7.35　添加常量 N

在顶层文件的 59 行,根据需要添加端口,如图 7.36 所示。

在顶层文件的 96 行,用户添加自己的逻辑接口的映射,如图 7.37 所示。

在顶层文件的 116 行,也可以添加自己的逻辑(这里不添加逻辑)。

自定义 IP 核 inst 文件。

在 Sources 窗口中点击顶层文件,此时展开出现了 myip_v1_0_S0_AXI_Lite_inst,双击打开,与顶层文件一样,在 inst 文件第 8 行和第 19 行,用户可以根据自定义的逻辑输入相关内容,如图 7.38 所示。

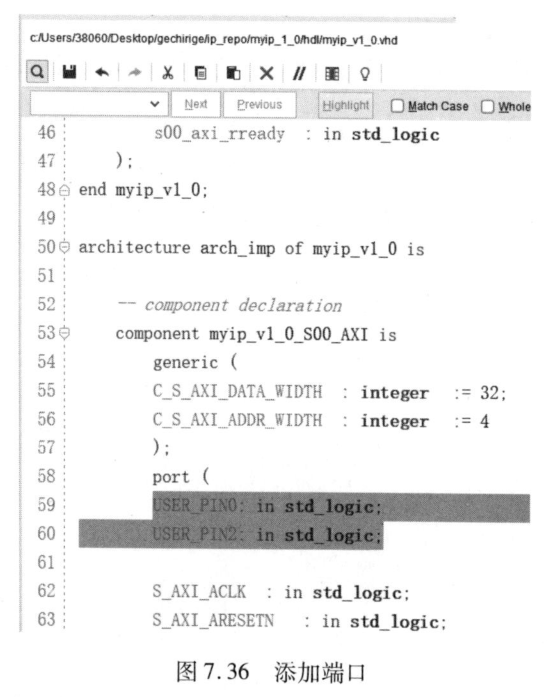

```
c:/Users/38060/Desktop/gechirige/ip_repo/myip_1_0/hdl/myip_v1_0.vhd
46              s00_axi_rready   : in std_logic
47          );
48  end myip_v1_0;
49
50  architecture arch_imp of myip_v1_0 is
51
52      -- component declaration
53      component myip_v1_0_S00_AXI is
54          generic (
55          C_S_AXI_DATA_WIDTH   : integer    := 32;
56          C_S_AXI_ADDR_WIDTH   : integer    := 4
57          );
58          port (
59          USER_PIN0: in std_logic;
60          USER_PIN2: in std_logic;
61
62          S_AXI_ACLK   : in std_logic;
63          S_AXI_ARESETN    : in std_logic;
```

图 7.36　添加端口

```
94
95      port map (
96          USER_PIN0    =>user_pin0,
97          USER_PIN2    =>user_pin2,
98          S_AXI_ACLK  => s00_axi_aclk,
99          S_AXI_ARESETN    => s00_axi_aresetn,
```

图 7.37　添加映射

```
c:/Users/Administrator/Desktop/gechirige/ip_repo/myip_1.0/hdl/myip_v1_0_S00_AXI.vhd
1   library ieee;
2   use ieee.std_logic_1164.all;
3   use ieee.numeric_std.all;
4
5   entity myip_v1_0_S00_AXI is
6       generic (
7           -- Users to add parameters here
8           N : integer :=32;
9           -- User parameters ends
10          -- Do not modify the parameters beyond this line
11
12          -- Width of S_AXI data bus
13          C_S_AXI_DATA_WIDTH  : integer  := 32;
14          -- Width of S_AXI address bus
15          C_S_AXI_ADDR_WIDTH  : integer  := 4
16      );
17      port (
18          -- Users to add ports here
19          USER_PIN0 : in std_logic;
20          USER_PIN2 : out std_logic;
21          -- User ports ends
22          -- Do not modify the ports beyond this line
23
```

图 7.38　添加常量和端口

在inst文件的122行、signal和begin之间,输入用户自定义的逻辑器件,如图7.39所示。

```
116    signal slv_reg_rden : std_logic;
117    signal slv_reg_wren : std_logic;
118    signal reg_data_out :std_logic_vector(C_S_AXI_DATA_WIDTH-1 downto 0);
119    signal byte_index   : integer;
120    signal aw_en        :std_logic;
121
122    component user_logic is
123    port(
124    sys_clk        : in std_logic;
125    rst_n          ; in std_logic;
126    reg0           : in std_logic;
127    out_pin0       : in std_logic;
128    out_pin2       : out std_logic
129    );
130    end component;
131
132 begin
133    -- I/O Connections assignments
134
135    S_AXI_AWREADY   <= axi_awready;
136    S_AXI_WREADY    <= axi_wready;
```

图7.39 添加代码

在inst文件的倒数第5行,添加用户自定义逻辑,并把信号对应的映射配置好,如图7.40所示。

```
87          end if;
88        end if;
89      end if;
90    end process;
91
92
93    -- Add user logic here
94    L : user_logic
95    port map(sys_clk=>S_AXI_ACLK, rst_n=>S_AXI_ARESETN,
96    reg0=>slv_reg0,
97    out_pin0=>USER_PIN0, out_pin2=>USER_PIN2)
98    -- User logic ends
99
```

图7.40 添加映射

参考代码(示例添加代码)如下:

```
signal aw_en        :std_logic;

component user_logic is
port(
sys_clk        : in std_logic;
rst_n          ; in std_logic;
reg0           : in std_logic;
out_pin0       : in std_logic;
out_pin1       : out std_logic
```

```
);
end component;
    N : integer :=32;
user_pin0 : in std_logic;
      user_pin2 : out std_logic;
```

最后将用户测试号的自定义逻辑文件添加到工程中,如图 7.41 所示。

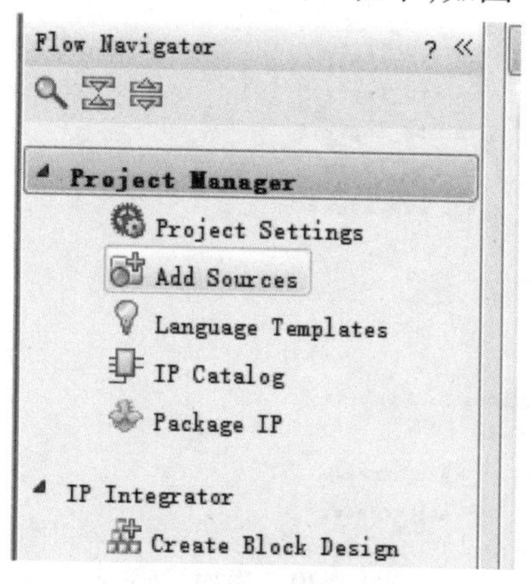

图 7.41　添加逻辑文件

然后完成 IP 核封装配置即可。

7.7　Vivado 锁相环 IP 核的 VHDL 设计应用

在 Vivado 中调用已有的 IP 核进行仿真。

新建工程后,打开 IP Catalog,搜索找到 Clocking Wizard,双击开始进行配置,如图 7.42 所示。

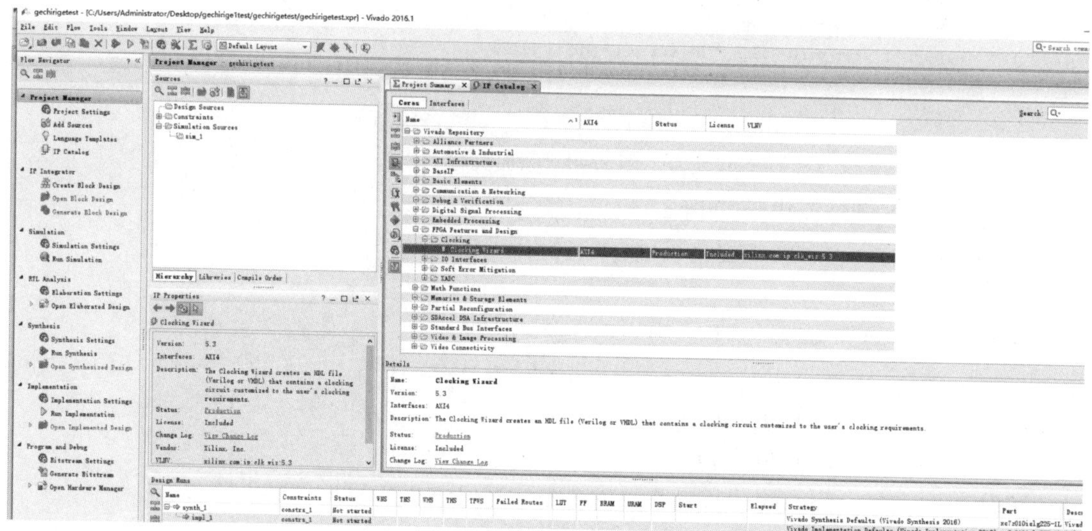

图 7.42　Clocking Wizard 开始界面

配置 IP 核，如图 7.43 所示。

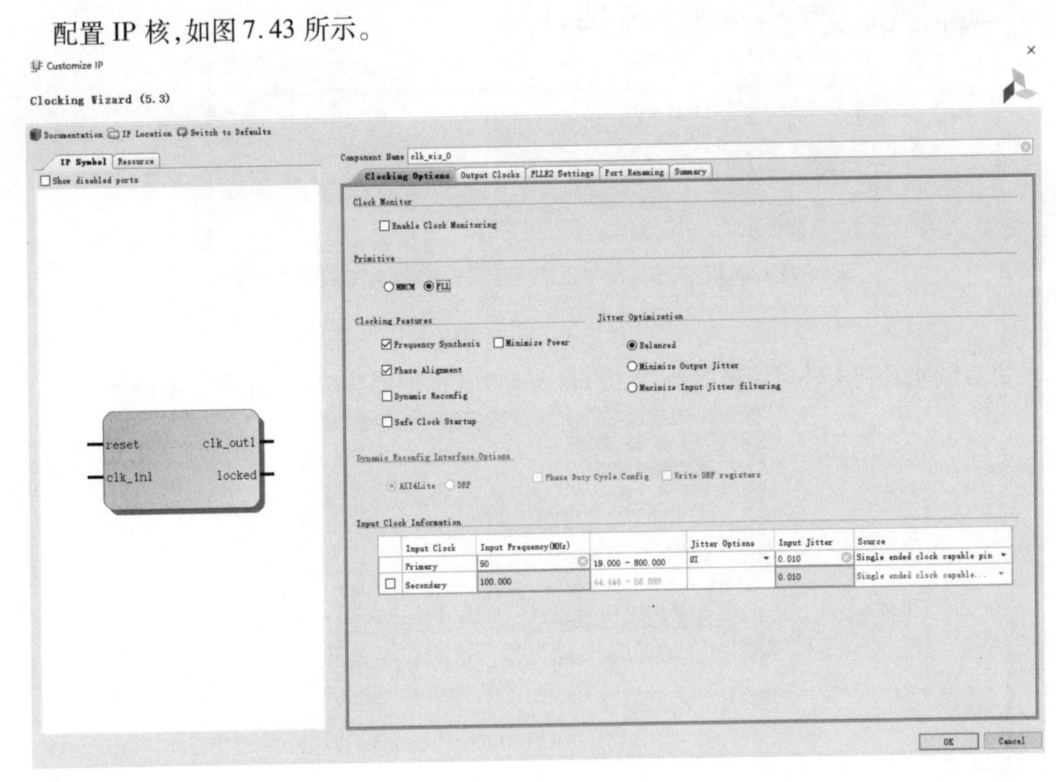

图 7.43　配置 IP 核

输出时钟配置，如图 7.44 所示。

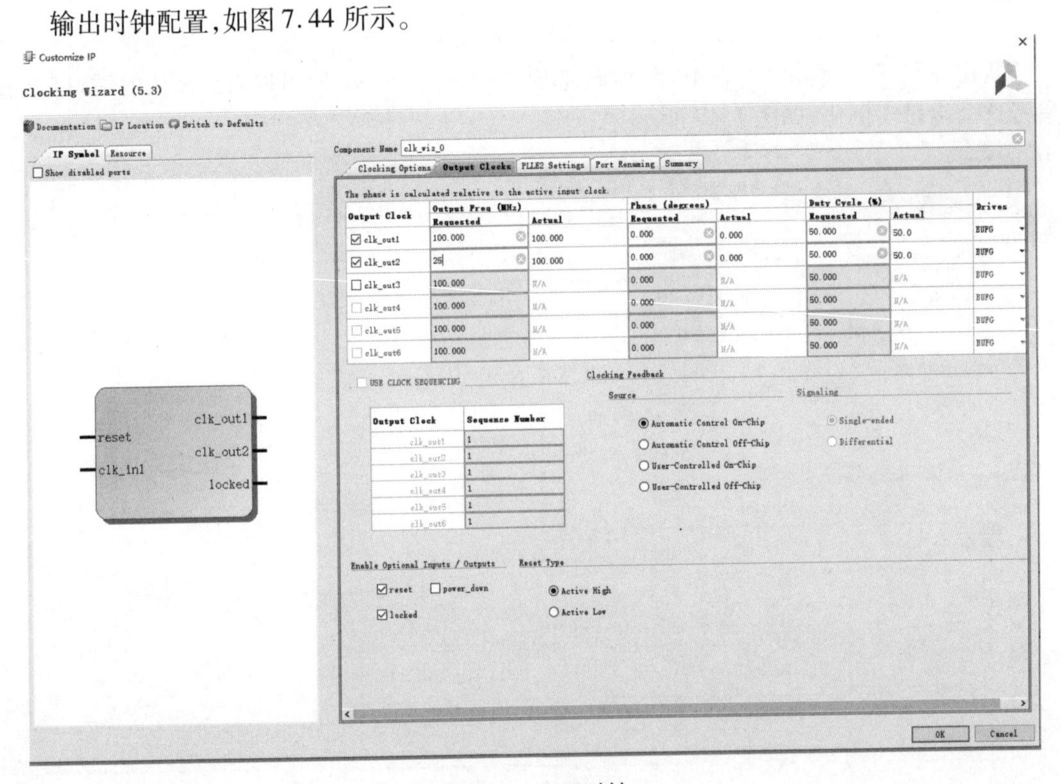

图 7.44　配置时钟

一直单击 OK,完了继续创建,如图 7.45 所示。

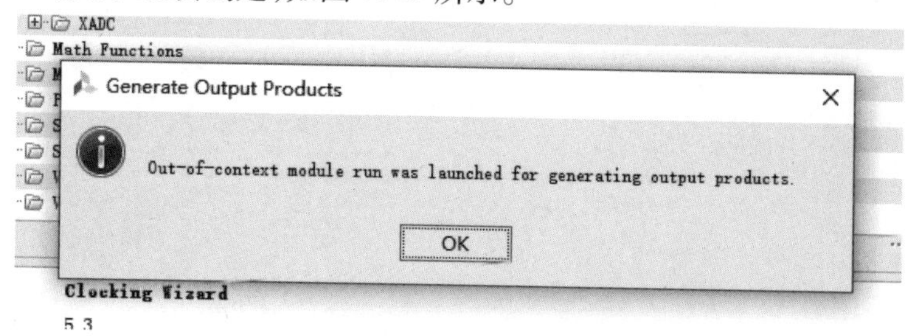

图 7.45　配置完成

之后就能看到文件目录被刷新,点击 clk_wiz_0 前面的展开按钮,如图 7.46 所示。

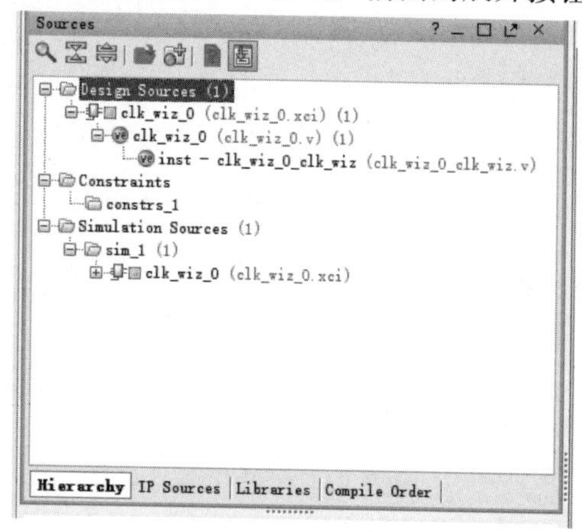

图 7.46　打开文件

新建源文件,实例化 IP,在 IP Sources 选项卡中,打开.v 文件,可以看到模块的端口信息,参考这个端口实例化,如图 7.47 所示。

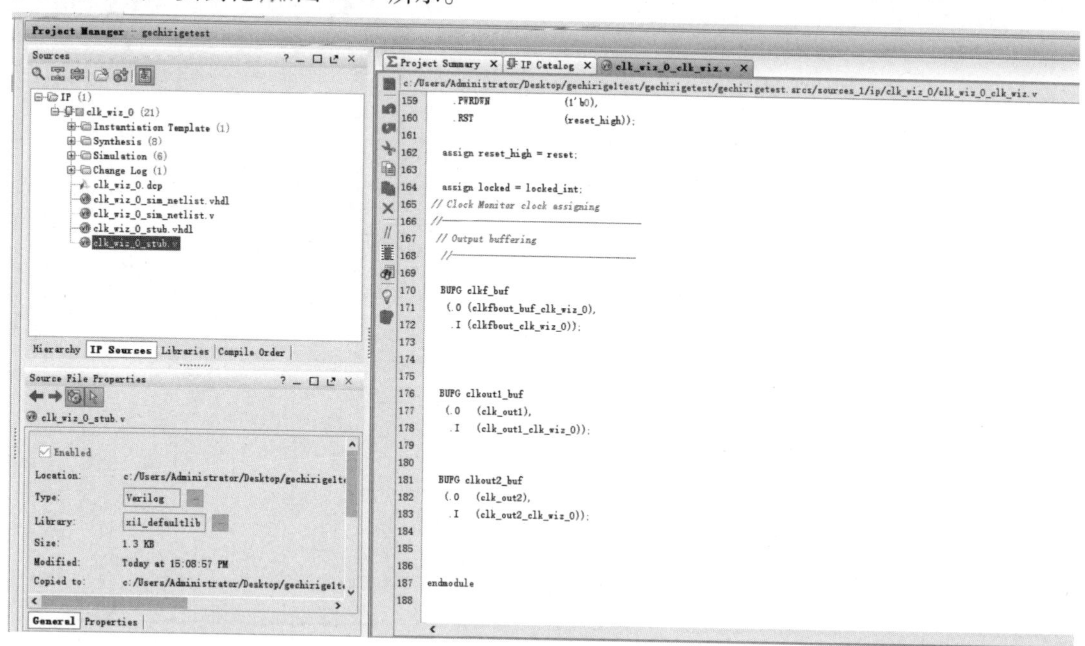

图 7.47　新建源文件

生成RTL,如图7.48所示。

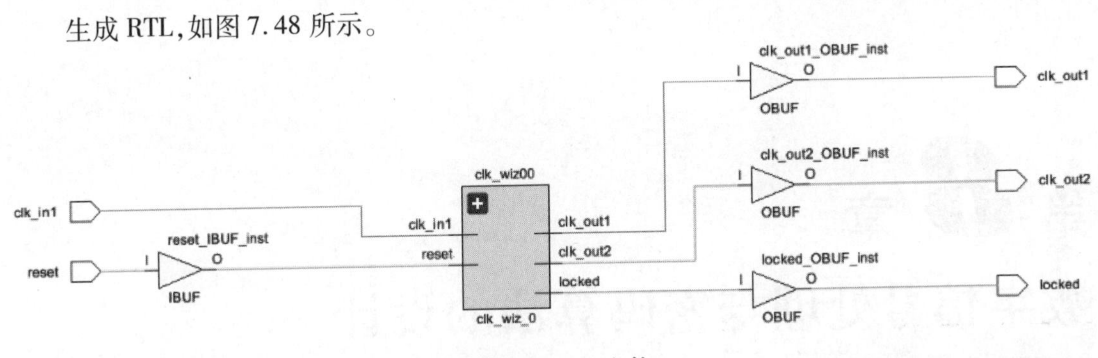

图7.48　RTL文件

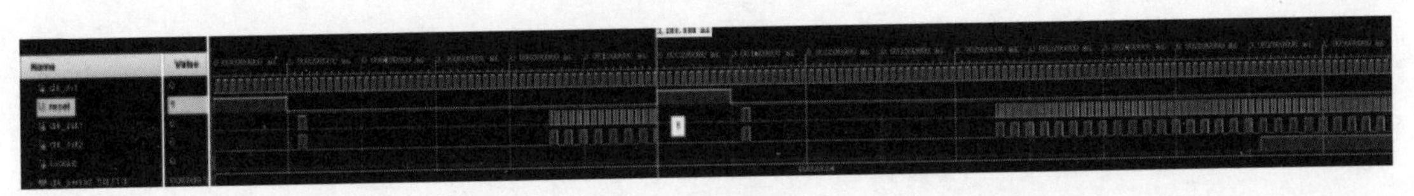

图7.49　仿真图

从图7.49仿真图中可以看到,前面信号不太稳定,后面有规律地生成倍频和分频时钟。

```
// 生成 50 MHz 的系统时钟
    parameter    clk_period_50    =    20;
    always #(clk_period_50 / 2) clk_in1  =  ~clk_in1;
```

第 8 章
数字信号处理与密码算法的设计

8.1 FIR 滤波电路设计

8.1.1 FIR 滤波电路介绍

FIR 滤波器被广泛应用于数字信号处理中，其主要功能是去除不需要的频段信号，同时保留所需的频段信号。FIR 滤波器采用全零点结构，系统非常稳定，并具有线性相位特性。在有效频率范围内，它能够确保信号的相位不失真。此外，FIR 滤波器还适用于无线通信中的数字下变频（Digital Down Coverter，DDC）和数字上变频（Digital Up Coverter，DUC）信号处理。在这些应用中，FIR 滤波器通常被用作过滤模块，插入系统中以防止信号频谱重叠。为了实现高效的滤波性能，通常会使用半带滤波器。

8.1.2 FIR 滤波电路设计原理

输入时间序列 $x(n)$ 与长度为 N 的 FIR 输出对应一种有限卷积和的形式，在式(8.1)中表示：

$$y(k) = \sum_{n=0}^{N-1} a(n)x(k-n) \quad k = 0,1,\cdots \tag{8.1}$$

直接形式的 FIR 滤波电路图解如图 8.1 所示。

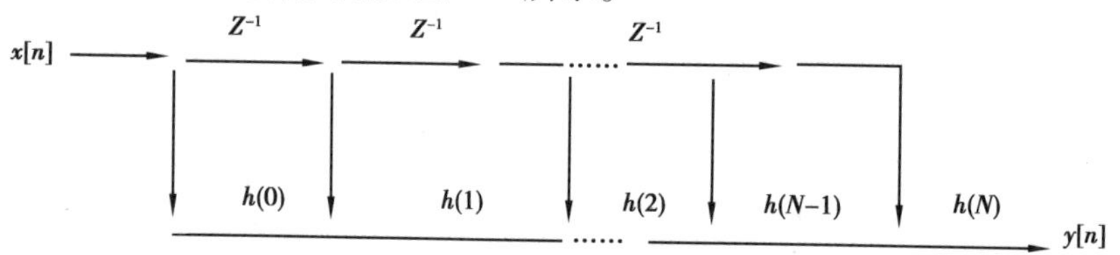

图 8.1　FIR 滤波电路图解

8.1.3　滤波电路的设计实现

转置结构的滤波电路在功能上与直接型滤波器等效，但其优点在于不需要额外的移位寄存器，从而为 FPGA 提供了一种新的结构选择。这种结构在代码效率和资源使用方面都优于直接型滤波器。

滤波系数为 f[0-2] = {-2,4,-2} 的 FIR 滤波电路 VHDL 参考代码如下：

```
library ieee;
use ieee.std_logic_1164.all;
use ieee.std_logic_arith.all;
use ieee.std_logic_unsigned.all;
entity fir_Transposed is
      generic
          (
          w0 : integer := 11; //滤波器输出位宽
        w1 : integer := 12 //中间变量的位宽
          );
      port(
          clk : in std_logic;
          rstn : in std_logic;
          data_In : in std_logic_vector(7 downto 0);
          data_Out : out std_logic_vector(w0-1 downto 0)
          );
end fir_Transposed;
architecture beha of fir_Transposed is
type array_3x8 is array(0 to 2) of std_logic_vector(7 downto 0);
type array_3xx is array(0 to 2) of std_logic_vector(w1-1 downto 0);
signal sum,c_t_mul : array_3xx;
signal tap : array_3x8;
begin
c_t_mul(0) <= signed(tap(0)) * signed(conv_std_logic_vector(-2,4));
c_t_mul(1) <= signed(tap(0)) * signed(conv_std_logic_vector(4,4));
c_t_mul(2) <= c_t_mul(0);
      process(clk,rstn)
      begin
          if rstn='0' then
              tap(0) <= (others => '0');
              for i in 0 to 2 loop
                  sum(i) <= (others => '0');
              end loop;
```

```
        elsif rising_edge(clk) then
            tap(0) <= data_In;
            sum(0) <= c_t_mul(2);
            for i in 1 to 2 loop
                sum(i) <= sum(i-1) + c_t_mul(2-i);
            end loop;
            data_Out <= sum(2)(w0-1 downto 0);
        end if;
        end process;
    end beha;
```

输入 0000111100001111……的仿真激励方波后,仿真波形如图 8.2 所示。

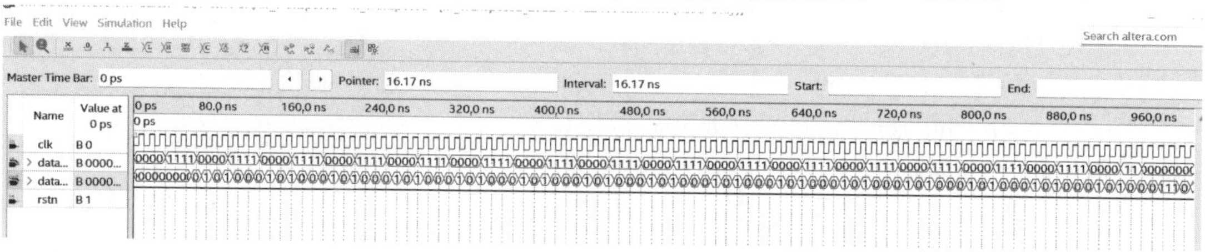

图 8.2 FIR 滤波电路仿真波形

8.2 HDB3 基带信号编码电路

8.2.1 HDB3 基带信号编码电路的介绍

基带信号是要传输的未经载波调制的信号,基带信号所占的频带就是基带。基带信号的频率范围是从 0 Hz 到其最高频率,频率上限与频率下限的比值通常是无穷大(因为频率下限为 0 Hz)。

HDB3 是三阶高密度双极性编码,是非常适合携带基带信号的码型。HDB3 码没有直流成分并且低频成分少,它的输出中连着的 0 不会超过 3 个,所以对于定时信号的恢复非常有效。

HDB3 的编码实例见表 8.1。

表 8.1 HDB3 编码实例

原码	1	0	0	0	0	1	0	0	0	0	1	1
HDB3 码	-1	0	0	0	-1	+1	0	0	0	+1	-1	+1

8.2.2 HDB3 编码规则

①输入代码是交替翻转的 1 码元,即 1 发送到 H+和 H 端口。

②如果输入为 0 符号,则在 H+和 H 端口输出 0。

③如果连续插入4个0符号,且和上一个连续0码元之间的1码元为奇数个,则第4个0符号将转换为1符号,其极性将与前一个1符号的最后一个1字符相同,即将从同一端口打印。

④如果连续插入4个0符号,且和上一个连续0码元之间的1码元为偶数个,则第4个0符号将转换为1符号,其极性将与前一个1符号的最后一个1字符相反,即将从不同端口打印。

参考代码如下:

```
library ieee;
use ieee.std_logic_1164.all;
use ieee.std_logic_unsigned.all;
LIBRARY Altera;
USE Altera.Altera_primitives_components.all;
entity hdb3 is
port(hdb_in,clk,reset : in std_logic;
d_voutt,d_boutt: out std_logic_vector(1 downto 0);
hdb_out: out std_logic_vector(1 downto 0));
end;
architecture a of hdb3 is
component insert_v
    port(d,clk,clr: in std_logic;
        d_vout : out std_logic_vector(1 downto 0)
        );
end component;
component insert_b
    port(d_b : in std_logic_vector(1 downto 0);
        clk,reset: in std_logic;
        d_bout : out std_logic            _vector(1 downto 0)
        );
end component;
component polar_convert
    port(rst: in std_logic;
        a : in std_logic_vector(1 downto 0);
        y : out  std_logic_vector(1 downto 0);
        clk : in std_logic
        );
end component;
signal d_vout,d_bout :std_logic_vector(1 downto 0);
begin
u1:insert_v port map(hdb_in,clk,reset,d_vout);
```

```
u2:insert_b port map(d_vout,clk,reset,d_bout);
u3:polar_convert port map(reset,d_bout,hdb_out,clk);
d_voutt<=d_vout;
d_boutt<=d_bout;
end;
```

仿真结果如图 8.3 所示。

输入 110011001100……

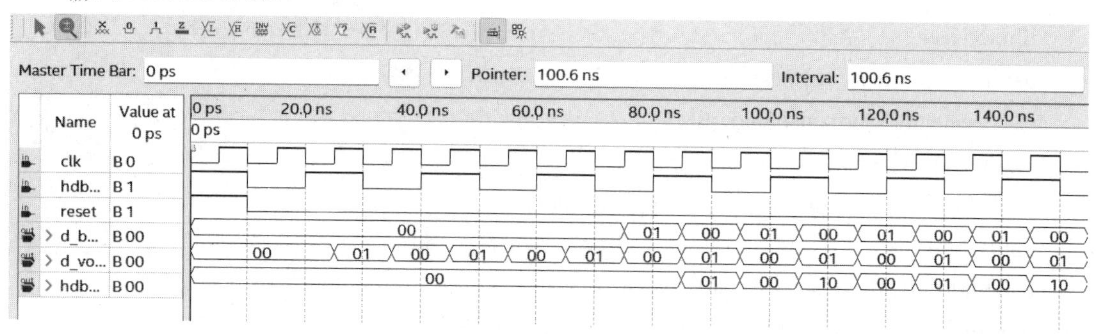

图 8.3　仿真结果

全部为 0,仿真结果如图 8.4 所示。

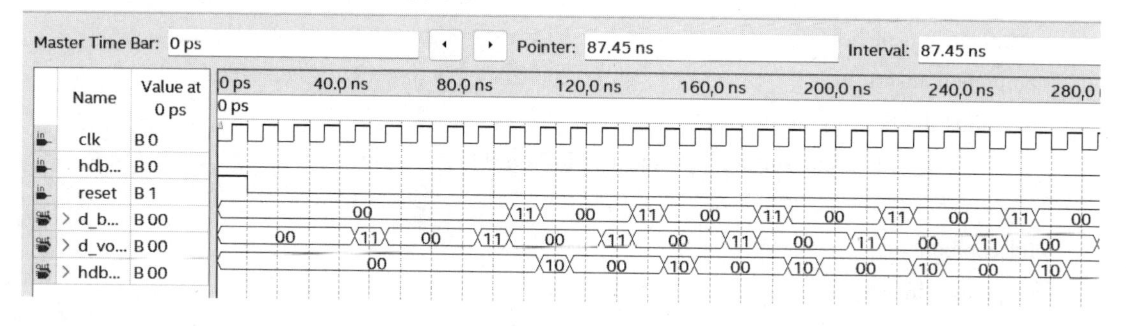

图 8.4　仿真结果

全为 1,仿真结果如图 8.5 所示。

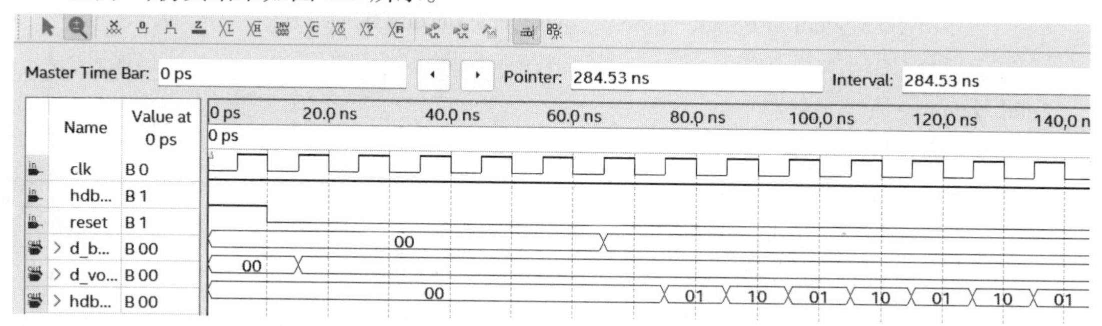

图 8.5　仿真结果

8.3　分组密码算法的设计(SM4)

8.3.1　分组密码算法(SM4)

SM4.0(原名 SMS4.0)是中华人民共和国政府采用的一种分组密码标准,由国家密码管理局于 2012 年 3 月 21 日发布。相关标准为"GM/T 0002—2012《SM4 分组密码算法》(原 SMS4 分组密码算法)"。SM4 是一种分组密码算法,其分组长度为 128 位(即 16 字节,4 字),密钥长度也为 128 位(即 16 字节,4 字)。其加解密过程采用了 32 轮迭代机制(与 DES、AES 类似),每一轮需要一个轮密钥(与 DES、AES 类似)。

8.3.2　分组密码算法原理

SM4 的 S 盒是一种以字节为单位的非线性代替变换,它的密码学作用是可以起到混淆的作用。S 盒的本质是 8 位的非线性置换,输入和输出都是 8 位的字节。具体流程如图 8.6 所示。

首先需要输入 X 的明文值,接着输入 K 的密钥值,就能获得 FK 的值。将 K 初始化之后再获取 CK 的值,通过 S 盒得到 rk 轮密钥,之后加解密过程,经反向变换得加密后的值。

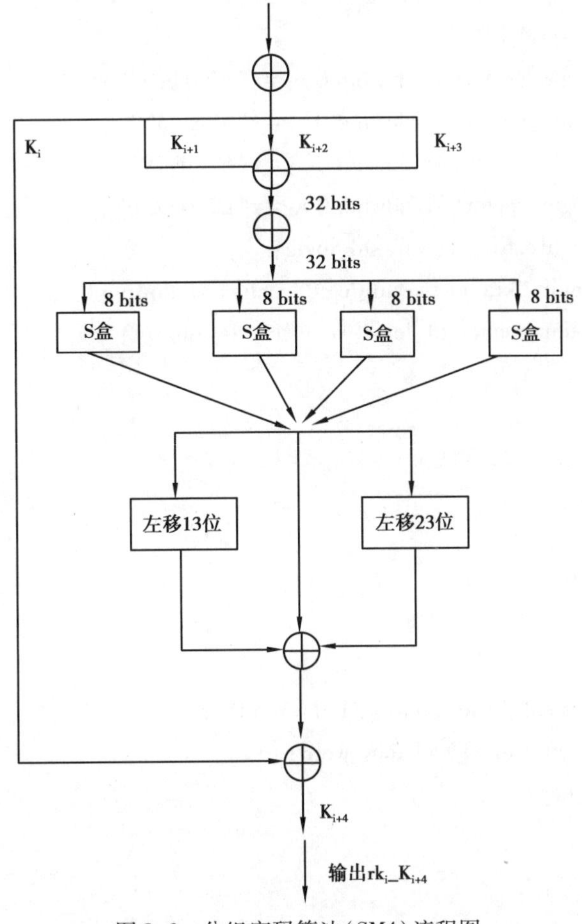

图 8.6　分组密码算法(SM4)流程图

参考代码如下:

```
LIBRARY ieee;
USE ieee. std_logic_1164. all;
USE ieee. std_logic_arith. all;
USE ieee. std_logic_unsigned. all;
library work;
use work. sms4_lib. all;
entity sms4 is
port( zen:in std_logic;
        zset:in std_logic; //1 ecncryption 0 decryption
        zclk:in std_logic;
        kint: in std_logic;
        kint_done: out std_logic;
        zrdy:out std_logic;
        zmw,kin:in std_logic_vector(127 downto 0);
        miwenout: out std_logic_vector(127 downto 0));
 end ;
architecture mix of sms4 is
constant fk0:std_logic_vector(31 downto 0):=x"a3b1bac6";
constant fk1:std_logic_vector(31 downto 0):=x"56aa3350";
constant fk2:std_logic_vector(31 downto 0):=x"677d9197";
constant fk3:std_logic_vector(31 downto 0):=x"b27022dc";
signal zwken,zwken_d,zrdy_sig_clr:std_logic;
signal ckrdout,kramdin,kramdout:std_logic_vector(31 downto 0);
signal krdaddr,kcount,count:std_logic_vector(4 downto 0);


type d_state is (s0,s1,s2,s3);
signal state:d_state;

type k_state is (sk0,sk1,sk2);
signal st:k_state;

subtype rom_word is std_logic_vector(31 downto 0);
type sub_key is array(0 to 31) of rom_word;
signal subkey:sub_key;

begin
```

```
process(zclk,kint)

variable kv:std_logic_vector(127 downto 0);
variable bs:std_logic_vector(31 downto 0);
variable kt:std_logic_vector(31 downto 0);
begin
  if kint='0' then
  st<=sk0;
  kcount<="00000";
  kint_done<='0';
  elsif rising_edge(zclk) then
  case st is
  when sk0 =>st<=sk1;
  kv:=(kin(127 downto 96) xor fk0)&(kin(95 downto 64) xor fk1)&(kin(63 downto 32)
xor fk2)&(kin(31 downto 0) xor fk3);
  kcount<="00000";
  when sk1 =>
  bs:=kv(95 downto 64) xor kv(63 downto 32) xor kv(31 downto 0) xor f32(KCOUNT);
  BS:=F256(bs(31 downto 24))&F256(bs(23 downto 16))&F256(bs(15 downto 8))
&F256(bs(7 downto 0));
  BS:=bs xor (bs(18 downto 0)&bs(31 downto 19)) xor (bs(8 downto 0)&bs(31 downto
9));
  bs:=BS xor kv(127 downto 96);
  kv:=kv(95 downto 0)&bs;
  subkey(CONV_INTEGER(KCOUNT))<=bs;
  if kcount< 31 then
  st<=sk1;
  kcount<=kcount+1;
  else
  st<=sk2;
  end if;
 when sk2 => st<=sk2;
  kint_done<='1';
 when others=>st<=sk0;

  kint_done<='0';
 end case;
 end if;
 end process;
```

```
process(zclk,zen)
variable kd:std_logic_vector(127 downto 0);
variable bS,bt:std_logic_vector(31 downto 0);
begin
    if zen='0' then
        state<=s0;
        count<="00000";
        zrdy<='0';

    elsif(rising_edge(zclk)) then

        case state is
    when s0 =>state<=s1;
                if zset='1' then
                krdaddr<="00000";
                else
                krdaddr<="11111";
                end if;
                kd:=zmw;

    when s1 =>
                bS:=kd(95 downto 64) xor kd(63 downto 32) xor kd(31 downto 0) xor subkey
(CONV_INTEGER(krdaddr));
                bS:=F256(bs(31 downto 24))&F256(bs(23 downto 16))&F256(bs(15
downto 8))&F256(bs(7 downto 0));
                bS:=bS xor (bS(29 downto 0)&bS(31 downto 30)) xor (bS(21 downto 0)&bS
(31 downto 22)) xor (bS(13 downto 0)&bS(31 downto 14)) xor (bS(7 downto 0)&bS(31
downto 8));
                bS:=bS xor kd(127 downto 96);
                kd:=kd(95 downto 0)&bS;
                if zset='1' then
                krdaddr<=krdaddr+1;
                else
                krdaddr<=krdaddr-1;
                end if;
                if count< 31 then
                count<=count+1;
                state<=s1;
```

```
            else
            state<=s2;
            miwenout<=kd(31 downto 0)&kd(63 downto 32)&kd(95 downto 64)&kd(127
downto 96);
            zrdy<='1';
            end if;

        when s2  =>state<=s2;
       when others=>null;
     end case;
    end if;
    end process;

 end mix;
```

运行结果：

进行仿真实验时，输入 16 进制的密钥：0123456789ABCDEFFEDCBA9876543210

输入 16 进制的明文值：0123456789ABCDEFFEDCBA9876543210

仿真结果为 16 进制的 681EDF34D206965E86B3E94F536E4246

与官方公布算法数据相同，仿真结果如图 8.7 所示。

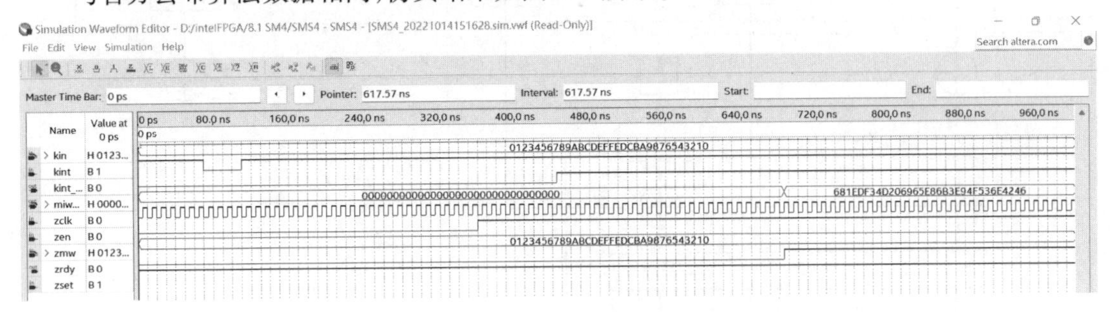

图 8.7　分组密码算法 SM4 仿真结果

8.4　流密码算法的设计(ZUC)

8.4.1　祖冲之算法(ZUC)介绍

ZUC 算法，即祖冲之算法，是中国自主设计的一种流密码算法，主要用于无线通信的加密和完整性保护。它是 3GPP 机密性算法 128-EEA3 和完整性算法 128-EIA3 的核心，并于 2011 年被 3GPP 批准成为 4G 国际标准。ZUC 算法集包括祖冲之算法、加密算法 128-EEA3 和完整性算法 128-EIA3，已被国际组织 3GPP 推荐为 4G 无线通信的第三套国际加密和完整性标准的候选算法。ZUC 算法在逻辑上采用三层结构设计，包括线性反馈移位寄存器

(LFSR)、比特重组(BR)和非线性函数 F。它通过复杂的非线性变换,产生高度随机和不可预测的密钥流,从而确保通信的安全性。

8.4.2 流密码算法设计的原理

祖冲之算法是一个面向字的流密码。它需要一个 128 位的初始密钥和一个 128 位的初始矢量作为输入,输出一串 32 位字的密钥流(因此,这里每一个 32 位的字称为密钥字)。它是两个新的 LTE 算法的核心,这两个 LTE 算法分别是加密算法 128-EEA3 和完整性算法 128-EIA3。ZUC 算法由 3 个基本部分组成,依次为:比特重组、非线性函数 F、线性反馈移位寄存器(Linear Feedback Shift Register,LFSR)。密钥流可以用来加密/解密。

ZUC 算法的执行分为两个阶段:初始化阶段和工作阶段。在初始阶段,将密钥和初始向量初始化,也就是说,时钟控制着密码运行但不产生输出。在工作阶段,随着每一个时钟脉冲,它都会产生一个 32 位字的输出,如图 8.8 所示。

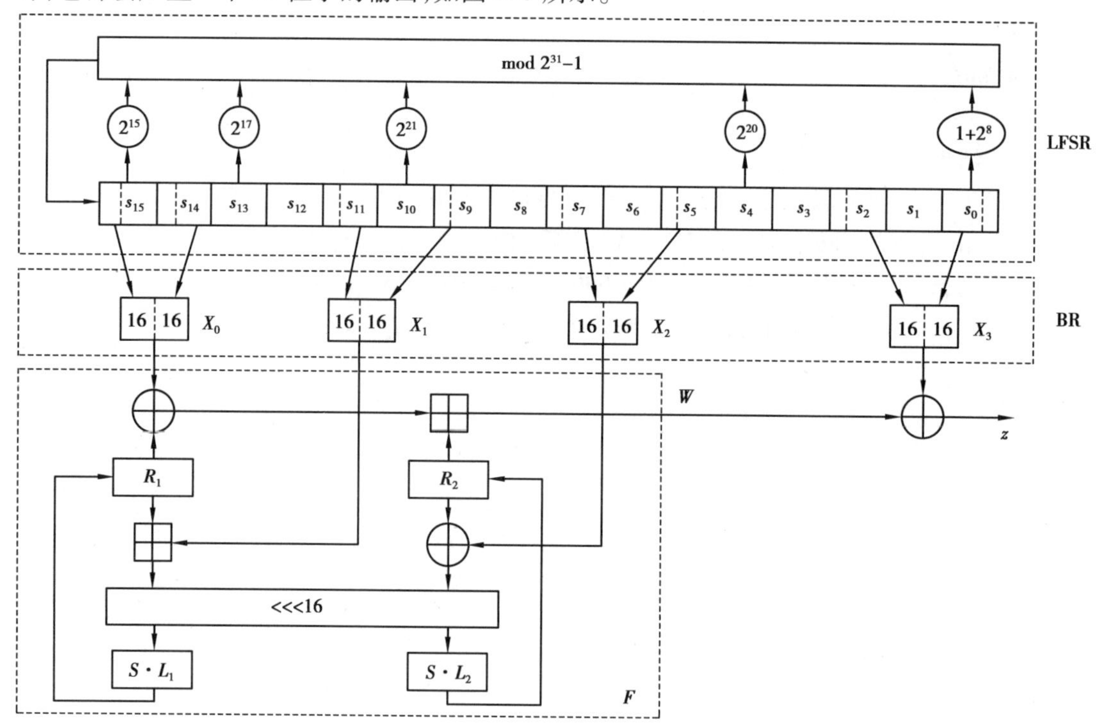

图 8.8 ZUC 的执行

8.4.3 ZUC 算法的编程

1)参考代码。

```
-- ************************
LIBRARY ieee;
USE ieee.std_logic_1164.all;
USE ieee.std_logic_arith.all;
```

```
USE ieee. std_logic_unsigned. all;
library work;
use work. zuc_lib. all;
-- ****************************
entity zuc is
port(
     k,iv:in std_logic_vector(127 downto 0);
     z_out:out std_logic_vector(31 downto 0);
     clk:in std_logic;
     reset:in std_logic;
     klen:in std_logic_vector(4 downto 0) //number of iterations in the key stream phase
     );
end zuc;
-- *********************************
architecture mix of zuc is
constant d0:std_logic_vector(14 downto 0):="100010011010111";
constant d1:std_logic_vector(14 downto 0):="010011010111100";
constant d2:std_logic_vector(14 downto 0):="110001001101011";
constant d3:std_logic_vector(14 downto 0):="001001101011110";
constant d4:std_logic_vector(14 downto 0):="101011110001001";
constant d5:std_logic_vector(14 downto 0):="011010111100010";
constant d6:std_logic_vector(14 downto 0):="111000100110101";
constant d7:std_logic_vector(14 downto 0):="000100110101111";
constant d8:std_logic_vector(14 downto 0):="100110101111000";
constant d9:std_logic_vector(14 downto 0):="010111100010011";
constant d10:std_logic_vector(14 downto 0):="110101111000100";
constant d11:std_logic_vector(14 downto 0):="001101011110001";
constant d12:std_logic_vector(14 downto 0):="101111000100110";
constant d13:std_logic_vector(14 downto 0):="011110001001101";
constant d14:std_logic_vector(14 downto 0):="111100010011010";
constant d15:std_logic_vector(14 downto 0):="100011110101100";
signal ini_rdy:std_logic;
signal work_rdy:std_logic;
signal k_rdy:std_logic;
type d_state is (s0,s1,s2,s3,s4);
signal st:d_state;
subtype room_word is std_logic_vector(31 downto 0);
type sub_key is array(0 to 31) of room_word;
signal subkey:sub_key;
```

```
begin
process(clk,reset)
variable count:std_logic_vector(4 downto 0);
variable kcount:std_logic_vector(4 downto 0);
variable x0,x1,x2,x3:std_logic_vector(31 downto 0);
variable lfsr_s0,lfsr_s1,lfsr_s2, lfsr_s3,lfsr_s4,lfsr_s5,lfsr_s6, lfsr_s7,lfsr_s8, lfsr_s9,lfsr_s10,
lfsr_s11,lfsr_s12,lfsr_s13, lfsr_s14, lfsr_s15, lfsr_s16:std_logic_vector(30 downto 0);
variable w,w1,w2:std_logic_vector(31 downto 0);
variable r1,r2:std_logic_vector (31 downto 0);
variable u:std_logic_vector(30 downto 0);
variable v:std_logic_vector(31 downto 0);
begin
if reset='0' then
      st<=s0;
      count:="00000";
      kcount:="00000";
      ini_rdy<='0';
elsif rising_edge(clk)then
      case st is
-- *********************
--initinal
-- *********************
      when s0=>
      count:="00000";ini_rdy<='0';
      lfsr_s0:=k(127 downto 120) & d0 & iv(127 downto 120);
      lfsr_S1:=K(119 DOWNTO 112) & d1 & iv(119 downto 112);
      lfsr_s2:=k(111 downto 104) & d2 & iv(111 downto 104);
      lfsr_s3:=k(103 downto 96) & d3 & iv(103 downto 96);
      lfsr_s4:=k(95 downto 88) & d4 & iv(95 downto 88);
      lfsr_s5:=k(87 downto 80) & d5 & iv(87 downto 80);
      lfsr_s6:=k(79 downto 72) & d6 & iv(79 downto 72);
      lfsr_s7:=k(71 downto 64) & d7 & iv(71 downto 64);
      lfsr_s8:=k(63 downto 56) & d8 & iv(63 downto 56);
      lfsr_s9:=k(55 downto 48) & d9 & iv(55 downto 48);
      lfsr_s10:=k(47 downto 40) & d10 & iv(47 downto 40);
      lfsr_s11:=k(39 downto 32) & d11 & iv(39 downto 32);
      lfsr_s12:=k(31 downto 24) & d12 & iv(31 downto 24);
      lfsr_s13:=k(23 downto 16) & d13 & iv(23 downto 16);
      lfsr_s14:=k(15 downto 8) & d14 & iv(15 downto 8);
```

lfsr_s15:=k(7 downto 0) & d15 & iv(7 downto 0);
r1:=x"00000000";
r2:=x"00000000";
st<=s1;
-- **
--Initialization phase
-- **************************************

when s1=>
bitreorganization(lfsr_s0,lfsr_s1,lfsr_s2,lfsr_s3,lfsr_s4,lfsr_s5,lfsr_s6,lfsr_s7,lfsr_s8,lfsr_s9,lfsr_s10,lfsr_s11,lfsr_s12,lfsr_s13,lfsr_s14,lfsr_s15,x0,x1,x2,x3);
f(x0,x1,x2,w,w1,w2,r1,r2);
u:=w(31 downto 1);
--v:=w xor x3;
--u:=v(31 downto 1); lfsrinital(u,lfsr_s0,lfsr_s1,lfsr_s2,lfsr_s3,lfsr_s4,lfsr_s5,lfsr_s6,lfsr_s7,lfsr_s8,lfsr_s9,lfsr_s10,lfsr_s11,lfsr_s12,lfsr_s13,lfsr_s14,lfsr_s15);
if count<31 then
ini_rdy<='0';st<=s1;count:=count+1;
else
st<=s2;ini_rdy<='1';
end if;
-- **
--work phase
-- **
when s2=>
ini_rdy<='1';bitreorganization(lfsr_s0,lfsr_s1,lfsr_s2,lfsr_s3,lfsr_s4,lfsr_s5,lfsr_s6,lfsr_s7,lfsr_s8,lfsr_s9,lfsr_s10,lfsr_s11,lfsr_s12,lfsr_s13,lfsr_s14,lfsr_s15,x0,x1,x2,x3);
f(x0,x1,x2,w,w1,w2,r1,r2); lfsrwork(lfsr_s0,lfsr_s1,lfsr_s2,lfsr_s3,lfsr_s4,lfsr_s5,lfsr_s6,lfsr_s7,lfsr_s8,lfsr_s9,lfsr_s10,lfsr_s11,lfsr_s12,lfsr_s13,lfsr_s14,lfsr_s15);
st<=s3;
work_rdy<='1';
-- **
--produce the key stream phase
-- **
when s3=>
bitreorganization(lfsr_s0,lfsr_s1,lfsr_s2,lfsr_s3,lfsr_s4,lfsr_s5,lfsr_s6,lfsr_s7,lfsr_s8,lfsr_s9,lfsr_s10,lfsr_s11,lfsr_s12,lfsr_s13,lfsr_s14,lfsr_s15,x0,x1,x2,x3);
f(x0,x1,x2,w,w1,w2,r1,r2);
z_out<=w xor x3;lfsrwork(lfsr_s0,lfsr_s1,lfsr_s2,lfsr_s3,lfsr_s4,lfsr_s5,lfsr_s6,lfsr_s7,lfsr_

```
s8,lfsr_s9,lfsr_s10,lfsr_s11,lfsr_s12,lfsr_s13,lfsr_s14,lfsr_s15);
       subkey(conv_integer(kcount))<=w xor x3;
       if kcount<klen-1 then
          kcount:=kcount+1;st<=s3;
       else
          st<=s4;k_rdy<='1';
       end if;
-- *****************************
--finish
-- *****************************
when s4=>
      st<=s4;k_rdy<='1';
      when others=>
      st<=s0;
      end case;
end if;
end process;
end mix;
```

2)仿真过程。

①初始化阶段。

把128比特的KEY和128比特的IV按照上面的密钥装入方法装入LFSR的寄存器单元变量中;

置非线性函数F中的R1、R2全为0;

重复下面过程32次:

a. BitReconstruction();

b. $W=F(X_0,X_1,X_2)$;

c. LFSEWithInitialisationMode(u);

因为寄存器中已经有值了,所以可以进行比特运算,然后再进行F运算,得到W。之后再进行LFSR的初始化模式计算。

②工作模式。

首先执行下列过程各一次,并将F的输出W舍弃。

a. BitReconstruction( );

b. $W=F(X_0,X_1,X_2)$;

c. LFSEWithInitialisationMode( );

在密钥输出阶段,每运行一个节拍,执行下列过程一次,并输出一个32比特的密钥字Z:

a. BitReconstruction( );

b. $Z=F(X_0,X_1,X_2)\oplus X_3$;

c. LFSEWithInitialisationMode( );

3)仿真结果。

进行仿真实验时,输入的密钥是 16 进制的 00000069000000200000006C0000006F,输入的初始矢量也是 16 进制的 00000069000000200000006C0000006F,仿真结果为 16 进制的 75AC0FAE 8D9F6B0D 8D1C94A5…如图 8.9 所示。

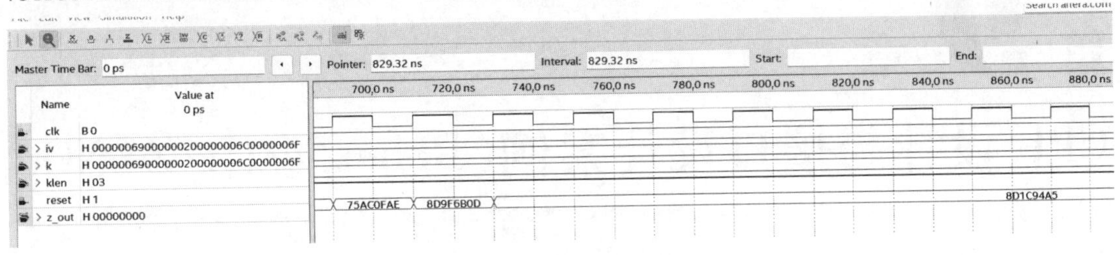

图 8.9　ZUC 算法仿真结果

第9章 CPU设计与接口设计案例(Robei/香山/ZYNQ)

前面章节介绍的EDA工具软件设计与仿真,主要是国外软件。本章部分章节介绍国产软件Robei,并用此软件设计一些实验案例。

Robei是一款可视化的跨平台EDA设计工具,具有超级简化的设计流程,最新可视化的分层设计理念,透明开放的模型库以及非常友好的用户界面。Robei软件将芯片设计高度抽象化,并精简到3个基本元素,掌握这3个基本元素,就能很快地掌握Robei的使用技巧。该软件将先进的图形化与代码设计相融合,让框图与代码设计优势互补,弱势相互抵消。

Robei软件是目前世界上最小的芯片设计仿真工具,也是唯一一个能在移动平台上设计仿真的EDA工具。它不依赖于任何芯片,在仿真后自动生成Verilog代码,可以与其他EDA工具无缝衔接。Robei以易用(Easy to use)和易重用(Easy to reuse)为基础,是一款为芯片设计工程师量身定做的专用工具。

本章主要参考和引用了吴国盛主编的《7天搞定FPGA—Robei与Xilinx实战》一书,参考和引用了首期电子信息产业重点领域人才培养专项行动计划实施单位教师能力提升培训课程的部分讲义资料,特别是中国科学院计算所与中国科学院大学包云岗、张科等专家的授课资料。

本章部分章节以案例式(实验)讲解的方式,通过实验,利用Robei软件工具,进行UART和CPU的设计。

9.1 UART发送与接收模块的设计

(1)实验目的

①熟悉UART的工作原理。

②用Verilog设计编写UART的发送/接收模块。

③熟练运用Robei软件进行调试模拟仿真。

(2)实验任务

①用Verilog设计编写UART的发送模块。

②用Robei软件进行调试模拟仿真。

③用Verilog设计编写UART的发送模块。

(3)**实验原理**

异步串行数据的一般格式是:起始位+数据位+停止位,如图 9.1 所示。其中起始位 1 位,8 位数据位,奇校验、偶校验或无校验位;停止位可以是 1、2 位,LSB first。

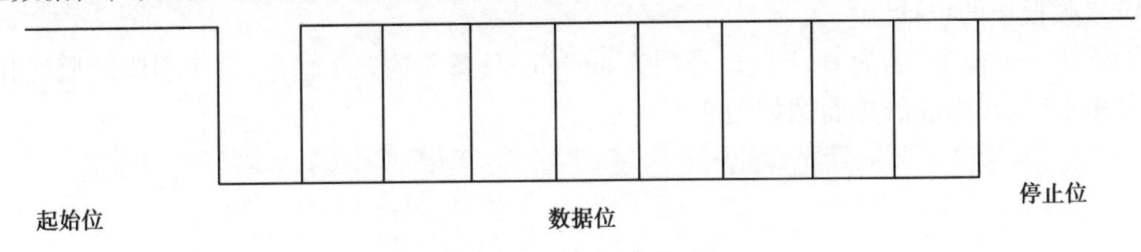

图 9.1　UART 的帧格式

1)接收原理

由于 UART 是异步传输,没有传输同步时钟。为了能保证数据传输的正确性,采样模块利用 16 倍数据波特率的时钟进行采样,假设波特率为 115 200,则采样时钟为 clk16x = 115 200×16。每个数据占据 16 个采样时钟周期,1 bit 起始位+8 bit 数据位+1 bit 停止位 = 10 bit,因此一帧共占据 16×10 = 160 个采样时钟,考虑每个数据位可能有 1 ~ 2 个采样时钟周期的偏移,将各个数据位的中间时刻作为采样点,以保证采样不会滑码或误码。一般 UART 一帧的数据位数为 8,这样即使每个数据有一个时钟误差,接收端也能正确地采样到数据。因此,采样时刻为 24(跳过起始位的 16 个时钟)、40、56、72、88、104、120、136、152(停止位),如图 9.2 所示。

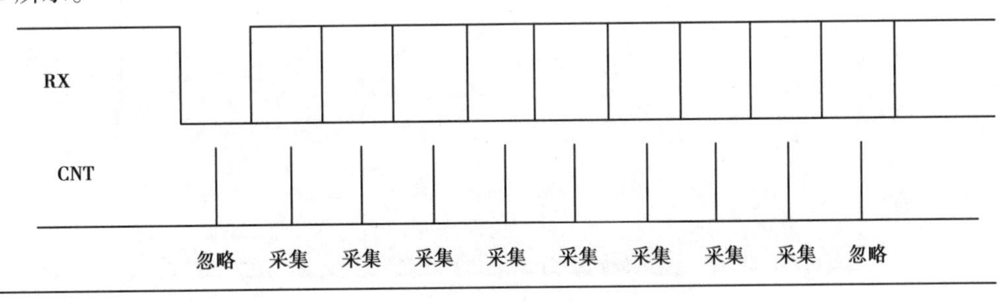

图 9.2　接收原理

其中,RX 为接收引脚,CNT 为对采样时钟进行计数的计数器。

2)发送原理

如图 9.3 所示。当并行数据准备好后,如果得到发送指令,则将数据按 UART 协议输出,先输出一个低电平的起始位,然后从低到高输出 8 个数据位,接着是可选的奇偶校验位,最后是高电平的停止位。

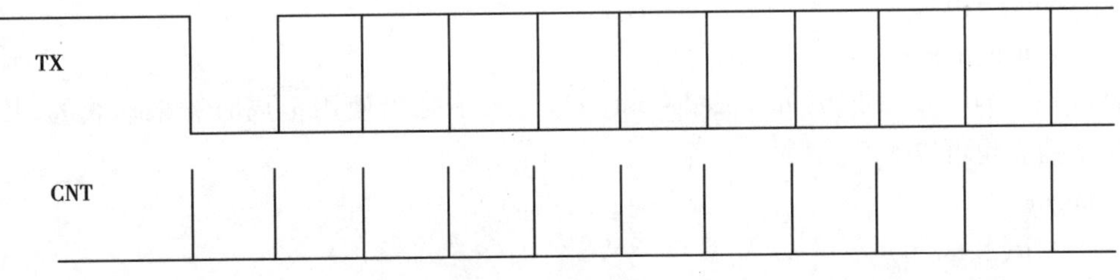

图 9.3　发送原理

由于发送时钟 clk16x 为波特率的 16 倍,因此对 clk16x 计数到 16 时,发送 D0;计数到 32 时,发送 D1……以此类推。

(4)**实验内容和步骤**

1)接收模块的设计。

①新建一个模型,名为 UART_1,类型为 module,具备 3 输入 2 输出,每个引脚的属性和名称如图 9.4 所示,生成的界面图如图 9.5 所示。

Name	Inout	DataType	Datasize	Function
clk16x	input	wire	1	simple clock, 16*115200
rst_n	input	wire	1	glabol reset signal
rx	input	wire	1	serial data in
DataReady	output	reg	1	a complete byte has been received
DataReceived	output	reg	8	bytes received

图 9.4 UART 的引脚属性

图 9.5 UART_1 的界面图

②添加代码。点击模型下方的 Code 添加代码。

代码如下:

```
reg [7:0] cnt;
/* 捕获 rx 的下降沿,即起始信号 */
  reg trigger_r0;
reg count[3:0];
  wire neg_tri;
always@ (posedge clk16x or negedge rst_n)   /* 下降沿使用全局时钟来捕获的,其实用
clk16x 来捕获也可以 */
  begin
      if(! rst_n)
          begin
              trigger_r0<=1'b0;
```

```
            end
        else
          begin
                trigger_r0<=rx;
            end
    end
    assign neg_tri = trigger_r0 & ~rx;
    //--------------------------------------------
/* counter control */
    reg cnt_en;
    always@(posedge clk16x or negedge rst_n)
    begin
        if(! rst_n)
            cnt_en<=1'b0;
        else if(neg_tri==1'b1)        /*如果捕获到下降沿,则开始计数*/
            cnt_en<=1'b1;
        else if(cnt==8'd152)
            cnt_en<=1'b0;
    end
    //--------------------------------------------
    /* counter module,对采样时钟进行计数*/
  always@(posedge clk16x or negedge rst_n)
    begin
        if(! rst_n)
            cnt<=8'd0;
        else if(cnt_en)
          //cnt<=cnt+1'b1;
         cnt<=cnt+1;
        else
            cnt<=8'd0;
    end
    //--------------------------------------------
    /* receive module */
    reg StopBit_r;
    always@(posedge clk16x or negedge rst_n)
    begin
        if(! rst_n)
            begin
                DataReceived<=8'b0;
```

```
                count=0;
            end
        else if(cnt_en)
            case(cnt)
                8' d24: begin   DataReceived[0] <= rx; count=count+1;   end   /* 在各个采样时刻,读取接收到的数据 */
                8' d40: begin   DataReceived[1] <= rx; count=count+1;   end
                8' d56: begin   DataReceived[2] <= rx; count=count+1;   end
                8' d72: begin   DataReceived[3] <= rx; count=count+1;   end
                8' d88: begin   DataReceived[4] <= rx; count=count+1;   end
                8' d104: begin DataReceived[5] <= rx; count=count+1;   end
                8' d120: begin DataReceived[6] <= rx; count=count+1;   end
                8' d136: begin DataReceived[7] <= rx; count=count+1;   end

            endcase

    end

    always@ (posedge clk16x or negedge rst_n)
    begin
        if(! rst_n)
            DataReady<=1' b0;
        else if (cnt==8' d152)
            DataReady<=1' b1;            //接收到停止位后,给出数据准备好标志位
        else
            DataReady<=1' b0;
    end
```

③保存模型(存储文件夹路径不能有空格和中文),运行并检查有无错误输出。

2)UARTTEST 测试文件的设计。

新建一个 3 输入 2 输出的 UART1_TEST 测试文件,记得将 Module Type 设置为"testbench",各个引脚配置见表 9.1。

表 9.1　UART1_TEST 测试文件引脚参数

Name	Inout	DataType	Datasize	功能
clk16x	input	reg	1	Simple clock,16 * 115 200
rst_n	input	reg	1	Glabol reset signal
rx	input	reg	1	Serial data in

续表

Name	Inout	DataType	Datasize	功能
DataReady	output	wire	1	A complete byte has been received
DataReceived	output	wire	8	Bytes received

另存为测试文件。将测试文件保存到上面创建的模型所在的文件夹下。

添加模型。在 Toolbox 工具箱的 Current 栏中会出现模型,单击该模型并在 UART1_TEST 上添加,连接引脚,界面如图 9.6 所示。

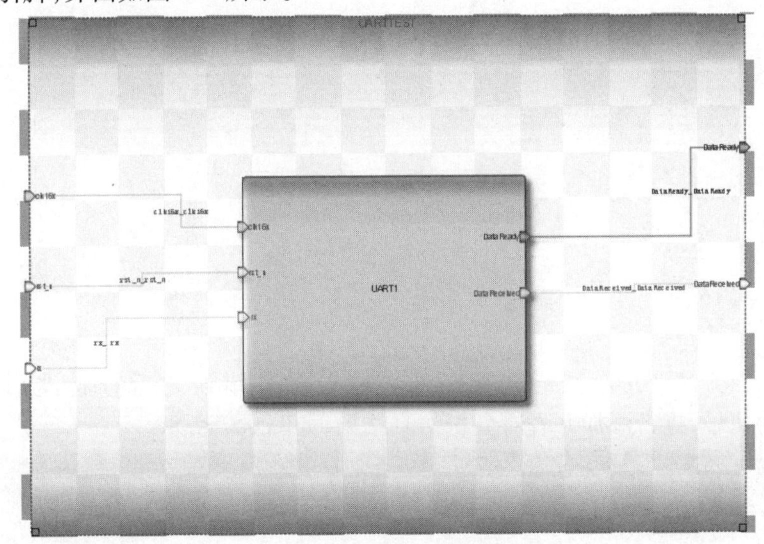

图 9.6　UART1_TEST 的界面图

输入激励。点击测试模块下方的“Code”,输入激励算法。激励代码用 $finish 结束。

测试代码如下:

```
initial begin
clk16x=0;
rst_n=0;
rx=0;
#2
rst_n=1;
#2
rst_n=0;
#2
rst_n=1;
#2
rx=1;
#32
```

```
rx=0;
#64
rx=1;
#128
rx=0;
#64
rx=1;
#32
rx=0;
#32
rx=1;
#100
$finish;
end
always begin
#1
clk16x= ~clk16x;
end
```

执行仿真并查看波形。查看输出信息。检查没有错误之后查看波形。点击右侧 Workspace 中的信号,进行添加并查看分析仿真结果,如图 9.7 所示。

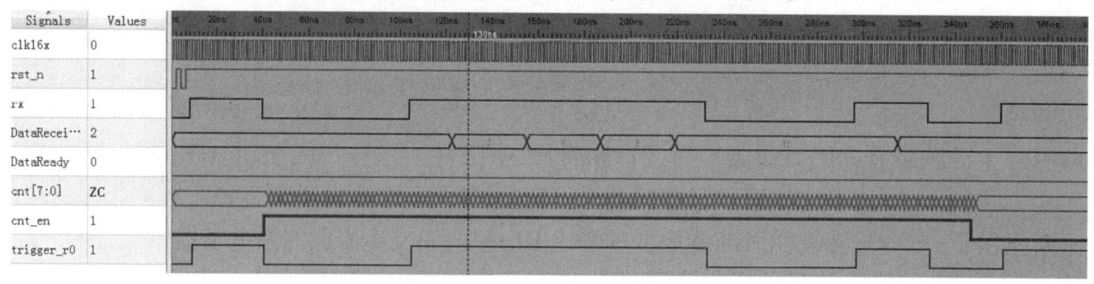

图 9.7　UART1_TEST 的仿真波形

至此,基础部分实验结束。

3)发送模块设计。

新建一个模型,名为 UARTsend,类型为 module,具备 4 输入 2 输出,每个引脚的属性和名称如图 9.8 所示,生成的界面图如图 9.9 所示。

Name	Inout	DataType	Datasize	Function
clk16x	input	wire	1	transmit clock, 16×115200
rst_n	input	wire	1	global reset signal
TransEn	input	wire	1	transmit enable
DataToTrans	input	wire	8	Data prepared for transmitting
BufFull	output	reg	1	Data buffer is full
tx	output	reg	1	serial data out

图 9.8　UARTsend 的引脚属性和名称

图9.9 UARTsend的界面图

添加代码。点击模型下方的Code添加代码。

代码如下:

```
/*      capture the rising edge of TransEn       */
reg [7:0] cnt;
reg TransEn_r;
wire pos_tri;
always@ (posedge clk16x or negedge rst_n)
begin
    if(! rst_n)
        TransEn_r <= 1'b0;
    else
        TransEn_r <= TransEn;
end
assign pos_tri = ~TransEn_r & TransEn;
/*
 *      when the rising edge of DataEn comes up, load the Data to buffer
 */
reg [7:0] ShiftReg;
always@ (posedge pos_tri or negedge rst_n)
begin
    if(! rst_n)
        ShiftReg <= 8'b0;
    else
        ShiftReg <= DataToTrans;
end
```

```
//----------------------------------------------------
/*        counter control          */
reg cnt_en;
always@ (posedge clk16x or negedge rst_n)
begin
     if(! rst_n)
          begin
               cnt_en <= 1'b0;
               BufFull <= 1'b0;
          end
     else if(pos_tri==1'b1)
          begin
               cnt_en <=1'b1;
               BufFull <=1'b1;
          end
     else if(cnt==8'd160)
          begin
               cnt_en <=1'b0;
               BufFull <=1'b0;
          end
end

//----------------------------------------------------
/*         counter module            */

always@ (posedge clk16x or negedge rst_n)
begin
     if(! rst_n)
          cnt<=8'd0;
     else if(cnt_en)
          cnt<=cnt+1;
     else
          cnt<=8'd0;
end

//----------------------------------------------------
/*         transmit module            */
```

```
always@ (posedge clk16x or negedge rst_n)
begin
    if( ! rst_n)
        begin
            tx <= 1'b1;
        end
    else if(cnt_en)
        case(cnt)
            8'd0:tx <= 1'b0;
            8'd16:tx <= ShiftReg[0];
            8'd32:tx <= ShiftReg[1];
            8'd48:tx <= ShiftReg[2];
            8'd64:tx <= ShiftReg[3];
            8'd80:tx <= ShiftReg[4];
            8'd96:tx <= ShiftReg[5];
            8'd112:tx <= ShiftReg[6];
            8'd128:tx <= ShiftReg[7];
            8'd144:tx <= 1'b1;
        endcase
    else
        tx <= 1'b1;
end
```

运行并检查有无错误输出,将文件保存到上面创建的模型所在的文件夹下。

4)UARTsendtest测试文件的设计。

新建一个4输入2输出的UARTsendtest测试文件,将Module Type设置为"testbench",各个引脚配置如图9.10所示。

Name	Inout	DataType	Datasize	Function
clk16x	input	wire	1	transmit clock,16×115200
rst_n	input	wire	1	global reset signal
TransEn	input	wire	1	transmit enable
DataToTrans	input	wire	8	Data prepared for transmitting
BufFull	output	reg	1	Data buffer is full
tx	output	wire	1	serial data out

图9.10 UARTsendtest的引脚属性

另存为测试文件。将测试文件保存到上面创建的模型所在的文件夹下。

添加模型。在Toolbox工具箱的Current栏中会出现模型,单击该模型并在UARTsendtest上添加,连接引脚,如图9.11所示。

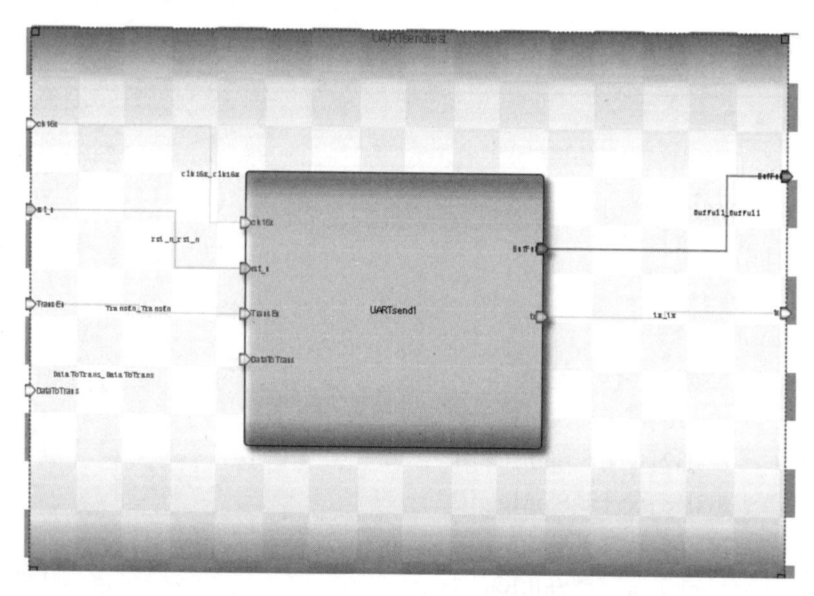

图 9.11 UARTsendtest 的界面图

输入激励算法。点击测试模块下方的"Code",输入激励算法。激励代码用 $finish 结束。

测试代码如下:

```
initial begin
clk16x=0;
rst_n=1;
TransEn=0;
DataToTrans=0;
#2
rst_n=0;
#2
DataToTrans=8' b10110010;
#2
rst_n=1;
#2
TransEn=1;
#1000
$finish;
end
always begin
#1
clk16x= ~clk16x;
end
```

执行仿真并查看波形。查看输出信息。检查没有错误之后查看波形。点击右侧 Workspace 中的信号,进行添加并查看分析仿真结果,如图 9.12 所示。

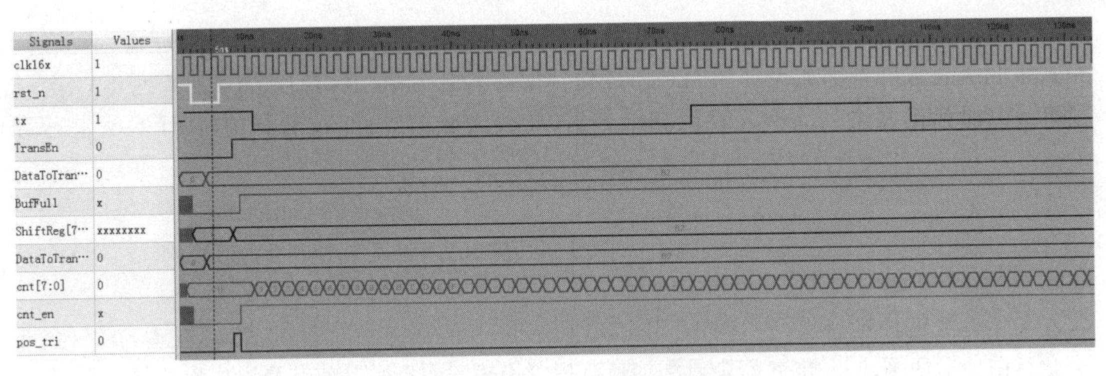

图9.12　UARTsendtest的仿真波形

(5)**提高部分**

①采样时钟clk16x必须是波特率的16倍,波特率任意设置如57600、9600等皆可,只要满足16倍关系。

②在本实验的基础上,尝试在接收模块中添加校验位,尽可能提高传输精度,降低出错率。

9.2　RISC-V

RISC-V是一个基于精简指令集计算(Reduced Instruction Set Computer,RISC)原则的开源指令集架构(Instruction Set Architecture,ISA)。

与大多数指令集相比,RISC-V指令集可以自由地用于任何目的,允许任何人设计、制造和销售RISC-V芯片和软件。虽然这不是第一个开源指令集,但它具有重要意义,因为其设计使其适用于现代计算设备(如仓库规模云计算机、高端移动电话和微小嵌入式系统)。设计者考虑这些用途中的性能与功率效率。该指令集还具有众多支持的软件,这解决了新指令集通常的弱点。

该项目2010年始于加州大学伯克利分校,但许多贡献者是该大学以外的志愿者和行业工作者。

RISC-V指令集的设计考虑小型、快速、低功耗的现实情况来实作,但并没有对特定的微架构作过度的设计。

截至2017年5月,RISC-V已经确立了版本2.22的用户空间的指令集(userspace ISA),而特权指令集(privileged ISA)也处在草案版本1.10中。

2022年6月21日,RISC-V国际组织宣布了2022年的首批四项规格和扩展的批准——RISC-V高效跟踪(E-Trace)、RISC-V主管二进制接口(SBI)、RISC-V统一可扩展固件接口(Unified Extensible Firmware Interface,UEFI)规格,以及RISC-V Zmmul纯乘法扩展。

应用领域:大规模云计算机、高端移动电话和微小嵌入式系统。

9.2.1　RISC-V **简介**

RISC-V是基于精简指令集计算原理建立的开放指令集架构,V表示为第五代RISC(精简指令集计算机),表示此前已经有四代 RISC 处理器原型芯片。每一代 RISC 处理器都是在同一人带领下完成的。那就是加州大学伯克利分校的大卫·帕特森教授。与大多数 ISA 相反,RISC-V ISA 可以免费用于所有希望的设备中,允许任何人设计、制造和销售 RISC-V 芯片和软件。

9.2.2 RISC-V 特色

(1)完全开源

对指令集的使用,RISC-V 基金会不收取高额的授权费。开源采用宽松的 BSD 协议,企业完全自由免费使用,同时也允许企业添加自有指令集拓展而不必开放共享以实现差异化发展。

(2)架构简单

RISC-V 架构秉承简单的设计哲学,体现为:在处理器领域,主流的架构为 x86 与 ARM 架构。x86 与 ARM 架构的发展的过程也伴随了现代处理器架构技术的不断发展成熟,但作为商用的架构,为了能够保持架构的向后兼容性,不得不保留许多过时的定义,导致其指令数目多,指令冗余严重,文档数量庞大,所以要在这些架构上开发新的操作系统或者直接开发应用,门槛很高。而 RISC-V 架构则能完全抛弃包袱,借助计算机体系结构经过多年的发展已经成为比较成熟的技术优势。RISC-V 基础指令集有 40 多条,加上其他的模块化扩展指令总共几十条指令。RISC-V 的规范文档仅有 145 页,而"特权架构文档"的篇幅也仅有 91 页。

(3)易于移植 Linux 和 Unix

现代操作系统都做了特权级指令和用户级指令的分离,特权级指令只能在操作系统调用,而用户级指令才能在用户模式下调用,保障操作系统的稳定。RISC-V 提供了特权级指令和用户级指令,同时提供了详细的 RISC-V 特权级指令规范和 RISC-V 用户级指令规范的详细信息,使开发者能非常方便地移植 Linux 和 Unix 系统到 RISC-V 平台。

(4)模块化设计

RISC-V 架构不仅短小精悍,而且其不同的部分还能以模块化的方式组织在一起,从而试图通过一套统一的架构满足各种不同的应用场景。用户能够灵活选择不同的模块组合,来实现自己定制化设备的需要,比如针对小面积低功耗嵌入式场景,用户可以选择 RV32IC 组合的指令集,仅使用 Machine Mode(机器模式);而高性能应用操作系统场景则可以选择譬如 RV32IMFDC 的指令集,使用 Machine Mode(机器模式)与 User Mode(用户模式)两种模式。

(5)完整的工具链

对于设计 CPU 来说,工具链是软件开发人员和 CPU 交互的窗口,没有工具链,对软件开发人员开发软件的要求很高,甚至软件开发者无法让 CPU 工作起来。在 CPU 设计中,工具链的开发是一个需要巨大工作量的工作。如果用 RISC-V 来设计芯片,芯片设计公司不再担心工具链问题,只需专注于芯片设计,RISC-V 社区已经提供了完整的工具链,并且 RISC-V 基金会持续维护该工具链。当前 RISC-V 的支持已经合并到主要的工具中,比如编译工具链 gcc、仿真工具 qemu 等。

(6)开源实现

BOOM:Christopher Celio 的 RV64 乱序处理器实现。Chisel, BSD Licensed。[GitHub][Doc]

BottleRocket:RV32IMC 微处理器。Chisel,Apache Licensed。[GitHub]

bwitherspoon：RV32微处理器。SystemVerilog，ISC Licensed。[GitHub]

Clarvi：剑桥大学教学用RISC-V处理器。SystemVerilog，BSD Licensed。[GitHub]

……

成功的流片案例：已经有机构和商业公司流片的案例。可关注RISC-V社区了解具体信息。社区提供完整的工具链维护，大量的开源项目。RISC-V的google讨论组(名称：RISC-V ISA Dev)吸引各地志愿者参与讨论并不断改进RISC-V架构。

9.2.3　RISC-V最新资讯

2022年3月16日，嵌入式开发软件和服务的全球领导者IAR Systems日前宣布：其专业开发工具链IAR Embedded Workbench® for RISC-V现已支持64位RISC-V内核。凭借此次在内核支持能力方面的扩展，IAR Systems在为RISC-V提供专业开发解决方案方面继续走在前沿。2023年10月，高通宣布与谷歌合作，采用基于RISC-V技术的芯片制造智能手表等可穿戴设备。高通计划在全球范围内实现基于RISC-V的可穿戴设备解决方案商业化，包括美国。

2023年11月21日，玄铁RISC-V推出C907、C920、R910三款处理器新品。其中玄铁C920支持最新Vector 1.0标准，较上代提升最高3.8倍AI性能，可跑Transformer模型，适合机器学习、自动驾驶等领域；玄铁C907首次实现了独立矩阵运算扩展，提高计算密度和计算并行能力；R910同时支持Cache以及TCM存储架构，提升系统实时性，可应用于存储控制、网络通信、自动驾驶等领域。至此玄铁RISC-V处理器家族更新增至9款。

9.2.4　中国RISC-V工委会成立

中国电子工业标准化技术协会RISC-V工作委员会(简称“RISC-V工委会”)于2023年8月31日在北京成立；开展RISC-V产业领域标准研制、符合性评估、知识产权保护、人才培养、产业研究等方面工作，引导协同创新，带动产业链高质量发展。

9.3　RISC-V与开源芯片

9.3.1　处理器芯片：芯片产业皇冠上的明珠

(1)处理器芯片介绍

①芯片有几十种大门类，上千种小门类。

②处理器芯片设计复杂度高、难度大，占我国芯片进口总额比例高达49%。

2022年我国生产集成电路3 242亿块，但进口数量为5 384亿块，进口总额为4 156亿美元，处理器及控制器进口金额为2 051亿美元，占比49.2%。

2023年，中国集成电路产量增长至3 514亿块，相较于2022年的3 242亿块，增长了6.9%。进口数量为4 795.6亿颗，较2022年下降了10.8%。中国集成电路的进口金额为3 494亿美元，同比下降了15.4%。处理器及控制器进口金额为1 763亿美元，占比50.3%，同比下降14.1%。

2024 年 1—11 月,中国集成电路的产量达到了 3 953 亿块,同比增长 23.1%。累计进口量达到 5 014.7 亿个,同比增长 14.8%,进口金额约为 3 200 亿美元,处理器及控制器的进口金额为 1 603.7 亿美元。

典型的处理器芯片包括中央处理器 CPU,如图 9.13 所示,深度学习处理器 NPU,如图 9.14 所示,图形加速处理器 GPU 等。

图 9.13　CPU 龙芯 3 号

图 9.14　NPU 寒武纪

(2)**指令集**

①指令集架构,简称指令集。

②计算机系统中硬件与软件之间交互的规范标准。

指令集与硬件的关系如图 9.15 所示。

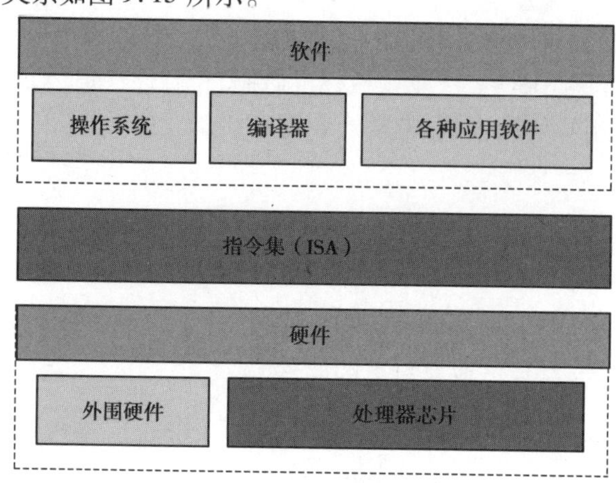

图 9.15　指令集与硬件的关系

指令集是规范、定义指令的格式、功能。指令集规范记录于手册(Manual)中。X86 手册约 5 000 页,ARM 手册约 2 700 页,RISC-V 手册约 200 页。由此可见,复杂指令集与精简指令集之间的知识量有巨大差距。

9.3.2　处理器生态体系剖析

(1)**处理器生态体系**

处理器生态体系是一系列与指令集架构相关的硬件、软件、工具和服务,涵盖从芯片设计到应用软件开发的各个方面,彼此勾连形成一个整体。

(2)**卡点**

卡点割裂了不同环节之间的勾连关系,导致生态体系无法自主演进。如图 9.16 所示为处理器生态体系卡点。

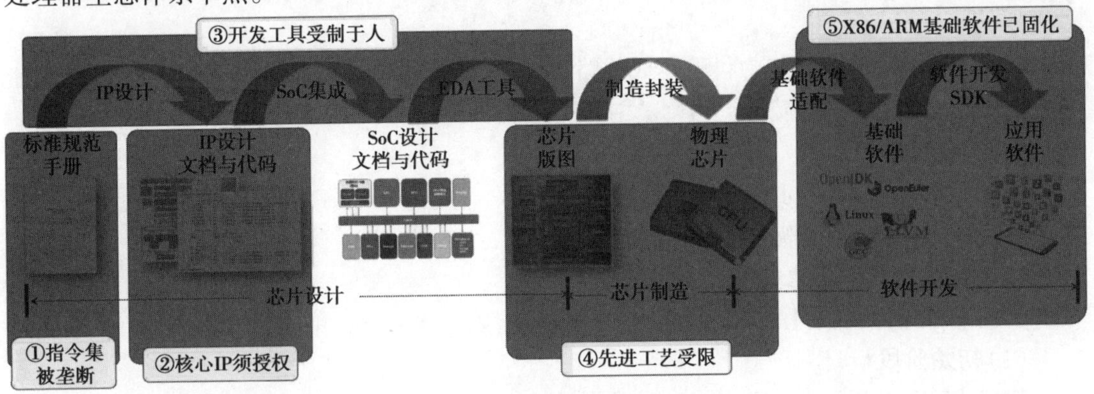

图 9.16　处理器生态体系卡点

卡点包括:

①指令集被垄断。

②核心 IP 须授权购买。

③开发工具受制于人。

④先进工艺受限。

⑤X86/ARM 基础软件已固化。

几十年来,处理器指令集均属于公司私有——或无法获取,或需授权费,中国目前活跃的国产 CPU 有龙芯、申威、飞腾、海光、兆芯、海思、宏芯、展讯等,这些国产 CPU 已经在众多领域取得了批量应用,但指令集却是“七国八制”。

破解卡点,实现国产生态体系的自主演进之路如图 9.17 所示。

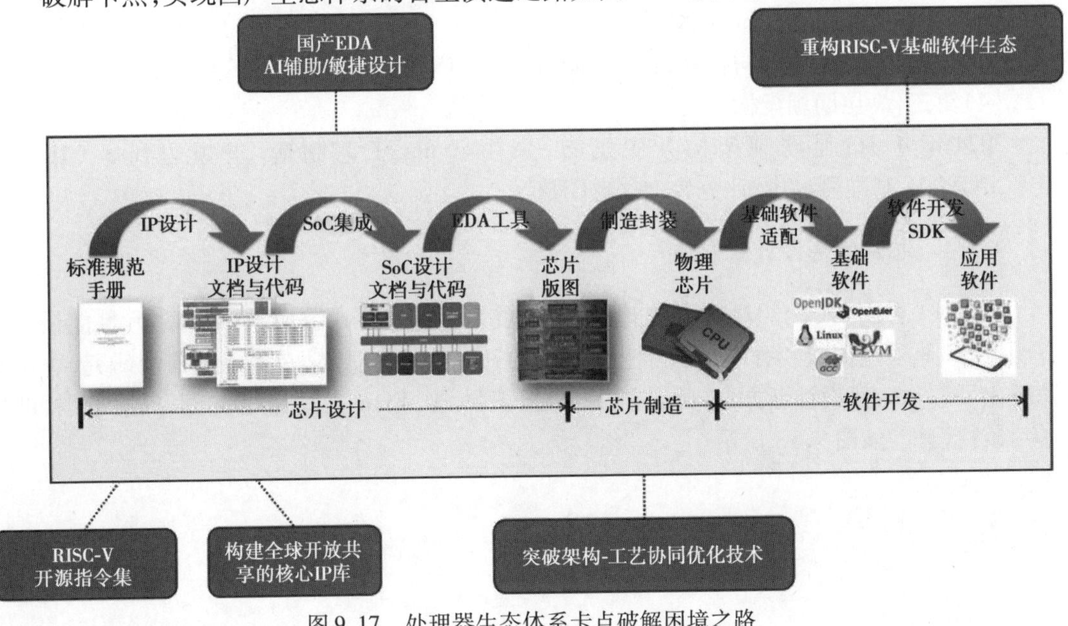

图 9.17　处理器生态体系卡点破解困境之路

9.3.3 香山:开源高性能 RISC-V 处理器核

2019 年,中国科学院(以下简称“中科院”)率先布局、启动先导专项。

2021 年,研制第一代开源高性能 RISC-V 处理器核“香山”,是同期全球性能最高的开源处理器核。

2021 年,北京市政府与中科院达成战略合作,发挥应用牵引和芯片定义优势,组织成立北京开源芯片研究院(开芯院)。

开芯院特点:

①创新“产学研”协同模式。

②产业界出题、开芯院答题、市场阅卷。

③加速科研成果落地应用。

香山 CPU 的发展历程可以概括为以下几个阶段:

(1)初始阶段

2019 年:香山项目由中国科学院计算技术研究所发起,目标是建立一个像 Linux 一样被广泛应用的开源 RISC-V 核主线。“香山”团队用湖来命名每一代架构——第一代架构是雁栖湖,第二代架构是南湖,第三代架构是昆明湖。

(2)第一代:雁栖湖架构

2020 年 6 月:香山处理器的正式开发开始。同年 7 月,完成了乱序流水线的设计,能够正确运行 CoreMark。

2021 年 7 月:雁栖湖架构完成投片,支持 RV64GC 指令集,在 28 nm 工艺节点下达到 1.3 GHz 的频率。

2022 年 1 月:雁栖湖芯片回片并成功点亮,能够正确运行 Linux/Debian 等复杂操作系统。

(3)第二代:南湖架构

2023 年 2 月:南湖架构完成 RTL 代码冻结,支持 RV64GCBK 指令集。

2023 年 6 月:完成 GDSII 冻结。

2023 年 11 月:南湖架构投片,在 14 nm 工艺节点下频率达到 2 GHz。

(4)第三代:昆明湖架构

2024 年 4 月:昆明湖架构开源发布,采用 7 nm 工艺制造,主频达到 3 GHz。在 SPECINT2006 基准测试中,评分为 15 分/GHz。

9.3.4 芯片敏捷设计新方法

第三代“香山”入选 2024 中关村论坛 10 项重大科技成果,“香山”已成为国际性能最高的开源 RISC-V 处理器核。香山是国际上最活跃的开源项目,支撑学术界开展前沿研究,香山团队提出了芯片敏捷设计新方法,并自研 17 个新工具,从 EDA 工具方面,全面打通卡点,助推芯片敏捷设计,如图 9.18 所示。

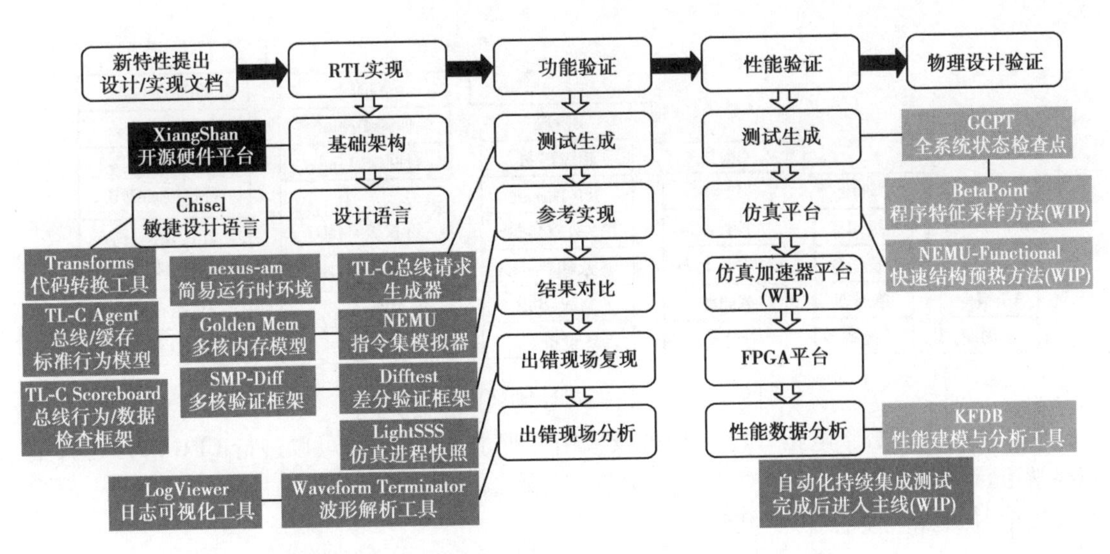

图9.18　芯片敏捷设计基础设施(自研了17个新工具)

9.3.5　“一生一芯”计划

中国科学院大学(简称“国科大”)计算机科学与技术学院立足已有的理论课堂与实验教学,联合中国科学院计算技术研究所(简称“计算所”)的科研工程支撑团队,于2019年8月启动了“一生一芯”开源处理器芯片教学流片实践项目计划,至此形成了计算机系统方向理论课、实验研讨课与实践项目的有机衔接和贯通式实践训练。

“一生一芯”教学团队提出“计算机系统能力3.0”处理器芯片人才培养目标。即以开源处理器芯片为切入点,以处理器芯片敏捷开发方法为实验手段,将计算机科学(Computer Science,CS)与电子信息工程(Electronic Engineering,EE)专业课程进行贯通式设计,突出科教融合与产学研融合的特色,理论与实践并重,通过教学流片计划实现硅上处理器芯片教学,培养计算机系统领域全栈式拔尖人才。

“一生一芯”的核心理念,简单来说,就是“让一个学生可以带着自己设计的一颗处理器芯片毕业”,希望能通过理论与实践并重的教学机制来降低处理器芯片设计门槛,让更多的学生能够全流程地参与处理器芯片设计的每一个环节。

“公益性”是“一生一芯”的重要属性。“一生一芯”报名和学习是免费的,在校生和已毕业的学生都可以参加“一生一芯”的学习,但是因为经费有限,免费流片只针对在校生。如图9.19所示为“一生一芯”计划学习阶段划分图。

只要对处理器芯片学习有浓厚的兴趣,想在处理器芯片方向发展的同学,零基础都可以加入,不论年级、专业和学校,都可以报名。

“一生一芯”计划特点:

硅上教学。融合本科阶段EE和CS专业知识点的实践课。

战略意义。为攻关重点领域培养人才,输送到企业和开源社区进行公益培养。

学习资源。全公开,免费学习;在校生免费流片。

宣传口号。让你拥有一生中自己设计的CPU芯片。

“一生一芯”计划阶段划分如图9.19所示,现在不限制学历与学校,高中生也可以通过网络申请进行学习,到流片、芯片封装测试,大概需要1年的时间,详见学习路线如图9.20所示。

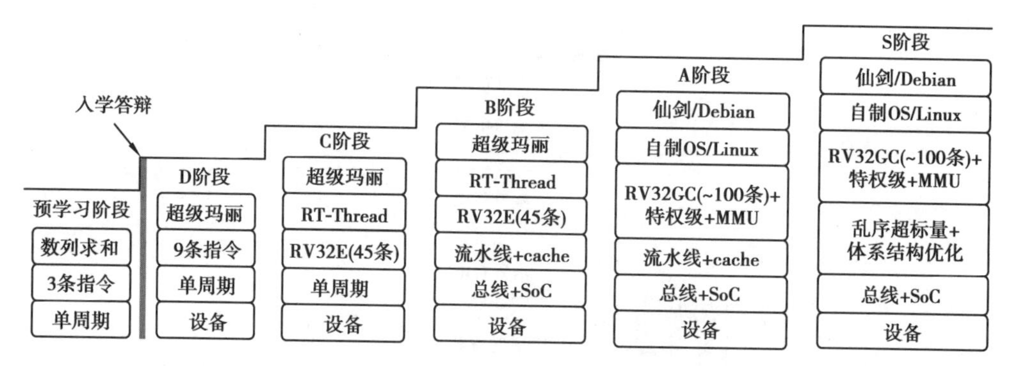

图 9.19 “一生一芯”计划学习阶段划分图

建议先行课程数字电路、FPGA 原理及应用课程学习完成后,可以进行 CPU 芯片设计的网络学习。

以学习到 A 阶段后流片为例:

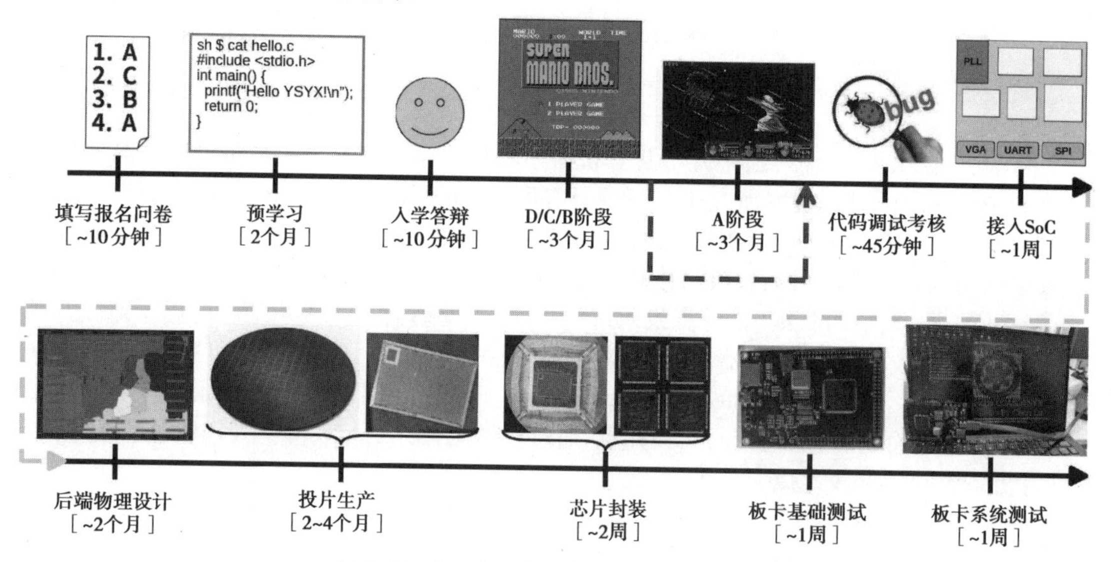

图 9.20 “一生一芯”计划学习路线与时间

9.4 Natalius 8 位 RISC 处理器

(1)实验目的

了解并熟悉 Natalius 8 位 RISC 处理器的基本结构和运行原理。根据 Natalius 的指令集设计出可以验证一些简单功能的 testbench,最后通过 Robei 可视化仿真软件进行功能实现和仿真验证(由于 Robei 目前暂不支持 $readmemh()命令,最后的仿真验证在 Modelsim 中进行)。

(2)实验原理

1) Natalius 简介

Natalius 是一个结构紧凑、多功能且完全嵌入式的完全以 Verilog 设计的 8 位 RISC 处理器内核。Natalius 提供了一个可以运行在 Python 控制台上的汇编器。Instruction memory 中存储了 2 048 条指令,每条指令 16 位宽,其执行需要运行 3 个时钟周期。

2)指令集。

Natalius包含了大部分处理器所具有的经典指令集。包括存储访问、数学运算、逻辑运算和数据流控制,见表9.2。

表9.2　指令集

Opcode	Instr	Description	Use	
2	ldi	load immediate	ldi rd, imm	(rd= imm)
3	ldm	load from memory	ldm rd,port_ addr	(rd=data_ in <= mem[port_addr])
4	stm	store to memory	stm rd,port_ addr	(rd=data_out => mem[port_ addr])
5	cmp	compare	cmp rd, rs	(affects carry and zero)
6	add	addition	add rd, rs	(rd=rd+rs)
7	sub	subtraction	sub rd, rs	(rd=rd-rs)
8	and	logic and	and rd, rs	(rd=rd and rs)
9	oor	logic or	oor rd, rs	(rd=rd or rs)
10	xor	logic xor	xor rd, rs	(rd=rd xor rs)
11	jmp	jump	jmp inst_ addr	(pc=inst_ addr)
12	jpz	jump if zero	jpz inst_ addr	(pc=inst_ addr if zero)
13	jnz	jump if no zero	jnz inst_ addr	(pc=inst_ addr if no zero)
14	jpc	jump if carry	jpc inst_ addr	(pc=inst_ addr if carry)
15	jnc	jump if no carry	jnc inst_ addr	(pc=inst_ addr if no carry)
16	csr	call subrutine	csr inst_ addr	(pc=inst_ addr) save pc+1 in stack
17	ret	return subrutine	ret	(pc=value stored in stack)
18	adi	add with imm	add rd, imm	(rd=rd+ imm)
19	csz	csr if zero	csr inst_ addr	(pc=inst_ addr if zero) affects stack
20	cnz	csr if no zero	csr inst_ addr	(pc=inst_ addr if no zero) affects stack
21	csc	csr if carry	csr inst_ addr	(pc=inst_ addr if carry) affects stack
22	cnc	csr if no carry	csr inst_ addr	(pc=inst_ addr if no carry) affects stack
23	sl0	shift left zero fill	sl0 rd	(rd <= {rd[6:0],0})
24	sl1	shift left one fill	sl1 rd	(rd <= {rd[6:0],1})
25	sr0	shift right zero fill	sr0 rd	(rd <= {0,rd[7:1]})
26	sr1	shiftright one fill	sr1 rd	(rd <= {1,rd[7:1])
27	rrl	rotary register left	rrl rd	(rd <= {rd[6:0],rd[7] })
28	rrr	rotay register right	rrr rd	(rd <= {rd[0],rd[7:1])
29	not	logic not	sub rd, rs	(rd=rd-rs)
30	nop	no operation	no operation	(take 3 clk)

3)Natalius 接口信号。

Natalius 处理器顶层的接口信号如图 9.21 所示,每个信号的具体含义列入表 9.3 中。

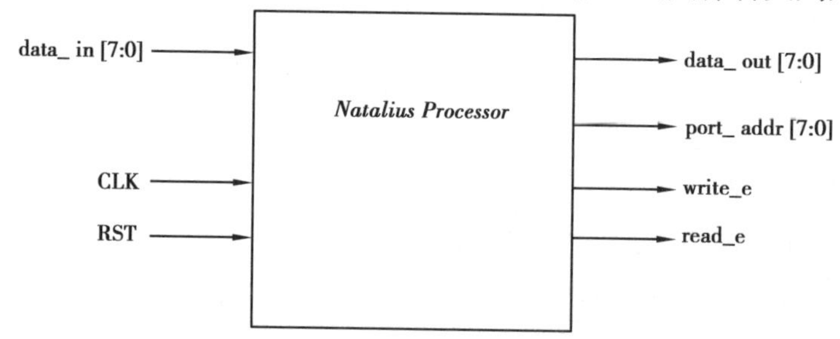

图 9.21　接口信号外围引脚

表 9.3　信号的含义

Signal	Direction	Description
clk	input	clock input: All Natalius registers are clocked from the rising clock edge
rst	input	reset input: To reset the Natalius processor, this rst is asynchronous input and it set program counter register to zero address
data_ in[7:0]	input	Input data port: The data is captured on the rising edge of CLK (used in *ldm* instruction)
data out[7:0]	output	Output data port: Output data appears on this port for three CLK cycles during a stm instruction, capture this data when write_e is high (uded in *stm* instruction)
port_addr[7:0]	output	Port address: This addresses the peripheral port to the input or output by instruction *ldm* or *stm*

4)汇编器脚本使用。

①下载 Python。打开浏览器,输入地址:https://www. python. org/downloads/release/python-343/拖动到页面最下方,根据自己的电脑配置选择相应的版本,如图 9.22 所示。

由于操作的计算机是 Windows 7 64 位操作系统,选择 Windows x86-64 MSI installer 进行下载。

②安装 Python。双击下载下来的安装包进行安装。并一定要记清安装时选择的目录。默认的安装目录是“C:\python34”。

Files

Version	Operating System	Description	MD5 Sum	File Size	GPG
Gzipped source tarball	Source release		4281ff86778db65892c05151d5de738d	19554643	SIG
XZ compressed source tarball	Source release		7d092d1bba6e17f0d9bd21b49e441dd5	14421964	SIG
Mac OS X 32-bit i386/PPC installer	Mac OS X	for Mac OS X 10.5 and later	548f79e55708130c755bbd0f1ddd921c	24734803	SIG
Mac OS X 64-bit/32-bit installer	Mac OS X	for Mac OS X 10.6 and later	86b29d7dddc60b4b3fc5848de55ca704	23170148	SIG
Windows debug information files	Windows		b3d8752e74a502db97bd0c6ef30ac60f	36900012	SIG
Windows debug information files for 64-bit binaries	Windows		6c1be415ae552e190ef0fb06a5de9473	24301250	SIG
Windows help file	Windows		d5703787758eb1a674101ee2b0bc28be	7405996	SIG
Windows x86-64 MSI installer	Windows	for AMD64/EM64T/x64, not Itanium processors	f6ade29acaf8fcdc0463e69a6e7ccf87	25550848	SIG
Windows x86 MSI installer	Windows		cb450d1cc616bfc8f7a2d6bd88780bf6	24846336	SIG

图 9.22　选择版本

使用 assembler. py 对 code. asm 进行转换。

③编写 code. asm 代码。根据"Natalius+8+bit+RISC+Processor. pdf"文档中第 3 页 Table 3,并参照第 4 页到第 5 页的 5.1 Example 编写一段测试代码。编写的一段简单的测试代码如下:

```
ldi r1, 22
ldi r2, 80
add r1, r2
stm r1, 11
```

其实现的基本功能是两个数相加。将测试代码保存为"test. asm"。然后将测试代码"test. asm"和从 OpenCores "Natalius 8 bit RISC Processor"下载下来的"assembler. py"一起放在文件夹中,本教程中选择放置于"E:\python_test"中。

④在 CMD 环境中使用 Python 将 code. asm 转换为 instruction. mem。打开"开始"菜单,在"搜索程序和文件"搜索框中输入"cmd"并按下回车键,进入如图 9.23 所示的界面。

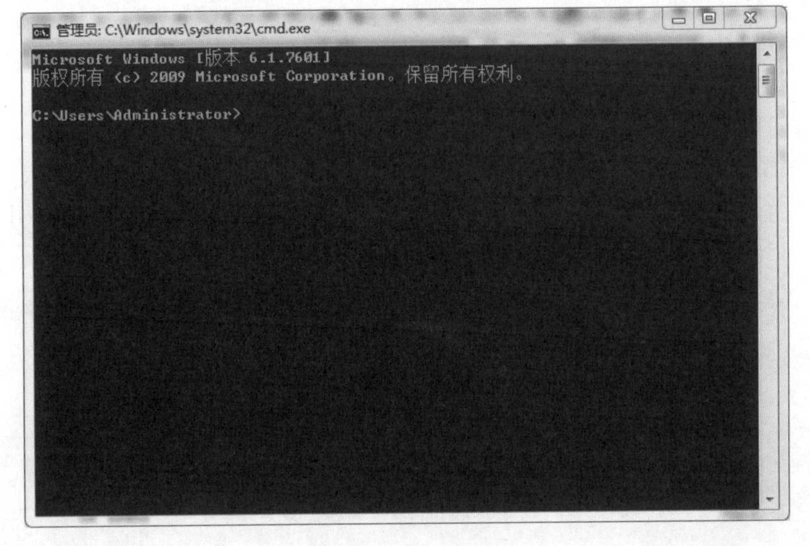

图 9.23　进入 cmd

设定 Python 路径。

如果安装 Python 的时候没有更改路径,输入以下命令设定 Python 路径

set path=%path%;C:\python34

打开“test. asm”所在的文件夹。

本教程中“test. asm”放置于“E:\python_test”,故输入以下命令

“E:”回车

“cd python_test”回车

然后可以输入 dir 或者 dir /b 查看目录中的内容,如图 9.24 所示。

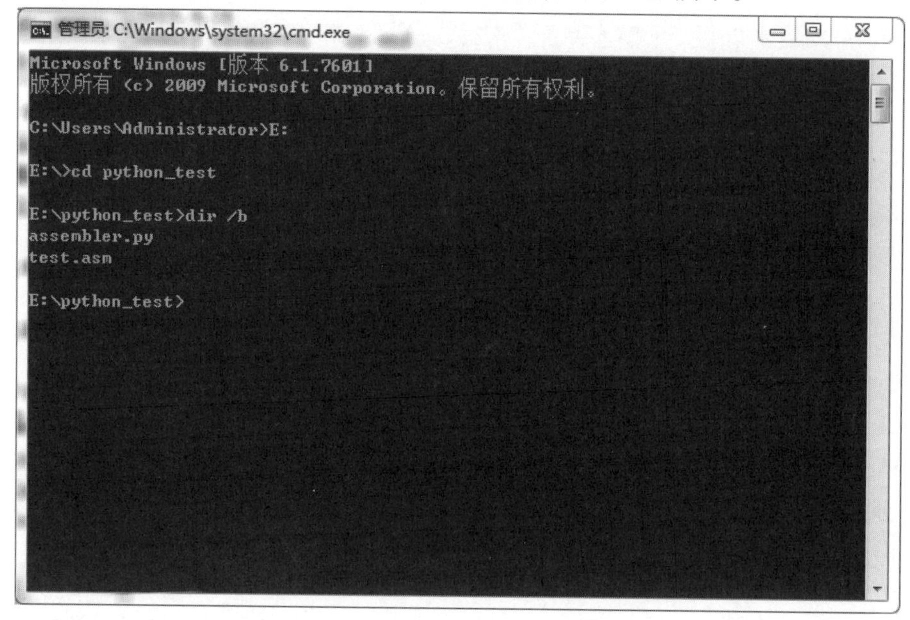

图 9.24　查看目录中的内容

输入命令,进行转换。

然后输入“assembler. py test. asm”,转换完成之后可以看到“E:\python_test”下多了一个“instructions. mem”文件。该文件即是我们进行仿真时需要用到的文件。

(3)**实验内容**

1)ALU 模型设计。

①新建一个模型命名为 ALU,类型为 module,同时具备 4 输入 3 输出,每个引脚的属性和名称参照图 9.25 进行对应的修改。ALU 界面如图 9.26 所示。

Name	Inout	DataType	Datasize	Function
a	input	wire	8	
b	input	wire	8	
opalu	input	wire	3	
sh	input	wire	3	
dshift	output	reg	8	
zero	output	wire	1	
carry	output	wire	1	

图 9.25　ALU 引脚的属性和名称

图9.26　ALU界面图

②添加代码。点击模型下方的 Code 添加代码。

代码如下：

```
always@ (a or b)
case (opalu)
0: resu <=  ~a;
1: resu <= a & b;
2: resu <= a ^ b;
3: resu <= a | b;
4: resu <= a;
5: resu <= a + b;
6: resu <= a - b;
default: resu <= a + 1;
endcase

assign zero=(resu==0);
assign result=resu;
assign carry=(a<b);

always@ (result)
case (sh)
0: dshift <= {result[6:0], "0"};
1: dshift <= {result[6:0], result[7]};
2: dshift <= {"0", result[7:1]};
3: dshift <= {result[0], result[7:1]};
4: dshift <= result;
```

```
5: dshift <= {result[6:0], "1"};
6: dshift <= {"1", result[7:1]};
default: dshift <= result;
endcase
```

③保存模型(存储文件夹路径不能有空格和中文),运行并检查有无错误输出。

2)stack 模型设计。

①新建一个模型命名为 stack,类型为 module,同时具备 7 输入 2 输出,每个引脚的属性和名称参照图 9.27 进行对应的修改。

Name	Inout	DataType	Datasize	Function
clk	input	wire	1	
rst	input	wire	1	
wr_en	input	wire	1	
rd_en	input	wire	1	
ldpc	input	wire	1	
selpc	input	wire	1	
ninst_addr	input	wire	11	
PC	output	reg	11	
out	output	wire	11	

图 9.27　stack 引脚的属性和名称

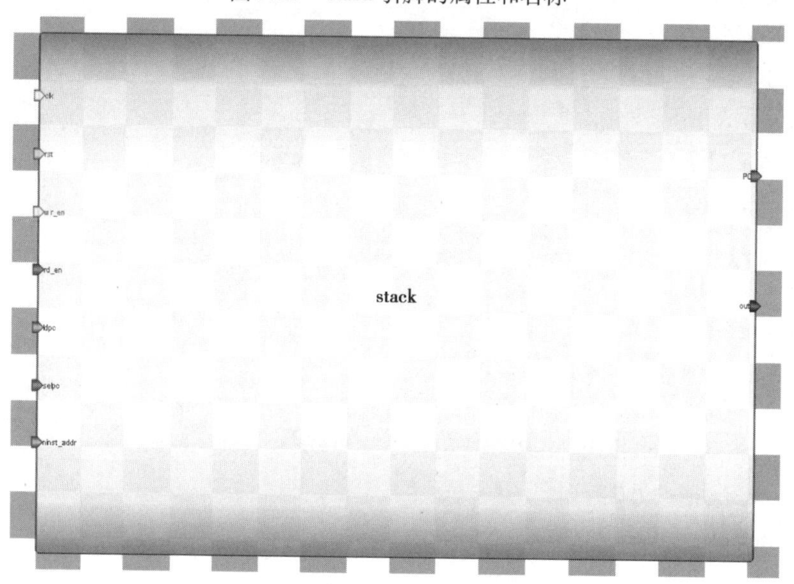

图 9.28　stack 界面图

②添加代码。点击模型下方的 Code 添加代码。

代码如下:

```
reg [7:0] resu;
wire [7:0] result;
reg [3:0] addr;
reg [10:0] ram [15:0];
wire [10:0] dout;
```

```
wire [10:0] din;

always@(posedge clk or posedge rst)
if (rst)
PC<=0;
else
if (ldpc)
if(selpc)
PC<=ninst_addr;
else
PC<=PC+1;

assign din = PC;

always@(posedge clk)
if (rst)
addr<=0;
else
  begin
    if (wr_en==0 && rd_en==1)
if (addr>0)
addr<=addr-1;
    if (wr_en==1 && rd_en==0)
if (addr<15)
addr<=addr+1;
  end

always @(posedge clk)
        if (wr_en)
            ram[addr] <= din;

assign dout = ram[addr];
assign out = dout + 1;
```

③保存模型(存储文件夹路径不能有空格和中文),运行并检查有无错误输出。

3)data supply 模型设计。

①新建一个模型命名为 data supply,类型为 module,同时具备 12 输入 2 输出,每个引脚的属性和名称参照图 9.29 进行对应的修改。data supply 界面图如图 9.30 所示。

Name	Inout	DataType	Datasize	Function
clk	input	wire	1	
we	input	wire	1	
wa	input	wire	3	
raa	input	wire	3	
rab	input	wire	3	
shiftout	input	wire	8	
insel	input	wire	1	
selk	input	wire	1	
data_in	input	wire	8	
kte	input	wire	8	
selimm	input	wire	1	
portA	output	wire	8	
muximm	output	wire	8	
imm	input	wire	8	

图 9.29　data supply 引脚的属性和名称

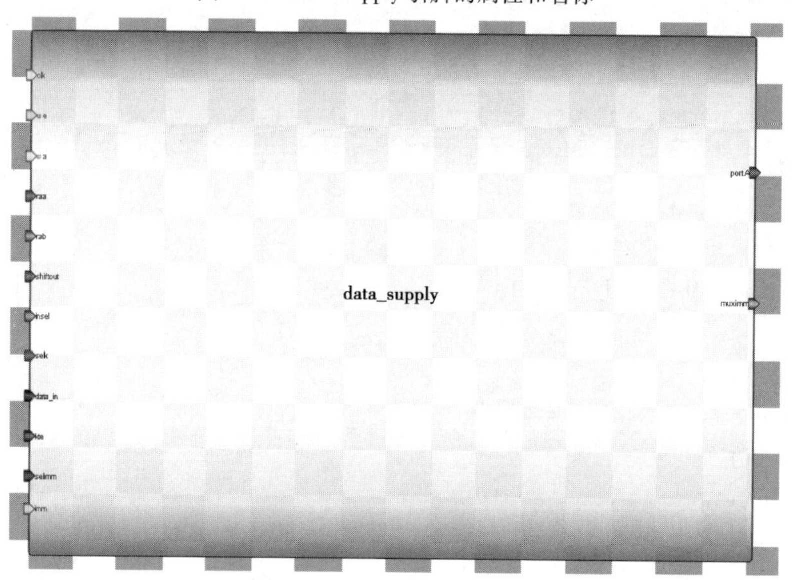

图 9.30　data supply 界面图

②添加代码。点击模型下方的 Code 添加代码。

代码如下:

```
wire [7:0] portB;
wire [7:0] regmux, muxkte;
reg [7:0] mem [7:0];
 always@ (posedge clk)
begin
mem[0]<=0;
if(we)
mem[wa]<=regmux;
end
```

```
assign portA=mem[raa];
assign portB=mem[rab];
assign regmux=insel? shiftout : muxkte;
assign muxkte=selk? kte : data_in;
assign muximm=selimm? imm : portB;
```

③保存模型(存储文件夹路径不能有空格和中文),运行并检查有无错误输出。

4)zc control 模型设计。

①新建一个模型命名为 zc control,类型为 module,同时具备 5 输入 2 输出,每个引脚的属性和名称参照图 9.31 进行对应的修改。zc control 界面图如图 9.32 所示。

Name	Inout	DataType	Datasize	Function
clk	input	wire	1	
rst	input	wire	1	
ldflag	input	wire	1	
zero	input	wire	1	
carry	input	wire	1	
z	output	reg	1	
c	output	reg	1	

图 9.31 zc control 引脚的属性和名称

图 9.32 zc control 界面图

②添加代码。点击模型下方的 Code 添加代码。

代码如下:

```
always@(posedge clk or posedge rst)
if (rst)
begin
z<=0;
c<=0;
```

```
end
else
if (ldflag)
begin
z<=zero;
c<=carry;
end
```

③保存模型(存储文件夹路径不能有空格和中文),运行并检查有无错误输出。

5)data path 模型设计。

①新建一个模型命名为 data path,类型为 module,同时具备 20 输入 5 输出,每个引脚的属性和名称参照图 9.33 进行对应的修改。data path 界面图如图 9.34 所示。

Name	Inout	DataType	Datasize	Function
clk	input	wire	1	
rst	input	wire	1	
data_in	input	wire	8	
insel	input	wire	1	
we	input	wire	1	
raa	input	wire	3	
rab	input	wire	3	
wa	input	wire	3	
opalu	input	wire	3	
sh	input	wire	3	
selpc	input	wire	1	
selk	input	wire	1	
ldpc	input	wire	1	
ldflag	input	wire	1	
wr_en	input	wire	1	
rd_en	input	wire	1	
ninst_addr	input	wire	11	
kte	input	wire	8	
imm	input	wire	8	
selimm	input	wire	1	
[illegible]	[illegible]	wire	[illegible]	
inst_addr	output	wire	11	
stack addr	output	wire	11	
z	output	wire	1	
c	output	wire	1	

图 9.33 data path 引脚的属性和名称

②添加代码。由于该模块只是把 ALU、stack、data supply 和 zc control 4 个模块整合连接起来,所以并无代码。

③保存模型(存储文件夹路径不能有空格和中文),运行并检查有无错误输出。

6)instruction memory 模型设计。

①新建一个模型命名为 instruction memory,类型为 module,同时具备 2 输入 1 输出,每个引脚的属性和名称参照图 9.35 进行对应的修改。instruction memory 界面图如图 9.36 所示。

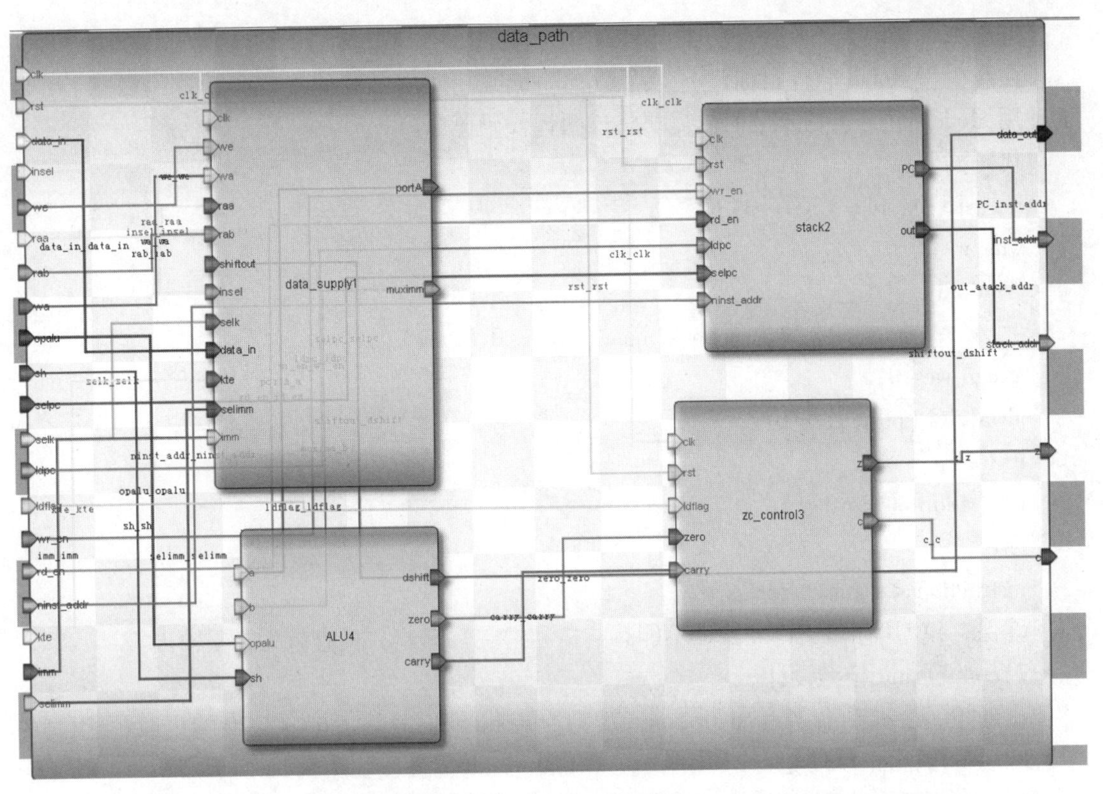

图9.34 data path 界面图

Name	Inout	DataType	Datasize	Function
clk	input	wire	1	
address	input	wire	11	
instruction	output	reg	16	

图9.35 instruction memory 引脚的属性和名称

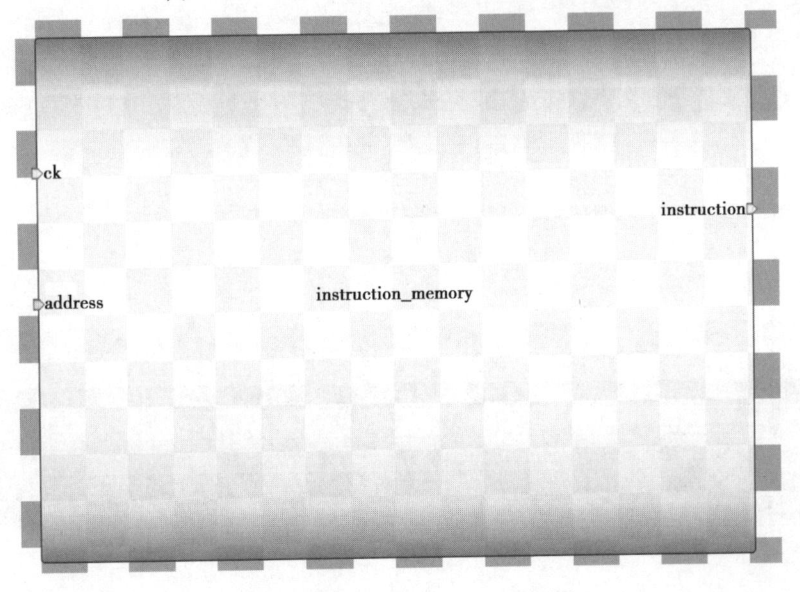

图9.36 instruction memory 界面图

②添加代码。点击模型下方的 Code 添加代码。

注意由于 Robei 软件目前尚不支持 $readmemh( )函数,故代码中有两行被注释掉了。后面使用 Modelsim 进行仿真的时候需要将这两行代码还原。

代码如下:

```
reg [15:0] rom [2047:0];
wire we;
//initial
   // $readmemh("instructions.mem", rom, 0, 2047);
assign we=0;
always @ (posedge clk)
if(we)
rom[address]<=0;
else
instruction <= rom[address];
```

③保存模型(存储文件夹路径不能有空格和中文),运行并检查有无错误输出。

7)control unit 模型设计。

①新建一个模型命名为 control unit,类型为 module,同时具备 6 输入 20 输出,每个引脚的属性和名称参照图 9.37 进行对应的修改。control unit 界面图如图 9.38 所示。

Name	Inout	DataType	Datasize	Function
clk	input	wire	1	
rst	input	wire	1	
instruction	input	wire	16	
z	input	wire	1	
c	input	wire	1	
stack_addr	input	wire	11	
port_addr	output	reg	8	
write_e	output	reg	1	
read_e	output	reg	1	
insel	output	reg	1	
we	output	reg	1	
raa	output	reg	3	
rab	output	reg	3	
wa	output	reg	3	
opalu	output	reg	3	
sh	output	reg	3	
selpc	output	reg	1	
ldpc	output	reg	1	
ldflag	output	reg	1	
naddress	output	reg	11	
[illegible]	output	reg	1	
KTE	output	reg	8	
wr_en	output	reg	1	
rd_en	output	reg	1	
imm	output	reg	8	
selimm	output	reg	1	

图 9.37 control unit 引脚的属性和名称

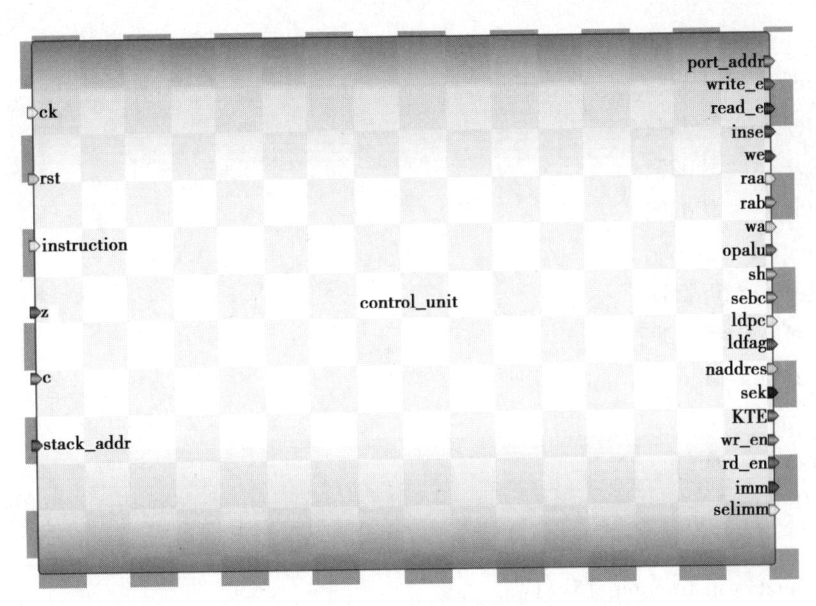

图9.38 control unit 界面图

②添加代码。点击模型下方的Code添加代码。

代码如下:

```
parameter fetch=5'd0;
parameter decode=5'd1;
parameter ldi=5'd2;
parameter ldm=5'd3;
parameter stm=5'd4;
parameter cmp=5'd5;
parameter add=5'd6;
parameter sub=5'd7;
parameter andi=5'd8;
parameter oor=5'd9;
parameter xori=5'd10;
parameter jmp=5'd11;
parameter jpz=5'd12;
parameter jnz=5'd13;
parameter jpc=5'd14;
parameter jnc=5'd15;
parameter csr=5'd16;
parameter ret=5'd17;
parameter adi=5'd18;
parameter csz=5'd19;
parameter cnz=5'd20;
parameter csc=5'd21;
```

```
parameter cnc=5'd22;
parameter sl0=5'd23;
parameter sl1=5'd24;
parameter sr0=5'd25;
parameter sr1=5'd26;
parameter rrl=5'd27;
parameter rrr=5'd28;
parameter noti=5'd29;
parameter nop=5'd30;

wire [4:0] opcode;
reg [4:0] state;

assign opcode=instruction[15:11];

always@(posedge clk or posedge rst)
if (rst)
state<=decode;
else
case (state)
fetch: state<=decode;

decode: case (opcode)
2:state<=ldi;
3:state<=ldm;
4:state<=stm;
5:state<=cmp;
6:state<=add;
7:state<=sub;
8:state<=andi;
9:state<=oor;
10:state<=xori;
11:state<=jmp;
12:state<=jpz;
13:state<=jnz;
14:state<=jpc;
15:state<=jnc;
16:state<=csr;
17:state<=ret;
```

```
18:state<=adi;
19:state<=csz;
20:state<=cnz;
21:state<=csc;
22:state<=cnc;
23:state<=sl0;
24:state<=sl1;
25:state<=sr0;
26:state<=sr1;
27:state<=rrl;
28:state<=rrr;
29:state<=noti;
default:state<=nop;
endcase

ldi:state<=fetch;
ldm:state<=fetch;
stm:state<=fetch;
cmp: state<=fetch;
add:state<=fetch;
sub:state<=fetch;
andi: state<=fetch;
oor:state<=fetch;
xori:state<=fetch;
jmp:state<=fetch;
jpz: state<=fetch;
jnz: state<=fetch;
jpc: state<=fetch;
jnc: state<=fetch;
csr: state<=fetch;
ret: state<=fetch;
adi:state<=fetch;
csz:state<=fetch;
cnz:state<=fetch;
csc:state<=fetch;
cnc:state<=fetch;
sl0:state<=fetch;
sl1:state<=fetch;
sr0:state<=fetch;
```

```
sr1:state<=fetch;
rrl:state<=fetch;
rrr:state<=fetch;
noti:state<=fetch;
nop: state<=fetch;
endcase




always@ (state)
begin
port_addr<=0;
write_e<=0;
read_e<=0;
insel<=0;
we<=0;
raa<=0;
rab<=0;
wa<=0;
opalu<=4;
sh<=4;
selpc<=0;
ldpc<=1;
ldflag<=0;
naddress<=0;
selk<=0;
KTE<=0;
wr_en<=0;
rd_en<=0;
imm<=0;
selimm<=0;

case (state)
fetch: ldpc<=0;

decode:begin
ldpc<=0;
if (opcode==stm)
begin
```

```
raa<=instruction[10:8];
port_addr<=instruction[7:0];
end
else if (opcode==ldm)
begin
wa<=instruction[10:8];
port_addr<=instruction[7:0];
end
else if (opcode==ret)
begin
rd_en<=1;
end
end

ldi:begin
selk<=1;
KTE<=instruction[7:0];
we<=1;
wa<=instruction[10:8];
end

ldm:begin
wa<=instruction[10:8];
we<=1;
read_e<=1;
port_addr<=instruction[7:0];
end

stm:begin
raa<=instruction[10:8];
write_e<=1;
port_addr<=instruction[7:0];
end

cmp:begin
ldflag<=1;
raa<=instruction[10:8];
rab<=instruction[7:5];
opalu<=6;
```

```
end

add:begin
raa<=instruction[10:8];
rab<=instruction[7:5];
wa<=instruction[10:8];
insel<=1;
opalu<=5;
we<=1;
end

sub:begin
raa<=instruction[10:8];
rab<=instruction[7:5];
wa<=instruction[10:8];
insel<=1;
opalu<=6;
we<=1;
end

andi:begin
raa<=instruction[10:8];
rab<=instruction[7:5];
wa<=instruction[10:8];
insel<=1;
opalu<=1;
we<=1;
end

oor:begin
raa<=instruction[10:8];
rab<=instruction[7:5];
wa<=instruction[10:8];
insel<=1;
opalu<=3;
we<=1;
end

xori:begin
```

```
raa<=instruction[10:8];
rab<=instruction[7:5];
wa<=instruction[10:8];
insel<=1;
opalu<=2;
we<=1;
end

jmp:begin
naddress<=instruction[10:0];
selpc<=1;
ldpc<=1;
end

jpz:if (z)
begin
naddress<=instruction[10:0];
selpc<=1;
ldpc<=1;
end

jnz:if (! z)
begin
naddress<=instruction[10:0];
selpc<=1;
ldpc<=1;
end


jpc:if (c)
begin
naddress<=instruction[10:0];
selpc<=1;
ldpc<=1;
end


jnc:if (! c)
begin
```

```
naddress<=instruction[10:0];
selpc<=1;
ldpc<=1;
end

csr:begin
naddress<=instruction[10:0];
selpc<=1;
ldpc<=1;
wr_en<=1;
end

ret:begin
naddress<=stack_addr;
selpc<=1;
ldpc<=1;
end

adi:begin
raa<=instruction[10:8];
wa<=instruction[10:8];
imm<=instruction[7:0];
selimm<=1;
insel<=1;
opalu<=5;
we<=1;
end

csz:if (z)
begin
naddress<=instruction[10:0];
selpc<=1;
ldpc<=1;
wr_en<=1;
end

cnz:if (! z)
begin
naddress<=instruction[10:0];
```

```
selpc<=1;
ldpc<=1;
wr_en<=1;
end

csc:if (c)
begin
naddress<=instruction[10:0];
selpc<=1;
ldpc<=1;
wr_en<=1;
end

cnc:if (! c)
begin
naddress<=instruction[10:0];
selpc<=1;
ldpc<=1;
wr_en<=1;
end

sl0:begin
raa<=instruction[10:8];
wa<=instruction[10:8];
insel<=1;
sh<=0;
we<=1;
end

sl1:begin
raa<=instruction[10:8];
wa<=instruction[10:8];
insel<=1;
sh<=5;
we<=1;
end

sr0:begin
raa<=instruction[10:8];
```

```
wa<=instruction[10:8];
insel<=1;
sh<=2;
we<=1;
end

sr1:begin
raa<=instruction[10:8];
wa<=instruction[10:8];
insel<=1;
sh<=6;
we<=1;
end

rrl:begin
raa<=instruction[10:8];
wa<=instruction[10:8];
insel<=1;
sh<=1;
we<=1;
end

rrr:begin
raa<=instruction[10:8];
wa<=instruction[10:8];
insel<=1;
sh<=3;
we<=1;
end

noti:begin
raa<=instruction[10:8];
wa<=instruction[10:8];
insel<=1;
opalu<=0;
we<=1;
end

nop:opalu<=4;
```

endcase

end

③保存模型(存储文件夹路径不能有空格和中文),运行并检查有无错误输出。

8)Natalius processor 模型设计

①新建一个模型命名为 processor,类型为 module,同时具备 3 输入 4 输出,每个引脚的属性和名称参照图 9.39 进行对应的修改。processor 界面图如图 9.40 所示。

Name	Inout	DataType	Datasize	Function
clk	input	wire	1	
rst	input	wire	1	
data_in	input	wire	8	
port_addr	output	wire	8	
read_e	output	wire	1	
write_e	output	wire	1	
data_out	output	wire	8	

图 9.39　processor 引脚的属性和名称

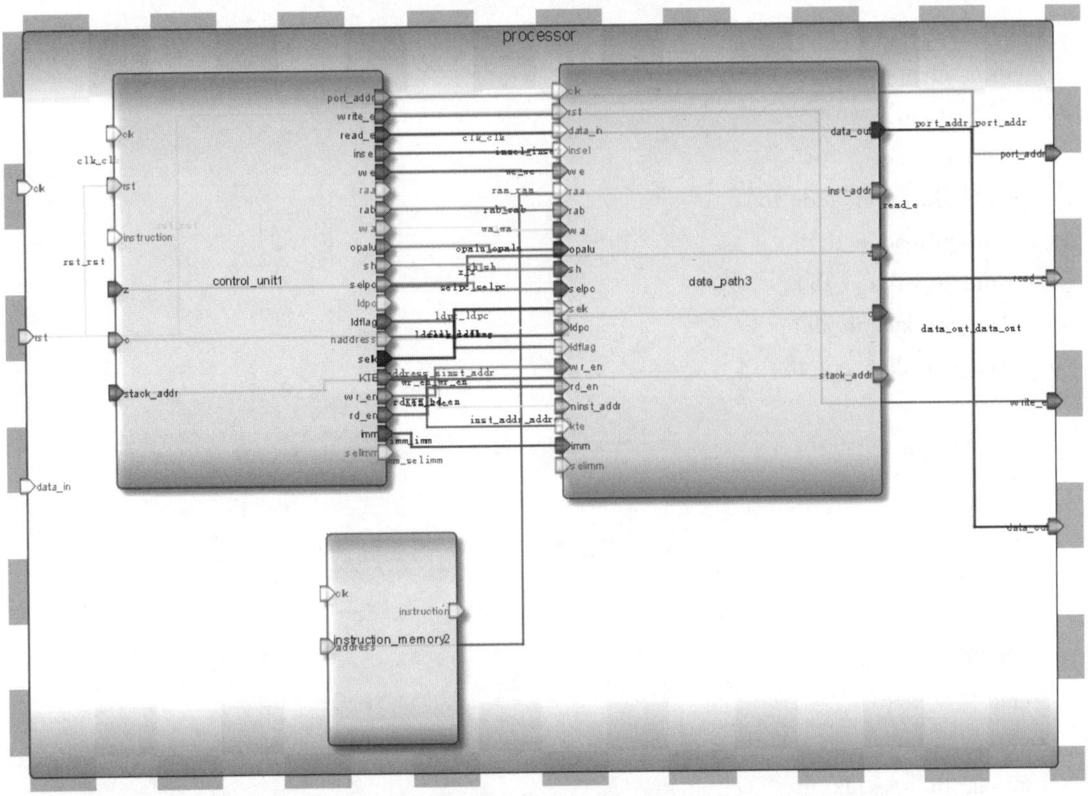

图 9.40　processor 界面图

②添加代码。点击模型下方的 Code 添加代码。

该模块和 data_path 模块类似,仅仅是把 control unit、data path 和 instruction memory 3 个模块整合连接起来,所以并无代码。

③保存模型(存储文件夹路径不能有空格和中文),运行并检查有无错误输出。

9)processor test 测试文件的设计。

①由于 Robei 软件目前尚不支持 $readmemh( )函数,故本设计的仿真测试在 Modelsim 中进行。

②将之前设计好的所有模块的源代码全部复制到一个文件夹中,并新建一个 Modelsim project。

③新建一个文件命名为“test_processor. v”,并将以下测试代码复制到文件中。

```
'timescale 1ns / 1ps
module testbench_processor( );
reg clk_tb;
reg rst_tb;
reg [7:0] data_in_tb;
wire [7:0] port_addr_tb;
wire read_e_tb;
wire write_e_tb;
wire [7:0] data_out_tb;

processor processor_i(
.clk(clk_tb),
.rst(rst_tb),
.port_addr(port_addr_tb),
.read_e(read_e_tb),
.write_e(write_e_tb),
.data_in(data_in_tb),
.data_out(data_out_tb)
);
initial begin
clk_tb = 0;
rst_tb = 1;
data_in_tb = 0;
#5 rst_tb = 0;
#2000 $finish;
end
always begin
#2 clk_tb = ~clk_tb;
end
endmodule
```

④一定要将“汇编器脚本使用”中生成好的“instructions. mem”文件放置在该 project 所在的同一个目录中,然后才可以进行仿真。

⑤进行仿真并查看波形。根据之前设计的代码内容,查看分析仿真结果。

本次仿真使用的"test. asm"代码如下：

ldi r1，22
ldi r2，80
ldi r3，36
ldi r4，45
add r1，r2
stm r1，11
add r3，r4
stm r3，25
add r1，r3
stm r1，32

使用 Python 转化之后的结果如图 9.41 所示。

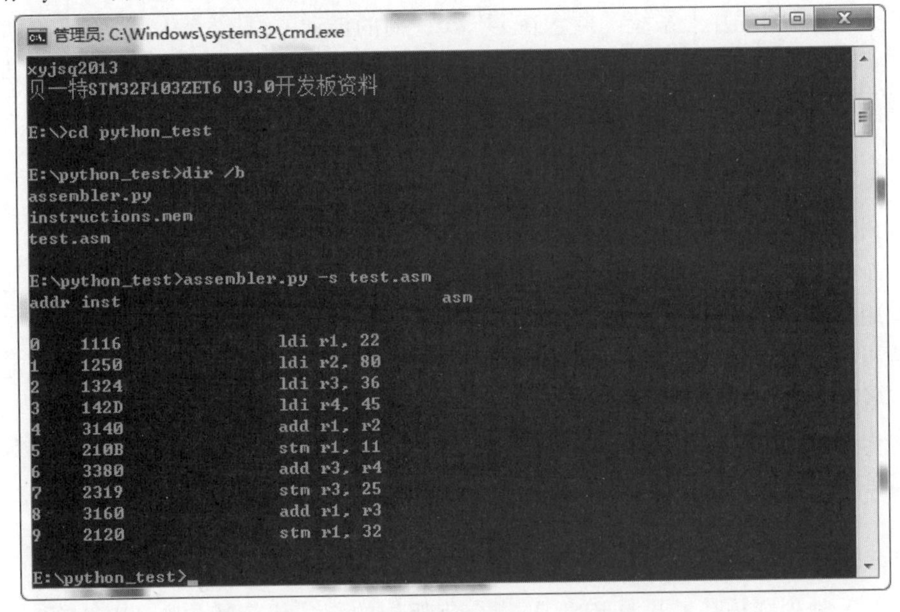

图 9.41　使用 Python 转化之后的结果

转换成"instructions. mem"之后，并进行仿真得到的波形如图 9.42 所示。

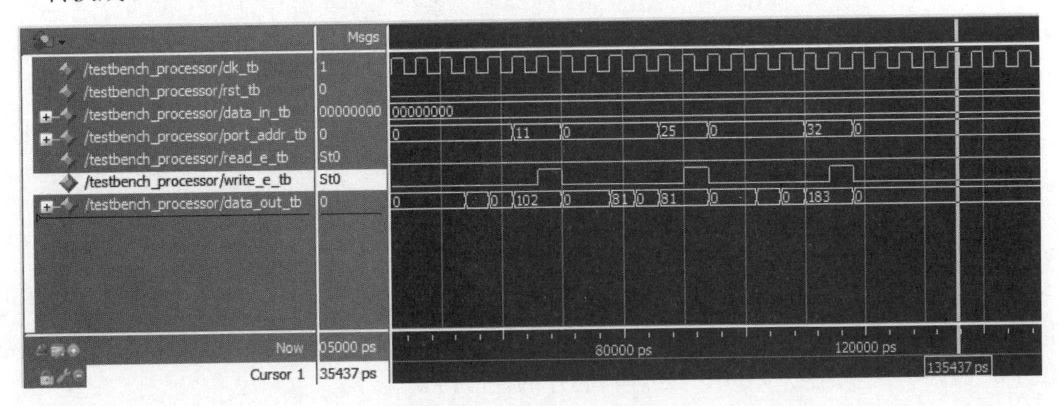

图 9.42　CPU 指令仿真

经验证,仿真结果正确无误。

(4)**提高部分**

可以尝试使用 Natalius 指令集中更多类型的指令,实现更加复杂的功能。尝试将 bit 文件下载到硬件,在硬件中进行编程验证。

9.5 SOPC 与处理器核

360 百科定义如下:System On a Programmable Chip,即可编程片上系统(SOPC)。用可编程逻辑技术把整个系统放到一块硅片上,称作 SOPC。可编程片上系统是一种特殊的嵌入式系统:首先它是片上系统(SoC),即由单个芯片完成整个系统的主要逻辑功能;其次它是可编程系统,具有灵活的设计方式,可裁减、可扩充、可升级,并具备软硬件在系统可编程的功能。

近年来,全可编程片上系统的概念在 FPGA 厂商的推动下,日益普及。所谓“全可编程”,指的是在 FPGA 硬件逻辑可编程的基础上,通过在 FPGA 芯片中添加处理器核来实现软件层面的可编程特性。软件、硬件全部可以编程,软硬兼备,称全可编程。

9.5.1 过去力推软核

软核(固核)是指使用 FPGA 的逻辑资源实现一个处理器。处理器从电路的角度来看,实际上是一个超复杂的数字电路,基本上由逻辑门与触发器构成。这两者也是 FPGA 可编程逻辑的主要组成部分。因此,完全可以使用逻辑资源“搭出”一个处理器。

软核可以理解成一个 IP,厂商提前通过 vhdl/verilog 语言编写好,可以进行一定配置的 CPU。排名前面的软核是 Xilinx 公司的 MicroBlaze 系列,Altera 公司的 Nios 系列。也可以选择最近大火的 RISC-V 开源实现,ARM 也在其 DesignStart 计划中提供 Cortex-M 系列处理器软核。举例如下:

Nios® Ⅱ处理器用途广泛,具有前所未有的灵活性,可满足您对成本敏感、实时、安全关键(DO-254)和应用处理的需求。

Nios® Ⅴ处理器是基于开源 RISC-V 指令集架构的下一代英特尔® FPGA 软核处理器。Quartus® Prime Pro Edition 软件从 21.3 版开始提供 Nios® Ⅴ处理器。

软核作为一个复杂的 IP,一个 ARM M3 处理器子系统需要一片中端 FPGA 四分之一的逻辑资源,受限于 FPGA 的布局布线特性,性能低于专用的处理器。一般软核的时钟频率在 100 MHz 以下。

过去 10 多年,厂商力推自己的软核和相应的总线,不过市场和工程界并不是十分认同。这主要还是一个生态问题。

9.5.2 现在流行硬核

硬核,就是在 FPGA 器件中直接加入一个处理器系统的硬件电路。这个部分是个固化电路(不可硬件编程),和 STM32 这样的专用处理器芯片性质相同,那么性能就摆脱了可编程逻辑布局布线特性的限制,与专用的处理器芯片的性能接近。

实际上,在 FPGA 器件的可编程逻辑资源之外,不断塞进其他硬件电路模块是 FPGA 发展历史中的常规操作。近年来,一方面X/A等厂商追求更先进的半导体工艺制程,在塞入更多逻辑资源的同时,提升FPGA的运行频率;另一方面加入了DSP(用于更高速的计算)、BRAM(用于更高速的存储)、MCB(支持更高速的内存)、高速收发器(支持更高速的外围总线),甚至硬件以太网MAC、ADC(支持混合信号处理)等,Xilinx在2018年发布的ACAP中还加入了类似GPU的AI引擎。一切都是为了提高FPGA性能以及适应更多的应用场景。

例如:

Zynq-7000系列是Xilinx于2010年4月推出的行业第一个可扩展处理平台,旨在为视频监视、汽车驾驶员辅助以及工厂自动化等高端嵌入式应用提供所需的处理能力与计算性能。这款基于ARM处理器的SoC可满足复杂嵌入式系统的高性能、低功耗和多核处理能力等要求。

ZYNQ的本质特征,是它组合了一个双核ARM Cortex-A9处理器和一个传统的现场可编程门阵列(FPGA)逻辑部件。由于该新型器件的可编程逻辑部分基于赛灵思28 nm工艺的7系列FPGA,因此在该系列产品的名称中添加了"7000",以保持与7系列FPGA的一致性,同时也方便日后本系列新产品的命名。

ZYNQ的全称是Zynq-7000 All Programmable SoC,也就是说,ZYNQ实际上是一个片上系统(System on Chip,SoC)。

相比于SOPC,ZYNQ为实现灵活的SoC提供了一个更加理想的平台:Xilinx将其打造成"全可编程片上系统(All-Programmable SoC,APSoC)"。它将处理器的软件可编程性与FPGA的硬件可编程性进行完美整合,以提供无与伦比的系统性能、灵活性与可扩展性。

ZYNQ是由两个主要部分组成的:一个由双核ARM Cortex-A9为核心构成的处理系统(Processing System,PS)和一个等价于一片FPGA的可编程逻辑(Programmable Logic,PL)部分。处理器核其外围模块的硬件电路构成了PS与可编程逻辑PL相对应。

9.6　Xilinx ZYNQ CPU硬核的定制与使用

硬核的定制与使用其实是比较简单的,但是步骤比较烦琐,下面通过设计一个UART指令控制基于定制化CPU管控的花样流水灯进行介绍。该实验案例通过定制化CPU与上位机通过UART进行指令通信,控制开发板LED灯进行各种花样流水灯的实例,介绍SOPC的相关设计步骤。实验开发板卡选用的是EagleGo HD视觉套件,核心芯片为XC7z020clg400-1。

(1)实验目的

①了解Xilinx ZYNQ系列FPGA内部资源及PS端、PL端联合使用方法。

②掌握定制化CPU的设置流程,Vivado软件使用流程。

③掌握SDK联合开发设置流程和在线调试方法。

④掌握硬件下载,联合SDK和串口调试的方法。

(2)实验任务

①调用ARM芯片,并进行配置。

②设置PS端的UART0串口,设置PL端的4个LED灯IO口。

③编程约束设定相关LED引脚。

④设置顶层文件,综合适配,生成二进制 bit 下载文件。

⑤将硬件下载文件下载到开发板。

建立 SDK(Xilinx Software Development Kit)工作环境,并利用 C 语言编程,实现与上位机 PC 的通信,实现对 PL 端 LED 灯的控制。

通过 SDK 将编译后的 C 语言程序下载到下位机 CPU 上运行。

上位机运行串口调试助手,输出指令 0,LED 灯开始向左依次点亮进行流水。输出指令 1,点亮其中两个灯。输出指令 2,LED 灯全部熄灭。同时,PC 端串口助手,能看到从下位机通过 UART0 返回的信息,例如指令为 0 返回如下信息:“接收到上位机指令,LedMode=0。”

在实验板上观察流水灯是否听从指令,达到预期效果,并进行实验小结,完成实验报告。

(3)实验原理

①UAR 串口通信原理。

②LED 灯驱动原理。

③ZYNQ 基本构成,PS 与 PL 的区别,EMIO/MIO 的区别,设置方法等。

实验原理请同学们自行查阅相关资料。

(4)实验内容和步骤

实验步骤总览:

①打开 Vivado,新建 project,选择 XC7z020clg400-1,完成。

②创建 Block Design,新增 CPU,选择 ZYNQ7。

双击 ZYNQ 进行配置,选择 UART_0,MIO 46..47,选择波特率 9 600,选择 4 个位宽的 EMIO 用于控制 LED 灯,取消时钟和复位,取消 DDR,确定。

将 LED 灯控制端引脚设置出来,点击第一个引脚“+”号,选择中间一个三角形向外的引脚,左键选中 GPIO_O 变色后点击鼠标右键选择 Make External。对 FIXED_IO 引脚,不要点开“+”号,同样用鼠标左键点击文字,使其变为金色后,右键选择 Make External。

将输出引脚 GPIO_O[3..0]更名为 led 系统,会自动变为 led[3..0]。

将设定好的硬件进行封包,Creat HDL Wrapper,系统会自动生成一个顶层文件。

约束设定 LED 灯引脚,并存盘。

综合适配并生成 bit 文件(估计要等 3 ~5 min),硬件设计部分完成。

进入 CPU 软件设计,输出硬件到 SDK,建立软硬件联合测试平台,在 File 中选择 launch SDK,启动 SDK。

在 SDK 中,新建软件工程。

重命名 helloworld. c 为 main. c,完成后双击 main. c,删除原有代码,输入相应控制代码。

连接开发板 USB 电源线、下载线、开发板红色 LED 灯亮。

下载硬件 bit 文件到开发板,回到 Viavado,选择 open target-Automatic connect,选择设定的 7200,下载。

下载软件到开发板 CPU,并运行。

具体实验步骤详细介绍,如图 9.43—图 9.88 所示。

①打开 Vivado,新建 Project,选择 XC7z020clg400-1,完成新建工程步骤。

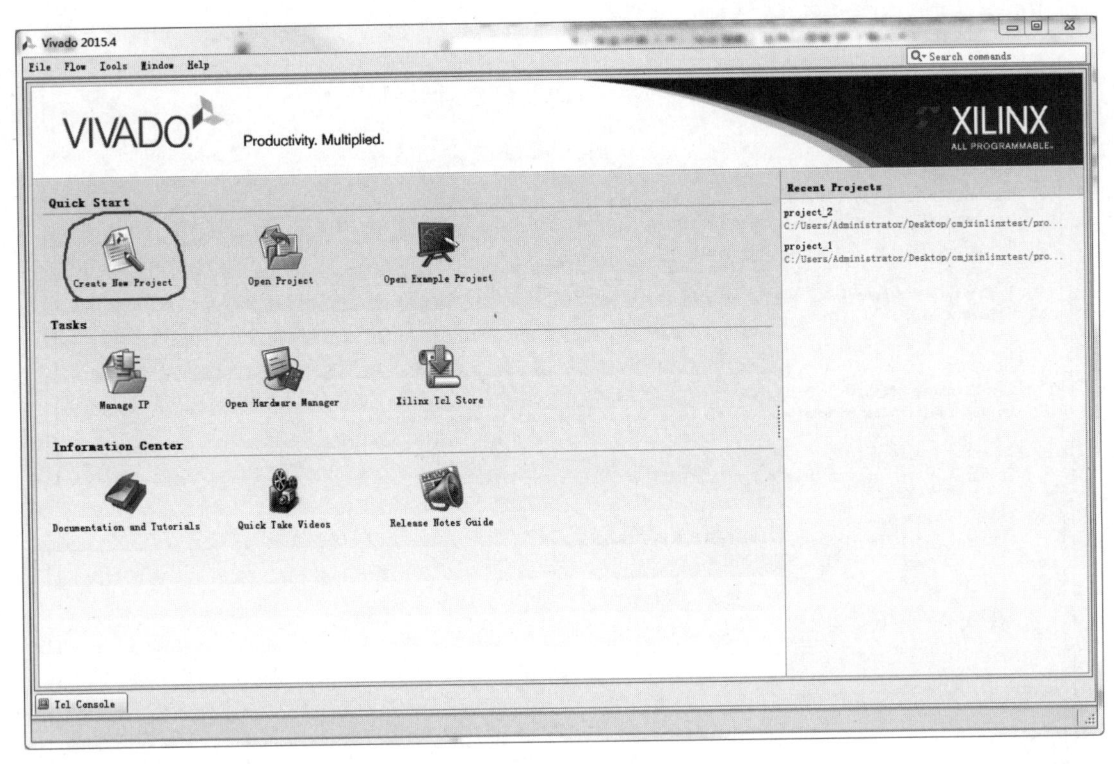

图9.43　Vivado新建工程

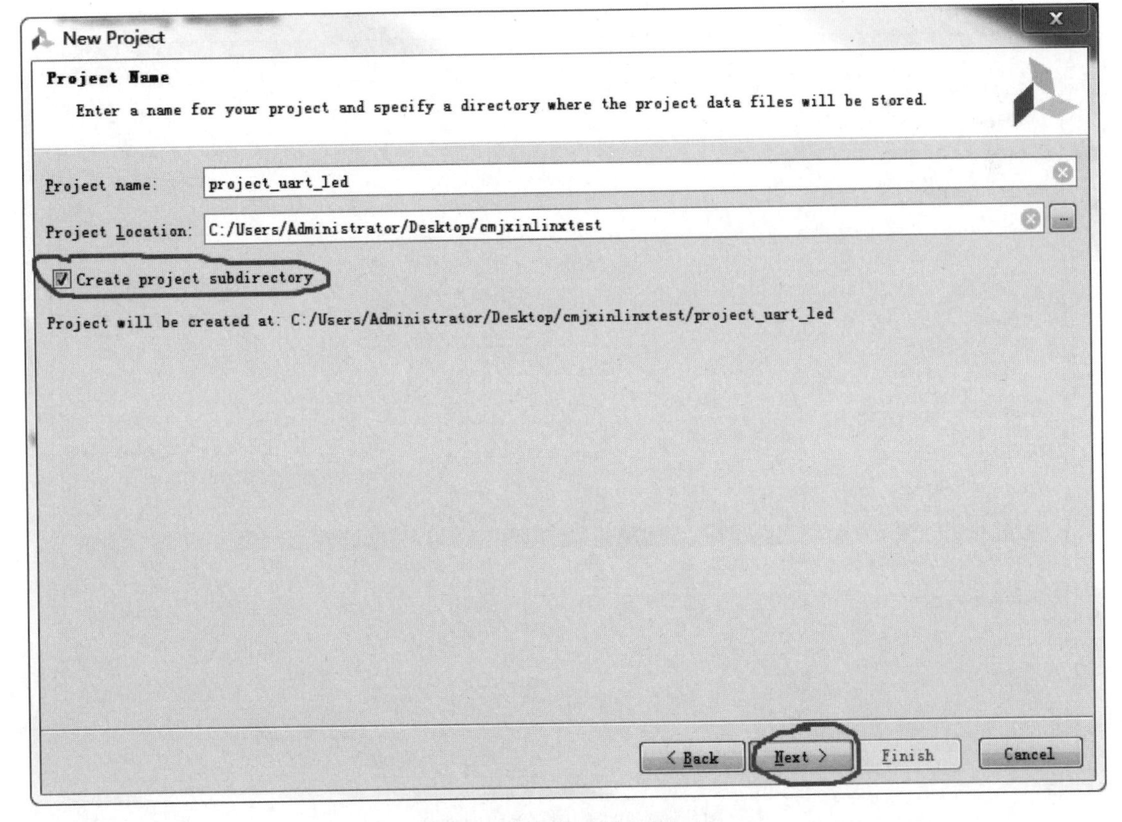

图9.44　新建工程之文件名

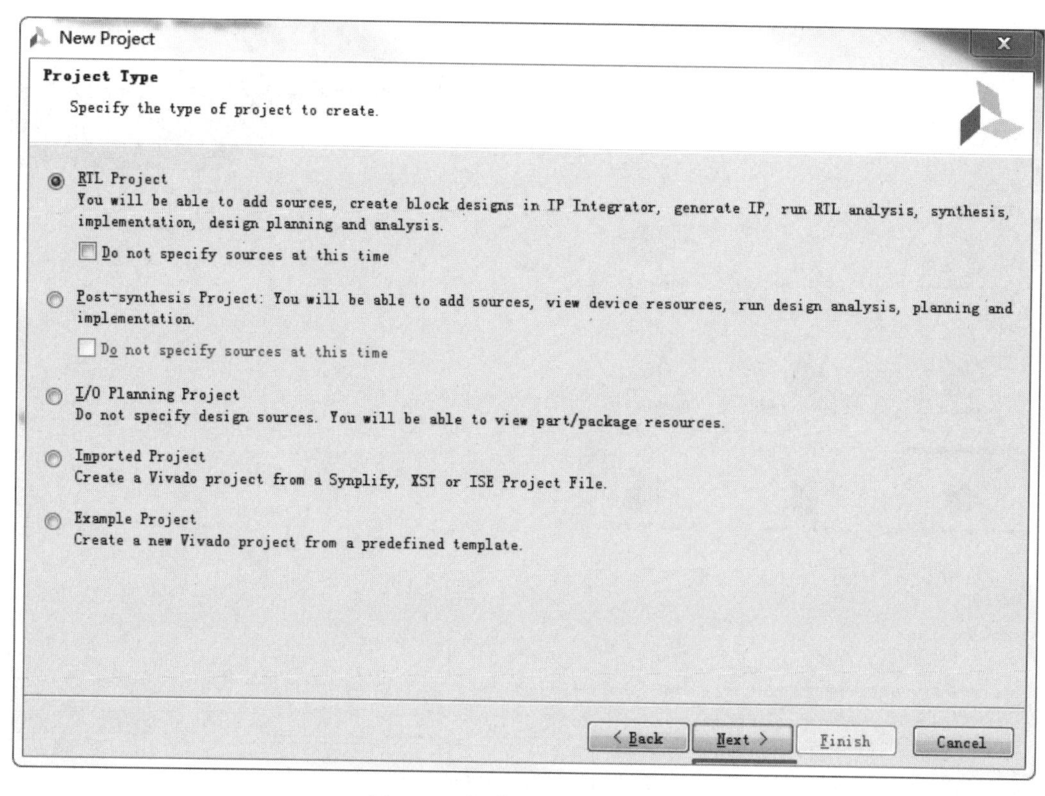

图9.45　新建工程之类型选择

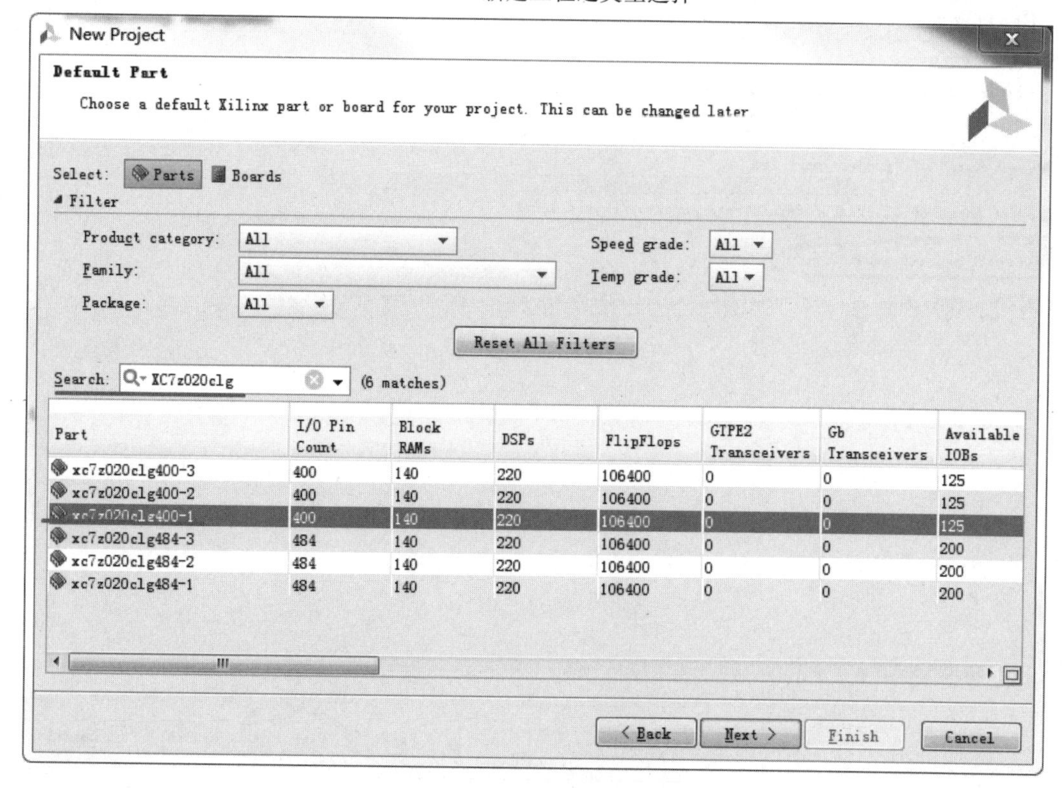

图9.46　新建工程之器件选择

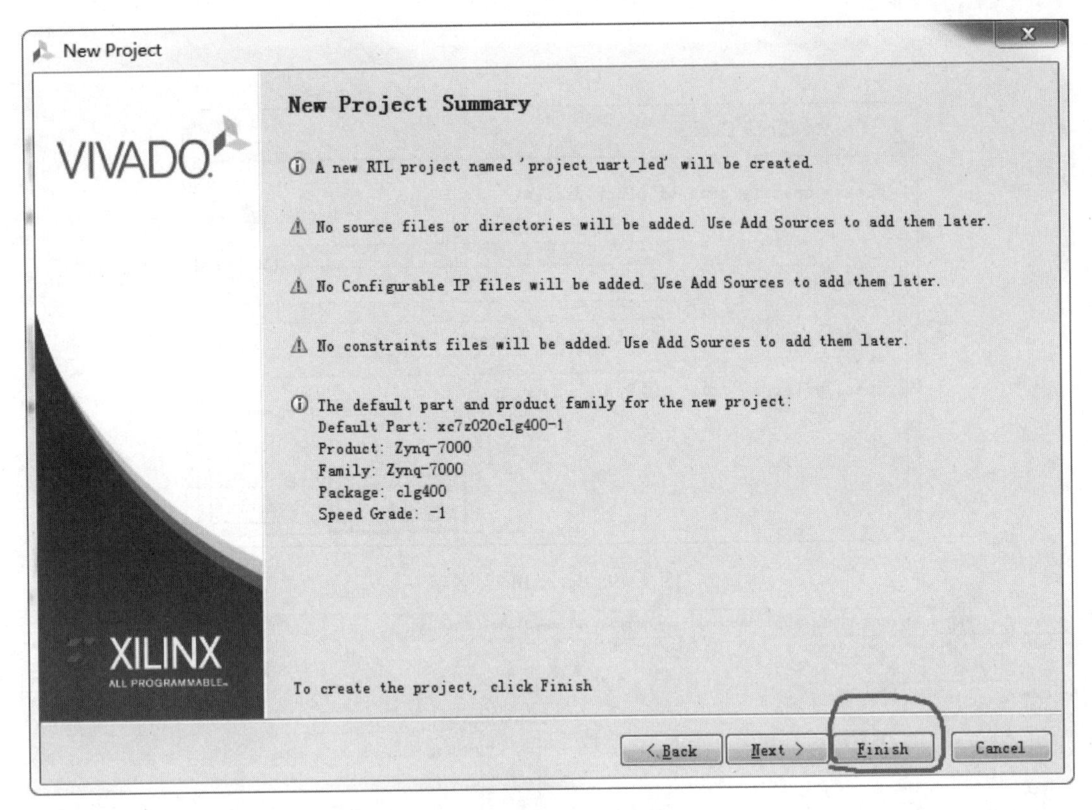

图 9.47　新建工程之结束页

②创建 Block Design,新增 CPU,选择 ZYNQ7。

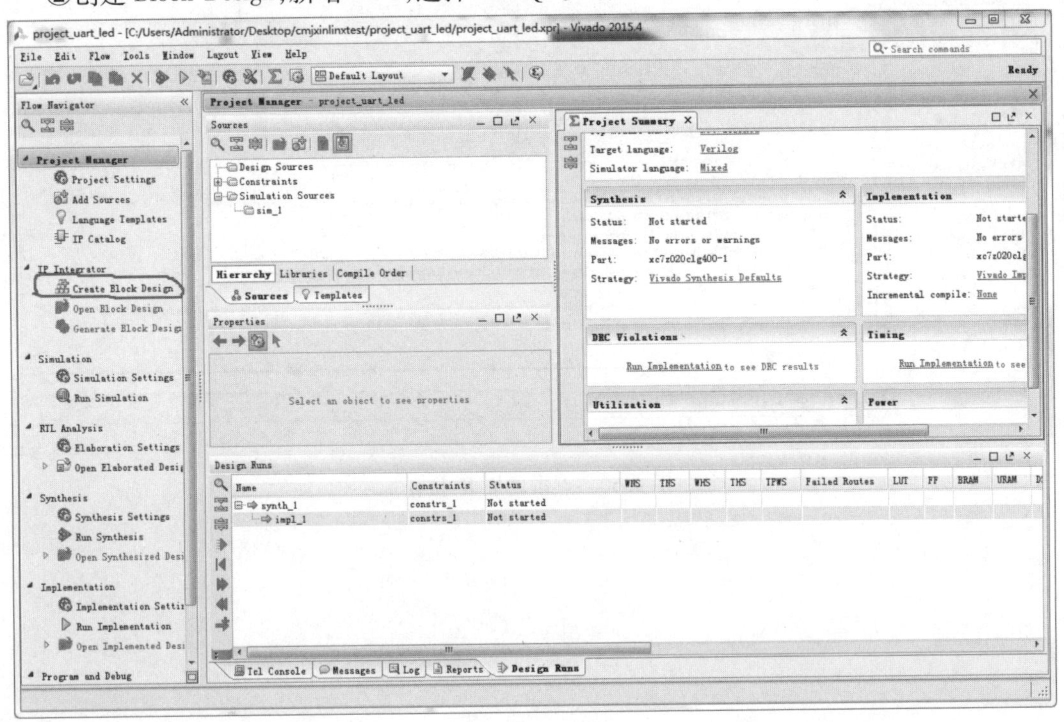

图 9.48　新增 CPU

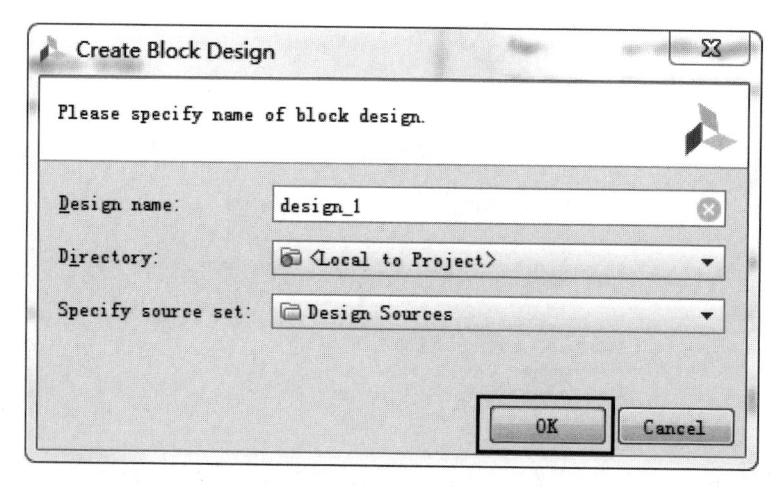

图 9.49　输入 Block 名字

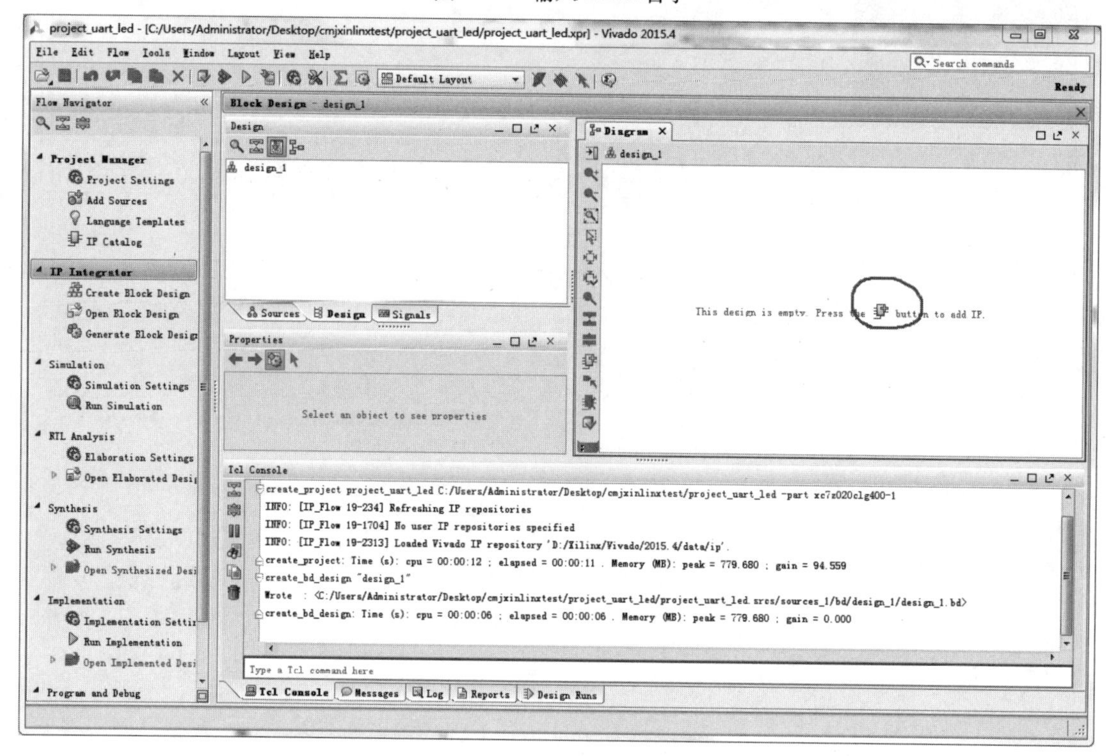

图 9.50　点击增加 IP 按钮

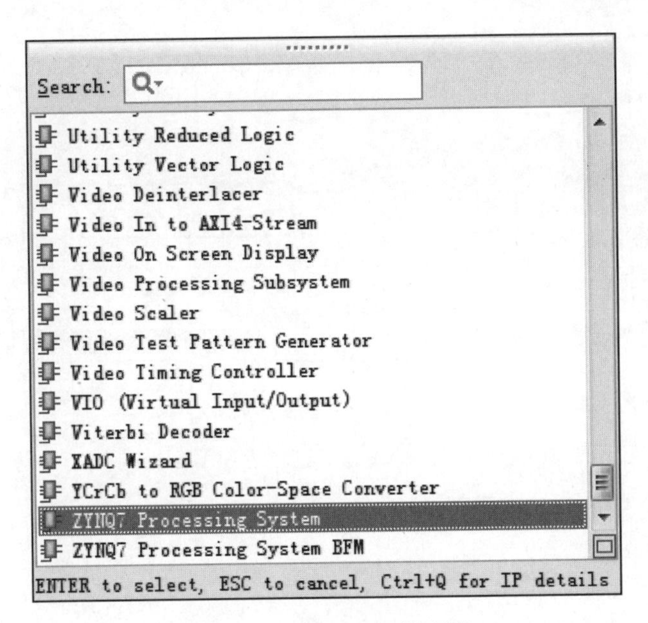

图9.51 选择ZYNQ处理器

③双击ZYNQ进行配置,选择UART_0,MIO 46..47,选择波特率9 600,选择4个位宽的EMIO用于控制LED灯,取消时钟和复位,取消DDR,完成ZYNQ配置步骤。

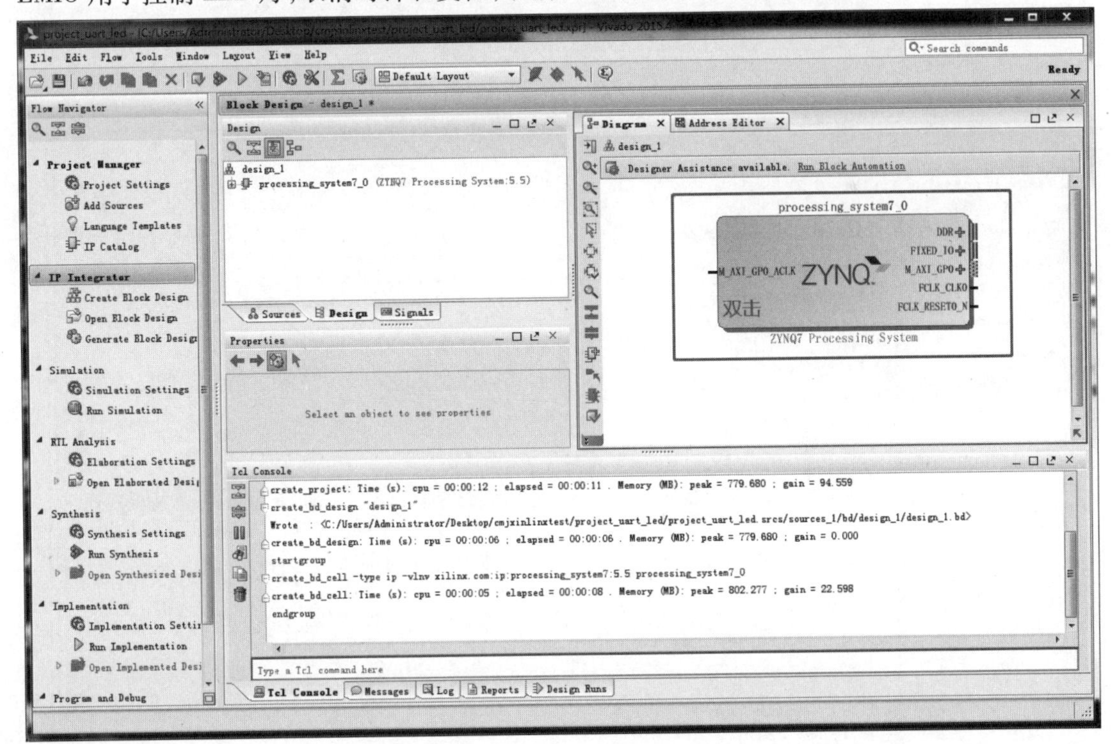

图9.52 双击ZYNQ图标

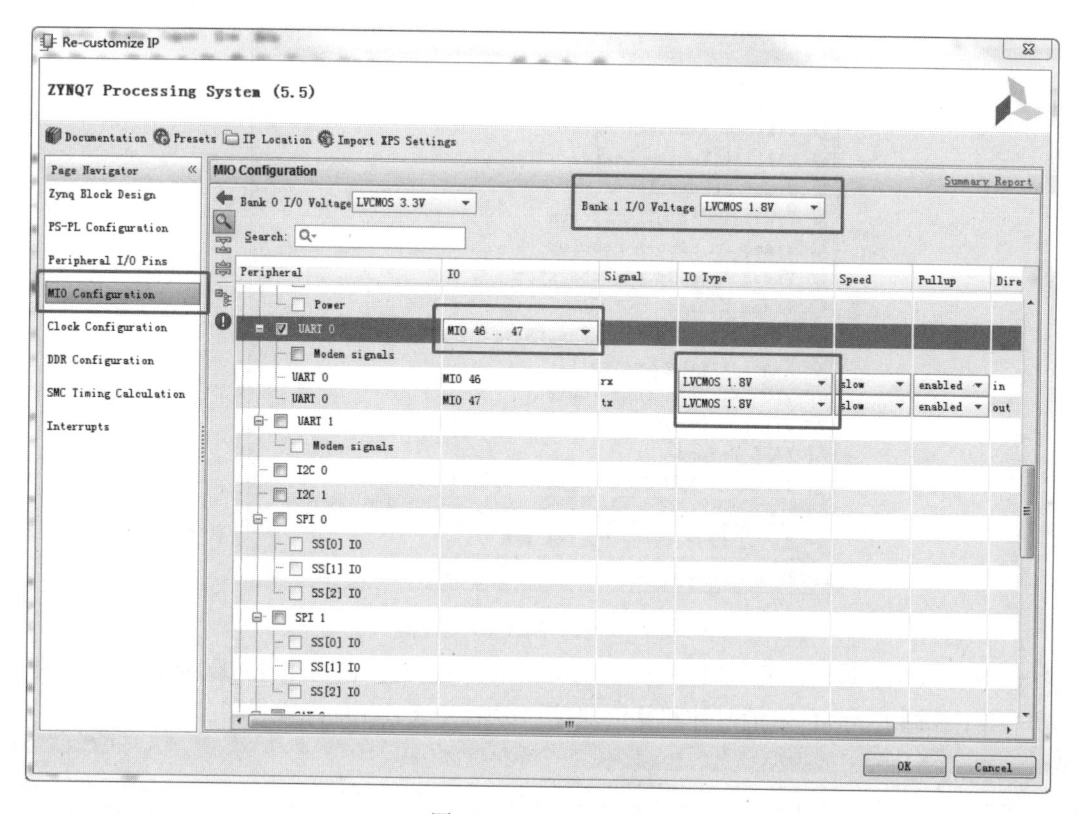

图 9.53　配置 UART

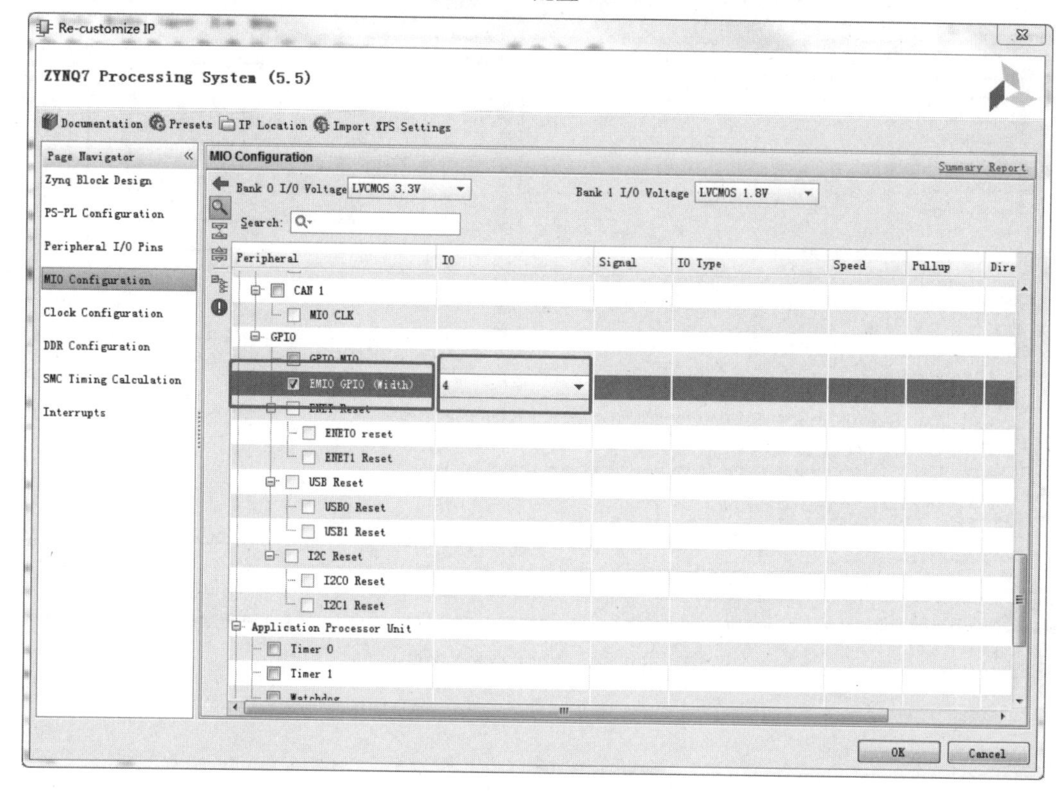

图 9.54　配置 EMIO

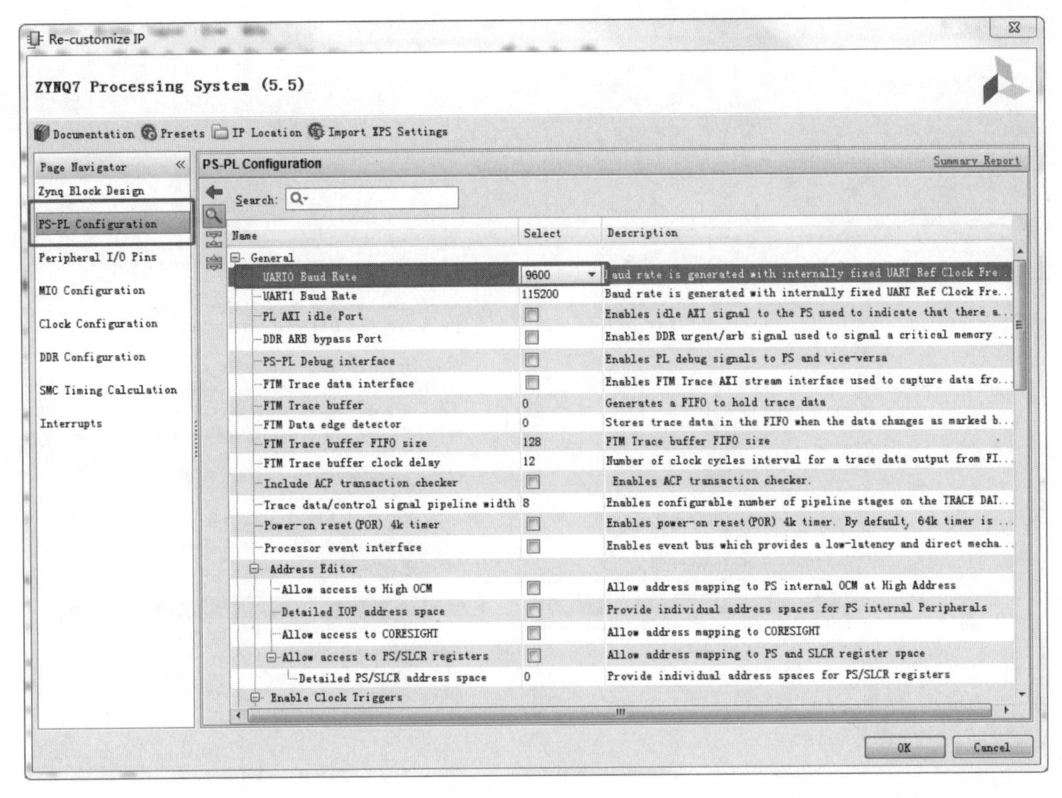

图 9.55　配置波特率

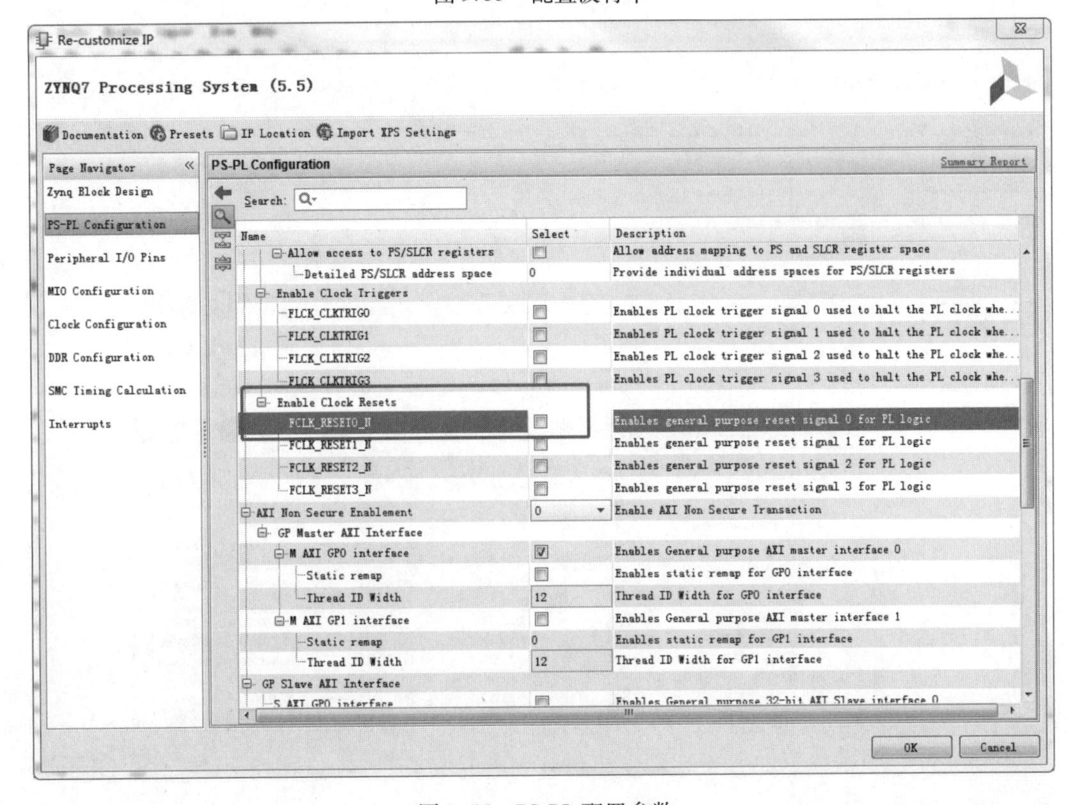

图 9.56　PS-PL 配置参数

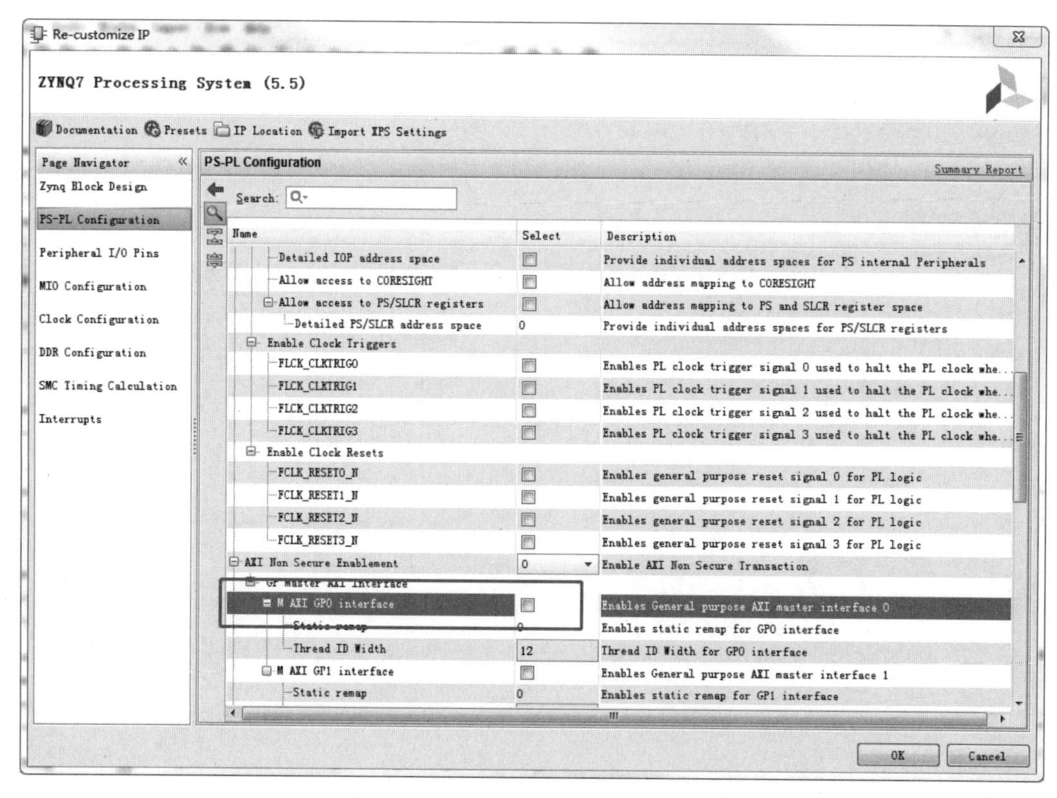

图 9.57　配置 AXI

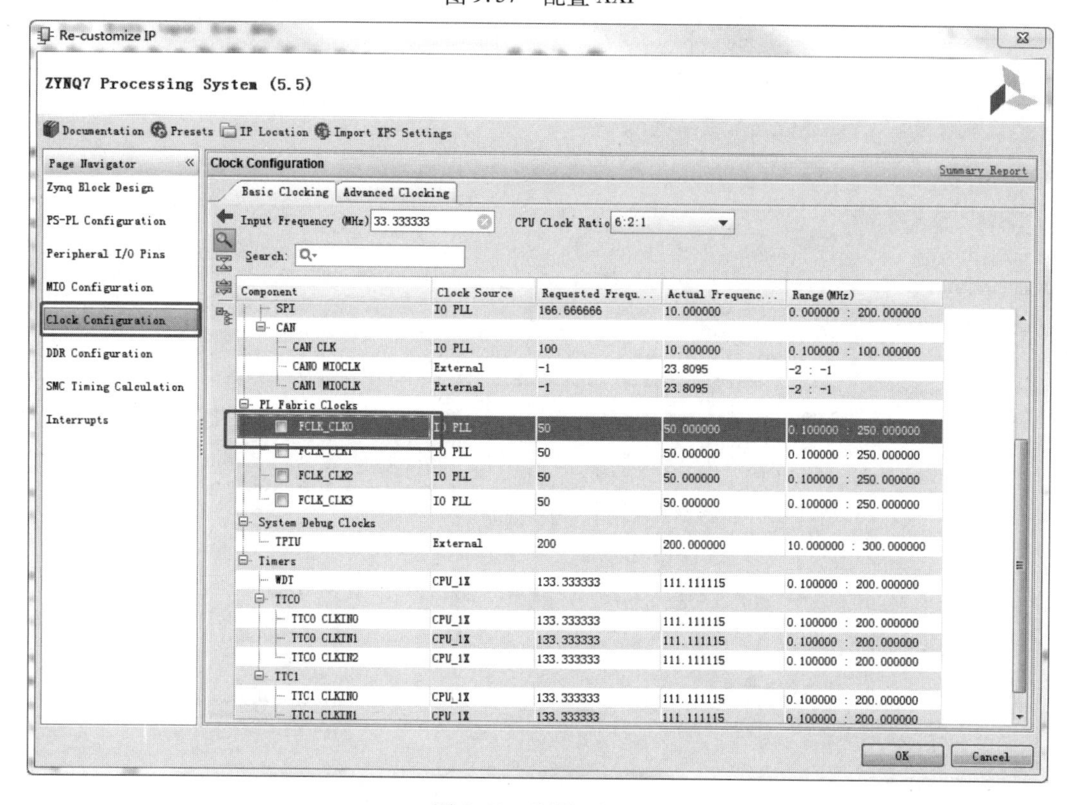

图 9.58　配置 Clock

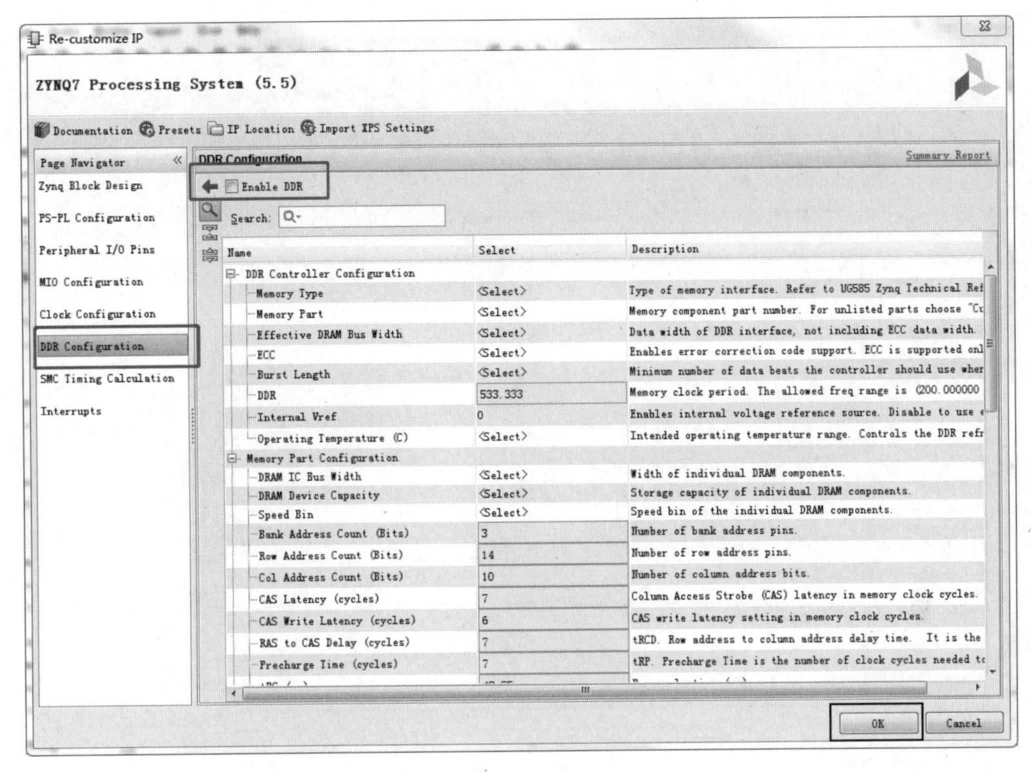

图9.59 配置DDR

④将LED灯控制端引脚设置出来,点击第一个引脚"+"号,选择中间一个三角形向外的引脚,左键选中GPIO_0变色后点击鼠标右键选择Make External。对FIXED_IO引脚,不要点开"+"号,同样用鼠标左键点击文字,使其变为金色后,右键选择Make External。

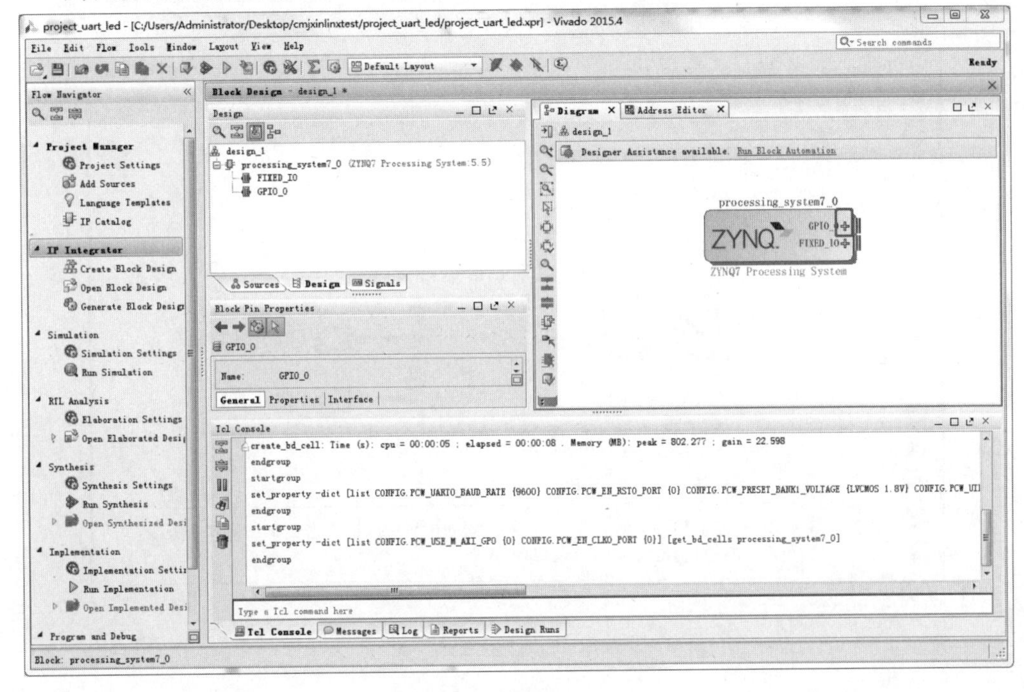

图9.60 引脚连接第1页

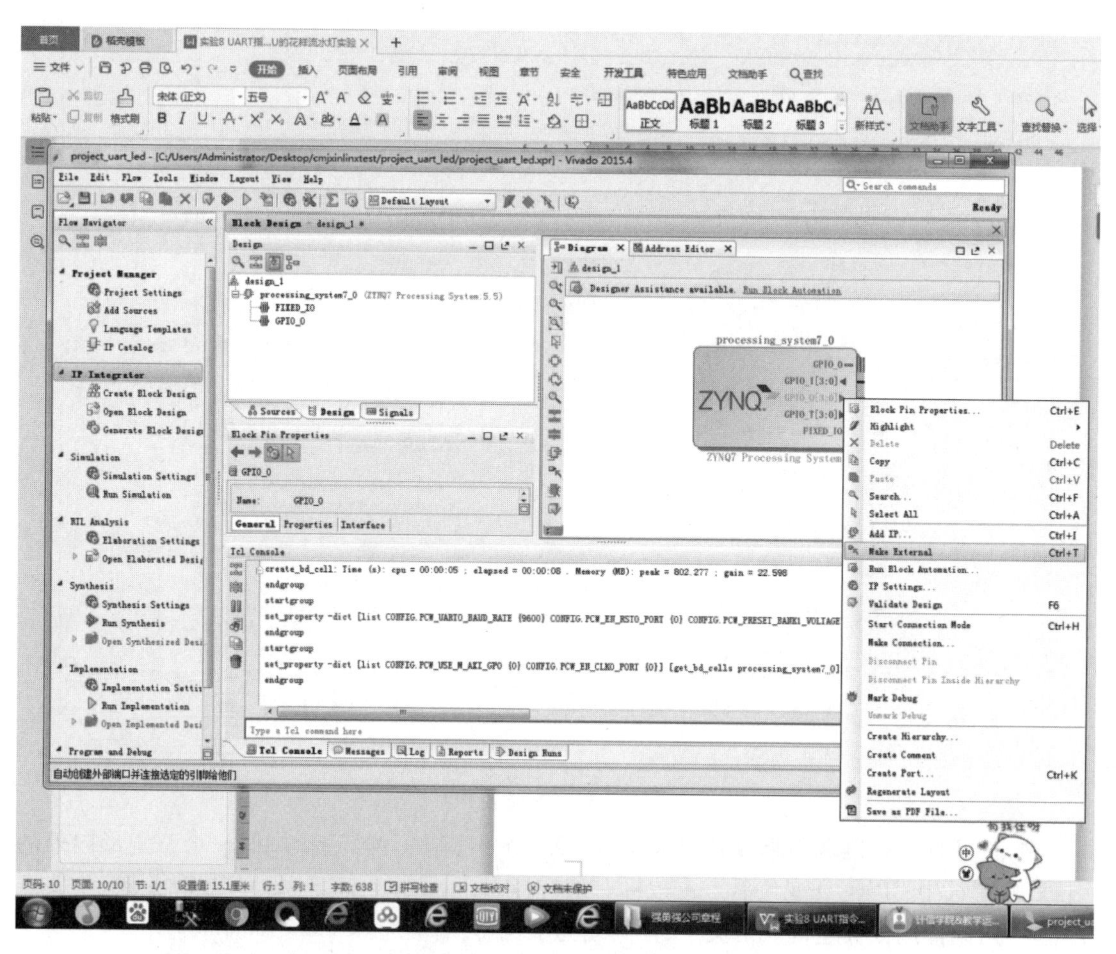

图 9.61　引脚连接第 2 页

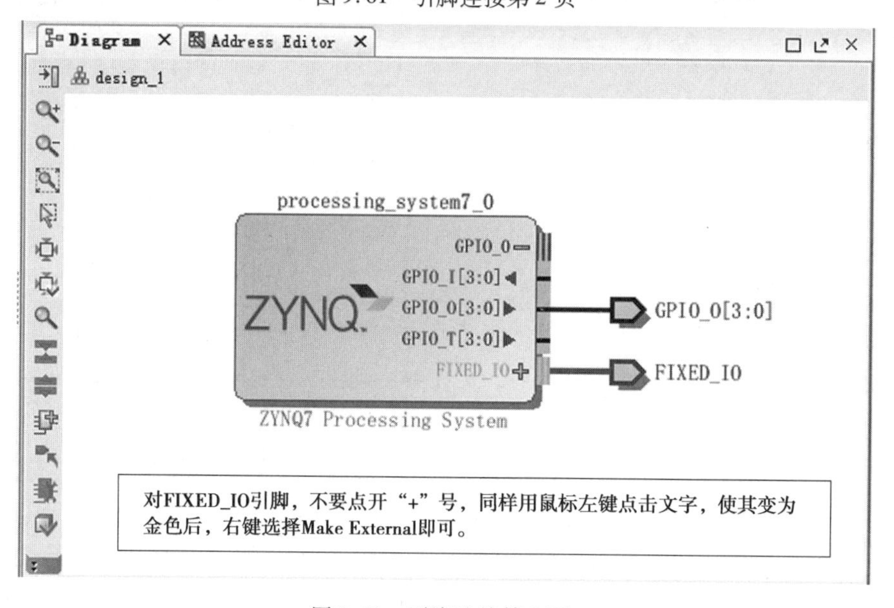

图 9.62　引脚连接第 3 页

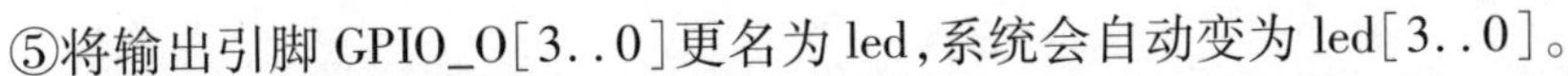

⑤将输出引脚 GPIO_O[3..0]更名为 led,系统会自动变为 led[3..0]。

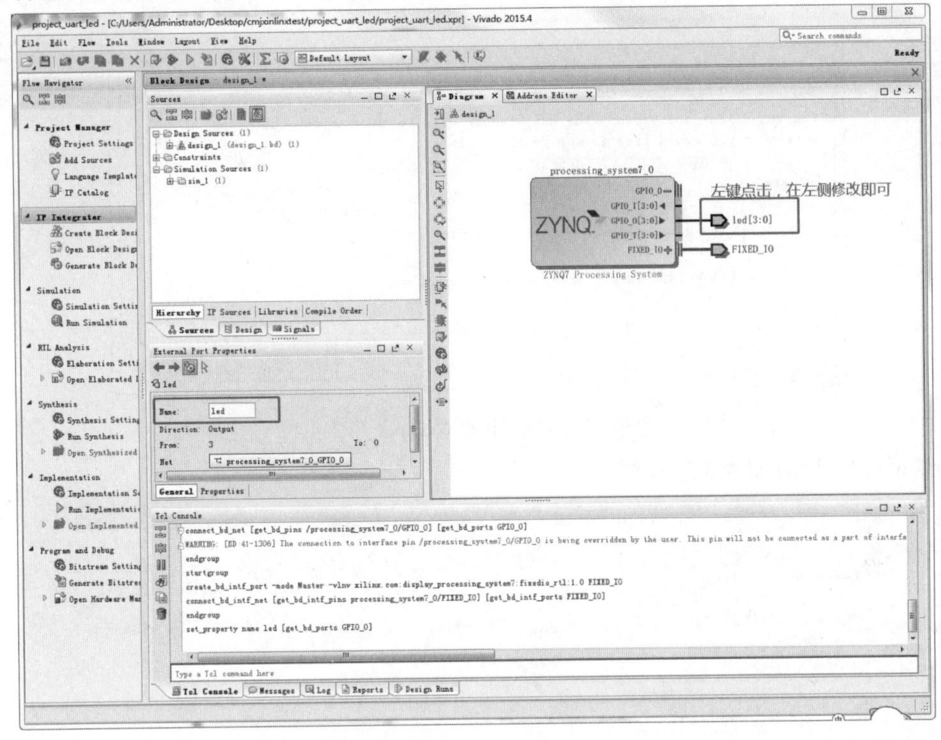

图 9.63　引脚连接第 4 页

⑥将设定好的硬件进行封包,Creat HDL Wrapper,系统会自动生成一个顶层文件。

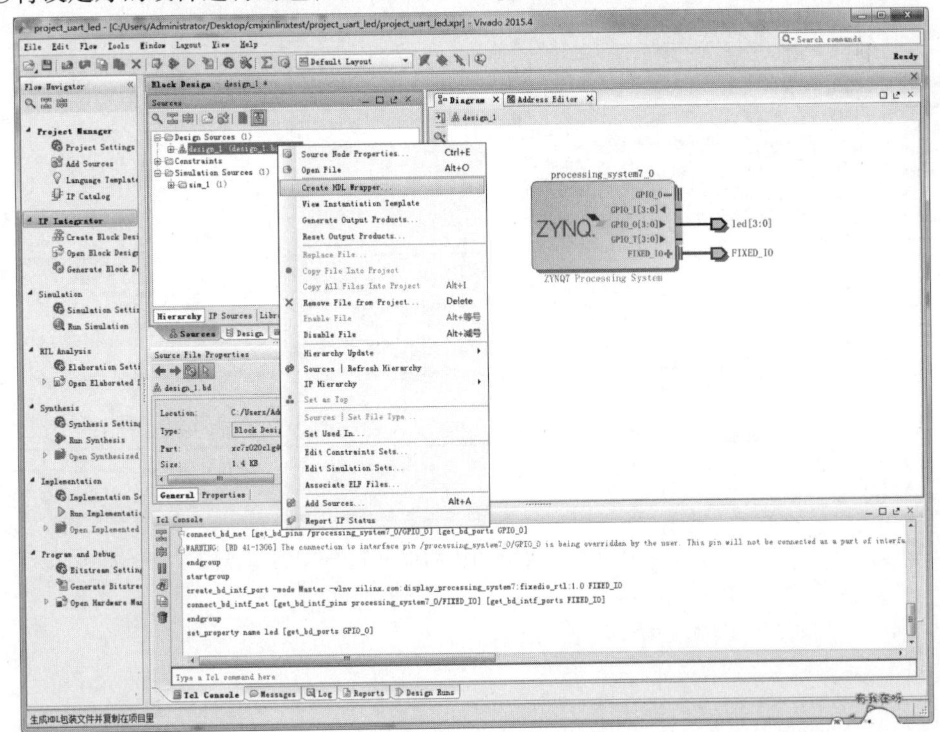

图 9.64　创建 HDL Wrapper 第 1 页

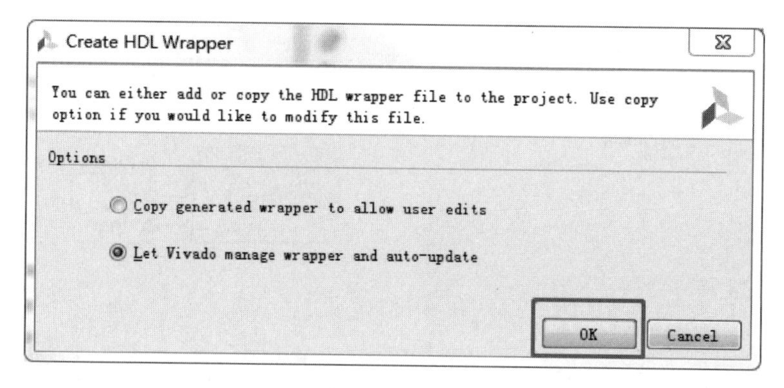

图 9.65　创建 HDL Wrapper 第 2 页

⑦约束设定 LED 灯引脚,并存盘。

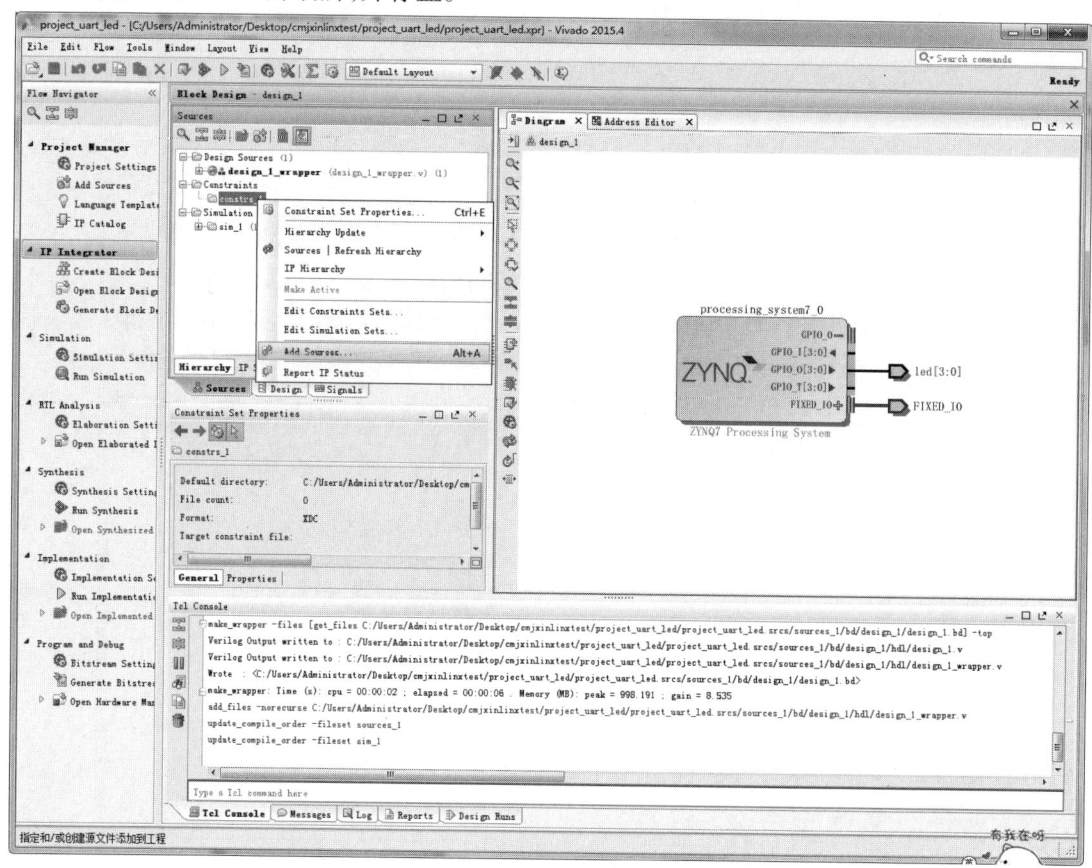

图 9.66　创建引脚约束第 1 页

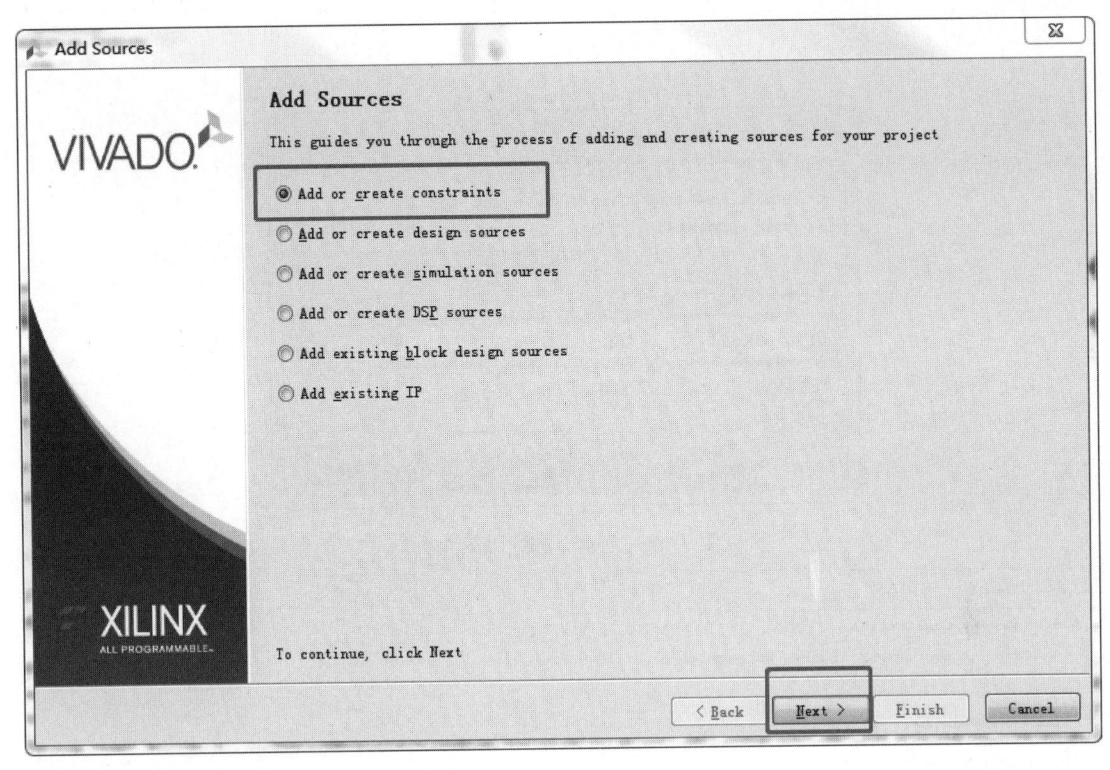

图9.67　创建引脚约束第2页

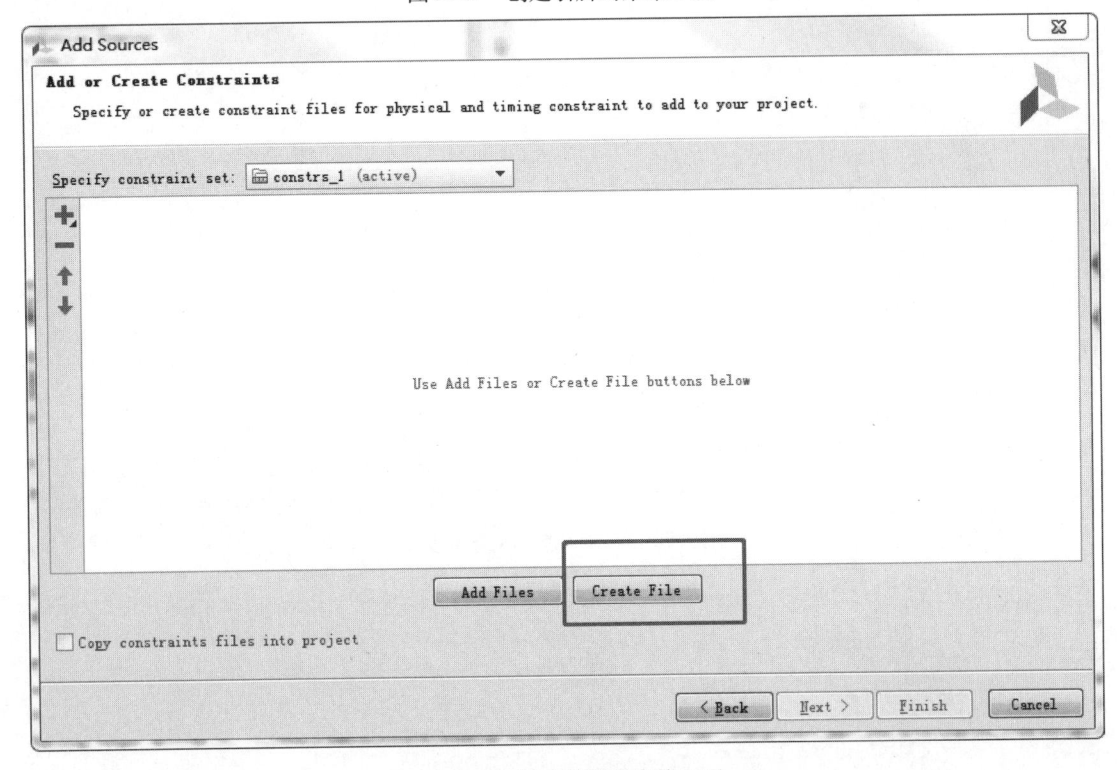

图9.68　创建引脚约束第3页

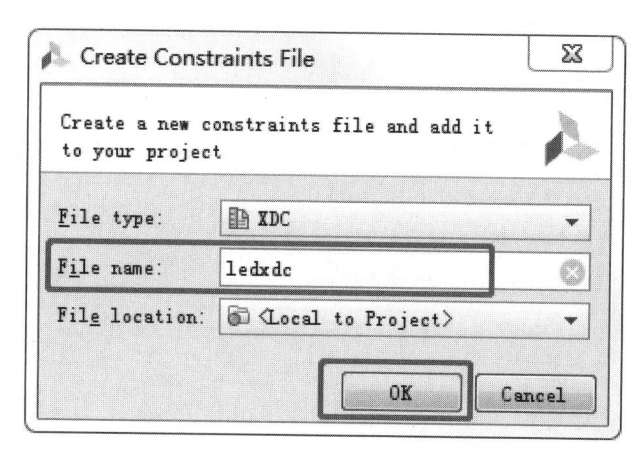

图 9.69　创建引脚约束第 4 页

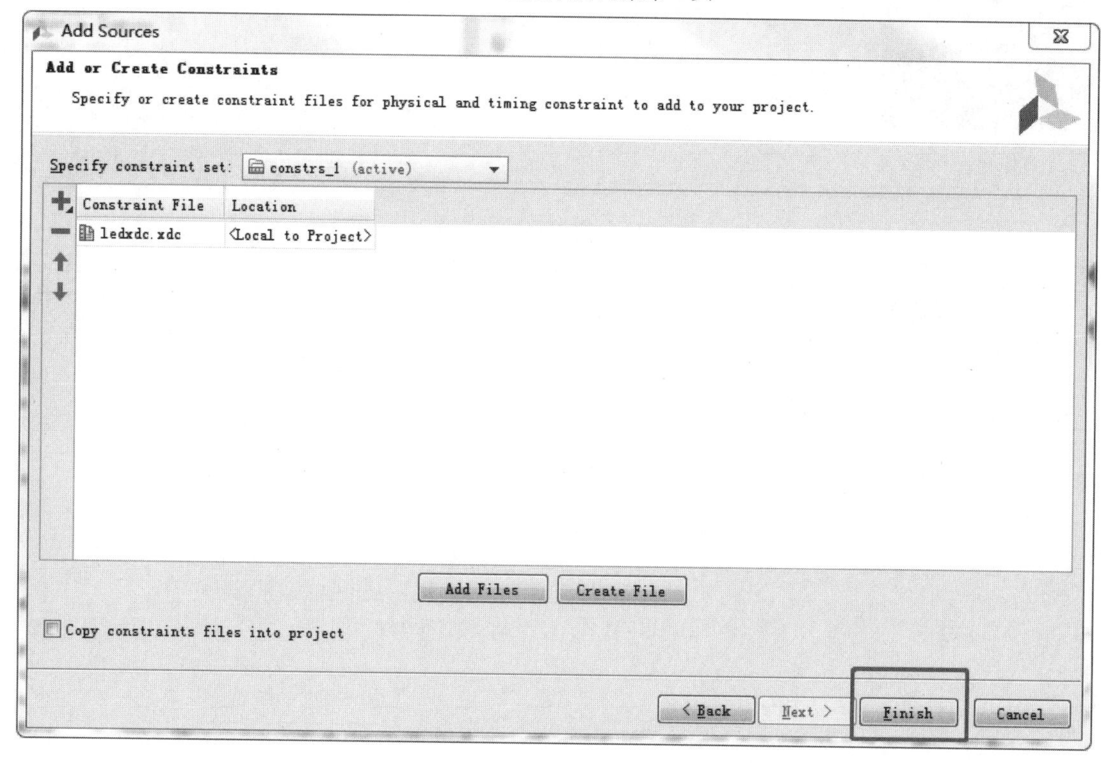

图 9.70　创建引脚约束第 5 页

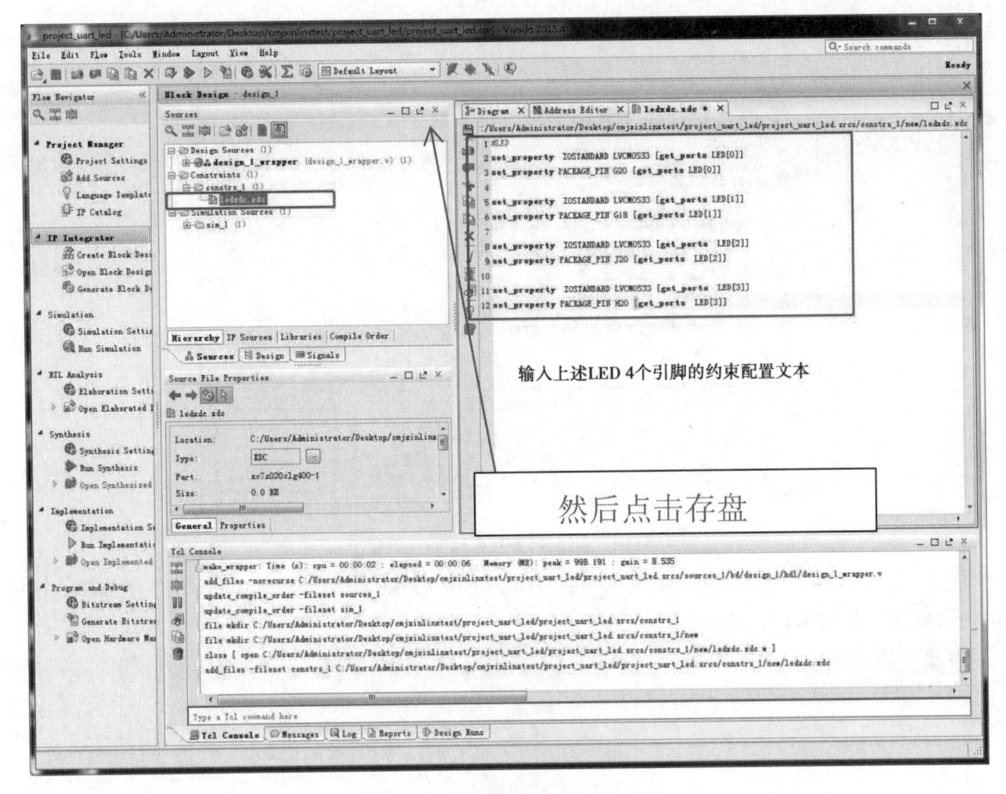

图 9.71　创建引脚约束第 6 页

⑧综合适配并生成 bit 文件,至此硬件设计部分完成。

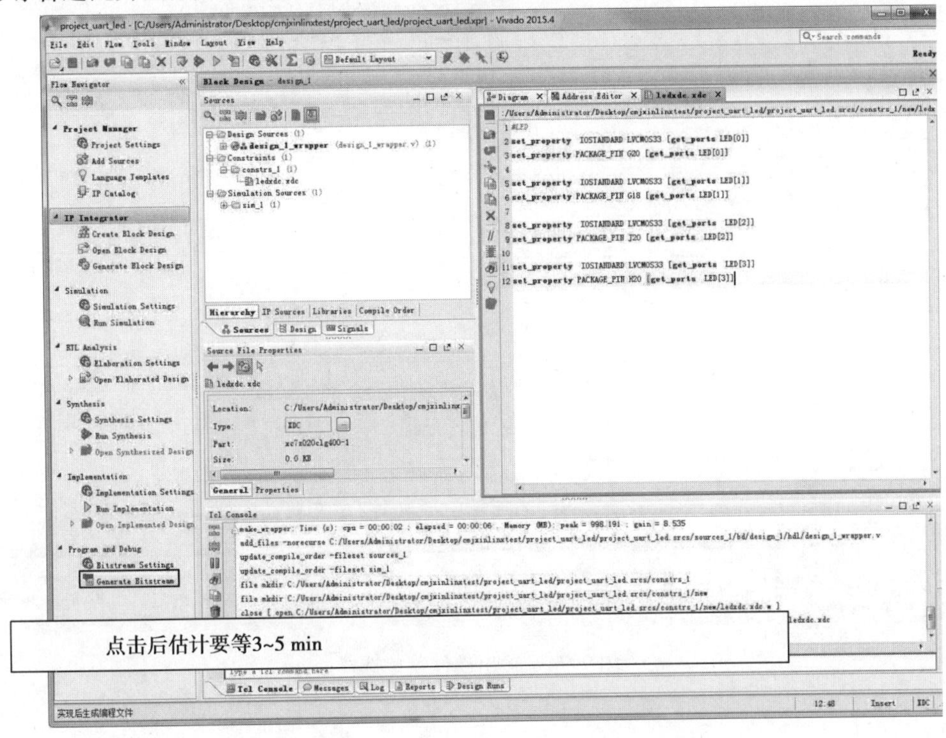

图 9.72　综合适配并生成 bit 文件

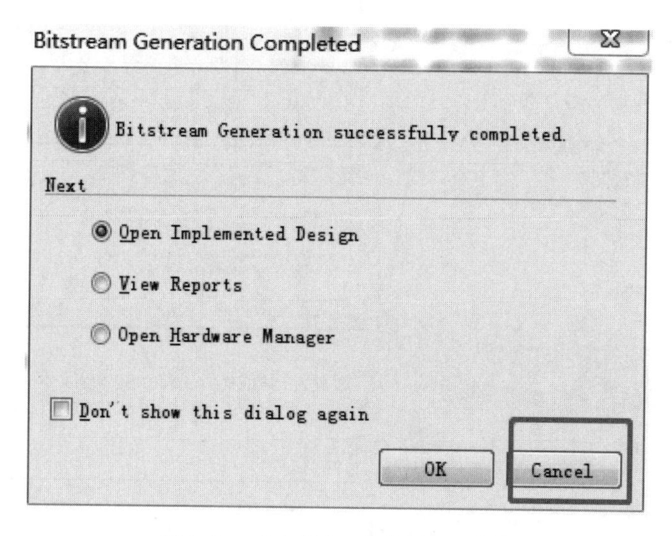

图 9.73 “生成 bit 文件后”对话框

⑨进入 CPU 软件设计,输出硬件到 SDK,建立软硬件联合测试平台,在 File 中选择 Launch SDK,启动 SDK(估计要等待 20 s)。

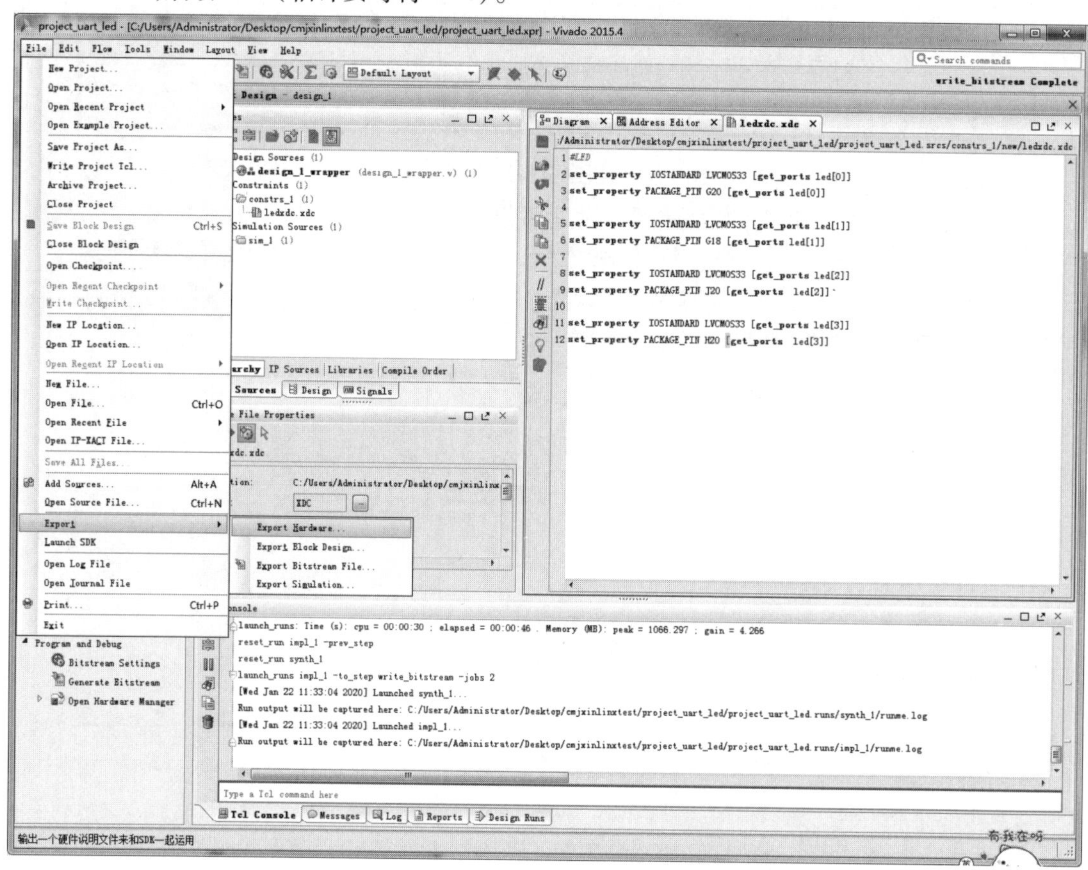

图 9.74 输出硬件菜单选择

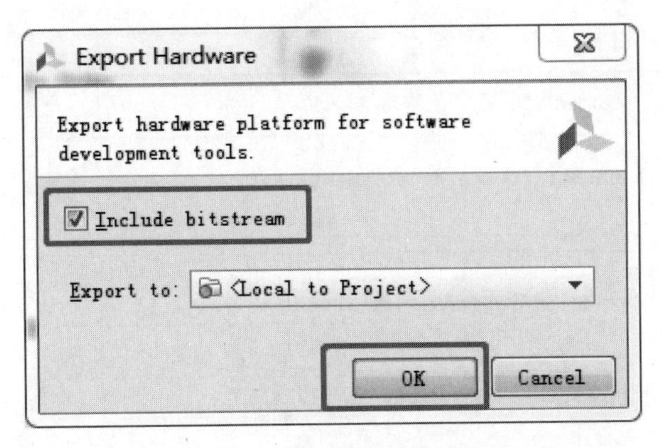

图 9.75　输出硬件对话框选择

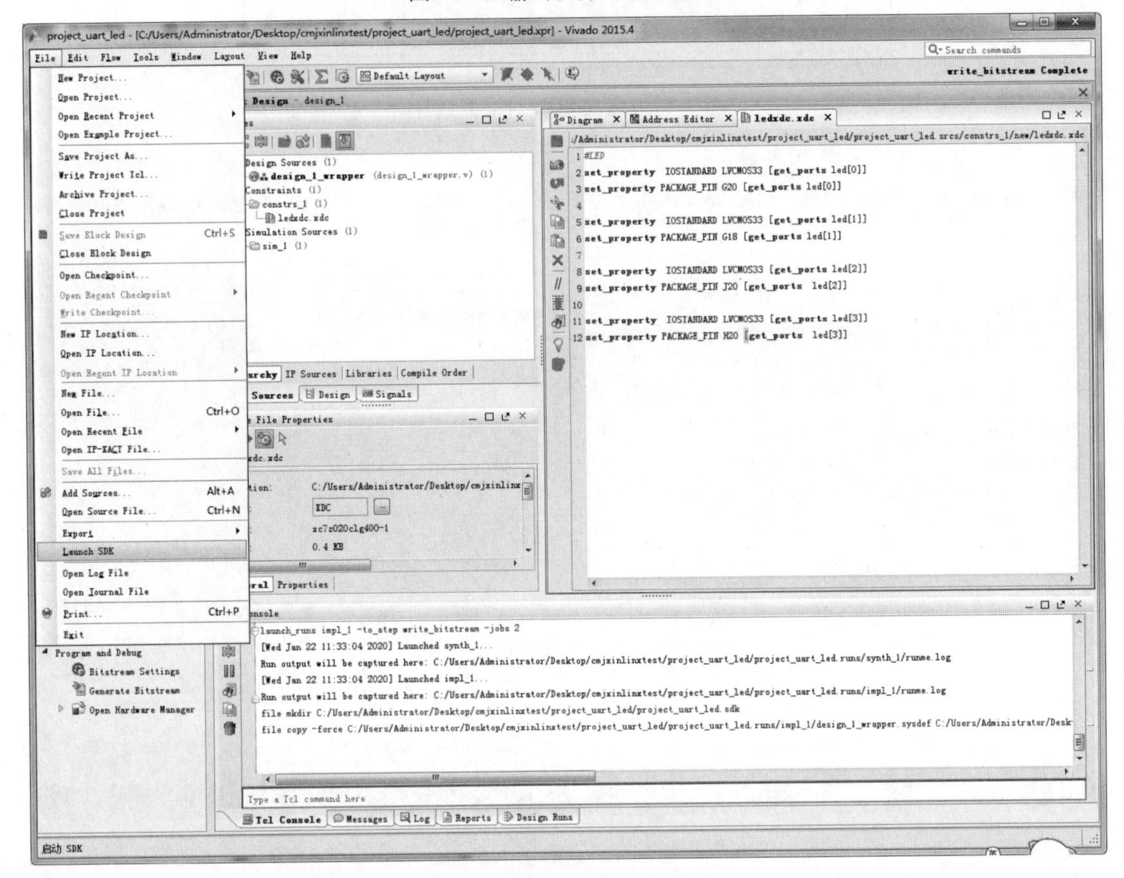

图 9.76　启动 SDK 菜单

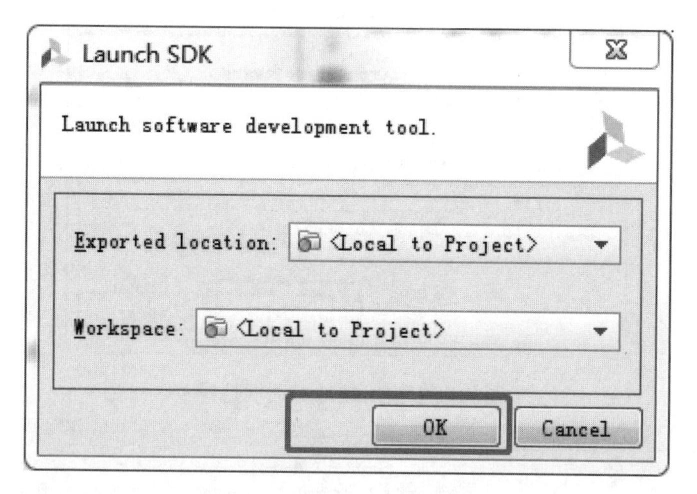

图 9.77　启动 SDK 对话框选择

⑩在 SDK 中,新建软件工程。

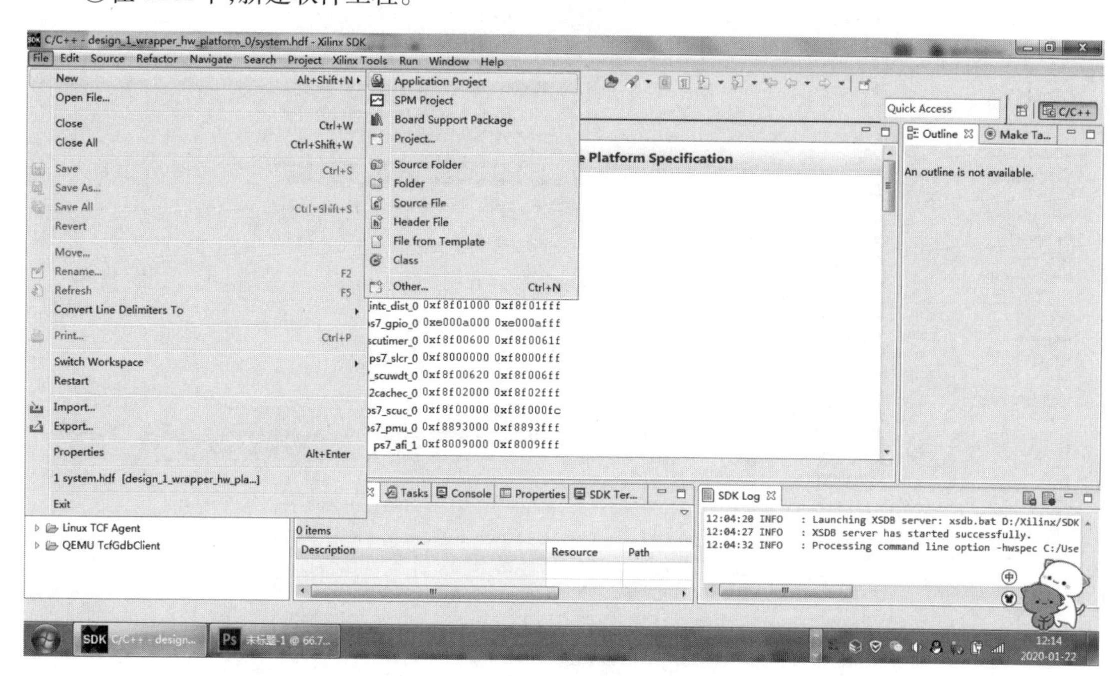

图 9.78　新建软件工程第 1 页——菜单

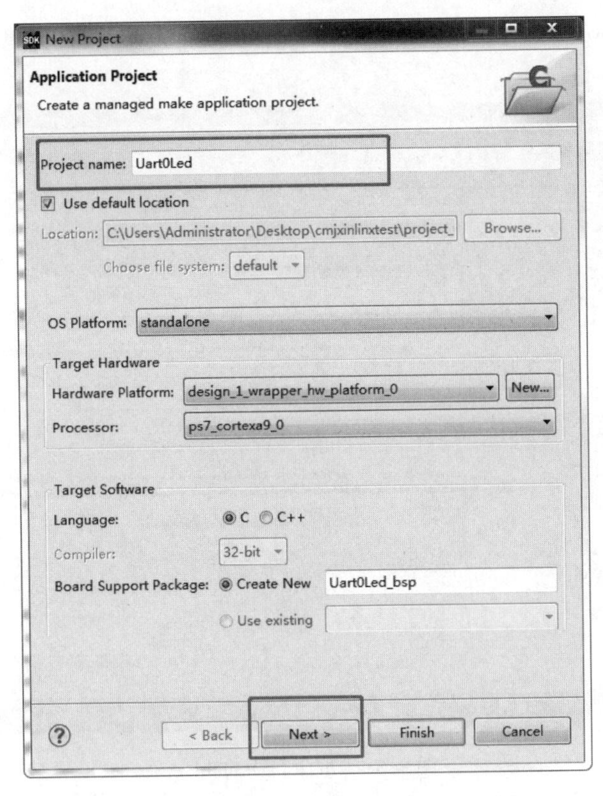

图 9.79　新建软件工程第 2 页——工程名

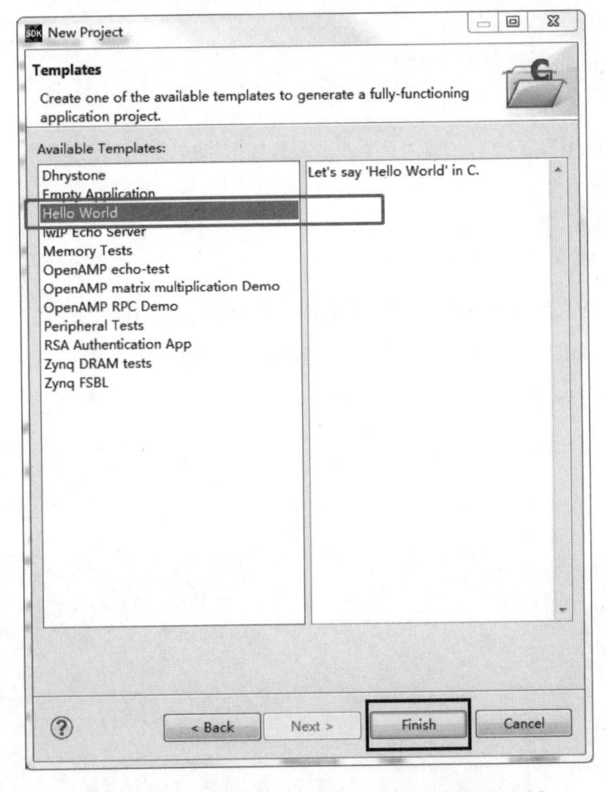

图 9.80　新建软件工程第 2 页——Hello World

⑪重命名 helloworld. c 为 main. c,完成后双击 main. c,删除原有代码,输入相应控制代码,如图 9.81 所示,并存盘。

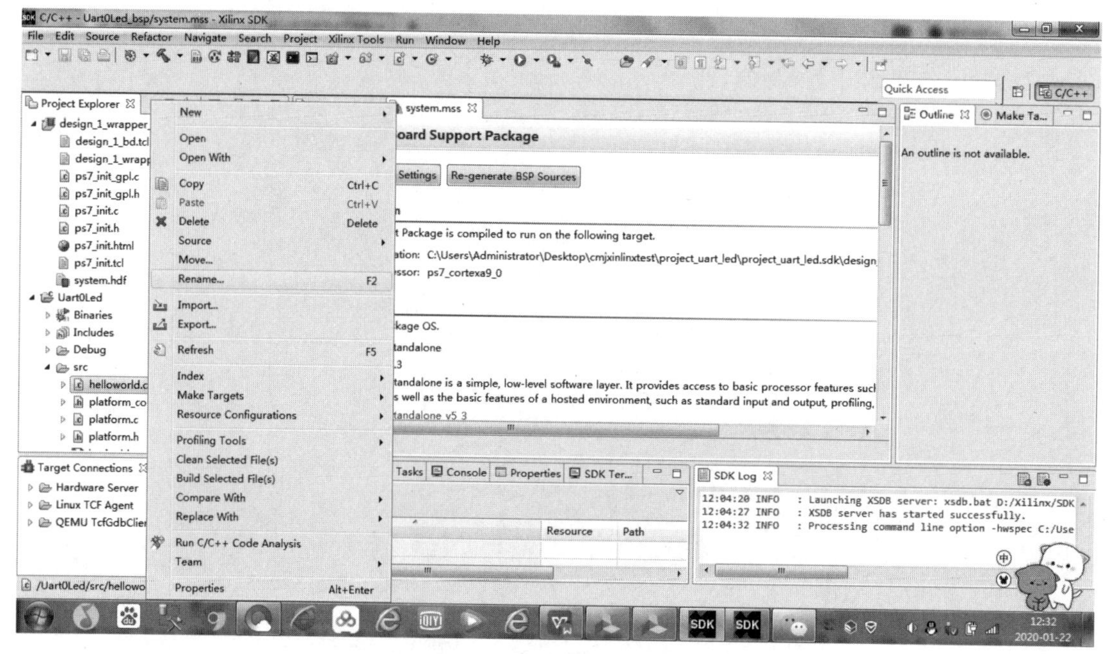

图 9.81　重命名为 main. c

代码如下:

```
#include <stdio. h>
#include "platform. h"
#include "xil_printf. h"
#include "xgpiops. h"
#include "xuartps. h"
#include "sleep. h"

#define GPIO_DEVICE_ID XPAR_XGPIOPS_0_DEVICE_ID
#define UARTPS_DEVICE_ID XPAR_XUARTPS_0_DEVICE_ID
//#define AxiLiteBaseAddress 0x43C00000

#define LED0 54
#define LED1 55
#define LED2 56
#define LED3 57

XGpioPs Gpio;
XUartPs Uart_PS;
u8 LedMode = 1;
```

```
void l2r2lLed(){
int i;
    for(i=0;i<6;i++){
XGpioPs_WritePin(&Gpio,LED0,i==0);
XGpioPs_WritePin(&Gpio,LED1,i==1||i==5);
XGpioPs_WritePin(&Gpio,LED2,i==2||i==4);
XGpioPs_WritePin(&Gpio,LED3,i==3);
usleep(1000000);
    }
}
void alllightLed(){

XGpioPs_WritePin(&Gpio,LED0,1);
XGpioPs_WritePin(&Gpio,LED1,1);
XGpioPs_WritePin(&Gpio,LED2,1);
XGpioPs_WritePin(&Gpio,LED3,1);
usleep(100000);
}
void alloffLed(){

XGpioPs_WritePin(&Gpio,LED0,0);
XGpioPs_WritePin(&Gpio,LED1,0);
XGpioPs_WritePin(&Gpio,LED2,0);
XGpioPs_WritePin(&Gpio,LED3,0);
usleep(100000);
}

// UART 格式,本例中可以用这个。我们选择了更简单的直接配置波特率。
XUartPsFormat uart_format =
{
9600,
//XUARTPS_DFT_BAUDRATE, //默认波特率为 115 200
XUARTPS_FORMAT_8_BITS,
XUARTPS_FORMAT_NO_PARITY,
XUARTPS_FORMAT_1_STOP_BIT,
};
int main()
{
```

```
init_platform( ) ;
      XGpioPs_Config  * ConfigPtr;
      XUartPs_Config  * Config;
      int Status;
      u32 ReceivedCount=0;
    ConfigPtr=XGpioPs_LookupConfig( GPIO_DEVICE_ID) ;
      Status=XGpioPs_CfgInitialize( &Gpio, ConfigPtr, ConfigPtr->BaseAddr) ;
         if( Status!  =XST_SUCCESS) {
         return XST_FAILURE;
         }

         XGpioPs_SetDirectionPin( &Gpio, LED0, 1) ;
         XGpioPs_SetOutputEnablePin( &Gpio, LED0, 1) ;
         XGpioPs_SetDirectionPin( &Gpio, LED1, 1) ;
         XGpioPs_SetOutputEnablePin( &Gpio, LED1, 1) ;
         XGpioPs_SetDirectionPin( &Gpio, LED2, 1) ;
         XGpioPs_SetOutputEnablePin( &Gpio, LED2, 1) ;
         XGpioPs_SetDirectionPin( &Gpio, LED3, 1) ;
         XGpioPs_SetOutputEnablePin( &Gpio, LED3, 1) ;


         //////////////////////////////////////设置 UART
  Config=XUartPs_LookupConfig( UARTPS_DEVICE_ID) ;
  if( NULL= =Config) {
  return XST_FAILURE;
  }
  Status=XUartPs_CfgInitialize( &Uart_PS, Config, Config->BaseAddress) ;
  if( Status!  =XST_SUCCESS) {
  printf( "fail1") ;
  return XST_FAILURE;
  }
  /*   UART 设备自检    */
  Status = XUartPs_SelfTest( &Uart_PS) ;
  if (Status ! = XST_SUCCESS) {
  printf( "fail2 selftest ") ;
  return XST_FAILURE;
  }

  /*   设置 UART 模式与参数    */
```

```
XUartPs_SetOperMode(&Uart_PS,XUARTPS_OPER_MODE_NORMAL); //正常模式
//XUartPs_SetDataFormat(&Uart_PS,&uart_format);//设置UART格式
XUartPs_SetBaudRate(&Uart_PS,9600);//本例中选择了这个直接配置更简单


while(1){

if(XUartPs_Recv(&Uart_PS,&LedMode,1) == 0){
//printf("Recv 0");
//printf("%d",recv_cnt);
}else{
printf("接收到上位机指令,");
printf("LedMode=%c\n\r",LedMode);
}

if(LedMode == '0'){
l2r2lLed();
}
if(LedMode == '1'){
alllightLed();
}
if(LedMode== '2'){
alloffLed();
}


        }


        cleanup_platform();
        return 0;
}
```

⑫连接开发板USB电源线,下载线,开发板红色LED灯亮。

⑬下载硬件bit文件到开发板。

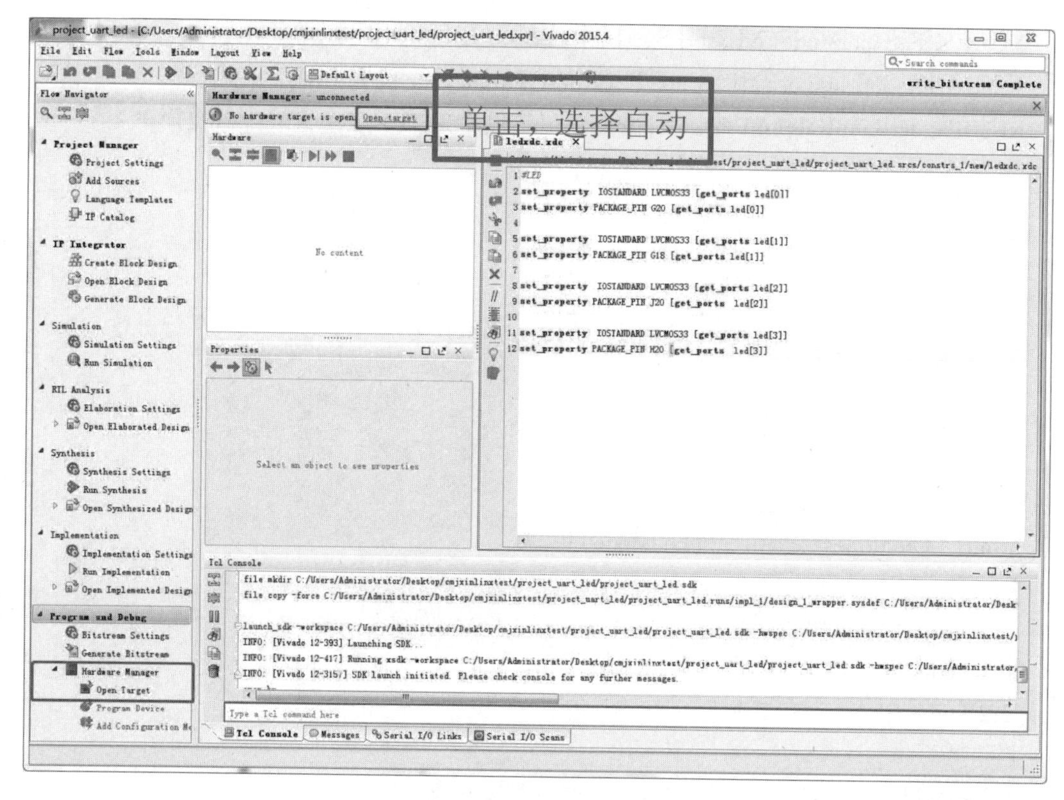

图 9.82　硬件配置连接

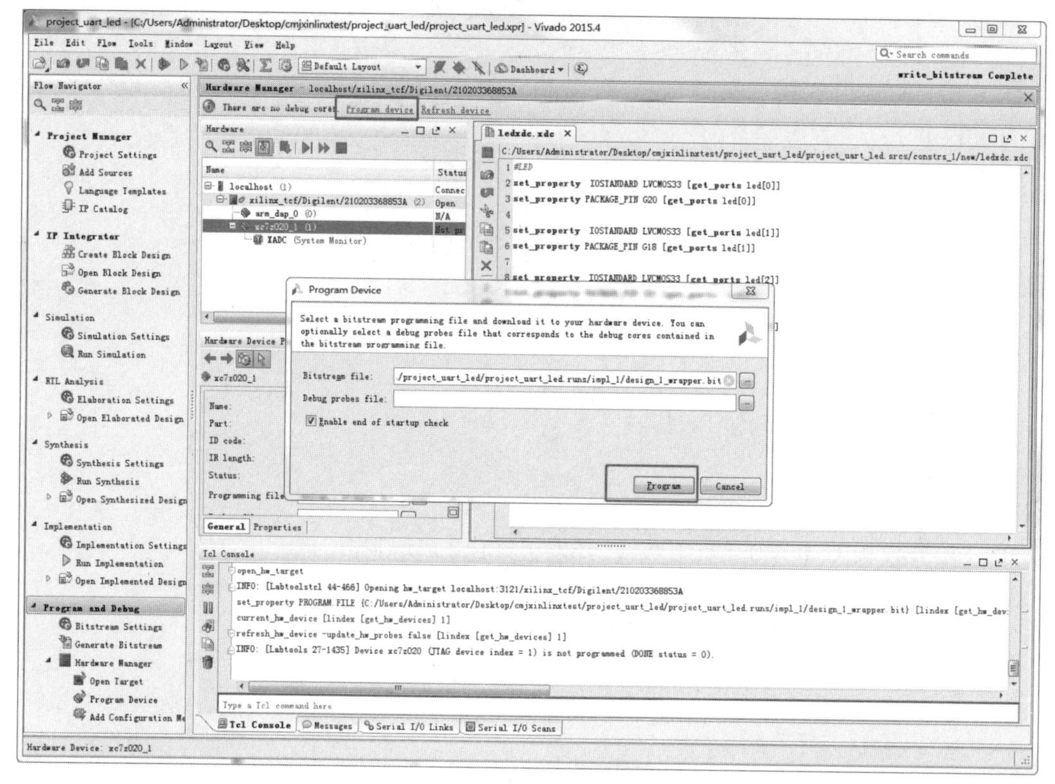

图 9.83　选择下载

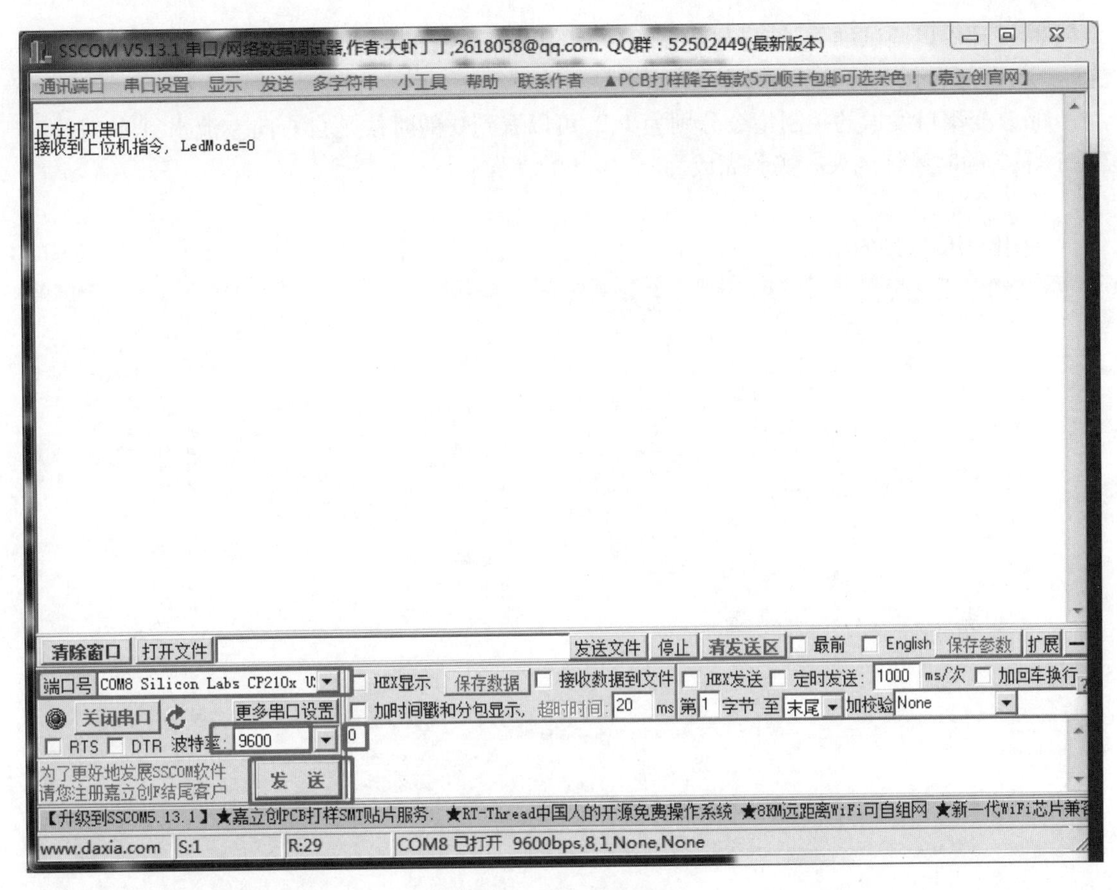

图 9.84　串口软件设置

⑭下载软件主程序到开发板,并运行。

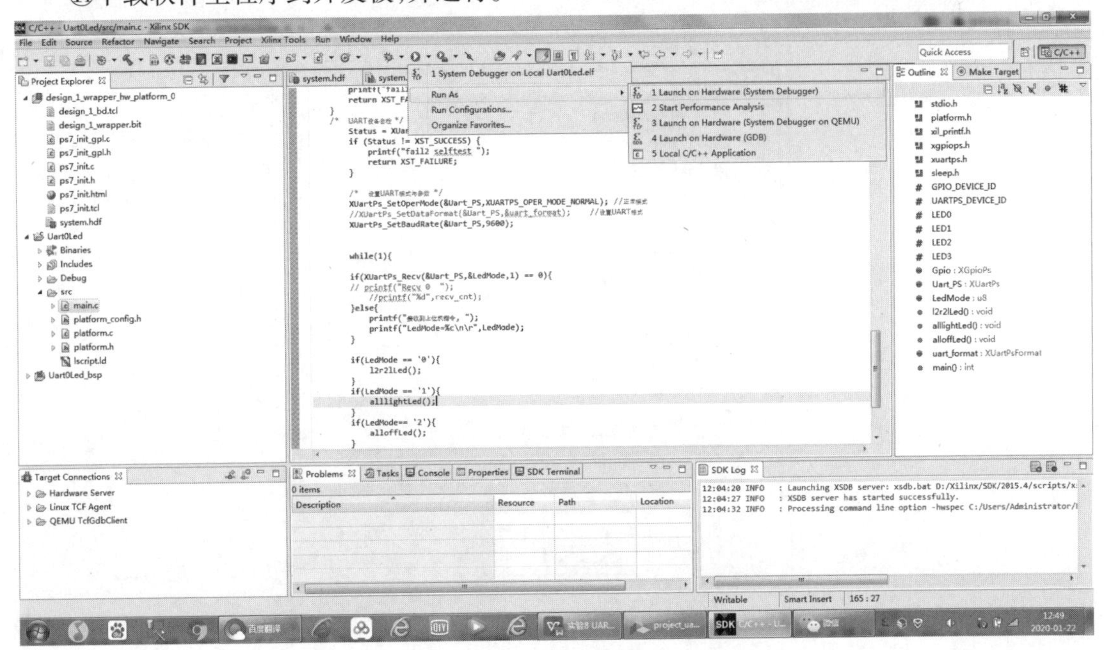

图 9.85　在 SDK 中运行 C 语言程序

⑮打开串口调试助手,选择包含 CP210X 的串口,设置波特率,文本框输入 0,单击发送按钮一次,即可看到串口助手显示的回传信息。

⑯改变串口发送的控制指令分别为 1,2,可以看到 0 的时候是自右向左流水,1 的时候亮两个灯,2 的时候灯全灭。实验完成。

附加介绍:

使用 SDK 自带的串口。

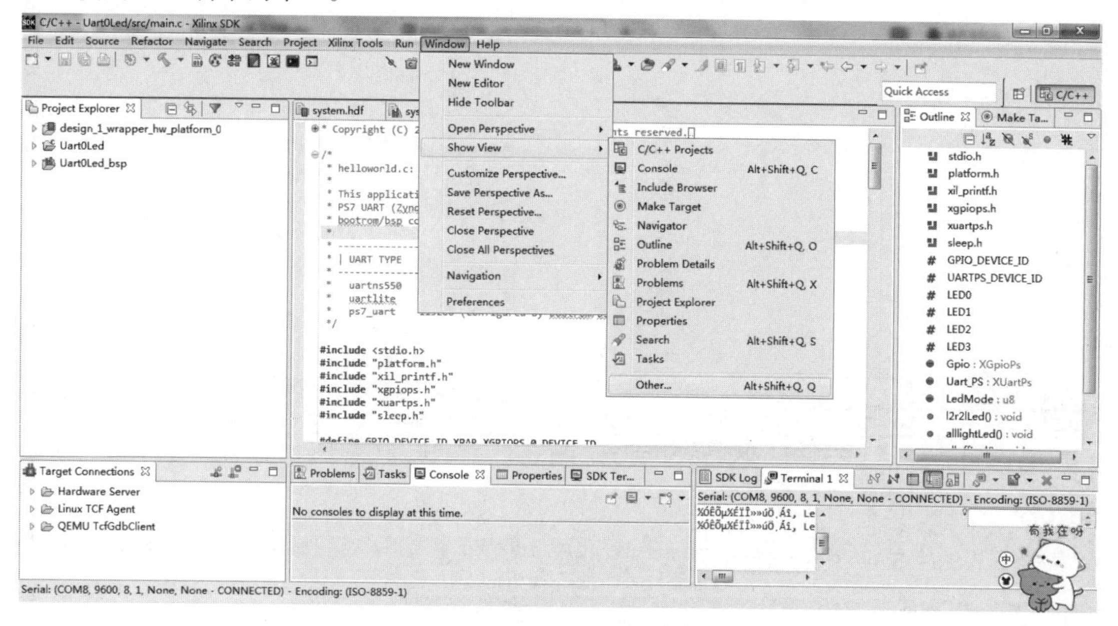

图 9.86　启动 SDK 自带的串口

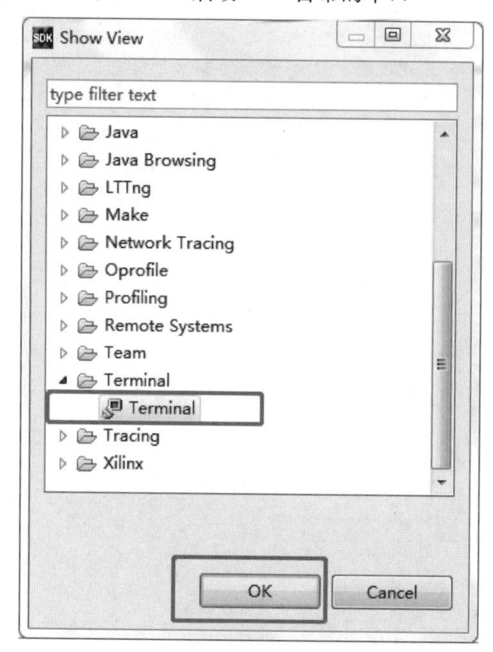

图 9.87　串口对话框设置

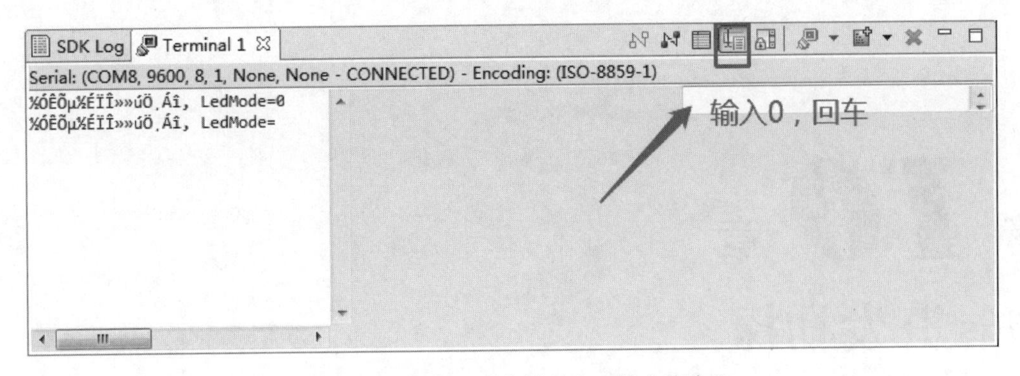

图9.88　启动SDK自带的串口输入指令0

(5)**提高部分**

①尝试将UART控制命令改为更复杂的指令(上位机串口发送与下位机C语言同时改动即可)。

②增加花样流水灯的变动花样,完成从右到左、从左到右、呼吸灯、全亮、全灭、全亮+闪烁等。

③查看工程文件夹,并思考每一个文件夹的主要文件功能。

第 10 章 Vitis 开发初探

10.1 Vitis 概述

(1)从 Vivado/SDK 到 Vitis

2012 年赛灵思就推出了针对其 FGPA 产品的开发套件 Vivado,完善了开发堆栈的基础。随着赛灵思的芯片架构的每一代的进展,Vivado 也在不断增加新的功能,比如针对嵌入式开发人员的 SDSoC,为数据中心部署而开发的 SDAccel,随后又增加了一个加速 AI 推断的工具包。随着功能的不断地完善,Vivado 也成了一个平台型产品。不过其主要针对的还是硬件,开发人员也需要具备较强的 FPGA 硬件开发能力,因为涉及硬件的设计和模拟。但是这类人员却相对较少,门槛高,薪资成本也高,相比之下软件开发人员则有上百万之多。显然,如果能够降低开发门槛,使得更多的软件开发人员能够参与进来,无疑将极大丰富赛灵思的应用生态。

赛灵思执行副总裁兼数据中心事业部总经理 Salil Raje 也认为,计算行业正在经历着三大变化趋势,第一个趋势是从标准转向了异构计算架构,第二个趋势是我们的计算和应用开始从云端向边缘迁移,第三个趋势是 AI 的无处不在。而这三大趋势也给开发者带来了非常大的挑战。所以我们确实需要一个独特、全面的开发环境来满足所有的挑战,同时降低开发门槛。

(2)统一开发软件平台 Vitis

2019 年 10 月,赛灵思正式发布了统一开发软件平台 Vitis,并在 Github 上免费提供了赛灵思运行时库的源代码。Vitis 平台无需用户深入掌握硬件专业知识,即可根据软件或算法代码自动适配和使用赛灵思的硬件架构。此外,Vitis 平台不限制使用专有开发环境,而是可以插入通用的软件开发工具,并利用丰富的优化过的开源库,使开发者能够专注于算法的开发。

具体来说,Vitis 提供了一个全面的开发平台来构建、运行和分析应用,如图 10.1 所示。所有的这些开发都是在 Vitis 平台上进行的,一个平台是一个固定的提前配置好的系统,包括 I/O 和存储,有 API 和软件,要建立一个应用,Vitis 提供了每一个不同异构的赛灵思器件的编辑器,有 Vitis 的 HLS 使用 C/C++和 RTL 的编码,而且 Arm 编译器也可以采用 C/C++代码映

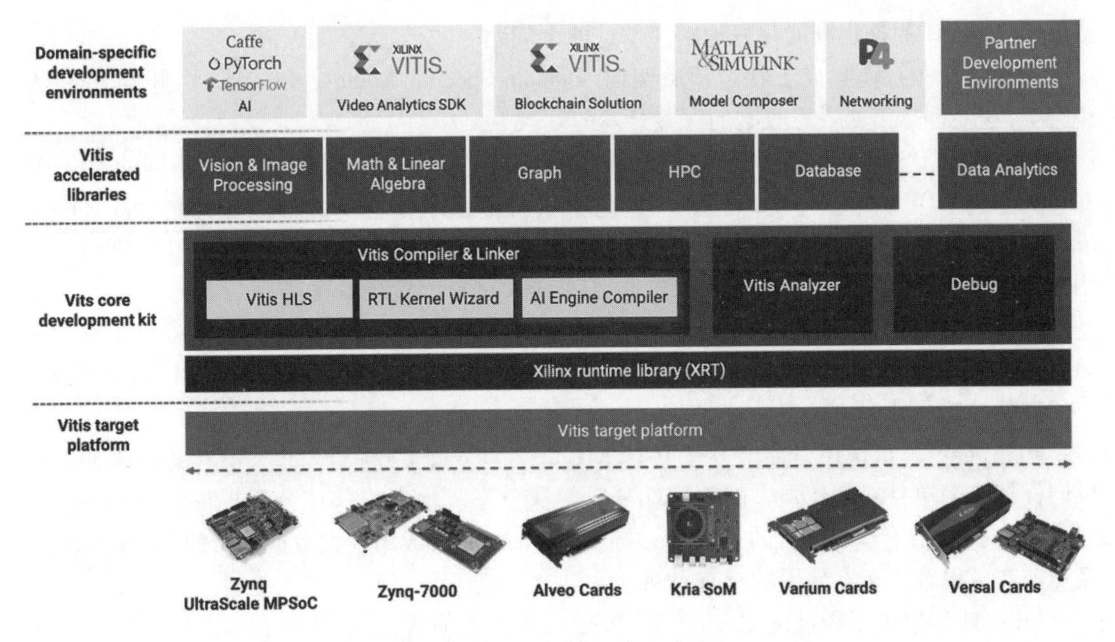

图 10.1 Vitis 开发平台组件

射到处理子系统。然后,系统编译器将这些单独的代码块链接在一起,并创建所有互联以优化它们之间的数据移动。将 X86 的工具链用于以 PCIE 为基础的系统。同时,它还整合了 AI 引擎的编辑器在 Versal 的设备上。

(3) Vitis 和 Vivado 之间的区别

对于 Vitis 和 Vivado 之间的区别,Salil Raje 解释称,Vitis 实际上是主要针对软件,它把云、边缘、端点全部集合在一起,通过 Vitis,开发人员能够在赛灵思的 Zynq SoCial、超大规模 FPGA、Alveo 开发板和数据中心构建和部署他们的加速应用。而 Vivado 主要针对的是硬件。Vitis 是独立于 Vivado 设计套件之外的统一软件平台。对于开发者来说,其仍然可以继续通过 Vivado 使用硬件代码进行编程,但是也能通过 Vitis 将硬件模块封装成软件可调用的函数,从而提高硬件开发者的工作效率。

(4) Vitis AI 正式发布

众所周知,对于 AI 计算来说,通用型的 CPU 并不是最佳的载体,同样 GPU 虽然目前被大量应用于深度学习领域,但是相比针对特定 AI 算法定制的 ASIC 及半定制的 FPGA 来说,其在能效上仍有着较大的差距。但是,设计一款 ASIC 芯片到量产至少需要 1 年半的时间,而算法模型更新却非常地频繁,几个月就会更新一次。数据显示,自 2012 年以来,AI 算法模型平均每 3 个月就会出现一次大的变化,数值精度、能效上的可选择性也越来越多,同时随着 AI 的应用场景快速发展演进,新的解决方案都要去应对在高性能、灵活性和上市时间等方面的不同需求。这也意味着,如果我们根据现在最新的 AI 算法模型来设计一款 ASIC 芯片,等到商用之时,其固化的算法模型可能就已经落后,虽然可以工作,但是性能、效率、适应性上可能已经是大打折扣。显然,在此背景之下,更具灵活性的、可编程的 FPGA,以及灵活多变的自适应计算平台 ACAP,显然在 AI 计算上更具优势。

不过,正如前面所提到的,未来异构计算和边缘计算是大势所趋,所以我们不仅需要充分发挥异构系统中的每一个计算单元的 AI 能力,同时也需要加速 AI 在云、边、端侧的部署。而赛灵思 Vitis AI 的推出则能很好地解决了这两个问题。

据介绍,Vitis AI 集成了特定领域架构(Domain-Specific Architecture,DSA)、开发套件、AI模型等,这些都是由赛灵思收购的深鉴开发的。

最底层的 DSA 提供了针对 AI 模型的硬件实现,可以高效在 FPGA 上运行不同的 AI 处理器,比如 CNN DPU、LSTM DPU、MLP DPU 等。赛灵思软件与 AI 产品市场营销副总裁 Ramine Roane 告诉芯智讯,“今年我们焦点放在 CNN,以后会有不同 DPU 的处理器。”开发者可以使用包括 TensorFlow 和 Caffe 等业界领先框架对 DSA 进行配置与编程。

Vitis AI 提供的工具链能在数分钟内完成优化、量化和编译操作,在赛灵思器件上高效地运行预先训练好的 AI 模型。此外,它也为从边缘到云端的部署提供了专用 API,实现业界一流的推断性能与效率。

此外,赛灵思很快还将推出另一个 DSA(Vitis Video),支持从 FFmpeg 直接进行编码并提供同样超级简单且功能较强大的端到端视频解决方案。由合作伙伴公司提供的 DSA 包括:与 GATK 集成用于基因分析的 illumina,与 ElasticSearch 集成用于大数据分析的 BlackLynx,以及当前赛灵思客户正在使用的专有 DSA。

Vitis AI 还提供了经过优化 AI 模型,包括对于行人的检测、动作捕捉、物体或目标识别、人脸识别、车道线识别等 50 多个模型,这些都是可以高效在 FPGA 上运行的模型,所有这些也都是深鉴开源提供的。

特别值得一提的是,Vitis AI 还提供了多个通用库和特定领域库,400 多种性能优化的、开源的、开箱即用的 AI 加速功能。借助这些库和开源功能,软件开发者可以使用标准的应用程序编程接口(Application Programming Interface,API)来实现硬件的 AI 加速。

(5)Vitis 和 Xilinx SDK 的异同

从 Vivado 2019.2 开始,对应的软件开发环境从 SDK 变成了 Vitis,Vitis 是 Xilinx SDK 的继任者。

2019.1 及之前版本,SDK 是 Vivado 的一个附属组件,可以从 Vivado 启动 SDK。从 2019.2 开始,Vitis 不能从 Vivado 启动,必须单独启动。地位和 Vivado 齐平,不再是一个附件。

Vitis 和 SDK 概念的对应关系如下:

Vitis[sdk]:xsa-[bit+hdf],domain-[bsp],platform-[platform],platform.spr[system.mss].

Vitis 可以自动生成 fsbl 工程。

阅读资料:

hdf:Hardware Description File,Vivado 2019.1 及更早版本导出的硬件描述文件,给 Xilinx SDK 使用。

xsa:Xilinx Shell Archive,Vivado 2019.2 及后续版本导出的硬件文件,可以这么理解,.xsa=.bit+hdf.

(6)Vitis 的组成

Vitis 中有 5 个概念,分别是:

①Platform(平台):一个 Platform 对应一个硬件平台(由电路板和预编译的 IO 组成)。

②Domain(域):就是板级支持包 BSP,或操作系统 OS,控制一个或多个同构的处理器。最常用的“xparameters.h”就在 BSP/Domain 中。BSP/Domain 中主要是硬件的驱动程序和驱

动头文件。

③Application(应用程序):应用运行在平台(硬件)的域(BSP)上,主要是用里面的. h 文件。

④System Project(系统工程):是一个容器,里面包含 1 个或多个 Application。

⑤Workspace(工作空间):是一个容器,里面可以包含任意多个 Platform 和 System Project。

Vitis 统一软件平台包括:

①全面的内核开发套件,可无缝构建加速的应用。

②完整的硬件加速开源库,针对 Xilinx FPGA 和 Versal ACAP 硬件平台进行了优化。

③插入特定领域的开发环境,可直接在熟悉的更高层次框架中进行开发。

④不断发展的硬件加速合作伙伴库和预建应用生态系统。

Vitis Model Composer 是一款基于模型的设计工具,支持在 MathWorks MATALB® 和 Simulink® 环境中进行快速设计探索和验证,并加速 Xilinx 器件的量产。

Vitis Networking P4 允许创建软件定义网络。VitisNet P4 数据平面构建器生成的系统,可以针对从简单的数据包分类到复杂的数据包编辑的各种数据包处理功能进行编程。

1)Vitis AI 开发环境。

Vitis AI 开发环境是一个专门的开发环境,用于在 Xilinx 嵌入式平台、Alveo 加速卡或云端 FPGA 实例上加速 AI 推断。Vitis AI 开发环境不仅支持业界领先的深度学习框架,如 Tensorflow 和 Caffee,而且还提供全面的 API 进行剪枝、量化、优化和编译训练过的网络,从而可为你部署的应用实现最高的 AI 推断性能。

2)Vitis 加速库。

性能优化的开源库,提供开箱即用的加速,对于采用 C、C++或 Python 编写的现有应用而言,代码修改极少,甚至不需要修改代码。按原样利用特定领域的加速库,通过修改适应你的需求,或者在你的自定义加速器中用作算法构建块。

3)Vitis Core 开发套件。

完整的图形开发工具和命令行开发工具,其中包括 Vitis 编译器、分析器和调试器,用于构建、分析性能瓶颈问题,调试加速算法,使用 C、C++或 Open CL 进行开发。在你的 IDE 中使用这些特性,或者使用独立的 Vitis IDE。

4)Xilinx RunTime 库。

Xilinx 运行时(XRT)可促进应用代码(运行在嵌入式 ARM 或 x86 主机上)与加速器(部署在基于 PCIe 的 Xilinx 加速卡、基于 MPSoC 的嵌入式平台或 ACAP 的可重构部分上)之间的通信。它包括用户空间库和 API、内核驱动、电路板、实用程序和固件。

5)Vitis 目标平台。

Vitis 目标平台为 Xilinx 平台定义了基本软硬件架构及应用环境,包括外部存储接口、自定义输入输出接口和软件运行时。

对于本地或云的 Xilinx 加速卡,Vitis 目标平台可自动配置 PCIe 接口,这些接口可连接和管理 FPGA 加速器和 x86 应用代码之间的通信,无须实现任何连接细节。

对于 Xilinx 嵌入式软件,Vitis 目标平台还包括用于平台上处理器的操作系统、平台外设的引导加载程序和驱动程序,以及根文件系统。可以为 Xilinx 评估板使用预定义 Vitis 目标平台,也可在 Vivado® Design Suite 中定义自己的 Vitis 目标平台。

6) Vitis Model Composer。

Vitis Model Composer 是一款 Xilinx 工具包,支持在 MATALB® 和 Simulink® 环境中进行快速设计、探索和验证,并加速 Xilinx 器件的量产。

使用针对 AI 引擎和可编程逻辑的优化模块,创建设计。可视化仿真结果并对其进行分析,然后将得出的结果与使用 MALTAB® 和 Simulink® 生成的黄金参考进行比较。

无缝协同仿真 AI 引擎及可编程逻辑(HLS、HDL)模块。

自动生成代码(AI 引擎数据流程图、RTL、HLS C++)及设计测试台。

在硬件验证设计中,具有无与伦比的易用性。

10.2 使用 Vitis 平台实例之花样流水灯设计

在实验书中,我们介绍了基于 UART 控制命令的定制化 CPU 控制的花样流水灯案例,当时,使用的是 SDK。现在,我们使用 Vitis 替代 SDK 进行软件部分的开发。

本节使用 Vitis 平台为 Vitis 2019.2 版本。如果是第一次开展此实验,在硬件设计完成后,需要选择 File—export—export Hardware。在弹出的对话框中,选择 Generate。如果之前已经选择生成过一次,且硬件设计无变化则无须再次执行生成,直接选择 Skip Generate 即可,如图 10.2 所示。输出文件目录对话框如图 10.3 所示。

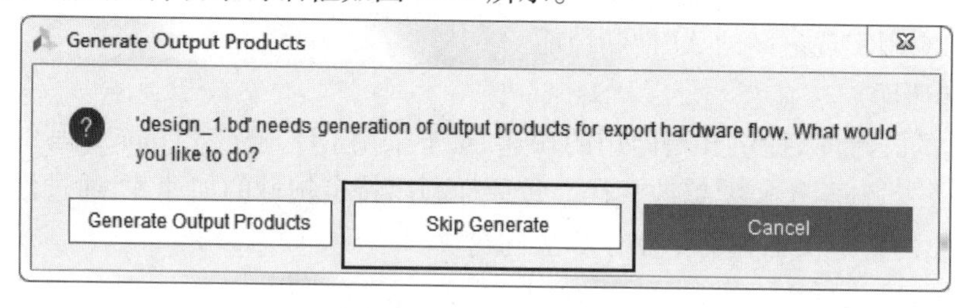

图 10.2 生成输出文件对话框

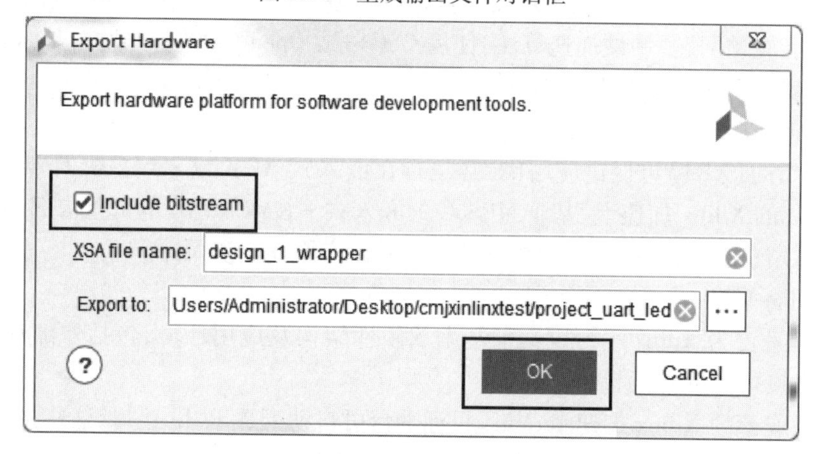

图 10.3 输出文件目录对话框

在 Tools 中,选择 Launch Vitis。打开 Vitis IDE 界面,如图 10.4 所示。

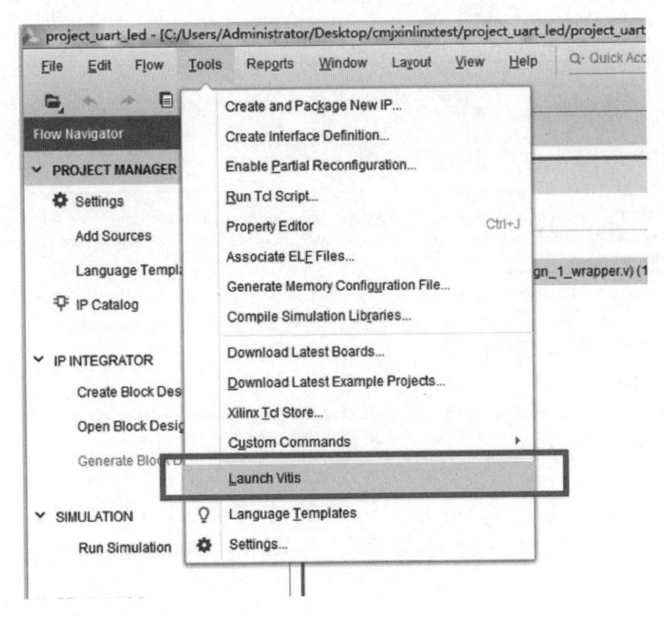

图10.4　启动Vitis菜单

选择新建Platform Project，如图10.5所示。

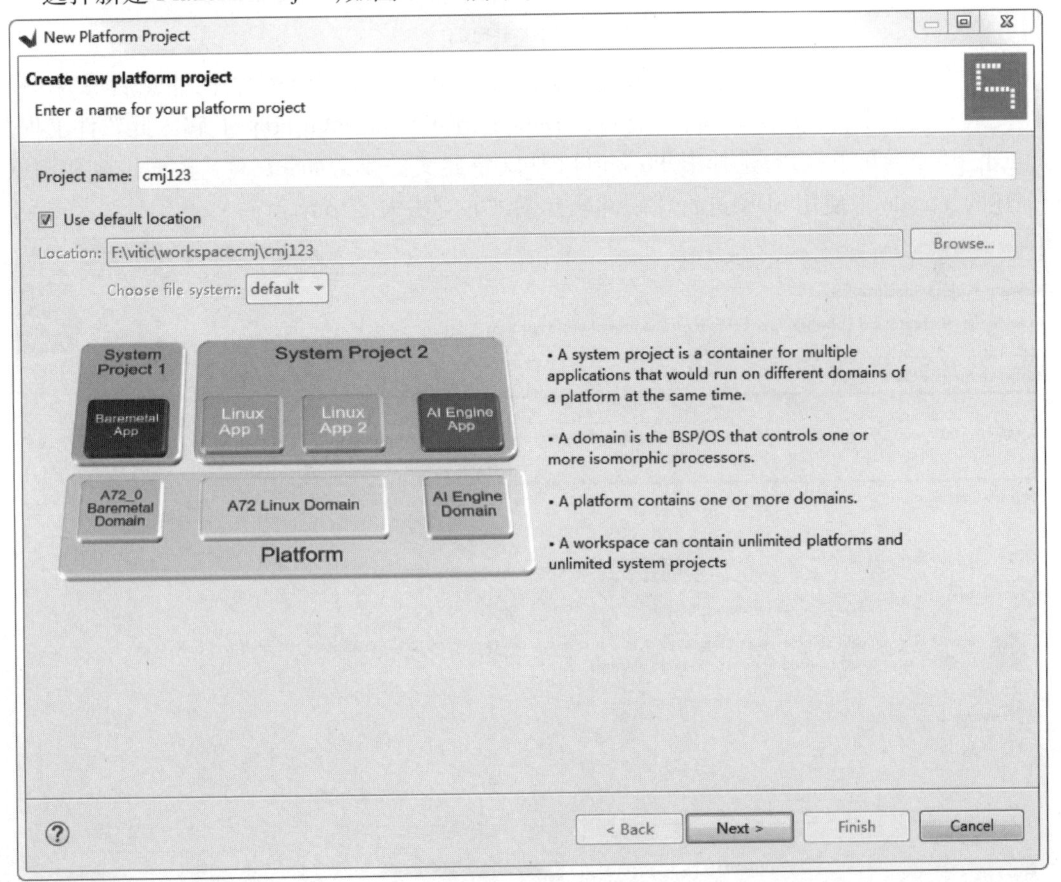

图10.5　创建工程名字

输入工程名称后,选择下一步,如图 10.6 所示。

New Platform Project
Platform Project
Create new platform project
Create a platform project from the output of Vivado [Xilinx Shell Archive (XSA)] or from an existing platform. A platform will enable you to specify options for the kernels, BSPs, as well as settings required for creating new applications. Platforms are currently supported for embedded software developers.
Create from hardware specification (XSA)
Create a new platform project from a hardware specification file. You can specify the OS and processor to start with. The platform can be customized later from the platform project editor.
Create from existing platform
Load the platform definition from an existing platform. You can choose any platform from the platform repository as a base for your platform project.
< Back
Next >
Finish
Cancel

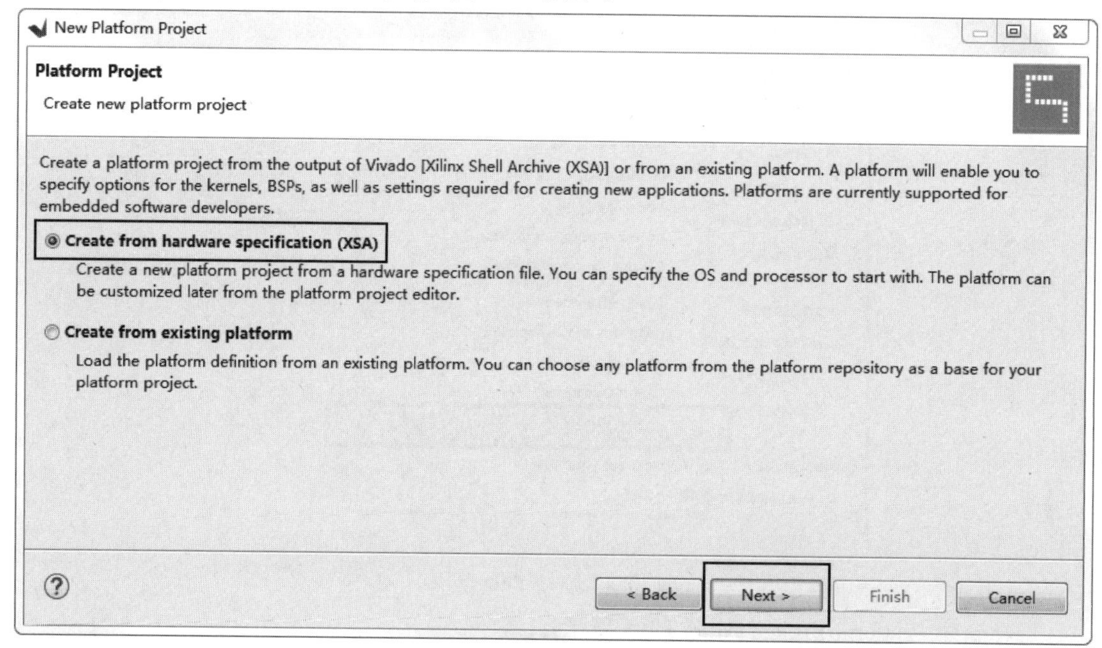

图 10.6　创建工程第二步

如图 10.7 所示为创建平台工程最后一步。找到刚才生成的硬件文件,注意后缀为. xsa,点击完成。接下来,在 Vitis 界面,点击 File—new—creat application project,输入此软件工程名称,点击下一步,再下一步,选择 Hello world 即可(将此文件改为 main. c)。后面生成和调试,与前述的 Vivado 中使用 SDK 进行软硬件联合调试的方法大同小异。

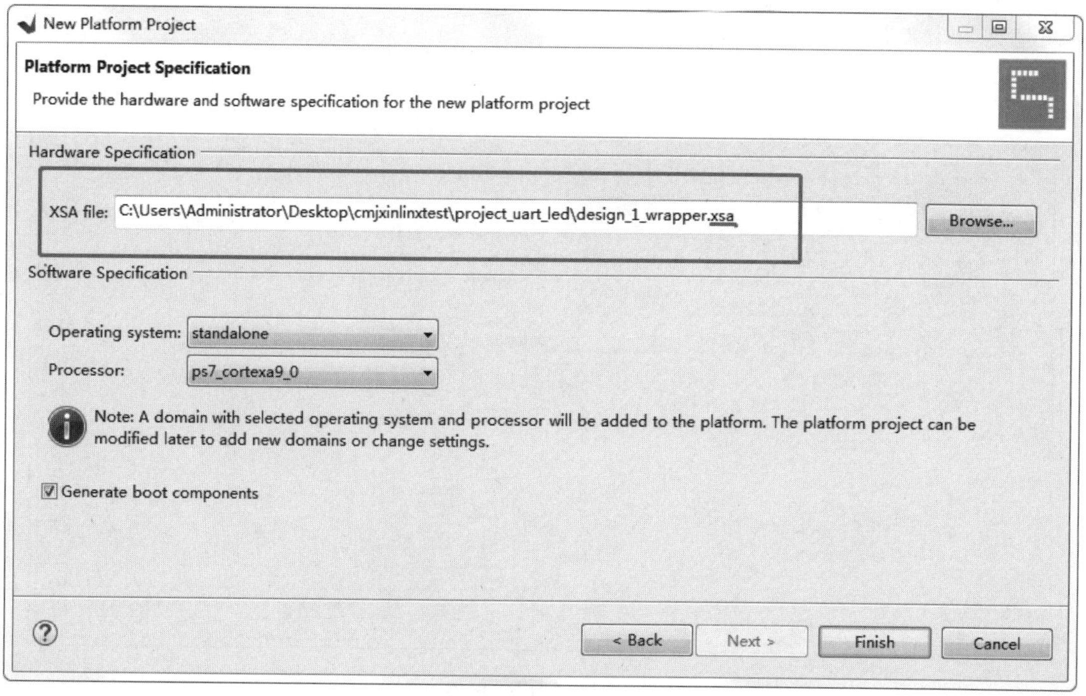

New Platform Project
Platform Project Specification
Provide the hardware and software specification for the new platform project
Hardware Specification
XSA file: C:\Users\Administrator\Desktop\cmjxinlinxtest\project_uart_led\design_1_wrapper.xsa
Browse...
Software Specification
Operating system: standalone
Processor: ps7_cortexa9_0
Note: A domain with selected operating system and processor will be added to the platform. The platform project can be modified later to add new domains or change settings.
Generate boot components
< Back
Next >
Finish
Cancel

图 10.7　创建平台工程最后一步

10.3 HLS高层次综合

10.3.1 HLS简介

HLS(High-Level Synthesis)称为高级综合或高层次综合，它的主要功能是用C/C++为FPGA开发算法或描述FPGA逻辑,这将提升FPGA算法开发的生产力。

使用更高的抽象层次对电路建模,是集成电路设计发展的必然选择,高层语言能促进IP重用的效率;HLS能帮助软件和算法工程师参与,甚至主导芯片或FPGA设计。使用HLS,从理论上讲,用高级语言可以提高开发效率。因为在软件中调试比硬件快很多,在软件中可以很容易地实现指定的功能,而且做RTL仿真比软件需要的时间多上千倍。对于软件工程师来说,能避免学习硬件描述语言,降低开发FPGA硬件的学习难度和学习时间。所谓的高层次语言,包括C、C++、System C等,通常有着较高的抽象度,并且往往不具有时钟或时序的概念。相比之下,诸如Verilog、VHDL、System Verilog等低层次语言,通常用来描述时钟周期精确(cycle accurate)的寄存器传输级电路模型,这也是当前ASIC或FPGA设计最为普遍使用的电路建模和描述方法。

HLS的诞生,与康奈尔大学的张志如博士是分不开的。他是康奈尔大学ECE学院助理教授、计算机系统实验室成员。他研究的重点是异构计算的高级设计自动化。其作品获得了TODAES的最佳论文奖和ICCAD的最佳论文提名。2006年,他与他人共同创立了AutoESL Design Technologies,Inc.,将他关于高层次综合的博士论文研究商业化。AutoESL于2011年被Xilinx收购,收购后AutoESL工具更名为Vivado HLS。

Xilinx最新的HLS是Vitis HLS。在Vivado 2020版本中替代原先的Vivado HLS,功能略有差异。

(1)HLS的C语言与硬件组件的区别

表10.1为C语言与硬件组件的区别。

表10.1 C语言与硬件组件的区别

C Constructs	HW Components
Functions	Modules
Arguments	Input/output ports
Operators	Functional units
Scalars	Wires or registers
Arrays	Memories
Control flows	Control logics

(2)与VHDL/Verilog的关系

在FPGA硬件开发上,VHDL/Verilog与HLS相比,就好比是几十年前的汇编语言与现在的C语言。RTL(寄存器传输级别,基于VHDL/Verilog语言)逐步发展,但VLSI系统的复杂性呈指数级增长,使 RTL 设计和验证过程成为生产力的瓶颈。

HLS(高级综合)通过提高抽象级别,可以减少最初的设计工作量,设计人员可以集中精力描述系统的行为,而不必花费时间来实现微体系结构的细节,且验证被加速、设计空间探索(Design Space Exploration,DSE)更快、定位新平台非常简单、软件工程师可以访问 HLS 等这些好处加在一起,减少了设计和验证时间,降低了开发成本,并降低了进行硬件项目的门槛,因此缩短了产品的上市时间,并且在异构系统上使用硬件加速已成为更具吸引力的选择。但是在结果质量(QoR)上,HLS 工具还落后于 RTL,但 HLS 的开发时间少、生产率高,这些优点还是当前用于快速原型设计和较短上市时间的可行选择。

(3)**关键技术问题**

1)字长分析和优化。

FPGA 的一个最主要特点就是可以使用任意字长的数据通路和运算。因此,FPGA 的 HLS 工具不需要拘泥于某种固定长度(如常见的 32 位或 64 位)的表达方式,而可以对设计进行全局或局部的字长优化,从而达到性能提升和面积缩减的双重效果。

2)循环优化。

循环优化一直是 HLS 优化方法的研究重点和热点,因为这是将原本顺序执行的高层软件循环有效映射到并行执行的硬件架构的重点环节。

多面体模型(Polyhedral Model)是一种在编译优化领域广泛应用的技术,特别是在高级综合中,它主要用于循环优化。在 HLS 中,多面体模型用于将循环语句以空间多面体表示,然后根据边界约束和依赖关系,通过几何操作进行语句调度。例如,可以将嵌套循环重新排列,以提高并行性和数据局部性。需要指出的是,多面体模型在 FPGA HLS 中已经取得了相当的成功,很多研究均证明多面体模型可以帮助实现性能和面积的优化,同时也能帮助提升 FPGA 片上内存的使用效率。

3)对软件并行性的支持。

C/C++与 RTL 相比,一个主要的区别是,前者编写的程序被设计用来在处理器上顺序执行,而后者可以通过直接例化多个运算单元,实现任务的并行处理。

随着处理器对并行性的逐步支持,以及 GPU 等非处理器芯片的兴起,C/C++开始逐渐引入对并行性的支持。例如,出现了 pthreads 和 OpenMP 等多线程并行编程方法,以及 OpenCL 等针对 GPU 等异构系统进行并行编程的 C 语言扩展。

因此作为 HLS 工具,势必要增加对这些软件并行性的支持。例如,LegUp 是一款开源的高层次综合工具,它整合了对 pthreads 和 OpenMP 的支持,从而可以实现任务和数据层面的并行性。

(4)**存在的技术局限性**

字长分析和优化需要 HLS 的使用者对待综合的算法和数据集有深入的了解,这也是限制这种优化方式广泛使用的主要因素之一。

HLS 工具的结果质量往往落后于手动寄存器传输级(Real Time Logistics,RTL)流程的质量。

在性能和执行时间上,HLS 设计的平均水平明显较差,但在延迟和最大频率方面,与 RTL 差异不那么明显,且 HLS 方法还会浪费基本资源,平均而言,HLS 使用的基本 FPGA 资源比 RTL 多 41%,在以千位为单位的 BRAM 使用情况的论文中,RTL 更胜一筹。

10.3.2　Intel HLS

Quartus Prime开发软件,从17.1版本开始,就已经支持HLS。Quartus Prime软件内,HLS采用标准的C/C++开发环境,支持Modelsim、C++编译器,但是同样的功能比RTL代码多占用10%~15%的资源。例如,Quartus® Prime v19.1版本包含HLS编译器,全新任务系统支持在HLS组件中表达线程级并行性,我们可以通过其并行性运行多个循环共享计算模块或使用该特性分层设计HLS系统。

有文章认为,赛灵思在FPGA领域引领了高级综合领域的发展,而且Vivado HLS是业界较常用的HLS工具,赛灵思HLS工具的高采用率还有助于解决时序收敛问题,因为从HLS工具自动生成的RTL往往比手写RTL表现得更好。

英特尔的Quartus Prime Pro是Altera Quartus设计工具套件的演进,在过去的20年中,它们一直是FPGA设计的旗舰。英特尔在几代之前使用所谓的“HyperFlex”架构更新了其芯片,从本质上覆盖了带有小型寄存器的设备,这些寄存器有助于通过这些工具对关键逻辑路径进行即时重新定时。这有助于简化复杂设计上的时序收敛,但可能会牺牲一些整体性能。

近年来,英特尔在Quartus中添加了一种称为“分形综合”的可选策略,用于诸如算术运算量较大或乘数较小的机器学习算法之类的设计。该公司表示,微软在其“Brainwave”项目(为Bing搜索提供支持)中使用了Fractal Synthesis,以将Stratix 10器件的高性能填充到92%。最新的另一项新增功能是Design Assistant设计规则检查(Design Rule Check,DRC),可帮助查找约束条件和放置的网表中的问题,旨在减少关闭时序所需的迭代。

英特尔比Xilinx晚进入HLS,但现在Quartus套件中已经包括了英特尔HLS编译器。HLS编译器将未定时的C++作为输入,并生成针对目标FPGA优化的RTL代码。尽管英特尔的HLS工具在现场的使用率比Xilinx的Vivado HLS少得多,但随着HLS编译器为英特尔One API软件开发平台的“FPGA”分支提供动力,我们预计将看到相当多的采用。英特尔的HLS实施可能比Xilinx的实施更偏向软件工程师(后者显然是硬件设计师的强大工具)。

10.3.3　Vitis HLS简介

Vivado HLS 2020.1将是Vivado HLS的最后一个版本,取而代之的是Vitis HLS。

Vitis HLS是一种高层次综合工具,支持将C、C++和OpenCL函数硬连线到器件逻辑互连结构和RAM/DSP块上。Vitis HLS可在Vitis应用加速开发流程中实现硬件内核,并使用C/C++语言代码在Vivado Design Suite中为赛灵思器件设计开发RTL IP。

在Vitis应用加速流程中,在可编程逻辑中实现和最优化C/C++语言代码以及实现低时延和高吞吐量所需的大部分代码修改操作,均可通过Vitis HLS工具来自动执行。在应用加速流程中,Vitis HLS的基本作用是通过推断所需的编译指示来为函数实参生成正确的接口,并对代码内的循环和函数执行流水打拍。Vitis HLS还支持自定义代码以实现不同接口标准或者实现特定最优化以达成设计目标。

(1)Vitis HLS设计流程

Vitis HLS设计流程如图10.8所示,简要归纳如下:

①编译、仿真和调试C/C++语言算法。

②查看报告以分析和最优化设计。

③将 C 语言算法综合到 RTL 设计中。

④使用 RTL 协同仿真来验证 RTL 实现。

⑤将 RTL 实现封装到已编译的对象文件(.xo)扩展中,或者导出到 RTL IP。

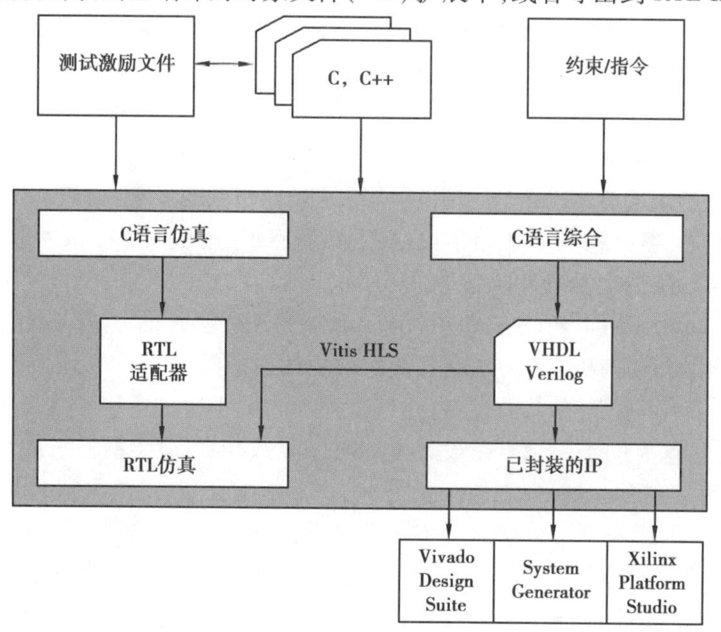

图 10.8　Vitis HLS 设计流程

(2) Vivado HLS 与 Vitis HLS 的区别

在 Vitis HLS 下,一个 Solution 的 Flow Target 可以是 Vivado IP Flow Target,也可以是 Vitis Kernel Flow Target。前者最终导出来的是 Vivado IP,用于支持 Vivado IP 设计流程。后者用于 Vitis 应用加速流程,此时,Vitis HLS 会自动推断接口,无须在代码里通过 Pragma 或 Directive 的方式定义 Interface,最终输出.xo 文件。

User Control Settings 还有其他的一些变化,见表 10.2。例如,在 Vivado HLS 下,默认是不会对循环设置 Pipeline 的,但在 Vitis HLS 下,只要循环边界小于 64,就会对循环设置 Pipeline。在 Vivado HLS 下,默认 Clock Uncertainty 是时钟周期的 12.5%,但在 Vitis HLS 下更严格,达到了 27%。

表 10.2　Vivado HLS 与 Vitis HLS 的区别

Default Control Settings	Vivado HLS	Vitis HLS
config_compile-pipeline_loops	0	64
config_export-vivado_optimization_level	2	0
set_clock_uncertainty	12.5%	27%
config_export-vivado_optimization_level	20	255
config_interface-m_axi_alignment_byte_size	N/A	0
config_interface-m_axi_max_widen_bitwidth	N/A	0
config_export-vivado_phys_opt	place	none

续表

Default Control Settings	Vivado HLS	Vitis HLS
config_interface-m_axi_addr64	false	true
config_schedule-enable_dsp_full_reg	false	true
config_rtl-module_auto_prefix	false	true
interface pragma defaults	ip mode	ip mode

对于循环而言,在 Vivado HLS 下,II(Initial Interval)默认的约束值为 1,但在 Vitis HLS 下,默认的约束值为 auto,意味着工具会尽可能地达到最好的 II。目前,针对 Vitis HLS,Xilinx 已经提供了如下文档和设计案例: UG1391:Vitis HLS Migration Guide UG1399:Vitis High-Level Synthesis User Guide Vitis HLS examples: https://github. com/Xilinx/HLS-Tiny-Tutorials。

如需了解有关 Vitis HLS 和已知问题的信息,请参阅赛灵思官网答复记录 75342。如果需要从 Vivado HLS 工具移植到 Vitis HLS 工具,请参阅赛灵思官网《Vitis 高层次综合用户指南》(UG1399)。

10.4　使用 Vitis HLS 实例之数组相加

HLS 实例,下面通过一个非常简单的例子,介绍 HLS 的设计步骤与流程。

10.4.1　Vitis HLS 工程的建立

①新建 Vitis HLS 工程,如图 10.9 所示,工程名为“VitisHLSDemo_one”。

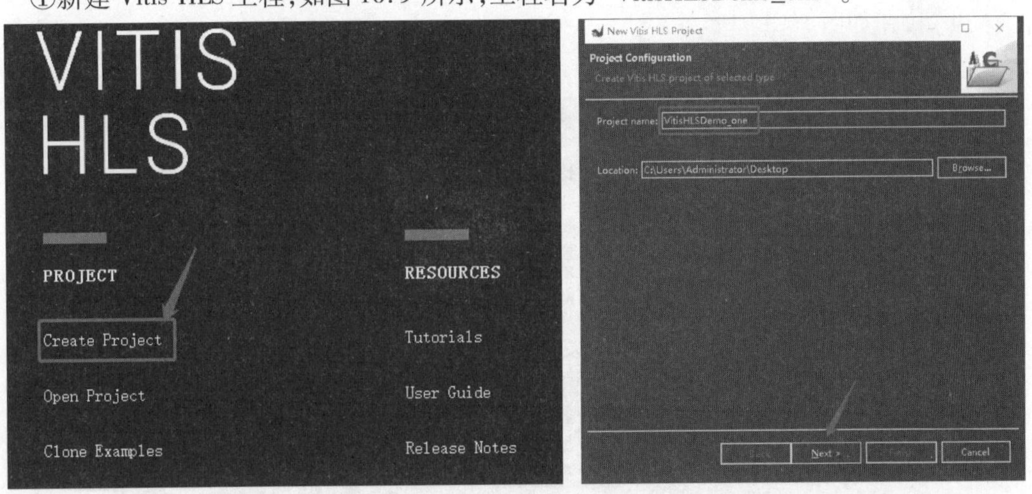

图 10.9　新建 Vitis HLS 工程第 1 步——指定文件夹

②指定要综合的顶层函数名称,此处填写待综合的函数名称为“VectorAdd”,单击“Next”按钮如图 10.10 所示。

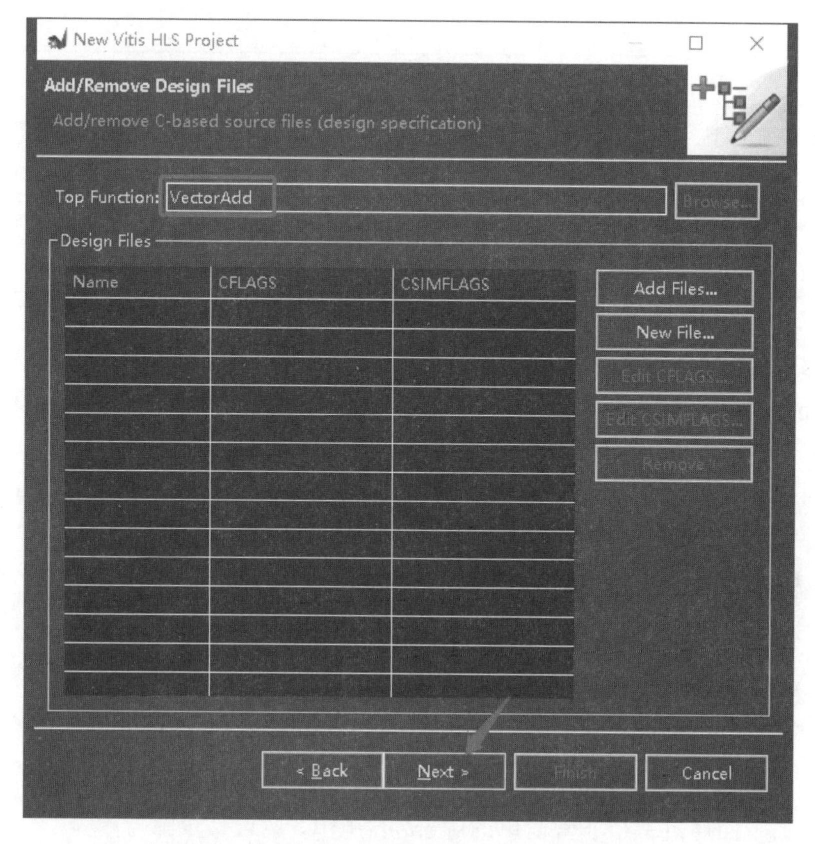

图 10.10　新建 Vitis HLS 工程第 2 步——顶层函数

③在建立工程的时候,暂时不添加 Testbench 文件,直接单击“Next”按钮。

④创建 Solution,同时要指定 Solution 名称,模块的时钟周期以及 FPGA 器件型号,最后单击“Finish”按钮如图 10.11 所示。

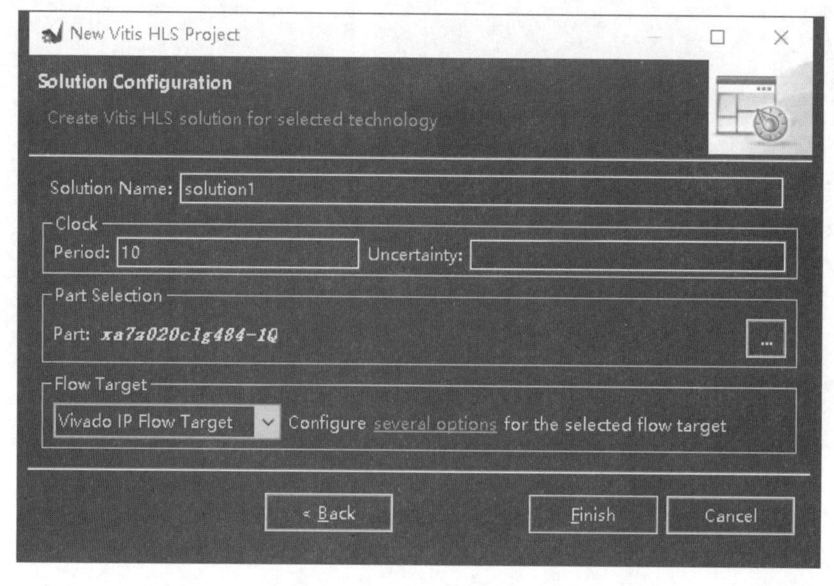

图 10.11　新建 Vitis HLS 工程第 4 步——创建 Solution

⑤添加示例代码,示例工程代码主要包含 3 个文件,即 VectorAdd.cpp、VectorAdd.h 和 VectorAdd_tb.cpp。其中,VectorAdd.h 为头文件,VectorAdd.cpp 为源文件,VectorAdd_tb.cpp 为 Test Bench。该工程代码主要实现的功能是:在一个 for 循环内,对一个数组做加法。顶层函数代码如下:

```
#include "VectorAdd.h"
void VectorAdd(int A[N], int c, int B[N])
{
    uint i;
    myloop:
    for(i=0; i<N; i++)
    {
        B[i] = A[i] + c;
    }
}
```

测试 Testbench 代码如下:

```
#include <iostream>
#include <iomanip>
#include "VectorAdd.h"
using namespace std;
int main()
{
    int A[N] = {-4, -3, 0, 1, 2};
    int c = 5;
    int B[N] = {0};
    int RefB[N] = {1, 2, 5, 6, 7};
    uint i = 0;
    uint errcnt = 0;
    VectorAdd(A,c,B);
    cout << setfill('-') << setw(30) << '-' << '\n';
    cout << setfill(' ') << setw(10) << left << 'A';
    cout << setfill(' ') << setw(10) << left << 'c';
    cout << setfill(' ') << setw(10) << left << 'B' << '\n';
    cout << setfill('-') << setw(30) << '-' << '\n';
    for(i=0; i<N; i++)
    {
        cout << setfill(' ') << setw(10) << left << A[i];
        cout << setfill(' ') << setw(10) << left << c;
        cout << setfill(' ') << setw(10) << left << B[i];
```

```
            if(B[i] == RefB[i])
            {
                cout << '\n';
            }
            else
            {
                cout << "(" << RefB[i] << ")" << '\n';
                errcnt++;
            }
        }
        cout << setfill('-') << setw(30) << '-' << '\n';
        if(errcnt > 0)
        {
            cout << "Test Failed" << '\n';
            return 1;
        }
        else
        {
            cout << "Test Pass" << '\n';
            return 0;
        }
}
```

Testbench 里既包含了测试数据,也包含了正确的输出结果用于作仿真比较。工程文件加完后,工程结构如图 10.12 所示。

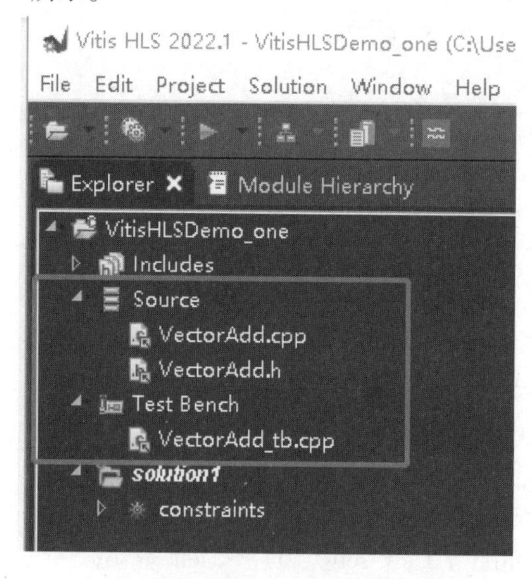

图 10.12　工程结构

10.4.2　仿真和综合

①对工程进行仿真,在菜单栏中绿色按钮右侧三角形标记处单击,然后在弹出菜单中单击“C Simulation”,如图 10.13 所示。弹出的询问是否保存文件和 option 对话框,均选择 OK 即可。

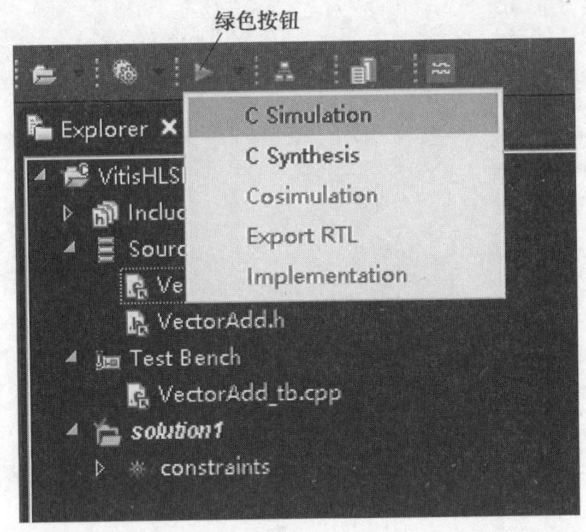

图 10.13　仿真单击“C Simulation”

得到的仿真输出如图 10.14 所示,可以看到结果显示“Test Pass”。

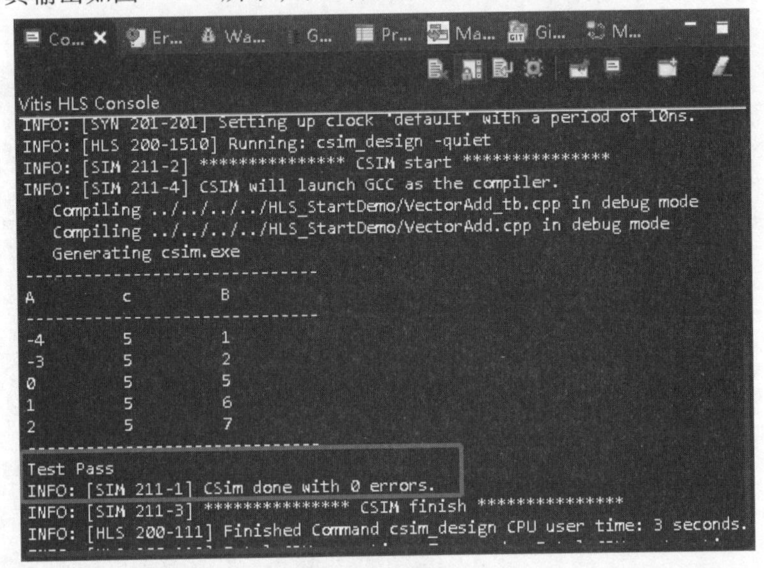

图 10.14　仿真结果

②仿真通过后,对工程进行综合,在菜单栏中绿色按钮右侧三角形标记处单击,然后在弹出菜单中单击“C Synthesis”。在控制台 console 中,显示 Finished C synthesis,表示已经综合完毕。打开综合报告,可以看到 C 代码被综合成 RTL 代码后,使用的硬件资源评估、性能评估等,如图 10.15 所示。

③综合通过后,对工程进行联合仿真,在菜单栏绿色按钮处单击“Cosimulation”,如图 10.16 所示。联合仿真对话框设置如图 10.17 所示。

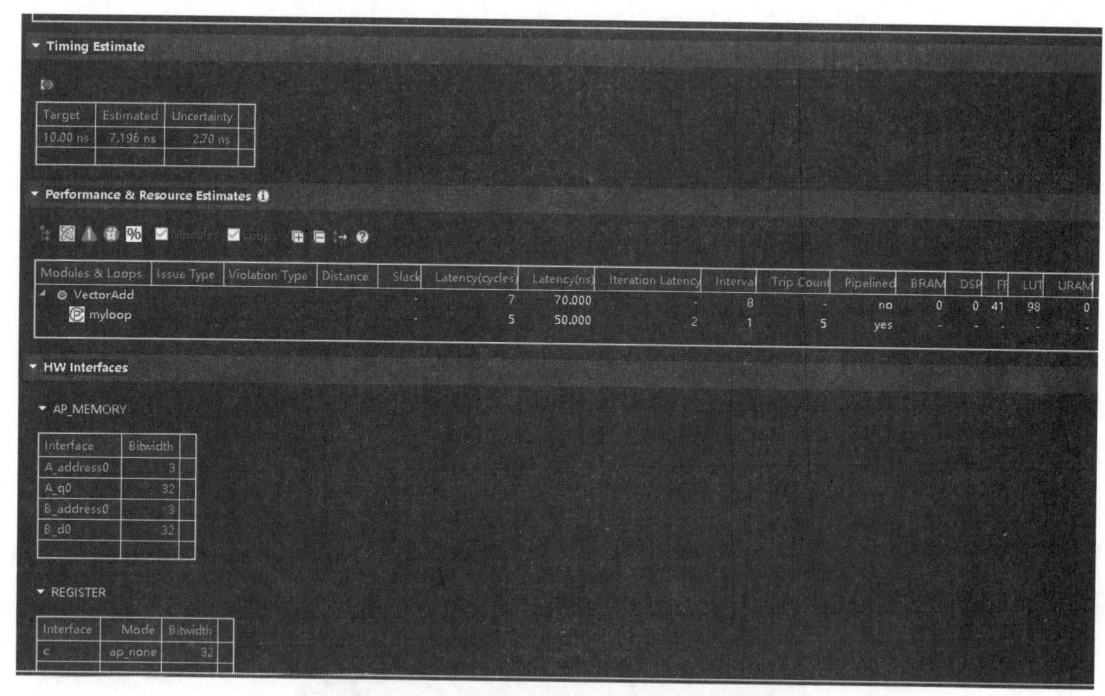

图 10.15　综合报告

可以查看到联合仿真后的仿真报告。报告显示了联合仿真的状态为“Pass”,并附有一些性能评估报告,如图 10.18 所示。

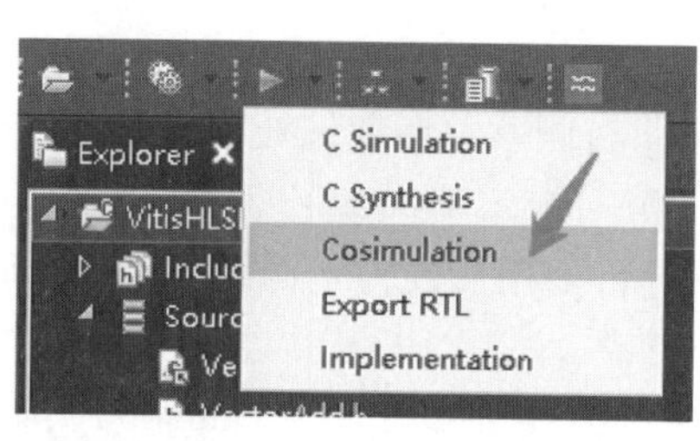

图 10.16　单击 Cosimulation

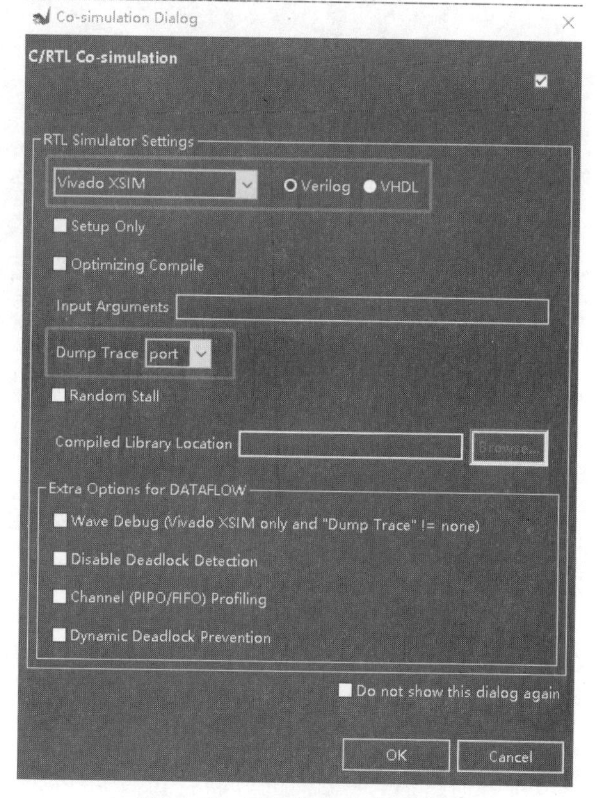

图 10.17　联合仿真对话框设置

④联合仿真通过后，我们可以打开波形查看窗口“Open Wave Viewer…”，更加直观地查看仿真结果是什么样子，查看结果时会自动打开 Vivadao，如图 10.19 所示。联合仿真波形图如图 10.20 所示。

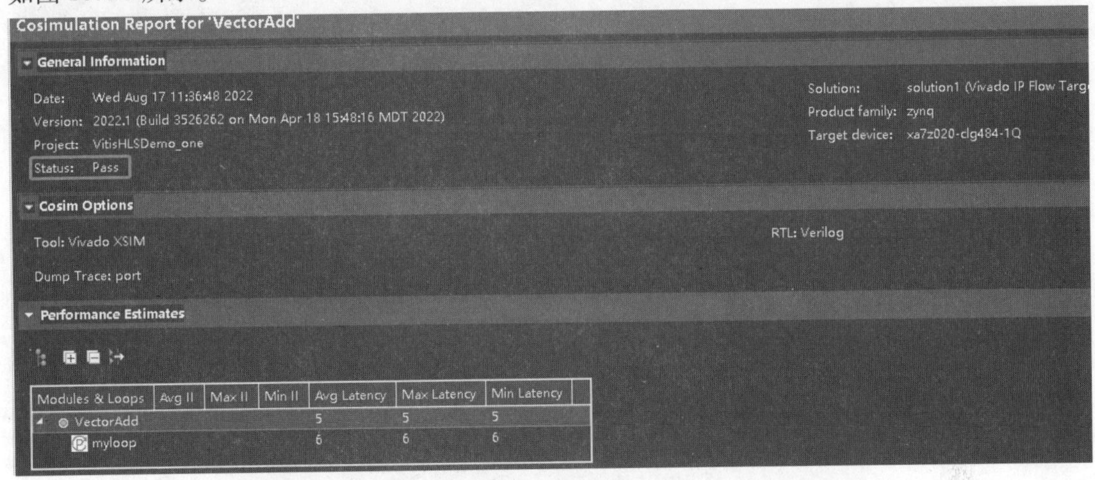

图 10.18　联合仿真报告

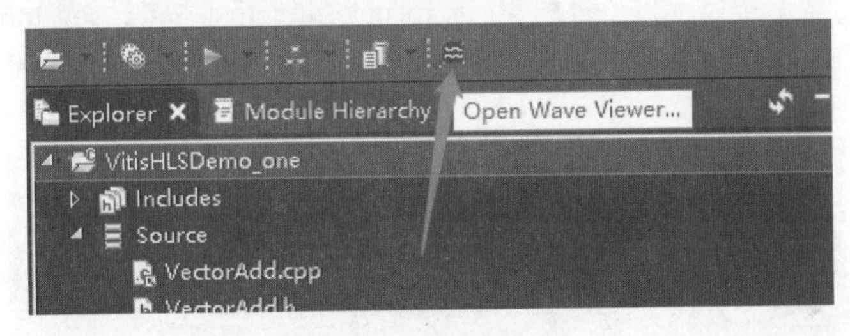

图 10.19　打开波形窗口

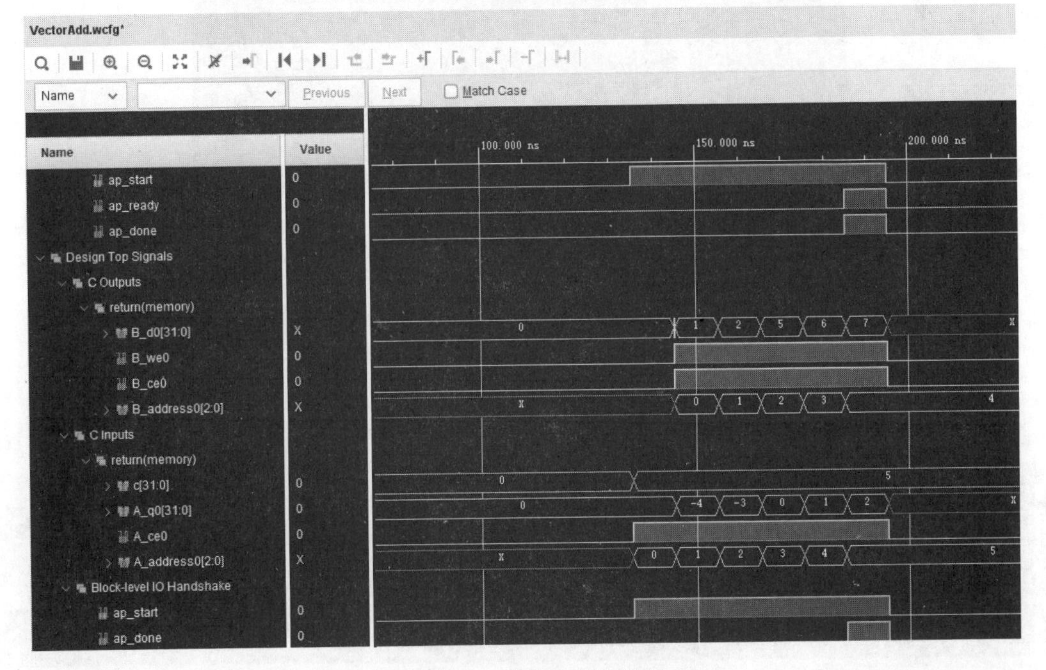

图 10.20　联合仿真波形图

左侧最下面的“Block-level IO Handshake”端口为握手端口信号。当 C Inputs 里面的 c[31..0]等于 5 时,对应 A_q0[31..0]取值分别为-4,-3,0,1,2,根据程序 B=A+C,应该是二者对应相加。波形结果在上面的 C Outputs 里面的 B_d0[31..0]对应输出分别为 1,2,5,6,7,仿真结果符合设计的要求。

10.4.3 创建另一个 Solution

1)创建新 Solution。

Vitis HLS 给用户提供了一个非常方便的创建新 Solution 的接口。用户可以单击工具栏上的“New Solution”来给同样的工程代码创建新的 Solution,如图 10.21 所示。

图 10.21 创建新的 Solution 菜单

新的 Solution 命名为“s2”,同时勾选“Copy directives and constraints from solution: solution1”选项,即 s2 复制了 solution1 原有的 directives 指令(该示例中,solution1 的 directives 指令为空),如图 10.22 所示。

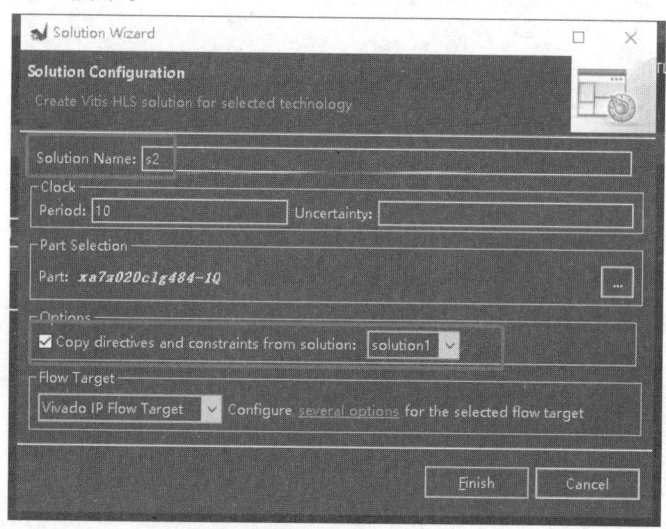

图 10.22 创建新的 Solution 设置

2)给命名为“myloop”的循环添加 Directive 指令。右键“myloop”,单击“Insert Directive...”,如图 10.23 所示。

图 10.23 添加 Directive 指令

3)右键“s2”对工程进行综合,如图 10.24 右图所示,在随后弹出的对话框中,双键 s2,然后单击 OK,生成综合报告。

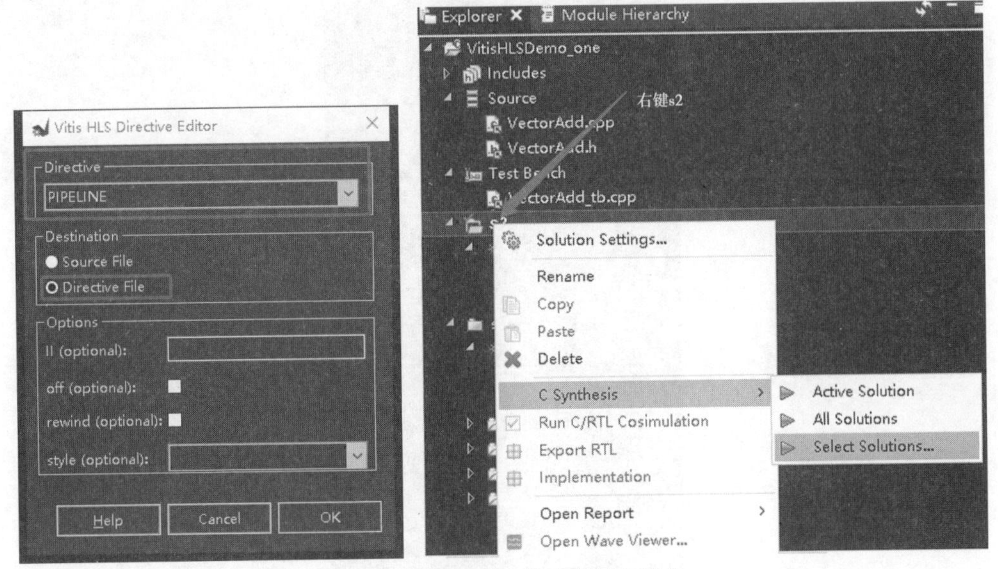

图 10.24　Directive 指令设置与综合

4)在菜单栏中单击“Compare Reports…”,可以比较同样的工程在两个 Solutions 下综合出来的结果,如图 10.25 所示。

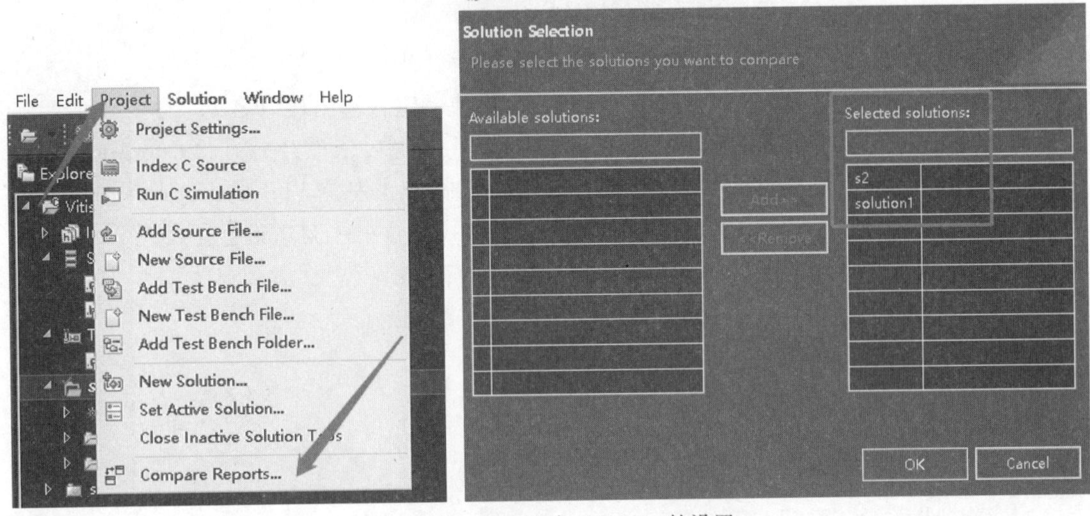

图 10.25　对比两个 Solutions 的设置

5)由于在 Vitis HLS 版本中,建立新工程 solution1 时即便没有添加 Directives,HLS 会给 Solution 默认添加“HLS PIPELINE”指令。而我们给 s2 添加的 Directives 也为“HLS PIPELINE”指令,因此两个 Solutions 综合编译出来的结果是一致的(大家可以尝试添加不同的 Directives 指令,然后对比下不同的 Solutions 综合编译出的结果),如图 10.26 所示。

注意:

①在 Vitis HLS 中,只有一个函数可以设为顶层综合函数,但不能是 main()函数。任何在顶层函数下的子函数都会被综合,并且综合后得到代码的函数层级结构可以保留。有些代码

和结构是不可被 Vitis HLS 综合的，包括动态分配存储空间、与操作系统相关操作等。

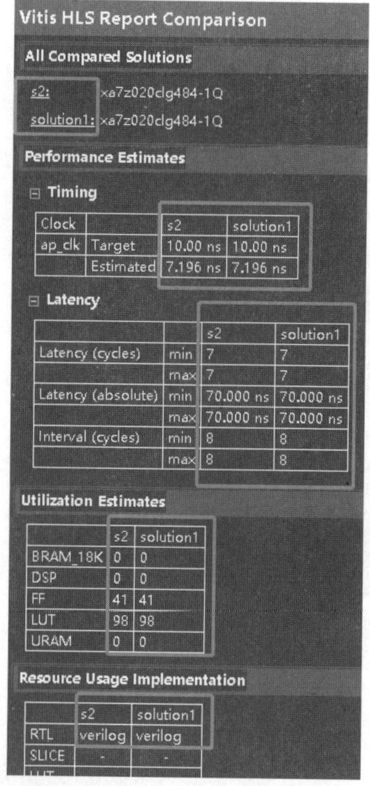
Vitis HLS Report Comparison

All Compared Solutions

s2: xa7z020clg484-1Q

solution1: xa7z020clg484-1Q

Performance Estimates

Timing

Clock		s2	solution1
ap_clk	Target	10.00 ns	10.00 ns
	Estimated	7.196 ns	7.196 ns

Latency

		s2	solution1
Latency (cycles)	min	7	7
	max	7	7
Latency (absolute)	min	70.000 ns	70.000 ns
	max	70.000 ns	70.000 ns
Interval (cycles)	min	8	8
	max	8	8

Utilization Estimates

	s2	solution1
BRAM_18K	0	0
DSP	0	0
FF	41	41
LUT	98	98
URAM	0	0

Resource Usage Implementation

	s2	solution1
RTL	verilog	verilog
SLICE	-	-

图 10.26　两个 Solutions 综合对比

②请大家注意观察 C 语言设计的数组名字，与生成的输入输出接口名字。

③尽管我们均选择的是 Verilog，但在 s2 的 syn 目录中，依然生成了 VectorAdd_flow_control_loop_pipe. vhd 和 VectorAdd. vhd 两个 VHDL 文件，点击左侧 Vitis 的 Explorer 可以看到具体的程序，仔细阅读后，可以发现，机器生成的代码，可读性并不是太好。下面是 VectorAdd 文件的 entity 端口代码。

```
library IEEE;
use IEEE. std_logic_1164. all;
use IEEE. numeric_std. all;
entity VectorAdd is
port (
    ap_clk : IN STD_LOGIC;
    ap_rst : IN STD_LOGIC;
    ap_start : IN STD_LOGIC;
    ap_done : OUT STD_LOGIC;
    ap_idle : OUT STD_LOGIC;
    ap_ready : OUT STD_LOGIC;
    A_address0 : OUT STD_LOGIC_VECTOR (2 downto 0);
    A_ce0 : OUT STD_LOGIC;
```

```
    A_q0 : IN STD_LOGIC_VECTOR (31 downto 0);
    c : IN STD_LOGIC_VECTOR (31 downto 0);
    B_address0 : OUT STD_LOGIC_VECTOR (2 downto 0);
    B_ce0 : OUT STD_LOGIC;
    B_we0 : OUT STD_LOGIC;
    B_d0 : OUT STD_LOGIC_VECTOR (31 downto 0) );
end;
```

ap_clk,ap_rst,ap_start,ap_done,ap_idle,ap_ready 等构成 BLOCK-Level 握手信号,A_q0,c 都是 32 位的输入信号(如果取名为 A_d0 会更加符合传统的命名习惯),B_d0 是 32 位的输出信号(如果取名为 B_q0 会更加符合传统的命名习惯),A_ce0、B_ce0、B_we0 都是一位的输出,A_address0、B_address0 是 3 位,可以满足数据深度为 5 的要求。

HLS 固然在算法优化、自动生成 HDL 代码或 IP 核调用等诸多方面给软件工程师涉足硬件设计领域,提供了很大的方便,但目前软件自动生成的代码,并不完全能符合硬件工程师的诉求。

参考文献

[1] 潘松,王国栋. VHDL 实用教程[M]. 成都:电子科技大学出版社,2001.

[2] 侯伯亨,刘凯,顾新. VHDL 硬件描述语言与数字逻辑电路设计[M]. 5 版. 西安:西安电子科技大学出版社,2019.

[3] VOLNEI A. PEDRONI. Circuit Design with VHDL[M]. Second edition. The MIT Press,2010.

[4] Fabrizio Tappero, Bryan Mealy.《Free range VHDL. Free Range Factory》[M]. 2013.

[5] 石侃. 详解 FPGA 人工智能时代的驱动引擎[M]. 北京:清华大学出版社,2021.

[6] 池雅庆,廖峰,刘毅. ASIC 芯片设计从实践到提高[M]. 北京:中国电力出版社,2007.

[7] 潘锐捷,陈彪,刘西安. C 可编程逻辑器件的历程与发展[J]. 北京:电子与封装,2008,8(8):44-48.

[8] 吴国盛. 7 天搞定 FPGA:Robei 与 Xilinx 实战[M]. 北京:电子工业出版社,2016.

[9] 李莉. 深入理解 FPGA 电子系统设计:基于 Quartus Prime 与 VHDL 的 Altera FPGA 设计[M]. 北京:清华大学出版社,2020.

[10] 倪继利,陈曦. CPU 源代码分析与芯片设计及 Linux 移植[M]. 北京:电子工业出版社,2007.

[11] ZAINALABEDIN N. 数字系统测试和可测试性设计[M]. 北京:机械工业出版社,2015.

[12] 夏宇闻. Verilog 数字系统设计教程[M]. 4 版. 北京:电子工业出版社,2017.

[13] 李娇,张金艺,任春明,等. 数字集成电路设计[M]. 北京:清华大学出版社,2024.

[14] 毛德操. RISC-V CPU 芯片设计:香山源代码剖析[M]. 北京:清华大学出版社,2024.